国家出版基金项目
NATIONAL PUBLICATION FOUNDATION

民机先进制造工艺技术系列

主 编 林忠钦

民用飞机
热表特种工艺技术

Heat and Surface Treatment Processes for Civil Aircraft

陈 洁 等编著

上海交通大学出版社
SHANGHAI JIAO TONG UNIVERSITY PRESS

内容提要

本书是由上海飞机制造有限公司和中航工业成飞民机公司的科研技术团队合作撰写的一本关于民用飞机热表特种工艺技术的专著。本书除了包含表面处理、热处理等技术要点，以及国内外实际应用现状及今后的发展趋势，还特别加入了适航审定对热表特种工艺技术的要求。

本书适合航空领域的研究生、制造企业工艺技术人员和设计院所工程设计人员参考使用。

图书在版编目（CIP）数据

民用飞机热表特种工艺技术/陈洁等编著. —上海：上海交通大学出版社，2016
（大飞机出版工程）

ISBN 978‒7‒313‒16294‒6

Ⅰ.①民…　Ⅱ.①陈…　Ⅲ.①民用飞机‒热喷涂　Ⅳ.①V267

中国版本图书馆 CIP 数据核字（2016）第 314658 号

民用飞机热表特种工艺技术

编　　著：陈　洁　等
出版发行：上海交通大学出版社　　　　　　　　　地　　址：上海市番禺路 951 号
邮政编码：200030　　　　　　　　　　　　　　　电　　话：021‒64071208
出 版 人：郑益慧
印　　制：上海盛通时代印刷有限公司　　　　　　经　　销：全国新华书店
开　　本：787mm×1092mm　1/16　　　　　　　印　　张：23.5
字　　数：447 千字
版　　次：2016 年 12 月第 1 版　　　　　　　　　印　　次：2016 年 12 月第 1 次印刷
书　　号：ISBN 978‒7‒313‒16294‒6/V
定　　价：138.00 元

大飞机出版工程

丛书编委会

总主编

顾诵芬（中国航空工业集团公司科技委副主任、中国科学院和中国工程院院士）

副总主编

金壮龙（中国商用飞机有限责任公司董事长）

马德秀（上海交通大学原党委书记、教授）

编　委（按姓氏笔画排序）

王礼恒（中国航天科技集团公司科技委主任、中国工程院院士）

王宗光（上海交通大学原党委书记、教授）

刘　洪（上海交通大学航空航天学院副院长、教授）

许金泉（上海交通大学船舶海洋与建筑工程学院教授）

杨育中（中国航空工业集团公司原副总经理、研究员）

吴光辉（中国商用飞机有限责任公司副总经理、总设计师、研究员）

汪　海（上海市航空材料与结构检测中心主任、研究员）

沈元康（中国民用航空局原副局长、研究员）

陈　刚（上海交通大学原副校长、教授）

陈迎春（中国商用飞机有限责任公司常务副总设计师、研究员）

林忠钦（上海交通大学常务副校长、中国工程院院士）

金兴明（上海市政府副秘书长、研究员）

金德琨（中国航空工业集团公司科技委委员、研究员）

崔德刚（中国航空工业集团公司科技委委员、研究员）

敬忠良（上海交通大学航空航天学院常务副院长、教授）

傅　山（上海交通大学电子信息与电气工程学院研究员）

民机先进制造工艺技术系列

编 委 会

主 编

林忠钦（上海交通大学常务副校长、中国工程院院士）

副主编

姜丽萍（中国商飞上海飞机制造有限公司总工程师、研究员）

编 委（按姓氏笔画排序）

习俊通（上海交通大学机械与动力学院副院长、教授）

万 敏（北京航空航天大学飞行器制造工程系主任、教授）

毛荫风（中国商飞上海飞机制造有限公司原总工程师、研究员）

孙宝德（上海交通大学材料科学与工程学院院长、教授）

刘卫平（中国商飞上海飞机制造有限公司副总工程师、研究员）

汪 海（上海市航空材料与结构检测中心主任、研究员）

陈 洁（中国商飞上海飞机制造有限公司总冶金师、研究员）

来新民（上海交通大学机械与动力工程学院机械系主任、教授）

陈 磊（中国商飞上海飞机制造有限公司副总工程师、航研所所长、研究员）

张 平（成飞民机公司副总经理、技术中心主任、研究员）

张卫红（西北工业大学副校长、教授）

赵万生（上海交通大学密歇根学院副院长、教授）

倪 军（美国密歇根大学机械工程系教授、上海交通大学密歇根学院院长、教授）

黄卫东（西北工业大学凝固技术国家重点实验室主任、教授）

黄 翔（南京航空航天大学航空宇航制造工程系主任、教授）

武高辉（哈尔滨工业大学金属基复合材料与工程研究所所长、教授）

总　　序

　　国务院在 2007 年 2 月底批准了大型飞机研制重大科技专项正式立项,得到全国上下各方面的关注。"大型飞机"工程项目作为创新型国家的标志工程重新燃起我们国家和人民共同承载着"航空报国梦"的巨大热情。对于所有从事航空事业的工作者,这是历史赋予的使命和挑战。

　　1903 年 12 月 17 日,美国莱特兄弟制作的世界第一架有动力、可操纵、比重大于空气的载人飞行器试飞成功,标志着人类飞行的梦想变成了现实。飞机作为 20 世纪最重大的科技成果之一,是人类科技创新能力与工业化生产形式相结合的产物,也是现代科学技术的集大成者。军事和民生对飞机的需求促进了飞机迅速而不间断的发展和应用,体现了当代科学技术的最新成果;而航空领域的持续探索和不断创新,为诸多学科的发展和相关技术的突破提供了强劲动力。航空工业已经成为知识密集、技术密集、高附加值、低消耗的产业。

　　从大型飞机工程项目开始论证到确定为《国家中长期科学和技术发展规划纲要》的十六个重大专项之一,直至立项通过,不仅使全国上下重视起我国自主航空事业,而且使我们的人民、政府理解了我国航空事业半个世纪发展的艰辛和成绩。大型飞机重大专项正式立项和启动使我们的民用航空进入新纪元。经过 50 多年的风雨历程,当今中国的航空工业已经步入了科学、理性的发展轨道。大型客机项目其产业链长、辐射面宽、对国家综合实力带动性强,在国民经济发展和科学技术进步中发挥着重要作用,我国的航空工业迎来了新的发展机遇。

　　大型飞机的研制承载着中国几代航空人的梦想,在 2016 年造出与波音 B737 和空客 A320 改进型一样先进的"国产大飞机"已经成为每个航空人心中奋斗的目标。然而,大型飞机覆盖了机械、电子、材料、冶金、仪器仪表、化工等几乎所有工业门类,集成了数学、空气动力学、材料学、人机工程学、自动控制学等多种学科,是一个复杂的科技创新系统。为了迎接新形势下理论、技术和工程等方面的严峻挑战,迫切需要引入、借鉴国外的优秀出版物和数据资料,总结、巩固我们的经验和成果,编著一套以"大飞机"为主题的丛书,借以推动服务"大型飞机"作为推动服务整个航空科学的切入点,同时对于促进我国航空事业的发展和加快航空紧缺人才的培养,具有十分重要的现实意义和深远的历史意义。

2008 年 5 月,中国商用飞机有限公司成立之初,上海交通大学出版社就开始酝酿"大飞机出版工程",这是一项非常适合"大飞机"研制工作时宜的事业。新中国第一位飞机设计宗师——徐舜寿同志在领导我们研制中国第一架喷气式歼击教练机——歼教 1 时,亲自撰写了《飞机性能及算法》,及时编译了第一部《英汉航空工程名词字典》,翻译出版了《飞机构造学》《飞机强度学》,从理论上保证了我们飞机研制工作。我本人作为航空事业发展 50 年的见证人,欣然接受了上海交通大学出版社的邀请担任该丛书的主编,希望为我国的"大型飞机"研制发展出一份力。出版社同时也邀请了王礼恒院士、金德琨研究员、吴光辉总设计师、陈迎春副总设计师等航空领域专家撰写专著、精选书目,承担翻译、审校等工作,以确保这套"大飞机"丛书具有高品质和重大的社会价值,为我国的大飞机研制以及学科发展提供参考和智力支持。

编著这套丛书,一是总结整理 50 多年来航空科学技术的重要成果及宝贵经验;二是优化航空专业技术教材体系,为飞机设计技术人员培养提供一套系统、全面的教科书,满足人才培养对教材的迫切需求;三是为大飞机研制提供有力的技术保障;四是将许多专家、教授、学者广博的学识见解和丰富的实践经验总结继承下来,旨在从系统性、完整性和实用性角度出发,把丰富的实践经验进一步理论化、科学化,形成具有我国特色的"大飞机"理论与实践相结合的知识体系。

"大飞机"丛书主要涵盖了总体气动、航空发动机、结构强度、航电、制造等专业方向,知识领域覆盖我国国产大飞机的关键技术。图书类别分为译著、专著、教材、工具书等几个模块;其内容既包括领域内专家们最先进的理论方法和技术成果,也包括来自飞机设计第一线的理论和实践成果。如：2009 年出版的荷兰原福克飞机公司总师撰写的 *Aerodynamic Design of Transport Aircraft*（《运输类飞机的空气动力设计》），由美国堪萨斯大学 2008 年出版的 *Aircraft Propulsion*（《飞机推进》）等国外最新科技的结晶；国内《民用飞机总体设计》等总体阐述之作和《涡量动力学》《民用飞机气动设计》等专业细分的著作；也有《民机设计 1000 问》《英汉航空双向词典》等工具类图书。

　　该套图书得到国家出版基金资助，体现了国家对"大型飞机项目"以及"大飞机出版工程"这套丛书的高度重视。这套丛书承担着记载与弘扬科技成就、积累和传播科技知识的使命，凝结了国内外航空领域专业人士的智慧和成果，具有较强的系统性、完整性、实用性和技术前瞻性，既可作为实际工作指导用书，亦可作为相关专业人员的学习参考用书。期望这套丛书能够有益于航空领域里人才的培养，有益于航空工业的发展，有益于大飞机的成功研制。同时，希望能为大飞机工程吸引更多的读者来关心航空、支持航空和热爱航空，并投身于中国航空事业做出一点贡献。

2009 年 12 月 15 日

民机先进制造工艺技术系列

序

  制造业是国民经济的主体,是立国之本、兴国之器、强国之基。《中国制造2025》提出,坚持创新驱动、智能转型、强化基础、绿色发展,加快从制造大国转向制造强国。航空装备,作为重点发展的十大领域之一,目前正处于产业深化变革期;加快大型飞机研制,是航空装备发展的重中之重,也是我国民机制造技术追赶腾飞的机会和挑战。

  民机制造涉及新材料成形、精密特征加工、复杂结构装配等工艺,先进制造技术是保证民机安全性、经济性、舒适性、环保性的关键。我国从运-7、新支线ARJ21-700到正在研制的C919、宽体飞机,开展了大量的工艺试验和技术攻关,正在探索一条符合我国民机产业发展的技术路线,逐步建立起满足适航要求的技术平台和工艺规范。伴随着ARJ21和C919的研制,正在加强铝锂合金成形加工、复合材料整体机身制造、智能自动化柔性装配等技术方面的投入,以期为在宽体飞机等后续型号的有序可控生产奠定基础。但与航空技术先进国家相比,我们仍有较大差距。

  民机制造技术的提升,有赖于国内五十多年民机制造的宝贵经验和重要成果的总结,也将得益于鉴国外的优秀出版物和数据资料引进。因此有必要编著一套以"民机先进制造工艺技术"为主题的丛书,服务于在研大型飞机以及后续型号的开发,同时促进我国制造业技术的发展和紧缺人才的培养。

  本系列图书筹备于2012年,启动于2013年,为了保证本系列图书的品质,先后召开三次编委会会议和图书撰写会议,进行了丛书框架的顶层设计、提纲样章的评审。在编写过程中,力求突出以下几个特点:①注重时效性,内容上侧重在目前民机研制过程中关键工艺;②注重前沿性,特别是与国外先进技术差距大的方面;③关注设计,注重民机结构设计与制造问题的系统解决;④强调复合材料制造工艺,体现民机先进材料发展的趋势。

该系列丛书内容涵盖航空复合材料结构制造技术、构件先进成形技术、自动化装配技术、热表特种工艺技术、材料和工艺检测技术等面向民机制造领域前沿的关键性技术方向,力求达到结构的系统性,内容的相对完整性,并适当结合工程应用。丛书反映了学科的近期和未来的可能发展,注意包含相对成熟的内容。

本系列图书由中国商飞上海飞机制造有限公司、中航工业成都飞机工业(集团)有限责任公司、沈阳飞机设计研究所、北京航空制造工程研究所、中国飞机强度研究所、沈阳铸造研究所、北京航空航天大学、南京航空航天大学、西北工业大学、上海交通大学、西安交通大学、清华大学、哈尔滨工业大学和南昌航空航天大学等单位的航空制造工艺专家担任编委及主要撰写专家。他们都有很高的学术造诣,丰富的实践经验,在形成系列图书的指导思想、确定丛书的覆盖范围和内容、审定编写大纲、确保整套丛书质量中,发挥了不可替代的作用。在图书编著中,他们融入了自己长期科研、实践中获得的经验、发现和创新,构成了本系列图书最大的特色。

本系列图书得到 2016 年国家出版基金的资助,充分体现了国家对"大飞机工程"的高度重视,希望该套图书的出版能够真正服务到国产大飞机的制造中去。我衷心感谢每一位参与本系列图书的编著人员,以及所有直接或间接参与本系列图书审校工作的专家学者,还有上海交通大学出版社的"大飞机出版工程"项目组,正是在所有工作人员的共同努力下,这套图书终于完整地呈现在读者的面前。我衷心希望本系列图书能切实有利于我国民机制造工艺技术的提升,切实有利于民机制造行业人才的培养。

林忠钦

2016 年 3 月 25 日

前　　言

航空工件的工作条件十分严酷,工作时承受着多种应力,如机械应力、热应力、化学应力等。以起落架刹车盘为例,它们承受着盘片与盘片之间挤压带来的静载荷;盘片与盘片之间摩擦造成的热应力;温度与载荷结合带来的蠕变;高温氧化、燃气腐蚀及其他污染造成的化学应力。随着航空工业的迅猛发展,对飞机工件的工作寿命要求不断增加,已从半个世纪以前的100小时增长到现在的几万小时以上。长期使用(特别是高温、高应力下)会使工件材料组织和性能发生剧烈变化。如此复杂的工作条件,必然对材料和工艺提出越来越高的要求。

近数十年来技术和经济的迅速发展,使原本"豪华"的航空旅行的飞机逐步变成今天大众的通勤工具。如今,每天有数十万人要登上7万个航班班次的客机,在全球4 000多座机场起降。随着民机工业的兴起,尤其是美国波音公司和欧洲空中客车公司相继推出的新项目B787和A350飞机的竞争,以及中国商飞公司推出的聚全国之力研制的C919飞机的异军突起,促使民机制造技术,尤其是影响工件内部质量的特种工艺技术发展进入了新阶段。

本书的目的在于向广大航空专业的学生或航空从业科技人员介绍特种工艺的定义、种类、各类技术的基本原理与工艺方法,国内外实际应用现状及今后的发展趋势。由于飞机制造技术,尤其是能影响工件内部质量的特种工艺制造技术是保证飞机产品质量稳定的最重要环节,编者希望能通过本书帮助相关从业人员了解和掌握传统特种工艺技术方法,采集、鉴别航空制造领域的具有前瞻性、先导性和探索性的信息,通过分析、综合、评估和科学抽象,把握飞机制造特种工艺技术的未来发展趋势。

民用航空领域特种工艺种类繁多,锻造、铸造、粉末冶金、焊接、热处理、表面处理、胶接、复合材料成型以及其他非金属材料成型工艺等,都属于特种工艺的范畴。

这其中,热处理和表面处理是民用飞机不可或缺的技术手段,在民用航空领域使用最为频繁,几乎没有零件不需要经过热处理和表面处理就直接使用的。因此,本书主要介绍热处理和表面处理专业方向的工艺技术。这些专业方向各有特点,技术背景和应用领域各异,而且在传统工艺的基础上,这些专业方向都涌现出一系列新兴技术。按专业方向分篇,每篇首章概述一个专业方向的分类及特征、应用范围、国内外应用现状及发展动态,然后分章详细介绍该专业方向领域相关传统工艺和新兴技术的基本原理、设备、工艺及其在航空工业中的应用。最后一章以适航对质量管理体系的功能要求为基础,结合企业实际,较为系统地介绍了民用航空制造企业的特种工艺质量控制的做法。

本书是上海飞机制造有限公司(上飞公司)编审组出版的民用飞机相关技术丛书之一。成都飞机工业(集团)有限责任公司(以下简称中航工业成飞)的王利华、姚兰等人参与了电镀、钢的热处理和民用航空产品特种工艺控制等章节的编著工作。在编审修订过程中,得到了上海交通大学林忠钦院士、上飞公司姜丽萍总工程师、上飞公司原总工程师毛荫风、上飞公司原总冶金师陈进春、上飞公司原副总工程师蒋艰及成飞公司相关领导和同志的支持和鼓励。正是有这些专家们对本书进行把关,提供了宝贵意见,对于书中缺点和错误之处给予批评指正,本书最终才能得以顺利撰写完成,特此致谢!

本书以上飞公司总冶金师陈洁同志为主编,各章作者分工如下:

1	绪论	易俊兰、孙中刚
2	表面处理	易俊兰、王利华(中航工业成飞)、宋袁曾
2.1	电镀	王利华(中航工业成飞)、易俊兰
2.2	阳极氧化	易俊兰
2.3	化学转化	宋袁曾
2.4	有机涂层涂覆	宋袁曾
2.5	热喷涂	易俊兰
3	热处理	孙中刚、黄　洁
3.1	钢的热处理	孙中刚、姚　兰(中航工业成飞)
3.2	铝合金热处理	孙中刚、王　程
3.3	钛合金热处理	孙中刚

3.4　民机零件热处理的质量控制与检验　刘晓晗、施美圆、黄　洁

3.5　民机新型热处理技术及其发展趋势　付小强、马　超

4　民用航空产品特种工艺控制　　　　易俊兰、王利华(中航工业成飞)

此外,还要感谢为本书撰写提供素材的袁佶、鲍冠生、顾伟(中航工业成飞)、罗庆(中航工业成飞)、普学仁(中航工业成飞)等,为本书打印、校对提供帮助的吴宏亮、秦锐、毛景、张增焕、王欣晶等,以及为本书的编审和出版付出辛勤劳动和汗水的上飞公司装配中心副主任李汝鹏、上飞公司制造中心主任孙小峰和上海交大出版社钱方针、陈昕伊、王珍等。

编著者

2016 年 10 月

目　录

1 绪　　论

1.1　特种工艺技术概述

1.1.1　特种工艺的定义

特种工艺是指对材料进行一系列经精确控制的工艺处理,使其产生物理、化学或冶金性能的变化,若非经破坏性试验,仅从外观无法衡量是否符合规范要求的工艺。这样的工艺形成的产品不易直观或经济地测量其内在质量,要求预先鉴定过程能力,通过一系列严格控制的工序进行处理或加工。

航空产品的许多主要受力构件都要通过特种工艺方法加工而成。这些零部件内部如果存在缺陷,轻则会引发飞机各系统工作失效,重则可导致机毁人亡。正是因为特种工艺具有控制环节多、操作要求严格,偏差潜伏不易发现、涉及面广、危害性大的特点,加之其质量检测的局限性,所以必须对航空产品特种工艺项目采取一系列特殊手段来加以严格控制。

1.1.2　特种工艺的特点

1.1.2.1　加工过程中材料的组织结构和性能发生变化

特种工艺加工过程不同于机械加工。机械加工过程中,原材料或毛坯的内部组织结构和性能并不发生变化,而在特种工艺加工过程中,不仅改变了原材料的形状和尺寸,而且还发生金属组织结构和性能的变化。例如,热处理可以提高硬度、强度等综合性能,锻造和铸造可以改变金属组织,提高材料的强度和韧性;喷丸处理可以通过改变零件表层应力状态而提高其抗疲劳强度;表面处理可以提高零件表面的硬度等。但是,在特种工艺的加工过程中,在改善组织结构、提高性能的同时,也会出现降低性能的组织结构变化和一系列缺陷,如疏松、偏析、过热、裂纹、脆化、晶界腐蚀。这些缺陷都会在不同程度上影响零件的强度。

1.1.2.2　质量检测的局限性

对特种工艺加工过程中所产生的缺陷,一般采用两种办法进行检测:一是进行破坏性试验;二是采用无损检验(非破坏性试验)。但这两种检测方法都有其局限性,不能百分之百地发现缺陷。

破坏试验只能是抽查性质的,从每批零件中抽出1～2件做抗拉强度、低倍组织、高倍金相、耐腐蚀、疲劳等性能试验,并以试验件检测结果来判定整批零件的合格与否。实际上即使试验件合格,抽查的方法也无绝对把握判定整批零件合格或不合格。这就可能造成错检和漏检,即可能把符合标准的零件判成不合格,造成浪费,或把不符合标准的零件认为是合格品而放过去,产生质量隐患。

无损检验虽然可以百分之百地进行检验,而且不破坏产品,但它也有一定的局限性。由于探测时受材料结构组织状态、缺陷的性质及其存在的位置和方向、探测方向等因素的影响,探测到的往往只是缺陷大小的投影,而不是真实的尺寸,因而也不能完全定量地检验出产品的缺陷。

1.1.2.3　特种工艺质量的可控制性

由于特种工艺质量检验的局限性,事后检验把关的办法不可能完全保证产品质量。为此,应寻求保证特种工艺加工质量的其他有效途径。

众所周知,影响特种工艺加工质量的因素是繁多的,但归类合并之后,人、机、料、法、环5要素是最重要的。这些因素也都是可控制的。例如,加热炉的控制,以前采用一支热电偶连接一块表的办法,既控温,又记录,但只能测定炉膛内某一点的温度。这样,一是无保险系统,容易失控;二是无法表示整个炉膛温度是否均匀一致。因此,目前采用的控温方法是指示、记录、报警分别为3个独立的工作系统,即3支热电偶,3根补偿导线连接3只表,同时还要定期用数支热电偶测定炉温均匀性。只有炉膛温度均匀性合格,才能进行热处理。总之,对特种工艺生产过程实施严格的质量控制,才能确保产品的内在质量。

1.1.3　特种工艺质量控制的基本内容

特种工艺质量控制,实际上包括现场加工控制,工艺控制,检验控制,质量审核与质量监督,质量信息收集、分析、反馈及闭环运转等多项工作,构成质量控制的系统和统一体。

工艺控制的侧重点是对特种工艺规范、操作规程的正确性、准确性及实施情况进行控制,包括对文件可行性的检查、评审。这些工作不同于检验工作,因为检验工作侧重于对产品的检查验收,而工艺控制是对某一特定的工艺准备、实施过程、实施结果及有关原始记录进行全面监控。工艺控制是保证产品质量不可缺少的重要工作,应由工艺素质较好、质量意识较强的专业人员担任。例如,国外航空公司多从工程部门抽调一部分工艺技术人员组成特种工艺控制部门,并纳入质量保证体系,这种做法值得借鉴。

质量监督的侧重点是依据质量控制文件,对影响特种工艺质量的人、机、料、法、环等重要因素的受控状态进行监督。质量监督工作应由质量审核部门按计划进行。在质量监督过程中,发现生产现场的实际情况与工艺文件或质量控制文件不一致时,应及时通知责任单位,要求采取纠正措施,限期改正。对不及时采取纠正措施或纠正无效而影响产品质量时,应采取果断措施予以纠正,并定期进行审核。

工艺控制和质量监督的范围是一致的,其基本内容如下[1]:

1)人员的控制

无论是特种工艺的操作人员,还是检验人员,都应按专业岗位培训大纲要求进行技术培训,经考核合格后,培训教育部门和人事部门联合颁发岗位培训合格证,做到持证上岗。

2)设备、仪器、仪表和工装的控制

特种工艺生产所用设备、仪器、仪表和工装都必须经计量部门鉴定,并有合格证才能使用。生产现场使用的设备、仪器、仪表和工装的标牌上应由计量部门注明下次计量日期,超期的设备、仪表等应停止使用。

3)材料的控制

对特种工艺的原材料和辅助材料必须进行控制。控制的主要内容包括有出厂合格证、进行入厂(所)复验、做到定点供应。特别应强调的是,进入特种工艺加工前的在制品,必须有上道工序检验合格标记。

4)工艺方法的控制

工艺操作规范、工艺文件和质量控制文件都必须保持现行有效性,生产现场的实际情况必须与文件要求相一致,其原始记录(包括工艺记录和检验记录)应保持可追溯性,即从产品上的标记可追查出该产品的性能试验报告、无损检验报告、原材料和辅助材料的化验报告及生产该产品的设备、操作人员、检验人员等。

5)环境的控制

凡属工艺文件和质量控制文件有环境要求的工序(如温度、相对湿度、含尘量、压缩空气清洁度等),如涂漆、胶接、高合金钢焊接等,都必须配备专门设施和测量仪器,以便对环境条件进行控制,并由专人进行检测监控,做好原始记录。

上述内容是很丰富的,具体的特种工艺应有对应的控制内容,且这些内容必须具有可操作性和可检查性,否则会失去意义。

1.2　民用飞机对特种工艺技术的控制要求

1.2.1　特种工艺技术控制对民用飞机的重要性

我国航空工业经历了"大跃进"和"文化大革命"两次质量挫折,其经验教训也表现在由于放松了工艺质量控制,造成特种工艺、材料质量问题,危害极大,结果是大量停工、停飞,拆飞机,跑遍全国机场排除故障,不得已降低飞机寿命,甚至发生过机毁人亡的事故,教训惨痛。近年来通过质量整顿、质量管理体系建立和完善、转包生产等方面工作,总结了特种工艺的质量规律,提出要加强对人、机、料、法、环等方面的控制,产品质量有所改善,逐渐与国际质量体系接轨,满足适航条例要求,深切体会到搞好特种工艺控制的必要性。

1.2.2　特种工艺技术质量控制要求

民用飞机与其他产品不同,必须更多地考虑安全性。适航部门为确保民用飞机飞行安全,制订了一套适航性管理办法。适航性管理的特点,是对民机质量全面而持续地保持严格的控制,从设计图纸到生产零件、组装整机、飞行和维修等每一个环节,都要求有质量保证系统在有效和持续稳定地发挥着作用,这样才能确保每一架民用飞机的质量,确保飞行安全。特种工艺是民用飞机制造过程中的重要环节,是质量控制的重中之重。在质量控制基本内容基础上,民用航空也对特种工艺技术增加了针对航空航天工业的特殊要求和重点关注的条目,具体表现在以下几个方面。

(1) 所有的特种工艺都必须有经过批准的工艺规范。工艺规范应包括检验和质量控制条款,以保证经加工和交付的产品满足现行规范的要求。控制条款中应明确对操作人员资格的确认,设备控制要求和试验方法等。生产现场使用的工艺规范必须保持现行有效性。

(2) 所有的工具、量具、仪器设备应按要求进行定期鉴定,并张贴明显标志,确保其处于合格状态。

(3) 所有操作和检验人员都要按要求进行专业培训,其内容应与培训时间和所承担任务要求的技术水平相一致,并持有经批准的岗位合格证上岗。

(4) 严格管理生产现场的产品或零件,防止损坏、污染或锈蚀。

(5) 做好现场加工中的质量记录,并保存好,准确反映操作过程,使之具有可追溯性。

(6) 若发生了质量异常或质量问题,应组织有关技术人员、操作工人进行原因分析,采取措施,防止类似问题重复发生。

(7) 根据实践经验,定期总结加工经验,定期修改特种工艺规程,使特种工艺规程更加完善、合理、符合实际。

1.2.3　国内外航空领域特种工艺技术质量控制现状

国外航空工厂对于特种工艺的质量控制非常重视。其出发点是"为了保证产品质量必须在产品整个生产和使用过程的每个环节上进行适当的检验、控制和积累数据。同时,通过实施一整套严密的质量控制程序来加以保证"。采用文件形式对特种工艺质量控制要求做明确的规定。国外某些航空工厂有关特种工艺质量控制文件如表 1.1 所示。

表 1.1　国外航空工厂特种工艺质量控制文件

航空工厂	文件编号	文件名称
波音	D_1 - 9000	波音公司对供应厂商质量控制要求
加拿大	DND1015	产品质量控制要求
加拿大普惠	FC - 44	产品及与产品有关的供应商控制
麦道	CQAR 5	要求麦道公司批准的工艺
德国空中客车	TLQ24/66/84	组件质量保证要求
法国宇航	I. C. N. T. No 3. 06	法宇航对中航技/西飞质保系统要求
美国军标	MIL - Q - 9858	质量控制程序

在开展国外航空零部件转包生产和合作生产中外商对表面处理质量控制也应予以特别重视。表面处理工艺、生产线往往是考察和生产鉴定的重点。同时派出有丰富经验的专家对承包商和伙伴公司进行生产许可检查与审定。外商生产许可检查与审定程序流程如图1.1所示。

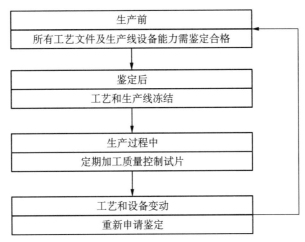

图 1.1　外商生产许可检查与审定程序流程

近年来,国内的飞机制造厂商通过逐步扩大国外协作加工,引进了一些包括工艺说明书在内的文件、资料。经过消化、剖析和出国考察培训,尤其是通过对国外委托加工零件的实际生产,促使国内的飞机制造厂商建立了一套独立的质量管理体系,也使特种工艺实行了从原材料、设备、仪器、生产环境、计量基准到制造过程、人员、产品等的全面质量控制,并得到了外商的认可和批准。

为使特种工艺生产过程始终处于受控状态,国内飞机制造厂商主要做了以下几方面工作[2]。

(1) 建立了特种工艺系统质量控制网。各厂参照国外机构设置经验,在质量处设立了特种工艺质量控制室(简称特控室),主管煅、铸、焊、热、表、喷丸、理化和无损检测等专业的质量控制工作;并在特种工艺车间设立专职(或兼职)质量控制员(简称质控员),具体负责各单位的质量控制工作。特控室和质控员按其职责和权限行使各自的周期性监控检查与日常控制工作,保证特种工艺生产过程处于受控状态。

(2) 质量控制部门根据特种工艺说明书的要求,编制了一套质量控制程序和质控企标,对特种工艺从五大生产要素(人、机、料、法、环)提出了具体质量要求(何事、何人、何时、何地、怎么办)及有关人员的质量职责,并对保证特种工艺生产的质量的可追溯性做了具体规定,建立了一整套原始记录系统。

(3) 为使原始记录准确反映工艺说明书中的要求,对工艺说明书的质量控制章节中有关加工、检验、试验及质量控制的原始记录项目进行了更改和补充。

（4）建立了车间自我控制的办法，主要有以下几项：

a. 建立周期控制与检定制度。如：各工艺的质控项目；设备、仪器、仪表的鉴定与周期；炉温的均匀性测量与周期；热表处理的槽液分析项目与周期。

b. 健全各岗位的质量责任制，从各工作环节保证特种工艺生产全过程处于受控状态。

（5）为保证实际工艺过程与经批准的工艺说明书始终保持一致，公司采用三管（第一管：技术部门和质量管理部门；第二管：工装、设备、培训等系统部门；第三管：分厂、车间等生产部门）齐下的办法，由特控室负责定期复查，发现不符合要求的问题，及时以监控通知单形式通知有关单位限期解决，制造工程部负责检查文件的可行性及执行情况。

1.3　民用飞机热表特种工艺技术分类及发展趋势

1.3.1　热表特种工艺技术的地位和作用

民用飞机零件制造过程的热处理目的在于降低制造过程中的难度，消除制造过程加工应力，获得和提高材料最终使用性能，对民机产品的性能、质量和使用寿命起着举足轻重的作用。民用飞机机身结构多采用壳体、框架式结构，其结构件多为钣金、机加等工艺制造，为获得较好的成形性能，降低机加工及成形应力，为后续表面防护等工艺提供少应力甚至无应力的零/组件，绝大多数零件都要进行热处理。此外，安全、长寿命是民机制造的核心目标，热处理是保障航空产品最终使用性能的关键因素，对航空产品良好的强度、疲劳、损伤容限等产生重要的影响。因此，热处理在民机制造中占有重要的地位。

除去产品装饰美化、提高材料耐磨性能、改善表面应力状态及其他特定功能外，表面处理最主要的目的就是提高材料的耐腐蚀性能。腐蚀给航空运输业造成了巨大的经济损失，如美国 1995 年统计结果表明仅因飞机金属结构的腐蚀造成的损失每年就达到 130 亿美元[3]。国际航空运输协会对其成员公司的调查统计表明，因腐蚀导致飞机定期维修、更换机件所需费用平均为 10～20 美元每架次每飞行小时。腐蚀不仅造成民机运行成本大大提高，而且会引发灾难性事故，如 1985 年 8 月，日航一架波音 747 客机（价值约 2 亿美元）由于机身增压舱端框应力腐蚀断裂而坠毁，机上 524 人全部遇难。对于大型民用飞机，其结构更为复杂，载荷更为苛刻，腐蚀的影响则更为突出。可见腐蚀问题是飞机持续适航可靠性下降的重大影响因素；腐蚀问题造成民机全寿命周期内维修成本增加，造成飞机总体运营经济性下降，严重影响飞机的使用寿命。因此，先进表面处理技术对飞机结构腐蚀损伤防护和控制极为重要，是涉及飞机寿命、可靠性和经济性的重大关键技术。

民用航空领域特种工艺种类繁多，锻造、铸造、粉末冶金、焊接、热处理、表面处理、胶接、复合材料成型及其他非金属材料成型工艺等，都属于特种工艺的范畴。这其中，热处理和表面处理是民用飞机不可或缺的技术手段，在民用航空领域使用最为频繁,几乎没有零件不需经过热处理和表面处理就直接使用的。因此,本书着重介绍民用航空领域的热处理和表面处理特种工艺技术。

1.3.2　民用飞机领域热处理和表面处理特种工艺技术分类

1.3.2.1　热处理工艺技术分类

民用飞机金属材料的热处理按照材料、工艺方法和设备等进行分类。按材料的不同可分为黑色金属热处理(包括钢、高温合金等)、有色金属热处理(包括铝合金、钛合金、铜合金等)及精密合金和贵金属合金的热处理。按热处理工艺方法每种合金都有其独特的热处理工艺,传统的钢的热处理可分为淬火、退火、回火、正火等,并在此基础上拓展出完全退火、不完全退火、低温回火、高温回火等,钢通过这些热处理可以衍生出众多不同性能的钢。铝合金则可以分为固溶处理、时效处理、退火等,并在热处理的基础上衍生出不同性能的热处理状态。按照热处理设备及其环境的不同又可以分为真空热处理、气氛热处理及多种工艺的组合热处理。

1.3.2.2　表面处理工艺技术分类

表面处理技术,是指采用物理、化学或电化学方法,在金属或非金属材料表面沉积、涂覆单层或多层膜层、涂层、镀层、渗层、包覆层,或者使金属、非金属材料表面的化学成分、组织结构发生改变,从而获得所需性能的一种特种工艺技术。表面处理范围非常广泛,民用飞机尤其是大型客机,尺寸规格超大、形状复杂、气动表面要求高、材料耐磨和耐蚀性能要求高,造成民用飞机制造过程中的表面处理要求特殊。本书描述的民用航空领域的表面处理是指狭义的表面处理工艺(不包含表面强化、表面熔覆、表面堆焊及表面加工),按照表面膜/涂/镀层的形成方式可以分为表面转化、表面涂覆和表面镀覆 3 类。表面转化包含阳极氧化、微弧氧化、化学氧化、溶胶凝胶等工艺,表面涂覆分为有机涂层涂覆、热喷涂、冷喷涂等工艺,表面镀覆分为电镀、化学镀等工艺。

1.3.3　民用飞机领域热处理和表面处理特种工艺技术发展趋势

民用飞机产品制造是集新材料、新技术、新工艺于一体的综合性高科技产业。安全服役和结构减重是民用飞机设计制造中的核心目标,也是一对突出的矛盾。我国自行研发的大型客机要求的设计寿命达 7.5 万～9 万飞行小时、30 日历年,起落架需与机体同寿,而目前国内服役的中小型飞机的使用寿命一般只有数千小时,不到大型客机需求的1/10。另一方面,为提高飞机的飞行性能,降低油耗和成本,飞机零件结构重量越轻越好,为确保飞行安全,在零件设计中要充分考虑零件的结构强度。为解决两者的矛盾,民机零件制造中往往采用高比强度的轻质结构材料,发展整体制造和精准成形、精密加工技术、柔性加工生产线等精密制造技术。而这些新材料、精密制造工艺的实现,往往需要热处理和表面处理的协助配合才能完成。因此,通过精益管理和过程控制,保证飞机的安全可靠,通过信息化、智能化提高生产效率和质量,是未来热处理和表面处理的发展趋势。

此外,传统热表处理工艺,尤其是表面处理,在处理实施过程中排放出大量污染环境的废物。为实现可持续发展、降低环保成本和提高表面防护水平、实现飞机长寿命，国内商用飞机的研制迫切需要开展先进环保型工艺研究，以满足商用飞机长寿命、经济、环保的设计要求。

1.3.3.1 可靠安全

飞机的重复使用性可使其生命周期超过 20 年，大型客机的使用寿命约 30 日历年。飞机制造过程中就要考虑到飞机寿命内的零部件可靠性问题。一架飞机上少则有几千个零件，多则需要上万个零件，制造过程中热表处理特种工艺多，不同材料不同应用部位涉及不同的工艺，制造工艺复杂，精度高，技术难度大。飞机是种特殊的产品，安全是其基本的要求。一般情况下，大多数航空制造公司都要求供应商通过相关的质量体系和特殊工艺认证，从而确保过硬的质量。

1.3.3.2 节能环保

"绿色热表处理"是可持续发展战略的组成部分。与热处理和表面处理污染传统治理方式相比，热处理和表面处理清洁生产更注重以防为主，注重对热处理和表面处理过程中可能出现的污染进行无害化、资源化处理，从而使生产末端尽量不排放或少排放污染物。

1.3.3.3 信息化、智能化

热处理和表面处理工艺 CAD 作为计算机集成热处理和表面处理系统的单元技术，近年来异军突起。通过对热处理和表面处理工艺过程的计算机模拟仿真和建立热处理和表面处理工艺数据库、热处理和表面处理专家系统，可以使热处理和表面处理工艺参数的制定真正由"经验""定性"转变为"科学""定量"，实现最优化，并能够准确预报热处理和表面处理后的组织与性能。

1.3.3.4 生产统计过程控制

由美国福特汽车公司首创，现已在一些工业发达国家推开。其特点是，首先对热处理和表面处理生产过程各种参数的定量关系建模，用统计学分析方法确定这些参数的控制限，然后通过计算机和传感器对上述参数进行在线适时精确控制，确保热处理和表面处理质量达到预定要求。

1.3.3.5 精益管理

这是现代管理技术在热处理和表面处理企业的成功应用。热处理和表面处理精益生产的核心思想是以人为本，通过合理配置热处理和表面处理企业的各种生产要素，去除生产过程中的一切多余环节，实现用最小投入获得最大产出。其关键技术有并行工程、准时化生产、多品种小批量战略等。

参考文献

[1] 岳朝生. 特种工艺的特点与质量控制[J]. 电子产品可靠性与环境试验. 1994(5):38-40.

[2] 王长源. 特种工艺的控制[J]. 航空标准化与质量,1994(3):27-30.

[3] John J Deluccia. Aircraft materials for corrosion prevention and control [S]. ADA325769,1998.

2 表面处理

2.1 电镀

2.1.1 概述

电镀是一种表面加工工艺,它可以对材料表面改性,制备多功能(如防腐、耐磨、耐高温、耐疲劳及光、热、磁等特殊功能)的涂、镀、渗、覆层;可以修复废旧工件的尺寸偏差及磨损;可以防止局部渗碳、渗氮;还可以对产品进行装饰等。采用电镀措施的费用一般占产品价格的 $5\% \sim 10\%$,却可以大幅度地提高产品的性能及附加值,成倍延长工件的寿命,因而在生产实践中具有举足轻重的作用。鉴于电镀工艺较成熟,具有设备简单、操作方便、操作温度低等优点,目前电镀工业所涉及的领域越来越广,在航空、航天、兵器、电子、仪器仪表、交通运输等领域有着广泛应用。

随着科学技术与生产、环保的发展,人们对镀层的要求也越来越高,在满足功能要求的前提下,无氰、无镉、无铬等绿色环保、低能耗的电镀工艺备受青睐。

2.1.1.1 电镀工艺原理

电镀是指在外加直流电流的作用下,利用电化学方法将金属离子还原为金属,并沉积在金属或非金属制品的表面上,形成符合要求的平滑致密的金属或合金的一项技术。电镀原理如图 2.1 所示。将被镀工件与待镀金属板(或惰性阳极,如镀铬

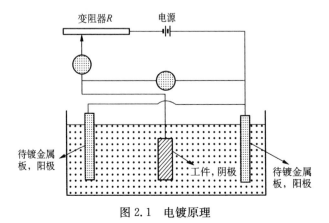

图 2.1　电镀原理

时的铅板)置于电镀槽内,电源的负极与被镀工件相连,待镀金属板(或惰性阳极)与电源的正极相连,当接通电源时,溶液中的金属离子在阴极工件表面得到电子而被还原为金属并沉积于其表面。

电镀可以在水溶液中进行,也可以在有机溶剂和熔融盐中进行,但使用电解质水溶液的优点更大,比如操作温度低、不易挥发、无毒、原料充分、成本低廉等,因此大部分电镀都采用水溶液电镀[1]。根据待镀金属离子在溶液中存在的形式,镀液可分为单盐溶液和络合物溶液,前者是沉积金属的阳离子与某种酸根组成简单的盐,如常见的氯化物镀液、硫酸盐镀液、氨基磺酸盐镀液等;后者则是由沉积金属的原子与加入镀液的某一特定成分进行配位形成含有络离子的镀液,如碱性络合物镀液、氰合络合物镀液、焦磷酸盐镀液等,其中氰合络合物镀液是应用最为广泛的一种镀液,可用于镀镉、镀铜、镀银等。电镀溶液的各个成分均有其相应的作用,并辅以改善电镀层质量的添加剂(见表 2.1)[2-3]。此外,镀液的分散能力和深镀能力也是衡量镀液的两项重要指标。镀液的分散能力是指镀液在一定电解条件下使镀层厚度分布均匀的能力,也称均镀能力,分散能力越好,则镀层厚度越均匀;深镀能力是指镀液使复杂工件深凹处沉积镀层的能力,也称覆盖能力,深镀能力越好,则越容易在内腔上沉积上镀层。

表 2.1　镀液的主要成分及功能

成　分	作　用	说　明
主盐	能够在阴极上沉积出所要求的镀层金属的盐	主盐浓度高,溶液导电性和电流效率一般都较高,沉积速率快,但是过高会使镀层结晶粗糙,分散能力下降
导电盐	能提高溶液的电导率而对放电金属离子不起络合作用的物质	不一定是盐,如氰化物镀铜溶液中的 NaOH 和 Na_2CO_3。导电盐含量升高,槽电压下降,镀液的深镀能力可得到改善,分散能力也一般有所提高
络合剂	溶液中能与金属离子生成络离子的物质	如氰合络合物镀液中的 NaCN。络合剂的游离量增加,阴极极化加大,可使镀层结晶细致,镀液的分散能力和覆盖能力提高,但阳极电流效率会下降,沉积速率也随之降低
缓冲剂	用来稳定溶液的 pH	如镀镍溶液中的 H_3BO_3 可以减缓阴极表面因析氢而造成的局部 pH 升高,对提高阴极极化有一定作用,也有利于提高镀液的分散能力
阳极活化剂	能维持阳极处于活化状态而正常溶解,不发生钝化	如镀镍溶液中的氯化物
光亮剂	可使镀层光亮	常见用于光亮镀镉等工艺,对镀层的氢脆性能有影响
整平剂	使镀层将基体表面细微不平处填平	如镀镍溶液中的香豆素

（续表）

成　分	作　用	说　明
润湿剂	降低溶液与阴极间的界面张力,使氢气泡容易脱离阴极表面,从而防止镀层产生针孔	一般为表面活性剂,如镀镍溶液中的十二烷基硫酸钠

在电镀过程中,除了镀液的成分及浓度所带来的影响外,其采用的电流密度(或电压)、温度、搅拌等工艺条件同样也会对镀液性能和镀层性能带来影响(见表 2.2)。明确各种工艺因素对电镀过程的影响规律,以及控制电镀时的工艺条件,不仅可以根据需要调整镀层的厚度与晶粒大小,而且还可以改变镀层的外观和性能。

表 2.2　电镀的工艺条件及其影响

工艺条件	影　响
电流密度	提高阴极电流密度,可以使镀液的阴极极化作用增强,沉积速率加快,镀层结晶变得细腻,从而加大镀层的硬度、内应力和脆性
操作温度	提高电镀时的温度,会使离子扩散速率加快,相应地则会降低浓差极化和阴极极化,使镀层结晶变粗,镀层的脆性会降低
搅　拌	搅拌能够加快镀液的对流,降低浓差极化,提高镀液的极限电流密度和沉积速率,也可使镀层结晶变粗。可采用压缩空气、机械搅拌等方式。采用搅拌的镀液应经常进行过滤以去除杂质
电镀时间	延长电镀时间,镀层厚度相应增加

2.1.1.2　电镀工艺分类

1) 按生产线和施加电流分类

电镀按此可分为普通电镀、化学镀、电刷镀、脉冲电镀等多个种类,具体如表 2.3所示。

表 2.3　电镀工艺种类及其特点

电镀种类	工艺特点	适用范围
普通电镀	采用直流电源,通常有挂镀和滚镀两种	挂镀适用于普通工件,滚镀适用于小件(如螺钉、螺母、销子等)
电刷镀	采用直流电源,让专用阳极在工件表面局部做相对运动。不需使用固定生产线,可不受场地控制	适用于局部电镀或修补,常用于部件或野外镀覆,但不宜批量生产
脉冲电镀	采用脉冲电源,可提高镀层性能,减少或消除氢脆,缩短电镀时间等	常见的有脉冲镀金,可提高镀层的纯度;脉冲镀铜时可提高镀层的光亮性

（续表）

电镀种类	工艺特点	适用范围
化学镀	不通电流,通过氧化还原反应生成金属镀层,沉积速率较低,主要用于塑料和其他非金属材料电镀前的打底	常见的有化学镀镍-磷工艺,适用于要求耐磨、耐腐蚀的工件,以及形状复杂而又要求镀层均匀的工件,常用于石油管道

2）按镀层的种类分类

民用航空上的电镀工艺主要分为电镀镉、电镀铬、电镀镍、电镀铜、电镀银和电刷镀镉,其性能、用途和工艺特点如表 2.4[3-4] 所示。

（1）电镀镉。

电镀镉主要用于合金钢、不锈钢、铜合金和其他金属。在一般大气环境或是含有二氧化硫的大气中,镀镉层属于阴极性镀层,起不到电化学保护作用;然而,在海洋和高温大气环境中,镀镉层属于阳极性镀层,其保护性能比镀锌层更好,甚至在钢件表面的镀镉层被划伤裸露出钢基体时,钢件仍能受到镀镉层的保护。

电镀镉并不影响基体金属的疲劳性能,可以减少金属钢和铜在接触铝及镁时的电偶腐蚀,经过辅助处理（如铬酸盐处理、磷酸盐处理）后可以进一步提高其抗腐蚀性能及油漆的附着力。目前在各民用飞机如空客、波音、大客、公务机等,除了某些耐磨性钢件采用低氢脆性镀铬外,其余要求防腐蚀的外表面工件基本上都普遍采用了电镀镉工艺。

对于强度大于 1240 MPa 的高强度钢,普通的电镀镉工艺并不能满足氢脆要求,因此通常采用低氢脆镀镉（也称"松孔镀镉"）,即采用较高的电流密度（6～10 A/dm²）进行电镀以得到晶粒粗大易于释放氢的镀镉层。美国道格拉斯的康维尔公司对飞机起落架高强度钢部件就采用低氢脆镀镉,早期的 B707 和 B720 飞机起落架也都采用此工艺[5]。

然而,镀镉层也存在一些缺点,如熔点较低,在接近熔点的工作温度时即可能发生"镉脆"而致失效脆断,这在高强钢镀镉螺栓、镀镉工具接触钛合金工件等均常发生。为了避免这种现象,可在钢与镉层之间加入对钢没有任何危害的其他金属,如加入镍形成镍镉中温扩散镀层[1],有些也会选择熔点较高的电镀锌层。此外,若镀镉层经过铬酸盐处理但不喷漆,则不能用于持续在超过 66℃ 的温度下暴露或在高于149℃ 的温度下短期使用的工件。

（2）电镀铬。

电镀铬具有较高的硬度、反光能力和抗失光性,较好的耐热性、优异的耐磨性和外观装饰性[4]。在一般腐蚀性介质中,钢铁基体上的镀铬层属于阴极镀层,对基体起不到电化学保护作用,并且其镀铬层表面通常存在微裂纹,只有当镀铬层达到相当厚度并且致密无孔时,才能起到腐蚀保护作用。因此,通常镀铬层需要进行电镀至 100 μm 以上,并通过磨削保证其最终厚度在 50 μm 以上,最后对镀铬层进行封孔处理,进而达到既耐磨损又抗腐蚀的目的[6]。

表 2.4　各类电镀层的性能、用途及其工艺特点

项目（性能用途）	工艺						
	电镀镉	电镀铬 硬铬	电镀铬 黑铬	电镀镍	电镀铜	电镀银	电刷镀镉
颜色	银白色。铬酸盐处理后为金黄色;磷酸盐处理后为浅灰色	银白色	无光泽,深灰色至黑色	银色	粉红色	白色	银白色。铬酸盐处理后为金黄色;磷酸盐处理后为浅灰色
厚度/μm	5~20	10~150		40~50	12~25	5~15	5~20
熔点/℃	320.9	1890		1455	1083	961.93	320.9
硬度	比锌软,比锡硬,有韧性和延展性	很高硬度,可达800 HV以上		较硬	中等硬度	较软,可塑性好	比锌软,比锡硬,有韧性和延展性
设计选用依据	(1) 在海洋和高温大气环境中,镀镉层干阳极性镀层,其保护性能比镀锌更好 (2) 质地软,弹性好并有润滑性能 (3) 不影响基体金属的疲劳性能 (4) 可减小钢、铜与铝、镁接触时的异金属效应	(1) 对钢、铝及铝合金为阴极性镀层 (2) 为钢提供高硬度的表面,降低该表面磨损,但不耐冲击和弯曲 (3) 耐蚀性能较差,一般需要进行辅助处理		(1) 对铜为阴极性镀层 (2) 能提供低、中等负载的抗磨损表面 (3) 新镀镍层可进行钎焊 (4) 具有较好的抗氧化性能 (5) 具有高的反射能力的光亮外观,可作为装饰层的中间层	(1) 具有良好的导电性能和导热性 (2) 能承受弯曲、延展和扩孔,具有润滑作用 (3) 在大气中易变色,不能单独作为钢和铝合金的防护层 (4) 一般作为防护、装饰层的底层	(1) 具有良好的钎焊性能、导电性能、抗氧化性能、耐磨性能和防粘性能 (2) 在高温下仍能保持性能,但表面会失去光泽	(1) 耐海洋气候环境 (2) 脆性小,不需除氢 (3) 韧性好 (4) 对钢疲劳性能影响小 (5) 修复零部件尺寸和功能

（续表）

性能用途项目\工艺	电镀镉	电镀铬 硬铬	电镀铬 黑铬	电镀镍	电镀铜	电镀银	电刷镀镉
适用范围	(1) 服役温度低于230℃的工件；高强度、长寿命的钢件应低于210℃ (2) 与海水直接接触的工件 (3) 与铝、镁接触的钢、铜工件 (4) 直径或厚度＞1 mm的弹簧 (5) 抗拉强度＞1 240 MPa的工件应采用低氢脆镀镉	(1) 用于要求高硬度的耐磨工件，如轴承、起落架、液压件等 (2) 青铜衬套里的销钉 (3) 修复被磨损工件的尺寸公差	(4) 黑铬镀层可作识别标记	(1) 装饰性镀层的底层或中间层 (2) 要求钎焊的不锈钢工件 (3) 在氧气系统工作的铜件 (4) 电镀镉的底层 (5) 在中温（250～300℃）条件下工作的工件	(1) 装饰性镀层防护体系的底镀层或中间镀层 (2) 需要浸锡和钎焊的工件 (3) 提高黑色金属的导电性 (4) 防止渗碳、脱碳、氧化和氮化 (5) 挤压成形时的高温度工作时的润滑 (6) 防止钢或钢制螺纹在较高温度工作时的黏接	(1) 要有导电性能的工件 (2) 要求插拔、耐磨性能的工件 (3) 需高温钎焊接的工件 (4) 防止高温黏接的工件 (5) 要求改善抗磨性能的耐腐蚀钢或镍基合金工件	(1) 无法拆铜的部件上局部镀覆 (2) 野外施工 (3) 修复工件磨损表面
不允许使用	(1) 活动工件的摩擦区域 (2) 随后需要焊接的工件 (3) 与钛合金接触的工件 (4) 工件的内腔。这种情况下通常会采用磷化处理	(1) 应力集中的区域 (2) 工作温度高于450℃的工件 (3) 强度 R_m＞1 450 MPa的钢件 (4) 强度 R_m≤1 450 MPa但将承受高应力负载循环或疲劳的钢件		(1) 在浓的过氧化氢中工作的工件 (2) 在以硝酸为基的氧化剂中工作的工件 (3) 在矿物油类中工作的工件	(1) 工作温度超过300℃的导电工件 (2) 高强度钢工件	(1) 薄的钢带和 R_m≥1 450 MPa的工件 (2) 工作温度高于500℃的工件 (3) 工作温度超过148℃且没有铜的镍底层的铜为底金属或金属以铜为底镍底层	装饰性工件

（续表）

项目＼性能用途＼工艺	电镀镉	电镀铬		电镀镍	电镀铜	电镀银	电刷镀镉
		硬铬	黑铬				
不允许使用	（5）直径或厚度≤1mm 的弹簧、高强度弹簧、齿轮、钢丝、键槽 （7）飞机使用过程中与油类相接触的功能性油类系统组件 （8）在燃油、液压油、油脂及滑油中的工作表面、轴承表面及活动（驱动）螺纹[7]	（5）恶劣或海水条件下服役的工件				层的镀银钢件和（4）与含硫橡胶和其他含硫的非金属材料相接触的工件	
工艺特点及注意事项	要求导电、导磁或焊接的工件不允许进行辅助处理	—		—	—	—	不宜批量生产

但是，镀铬对基体金属的机械性能有较大影响。例如，镀铬能使 30CrMnSiA 钢的疲劳性能下降 30%，对于某些钢件甚至能降到初始值的 60%。不过，通过镀铬前适当的处理（如喷丸强化，使工件表面造成压应力状态，以抵消工件加工所残留在表面的拉应力[4]）或镀铬后适当的处理（如通过适宜的热处理）可以减小对疲劳的影响，并且经过喷丸强化后进行镀铬的工件，可用于 250℃ 及以下的工作环境。

一般来说，根据不同的工艺条件和工艺溶液，所获得的铬镀层性能有所不同，常见的有硬铬镀层、黑铬镀层、装饰铬镀层、松孔铬镀层等，各镀铬层的特点如表 2.5[3-4] 所示。

表 2.5　各种镀铬层的特点

镀铬类型	特　　点
硬铬	硬度高(可达 800 HV 以上)、耐磨、耐热，摩擦系数低。通常采用加大镀铬，再磨削至要求的尺寸
黑铬	镀层硬度高，耐磨性较好，耐温可达 477℃，表面不易被污染，不反射光，与底层结合力好，可做装饰，吸收太阳能
装饰铬	较高的反光能力，反射系数达 70%～72%，能长时间保持其反光性，装饰性极好
松孔铬	表面有大量微孔，能储存润滑油，使其在高温高压下工作时具有较好的耐磨性

在民用航空领域，主要采用硬铬镀层和黑铬镀层。电镀硬铬工艺为传统成熟工艺，电镀液以铬酸为基础，以硫酸为催化剂，镀层硬度高（＞750HV），结晶颗粒细小致密，摩擦系数很低，工件镀硬铬后可以提高其抗磨损能力，因此在航空制造领域备受青睐，在空客 A320、B767、大客 C919 等飞机上均有应用，如轴承镀硬铬、液压部件的轴筒镀硬铬等，尤其推荐在青铜衬套里的销钉上使用，也可用于修复被磨损工件的尺寸公差[8]。当镀铬工件作为一个活动轴承使用时，组合件应该施涂润滑剂。

黑铬镀层具有均匀的光泽、良好的消光性，装饰性好；硬度为 130～350HV，比硬铬镀层低，但其耐磨性却与一般的镀铬层相仿，在相同厚度下耐磨性比光亮镍高 2～3 倍；抗蚀性与普通镀铬相同，主要取决于中间层的厚度；耐热性好，在 300℃ 以下不会变色。黑铬层可以直接镀覆在铁、铜、镍及不锈钢表面。为提高抗蚀性及装饰作用，也可用镍或铜锡合金作底层，再在其表面上镀黑铬镀层。黑铬镀层常用于镀覆航空仪表及光学仪器的零部件。

（3）电镀镍。

电镀镍是指用于钢件装饰或耐热的一种功能性镀层，对钢为阴极性防护层，对铜及铜合金（除黄铜外）为阳极性防护层[4]。然而，镍镀层的孔隙率较高，且镍的电极电位比铁的更正，使得镍镀层只有在足够厚（40～50 μm）且没有孔隙时，才能在空气和某些腐蚀性介质中有效地防止腐蚀，所以薄的镍镀层通常作为其他镀层的中间层或打底层（如不锈钢镀镉层的底层）以提高表面镀层与基底金属间的结合力。此外，镍镀层有一定的硬度，易于抛光，可用于有耐磨性要求的工件，如印刷用版。

　　在航空制造领域,电镀镍工艺主要有普通镀镍、光亮镀镍和氨基磺酸盐镀镍。它们的工艺特点及区别如表 2.6 所示。

表 2.6　不同电镀镍的工艺特点及用途

镀　种	镀液特点	工艺特点	用　途
普通镀镍	单盐镀液	镀层结晶细致,容易抛光,成本低,操作简单,沉积快,脆性小	预镀层、滚镀
光亮镀镍	单盐镀液	高整平性,全光亮,镀层脆,耐蚀性差	装饰性涂层
氨基磺酸盐镀镍	络合剂镀液	成本高,沉积快,内应力低,分散性能好,机械性能好	适用于 1 240 MPa 及以上的钢件和铝合金,可用于起落架尺寸的修复

　　(4) 电镀铜。

　　按照电解液的组成,镀铜可分为氰化镀铜和无氰镀铜。氰化镀铜的镀液组分简单、抗杂质能力强、镀液稳定、容易操作,镀层中基本没有一价铜夹杂,因此在航空制造领域广泛应用。无氰镀铜如 EDTA 镀铜、柠檬酸盐-酒石酸盐镀铜等虽然环保,但其综合性能远逊于氰化镀铜,目前仍仅局限于民品使用。要想真正取代氰化镀铜,无氰镀铜还需要不断地改进和创新[9]。

　　电镀铜层一般呈粉红色,在空气中极易失去光泽,性质柔软,延展性好,易于抛光,但其一般不单独作为防护装饰性镀层,而是通常作为其他镀层的中间层或打底层(如镀镍层的底层)以提高表面镀层与基底金属间的结合力,此时铜镀层的厚度一般为 $25\sim50\,\mu m$。

　　铜镀层也常用作不需渗碳部位的防渗碳镀层,在航空、汽车等领域应用广泛,这是因为碳在铜中扩散较难,可保护镀铜区域不被渗碳[2]。此外,镀铜也用于需焊接的工件。由于铝合金不能直接与不锈钢材料焊接,在钎焊前必须对焊接部位进行特殊处理,即对焊接部位的铝合金进行镀铜、挂锡,依靠铜对锡有良好的相溶性,形成一层满足钎焊焊接要求的过渡锡层[10]。此外,不锈钢工件需要进行真空钎焊时,一般也会预先镀铜,再以铜作为钎料进行焊接。当用于软钎焊、硬钎焊或作为抗渗碳与脱碳时,镀铜层厚度一般需要达到 $50\,\mu m$ 以上。

　　(5) 电镀银。

　　在所有的金属中,银具有最好的导电性、导热性和对可见光的反射性,并且有良好的延展性和可塑性。随着科学技术尤其是电镀银技术的发展,银已由传统的货币和首饰工艺品逐渐转移到工业应用领域,在航空航天、电子信息、通信、影视等行业得到了广泛的应用。

　　电镀银通常用于铜合金和钢件(包括不锈钢和非不锈钢),银镀层的厚度通常为 $5\sim15\,\mu m$,与基体结合力较好,它可以提高工件的导电性能,并且提高其在加热状态下的耐微振磨损腐蚀能力。此外,在喷气机内部工作的推力反向齿轮不锈钢工件,周围温度很高,其螺纹组合件经常会发生咬死情况,通过在阳螺纹上镀覆 $5\sim8\,\mu m$ 的银层,可以防止螺纹组合件在高温工作时咬死。

不过,镀银件在储存和运输中容易变色,进而影响镀件的外观质量及其可焊性和导热性,这通常需要在电镀银前增加一道预镀镍工序来予以防止[11]。

(6)电刷镀。

电刷镀技术是指应用电化学沉积的原理,用浸有专用镀液的镀笔与工件做相对运动,通过电解在工件表面的指定区域快速沉积金属镀层的电镀过程。它具有沉积速率快、设备简单轻便、镀后不需要机械加工、结合强度高、镀层种类多、对环境污染小等诸多优点,可以现场常温施工,工件不需从部件上拆卸下槽,节约施工周期,修复成本低,具有较好的经济效益。例如,飞机起落架内筒铬镀层划伤后,如按常规方法拆下送工厂修复需要 $1\sim2$ 个月,改用刷镀,直接在飞机底下施工,仅用 1 天就可修复,为此节约了大量的维修费用。因此,电刷镀技术广泛应用于各个行业,是机械工件表面修复的重要方法,尤其适用于装配部件的修复或外场抢修,用于修复工件的小面积、薄厚度和高性能的镀层及恢复磨损工件的尺寸精度。一般电刷镀所获得的镀层厚度为 $0.001\sim1.0\,mm$,在修复沟槽或擦伤部位时,所获得镀层厚度可达3 mm 左右[12]。

常用的电刷镀技术包括电刷镀镍、电刷镀铜、电刷镀锌、电刷镀银和电刷镀镉等。目前,在航空制造领域,主要采用电刷镀镉修补技术,该技术无氢脆,可用于 $305\,ksi^*$ 的超高强度钢[13],镀液均镀和深镀能力较好,现场使用方便,能够在很大程度上缩短生产周期,因而广泛地用于波音、空客以及国内的 C919、ARJ 项目等。随着电刷镀新技术及其与其他修复技术的交互应用,电刷镀技术在朝着"重载、厚层、高温"的方向发展,形成了摩擦电喷镀技术、非晶态镀层电刷镀技术等新兴技术[12, 14]。

然而,电刷镀技术也有一些缺点,如操作费工,不宜批量生产;镀液浓度高,因而成本高。此外,由于电刷镀层的外观不够均匀,刷镀件也不适于做装饰品。

2.1.2　航空制造领域电镀技术的工艺方法与质量要求

2.1.2.1　电镀的工艺方法及关键特性

对于不同材料和电镀种类,电镀工艺的流程均有所差异,但通常都包括消除应力、除油、活化、电镀和除氢等步骤。几乎所有的金属在电镀工艺过程中都有吸氢并变脆的倾向,进而在氢与拉应力的联合作用下容易产生破坏,即发生氢脆。因此,热处理到一定强度(通常为 $1035\,MPa$)或更高的铁基合金工件,在热处理后进行机械加工、磨削、校直、成形、校验加载等中的任何一道工序加工时,应在电镀工艺开始之前进行消除应力,以避免拉应力的存在而为氢脆的发生创造条件。

工件在机械加工以及运输过程中,不可避免地会黏附油污。为了保证工件基体

---

* ksi 剪切强度,ksi(kip/in²),1 kip=1000 lbf,1 lbf=4.4 N。

表 2.7　各类除油清洗方法的机理、优势及其应用

项目	方法	溶剂清洗	碱清洗		乳化除油	蒸气除油
			化学除油	电化学除油		
机理		通过与有机污垢相似相溶的原理让污渍溶解从而剥离工作表面	利用碱液的化学活性与油膜的皂化反应或产生的乳化作用使油污变成小油珠,伴以搅拌或超声波振荡强化,提高除油效率,而喷射除油更是增加了喷射液的冲击作用使油膜加速撕裂	在碱溶液中将金属工作为电极,通以直流电,利用电解时电极的极化作用和产生的大量气体将油污除去。其中,工作作为阳极进行除油主要依靠金属的溶解过程;而作为阴极进行除油则主要依靠水电解时的析氢过程	采用多种表面活性剂,洗涤助剂复配而成的水基清洗剂。利用水基清洗剂本身就是良好的极性溶剂的特点,还通过表面活性剂改变表面张力,对有机污垢进行乳化渗透降低附着物体的附着力从而达到洗脱的效果	将带油污工作悬挂在槽体上方,当油剂加热沸腾时,大量的溶剂蒸发并附着在工作表面。油污与溶剂中的热量相互作用,使油污在与金属之间溶解并逐渐剥离溶剂中溶解并逐渐剥离
操作方法		用清洁擦布或软刷蘸取航空洗涤汽油、丙酮、异丙醇、甲乙酮等溶剂进行擦拭或刷洗工作表面,直至油污洗净	将待除油的工件放入碱液或混合碱液的除油浸泡槽中或用高压喷枪或喷嘴将碱液直接喷射到工作表面	将金属工作为电极(阳极或阴极),通以直流电进行除油	将工件浸润在水基除油剂槽液中,漂洗直至油污除净	将工件置于气相区,加温使溶剂沸腾形成蒸气,进行除油,然后出工件降温。循环除油直至油污除净
优劣势		(1) 直接溶解,清洗速度快、周期短、效果直接、彻底、操作简单 (2) 不环保、存在安全隐患、使用原液、重大成本高 (3) 需与其他除油方法结合使用,不能单独使用	设备简单、易操作、安全无毒,可以半手工操作、也可以自动化机械处理	(1) 速度快、且除油效果更好 (2) 析氢严重,影响氢脆性能	可兑水使用、使用成本低、环保无毒,但设备复杂	(1) 溶剂蒸气不带油污,因此蒸气除油工作表面干净、固溶剂蒸气溶解的油污都集中到溶剂的底部,故处理和分离简单 (2) 因为溶剂放热的作用,工件清洗后表面温度高,而且附着在金属表面的蒸气很快蒸发,因此也易干燥、金属,不会受潮、影响而立即生锈 (3) 蒸气有毒,不够环保,且设备较复杂

（续表）

项目　方法	溶剂清洗	碱清洗		乳化除油	蒸气除油
		化学除油	电化学除油		
应用	一般用于去除工件上的重油污。带溶剂留清洗剂的组件可选用	一般使用蒸气除油或溶剂留清洗作为预清洗,直至达到水膜连续、不适用于重油污的状况	氢脆敏感的材料如高强度钢、钛合金等通常不允许进行阴极除油	大多配合超声波清洗机使用,可用于塑胶、不锈钢等工件表面油脂	常用于对清洁要求很高的工艺,如磷酸阳极化;也用于容易滞留溶液的工件,如导管。常需配合碱除油或超声波除油等方法使用

与电镀层之间的结合力,在电镀前必须去除工件表面的油污。常用的除油方法有手工溶剂清洗、蒸气除油、乳化除油和碱清洗等。各种除油清洗方法的机理、优劣势及其应用对比如表2.7所示。在实际生产过程中,通常会选用两个或多个方法进行结合使用。

活化主要有化学活化(如酸洗)和机械活化(如吹砂)两种,其机理、优劣势及其应用对比如表2.8所示,可单独使用也可互相结合使用。

表 2.8　各类活化方法的机理、优劣势及其应用

项目 \ 方法	酸　洗	吹　砂	
		干吹砂	湿吹砂
机理	利用侵蚀溶液对金属表面的溶解作用,除去工件表面上的锈蚀、氧化皮和钝化膜等,进而呈现裸露的新鲜基体表面,改善基体与镀层之间结合力的过程	用干净的压缩空气将吹砂介质通过喷嘴高速喷向工件表面以强力去除其表面氧化皮及其他污物的过程,它可使表面呈现均匀的粗糙状态,以提高基体与镀层之间的结合力	
操作方法	(1) 将工件浸渍在侵蚀溶液中,时间通常 1~5 min (2) 侵蚀溶液通常包括 HNO$_3$、H$_2$SO$_4$、HCl 和 NaCN 等,不同的金属基体需要选择不同的侵蚀溶液	(1) 根据不同的基底材料需要选择不同种类和尺寸的吹砂介质,常用的有氧化铝砂砾、金刚砂砾、碳化硅砂砾等,目数通常小于 150♯ (2) 选择适用于工件尺寸和精度要求的吹砂压力(参考压力为 0.25~0.60 MPa) (3) 喷嘴离工件表面的距离 100~250 mm (4) 喷嘴应不断移动,以避免工件尺寸超差 (5) 湿吹砂需要将吹砂介质与水以一定的比例(参考重量比例为 1：4~1：2)进行混合	
优劣势	(1) 活化比较均匀,表面不粗糙。尤其是对于不锈钢钝化工件,可以保持其表面光泽 (2) 析氢现象较为严重,因此,酸洗后的工件必须进行除氢处理以防止氢脆	(1) 需要控制吹砂压力,以免工件(尤其是薄工件)产生变形 (2) 工件需在吹砂后8h内进行后续表面处理	(1) 力度相对较小,对工件损伤轻微 (2) 工件容易发生腐蚀,需要在4h内进行后续表面处理
应用	对氢脆敏感的材料如高强度钢等通常禁止进行酸洗	适用于各类工件,管状工件除外	适用于螺纹等精密件

* 1 ppm＝10^{-6}。

电镀过程中的各种工艺因素对工件镀后的氢脆都有直接影响,比较容易渗氢产生氢脆的步骤有电化学除油、酸洗活化、电镀等。一般来说,提高阴极电流密度的同时,沉积金属的电流效率会下降,进而增大了吸附氢原子的覆盖率,渗氢的程度增加。另外,溶液温度升高,也会使渗氢量急剧下降。而镀液中加入氧化性的阴离子,则不利于渗氢,如氰化镀镉中加入 $NO_3^{-[1]}$。因此,在电镀工序完成后,热处理到一定强度(通常为 1035 MPa 或更高)的铁基合金工件应尽快进行除氢以消除氢脆。除氢一般要求在电镀后 4 h 内开始,在 (190 ± 10) ℃的温度下进行烘烤,通常来说,强度越高,除氢的时间也应相应延长,一般为 8~23 h。

1) 电镀镉

(1) 一般工艺流程。

电镀镉的一般工艺流程如图 2.2 所示。

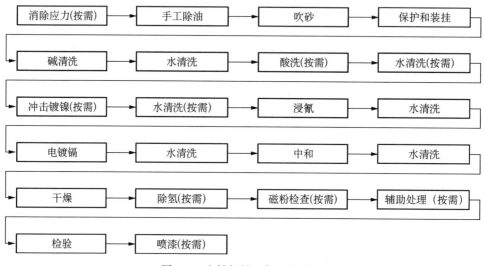

图 2.2 电镀镉的一般工艺流程

(2) 工艺说明。

a. 热处理到一定强度(通常为 1035 MPa 或更高)的铁基合金工件,在热处理后进行机械加工、磨削、校直、成形、校验加载等其中的任何一道工序加工时,应在电镀镉之前消除应力。

b. 对于弹簧或热处理强度至 1241 MPa 及以上的高强度钢,禁止进行酸洗。

c. 不锈钢电镀镉时,应进行冲击镀镍以保证镀镉层与基底的结合力。

d. 浸氰时,应保证工件表面不能有残余的盐酸,以免影响后续的电镀过程。

e. 由于电镀过程中存在渗氢,热处理到一定强度(通常为 1035 MPa 或更高)的铁基合金工件应在电镀后 4 h 内进行除氢以消除氢脆。

f. 电镀镉后通常需要进行辅助处理,如铬酸盐处理可以进一步提高镀镉层的防腐蚀能力及与漆层间的附着力,而磷酸盐处理则可以最大限度地提高镀镉层与漆层之间的结合力。

g. 当需要进行辅助铬酸盐处理时,磁粉检查应尽量安排在除氢工序与辅助处理工序之间,以免辅助处理膜层影响磁粉检查的结果。

h. 各工序的推荐工艺溶液及相关工艺条件如表 2.9 所示,其中镀镉溶液中氢氧化钠和碳酸盐对镀层的影响如表 2.10 所示。

表 2.9　电镀镉的工艺溶液及相关工艺条件

工序	溶 液		工作温度/℃	电流/电压	工作时间	备注
	成分	浓度/(g/L)				
碱清洗	Oakite 90	45～60	71～88	—	5～10 min	
酸洗	H_2SO_4	25%（体积比）	室温	—	30～60 s	适用于铜合金
	HNO_3	25%（体积比）				
	HCl	0.16%（体积比）				
	HCl	15～40	室温	—	30～80 s	适用于钢件
冲击镀镍	氯化镍	120～240	室温	见注	见注	适用于不锈钢
	盐酸 $(d=1.16)$	20%～40% （体积比）				
浸氰	NaCN	30～45	室温	—	15～60 s	
电镀镉	CdO	20～40	15～40	1～5 A/dm² （低氢脆镀镉为 6～10 A/dm²）	电镀至规定厚度	
	NaCN	90～160				
	NaOH	5～25				
	Na_2CO_3	1.5～50				
中和	CrO_3	60～75	室温	—	5～10 s	
铬酸盐处理	$Na_2Cr_2O_7 \cdot 2H_2O$	120～150	室温	—	5～30 s	
	H_2SO_4	5～8				
磷酸盐处理	$Na_2Cr_2O_7 \cdot 2H_2O$	40～70	室温	—	5～10 s	
	H_3PO_3	10%（体积比）				
	H_2SO_4	5%（体积比）				
	HNO_3	5%（体积比）				
	HCl	5%（体积比）				
退镀镉	NH_4NO_3	90～200	室温	—	退除为止	

注：在通电情况下放入工件。工件在 1～3 A/dm² 的电流密度下先作为阳极处理 1～4 min，再作为阴极冲击镀 4～7 min。

表 2.10　镀镉溶液中氢氧化钠和碳酸盐对镀层的影响[3]

组分	作　用
NaOH	用于增加溶液的导电性，防止游离氰化物的水解。含量过高，电流效率降低，电镀溶液碱度增大，镀层发暗并带黑条纹，容易起泡
Na_2CO_3	能提高电镀溶液的电导率和均镀能力，改善镀层的组织，使镀层光亮，结晶细致。但若含量过高，会降低阴极极化作用，镀层的结合力降低

2）电镀铬

（1）一般工艺流程。

电镀铬的一般工艺流程如图2.3所示。

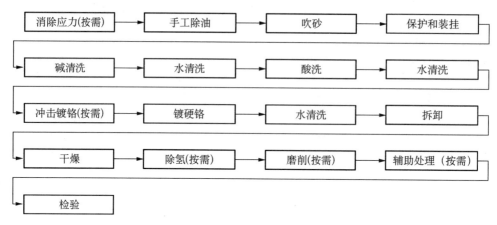

图2.3　电镀铬的一般工艺流程

（2）工艺说明。

a. 热处理到一定强度（通常为1035 MPa或更高）的铁基合金工件，在热处理后进行机械加工、磨削、校直、成形、校验加载等其中的任何一道工序加工时，应在电镀铬之前消除应力。

b. 保护材料可采用化铣保护胶、绿苟胶等，必要时可设计专用的工装夹具。以图2.4为例，衬套仅端面需要进行镀铬。将衬套放入右侧所示的电镀工装中，盖上左侧

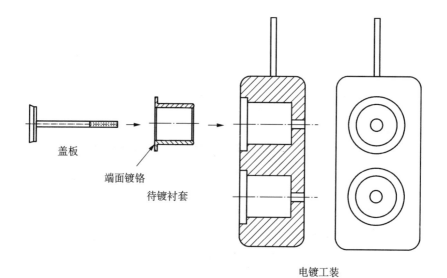

图2.4　衬套端面镀铬的工装[15]

所示的盖板,底部用螺母旋紧固定,即可入槽进行电镀。盖板和电镀工装平面把待镀的衬套圆环平面夹在中间,既分散了圆环平面内外环边沿的电力线,避免了边沿发毛或产生毛刺的现象发生,又挡住了不镀面,避免了边沿保护不牢现象的发生[15]。

　　c. 装挂时,应确保夹具的各结构(支架、杆和连接)足够大,能承受电镀过程中的高电流,并保证夹具的接触点干净、牢固。为了防止裸露的金属夹具暴露于工艺槽液中,可用绝缘漆、电镀保护胶带、中性隔离蜡等进行密封保护。每次使用前需去除夹具接触处的涂覆材料,并彻底清洗夹具的接触面。短工件可安装分流装置以防止工件尖端及边缘铬层堆积。为防止凸出点或边缘尖端放电,可在距离高电流点 6~15 cm 处安装保护或分流小阴极装置。此外,由于镀硬铬溶液的深镀能力和分散能力较差,要镀取均匀厚度的硬铬镀层,阳极与阴极间尽可能等距离,如圆柱体表面镀硬铬,阳极板要拧成圆形[3]。

　　d. 镀铬的阳极不用金属铬,而采用不溶性阳极,通常使用铅、铅-锑合金及铅-锡合金。冲击镀铬和电镀铬时,应确保阳极与阴极面积比至少为 1:1。

　　e. 热处理到一定强度(通常为 1035 MPa 或更高)的铁基合金工件,应在电镀后 4 h 内进行除氢以消除氢脆。

　　f. 各工序的推荐工艺溶液及相关工艺条件如表 2.11 所示。

表 2.11　电镀铬的工艺溶液及相关工艺条件

工序	溶液		工作温度/℃	电流/电压	工作时间	备注
	成分	浓度/(g/L)				
碱清洗	Oakite 90	60~75	71~88	—	10~20 min	
酸洗	HCl	45%~55%(体积比)	18~30	—	0.5~5 min	适用于铜及铜合金、镀铜层
	CrO_3	225~270	43~60	阳极活化 15.5~31 A/dm^2	30~90 s	适用于低合金钢(见注)
冲击镀铬	CrO_3	225~390	35~55	30~78 A/dm^2	30~90 s	适用于低合金钢和不锈钢
	H_2SO_4	2.25~3.9				
电镀铬	CrO_3	225~390	35~55	31~46.5 A/dm^2	电镀至规定厚度	
	H_2SO_4	2.25~3.9				
退铬液	NaOH	30~45	26~43	—	退尽为止	

注:对于不锈钢和耐热合金钢,先在此 CrO_3 溶液中以 10~35 A/dm^2 的电流密度进行阳极活化 30~90 s,再在 50~100 g/L 的 H_2SO_4 溶液中浸渍处理 1~3 min。

　　g. 电镀后磨削。当采用加大镀铬时,需要进行磨削以达到要求的厚度。磨削是一种非常细致的操作,操作不当将影响基体的耐蚀性和疲劳强度,同时也影响沉积层的开裂。一般精磨余量应控制在 10~30 μm,磨削进给量应尽量控制在 5 μm 以内,以达到优异的抗腐蚀性能[6, 16]。

磨削前应去除留在工件上的保护层,保证工件表面清洁。磨削时应严格控制各进给量,并不断对砂轮进行修整,确保砂轮在修整后其磨削面能重新露出。当工件尺寸距离其最终尺寸只有 2.5 μm 时砂轮应该进行最终修整。此外,磨削时可采用白色乳化液作为切削液,切削液的喷管应能保证切削液可以到达工件和砂轮的接触点,保证工件在磨削过程中得到充分的冷却以避免烧伤。推荐的磨削参数如表 2.12所示。

表 2.12 镀铬磨削的推荐磨削参数

砂轮转速	进给量			工件转速	横向进给
	初磨	切入式磨削	平面磨		
砂轮的线速度应保持在 15～20 m/s 范围之内	最大不超过 10 μm。距离最终尺寸只有 25 μm 时,每次最大进给量应不超过 5 μm	采用自动进给,工件每转一转进给 2.5 μm,允许每次进给时无火花磨削进入下一次进给	粗磨时的进给量不超过 10 μm,距离最终尺寸只有 25 μm 时,每次最大进给量应不超过 2.5 μm	根据设备的要求,尽可能采用最大的工件转速	在磨削保证工件尺寸和光洁度的情况下,无级调速时应尽量保证横向进给速率在 12.7～25.4 mm/min

h. 由于镀铬层表面存在微裂纹而影响气密性能和耐蚀性能,通常需要进行辅助处理。一般来说,辅助处理可采用气缸油处理[6],也可采用环氧树脂合成封孔剂进行处理或者金刚石碾压技术[17]。

i. 其他注意事项。电镀铬前,工件应在断电状态下浸入镀铬溶液中预热 2～15 min。若工件需从镀槽中取出进行尺寸检查,应先将电流减小至 0,再取出工件测厚。在整个操作过程中工件应保持湿润状态,厚度检查时间最好不要超过 5 min。工件再次放入镀槽时,应预热后再继续电镀。

3)电镀镍的工艺流程

(1)一般工艺流程。

对于不同的工件材料,电镀镍的工艺流程有所不同。对于低合金钢和不锈钢工件,电镀镍的一般工艺流程如图 2.5 所示。在实际电镀过程中,可在该基础上适当

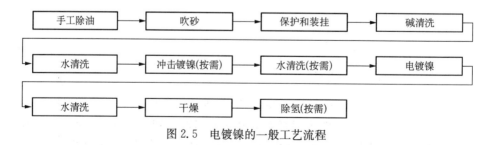

图 2.5 电镀镍的一般工艺流程

地增加或减少相应的工序。

　　(2) 工艺说明。

　　a. 不要求电镀的区域应用塑料薄膜胶带、电镀保护胶带、蜡或橡胶皮塞等材料进行适当的保护。

　　b. 电镀镍工艺中,碱清洗通常采用电解清洗,此时工件作为阳极。

　　c. 为了增加不锈钢与镍镀层之间的结合力,不锈钢工件应在电镀镍前进行冲击镀镍。

　　d. 热处理到一定强度(通常为1035MPa)或处理更高的工件,应在电镀后4h内进行除氢以消除氢脆。

　　e. 电镀镍工艺的溶液配方和工艺条件如表2.13所示。

表 2.13　电镀镍工艺的溶液配方和工艺条件

| 工序 | 溶液 | | 工作温度/℃ | 电流/电压 | 工作时间 | 备注 |
	成分	浓度				
碱清洗	Oakite 90	45~60 g/L	66~76	5~11 A/dm²	1~2 min	
冲击镀镍	氯化镍	225~240 g/L	室温	3 A/dm²	5~6 min	仅用于不锈钢工件
	盐酸	25%~30%				
	(d=1.16)	(体积比)				
电镀镍	硫酸镍	240~300 g/L	52~63	2~11 A/dm²	镀至规定厚度
	氯化镍	75~125 g/L				
	硼酸	35~55 g/L				
	pH	3.0~5.0				
	光亮剂	2%(体积比)				
	防针孔剂	0.5%(体积比)				
退镍	硫酸	10%(体积比)	71~82	—	退完为止
	镍退除剂	120 g/L				

　　4) 电镀铜的工艺流程

　　(1) 一般工艺流程。

　　对于不同的工件材料,电镀铜的工艺流程有所不同。电镀铜的一般工艺流程如图2.6所示。在实际电镀过程中,可在该基础上适当地增加或减少相应的工序。

　　(2) 工艺说明。

　　a. 不要求电镀的区域应用塑料薄膜胶带、电镀保护胶带、蜡或橡胶皮塞等材料进行适当的保护。

　　b. 不锈钢(如15-5PH)进行电镀铜时,才需要进行冲击镀镍。

　　c. 电镀铜时,阴极与阳极的电极面积比约为1:2。

　　d. 若电镀铜层后用于软钎焊或硬钎焊,则在电镀铜后需进行出光。

　　e. 用于氮化、表面硬化(渗碳)、奥氏体化、正火或退火前的钢件,在电镀铜后需

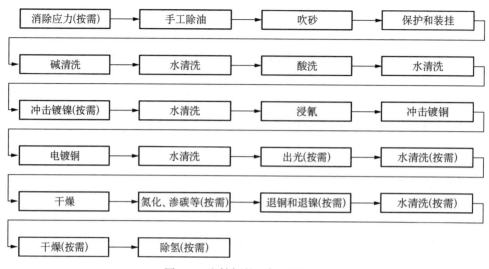

图 2.6　电镀铜的一般工艺流程

进行氮化、渗碳、退铜、退镍和除氢工序。

　　f. 对于抗拉强度达到 1 300 MPa 的工件,若用化学法退除原有的铜镀层或镍镀层,需要进行除氢以消除脆性。

　　g. 电镀铜工艺的溶液配方和工艺条件如表 2.14 所示。

表 2.14　电镀铜工艺的溶液配方和工艺条件

工序	溶液		工作温度/℃	电流/电压	工作时间	备注
	成分	浓度				
碱清洗	Oakite 90	45~75 g/L	71~88	—	2~10 min	
酸洗	HCl	45%~55%（体积比）	室温	—		
冲击镀镍	$NiCl_2$	120~240	室温	2~3 A/dm²	5~7 min	
	HCl	20%~32%（体积比）				
浸氰	NaCN	30~45	室温	—	30~60 s	
冲击镀铜	NaCN	7.5~15（游离）	30~60	4~6 V	30~90 s	
	CuCN	Cu:10~40				
电镀铜	NaCN	7.5~15（游离）	45~75	2~7 A/dm²	镀至规定厚度	
	CuCN	30~70				
	酒石酸钾钠	30~80				
	Na_2CO_3	15~90				
	NaOH	pH:12~13				

（续表）

工序	溶液		工作温度/℃	电流/电压	工作时间	备注
	成分	浓度				
出光	CrO₃	90～150	室温	—	≤5 s	
	H₂SO₄	20～50				
退镀铜	CrO₃	100～150	室温	—	退完为止	
	H₂SO₄	20～50				
退镀镍	HNO₃	40%～60%（体积比）	室温	—	退完为止	

5）电镀银的工艺流程

（1）一般工艺流程。

对于不同的工件材料，电镀银的工艺流程有所不同。对于铜合金和不锈钢工件，电镀银的一般工艺流程如图2.7所示。在实际电镀过程中，可在该基础上适当地增加或减少相应的工序。

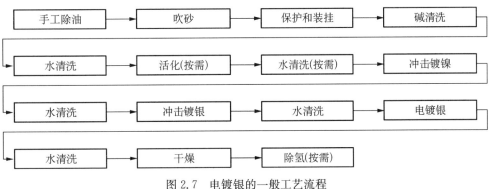

图2.7 电镀银的一般工艺流程

（2）工艺说明。

a. 不要求电镀的区域应用塑料薄膜胶带、电镀保护胶带、蜡或橡胶皮塞等材料进行适当的保护。

b. 工件装挂时，应保证排液流畅，避免工件之间相互接触或屏蔽。

c. 铜合金一般需要进行活化工序，而不锈钢工件则不需要进行此步骤。

d. 电镀银时，最好将工件作为阴极带电下槽，可防止预处理时微缺陷导致的镀层结合力弱[3]。可用 0.5～2 A/dm² 的直流电流电镀至规定厚度，也可采用抗变色能力更优的脉冲电流进行电镀[11]。

e. 热处理到一定强度（通常为 1035 MPa 或更高）的工件，应在电镀后 12 h 内进行除氢以消除氢脆。

f. 电镀银工艺的溶液配方和工艺条件如表2.15所示。

表 2.15　电镀银工艺的溶液配方和工艺条件

工序	溶液		工作温度/℃	电流/电压	工作时间	备注
	成分	浓度				
碱清洗	Oakite 90	45～75 g/L	71～88	—	2～10 min	
活化	CrO_3	90～150 g/L	室温	—	5～20 s	
	H_2SO_4	20～40 g/L				
冲击镀镍	氯化镍	120～250 g/L	室温	2 A/dm²	6 min 工件先作为阳极处理 2 min，再作为阴极处理 6 min	铜合金工件 不锈钢工件
	盐酸 ($d=1.16$)	25%～50% (体积比)				
冲击镀银	KCN	60～90 g/L	室温	3～4 V	5～20 s	
	AgCN	3～8 g/L				
电镀银	AgCN	20～60 g/L	室温	0.5～ 2 A/dm²	镀至规定厚度	
	KCN	60～90 g/L (游离)				
	K_2CO_3	15～75 g/L				
退镀银	H_2SO_4	90%(体积比)	室温	—	退完为止	仅用于铜合金工件
	HNO_3	10%(体积比)				
	HNO_3	100%(体积比)	室温	—	退完为止	仅用于不锈钢工件

6）电刷镀镉

（1）一般工艺流程。

对于不同的工件材料,电刷镀镉的工艺流程有所不同。电刷镀镉的一般工艺流程如图 2.8 所示。在实际电刷镀过程中,可在该基础上适当的增加或减少相应的工序。

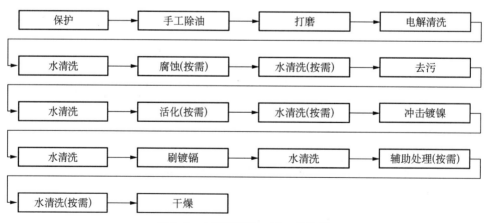

图 2.8　电刷镀镉的一般工艺流程

（2）工艺说明。

a. 应按照每种工艺溶液选择相应的工艺条件。以法国 Dalic 公司为例，表 2.16 列出了其相应的溶液。当工件被镀面积偏小或镀笔与工件的相对运动较慢时，工作电压应相应偏低，以避免工件发热量过大，使得阳极镀笔烧损严重和镀层结合力下降；反之，若工件被镀面积较大或镀笔与工件的相对运动较快时，则电压也应随之升高，以免镀液极化作用较低，镀层沉积速率过低而导致镀层质量下降[12]。

表 2.16　电刷镀镉的操作参数

序号	工序名称	溶液名称	镀覆因子	阴阳极间的相对速度/(m/min)	备注
1	电解清洗	Dalic 1010	—	9～15	
2	腐　蚀	Dalic 1022	—	9～15	仅用于钢件
3	去　污	Dalic 1023	—	9～15	
4	活　化	Dalic 1024	—	9～15	仅用于不锈钢
5	冲击镀镍	Dalic 2080	0.012 8	15	
6	刷镀镉	Dalic 2023	0.004 27	15	
7	活　化	HNO_3	—	—	

b. 溶液、电极、整流器以及其他辅助设备应放置在将进行电刷镀的邻近区域。管子、棒子、球体及其他圆形工件可安装在变速转头上，以便控制旋转速度和镀覆厚度的均匀性。

c. 旋转速度 RPM（r/min）按下列公式计算：

$$RPM = 3.82S/D$$

式中：S 为电极相对工件移动的速度（英尺/分钟，ft/min），按表 2.16 规定；D 为直径（英寸，inch）。

电镀安培·小时数按如下公式计算：

$$安培·小时数 = 面积 \times 厚度 \times 镀覆因子$$

式中：面积为工件刷镀区域的面积（mm^2）；厚度为所要求的镀层厚度（mm）；镀覆因子为沉积 $1mm^3$ 镀层的安培小时数，按表 2.16 规定。

用于反向极性的阳极、溶液不能用于正向极性，反之亦然。在开始操作前，应将适用的电极浸入其对应的溶液里浸透至少 2 min。

刷镀溶液的温度应维持在 15～49℃，冲击镀镍溶液应维持在 18～65℃，这不仅能使溶液本身的理化性能（如 pH 值、电导率、溶液成分、耗电系数、表面张力等）保持相对稳定，而且能使镀液的沉积速率、均镀能力、深镀能力以及电流效率等均处于最佳状态，并且所得到的镀层内应力小，结合强度大[12]。当室温低于 10℃时，不允许操作工件，此时工件应进行预热，如采用热水冲洗或电热器烘烤等。

刷镀时，在阳极和工件之间保持完全接触，阳极按图 2.9 成圆形或"8"字形有规

表 2.17 电镀工艺的关键特性

序号	名称	要求/限制	分号	名 称	要求/限制
1	消除应力	热处理到一定强度（通常为 1 035 MPa）或更高的铁基合金工件,在热处理后进行了机械加工,磨削,校直,成形,校验加载等中的任何一道工序加工时,应在电镀之前进行消除应力	1.1	消除应力的温度	设备定期校验,确保操作精度满足要求
			1.2	消除应力的时间	确保时间满足规范要求
2	除油	工件表面无污染,水膜连续	2.1	碱清洗槽浓度	溶液需定期按规范要求进行分析和维护
			2.2	碱清洗槽温度	确保温度满足规范要求
			2.3	碱清洗浸渍时间	确保时间满足规范要求,并达到水膜连续
3	活化	工件露出均匀新鲜的表面,并且无腐蚀	3.1	酸洗槽浓度	溶液需定期按规范要求进行分析和维护
			3.2	酸洗槽温度	确保温度满足规范要求
			3.3	酸洗浸渍时间	确保时间满足规范要求
			3.4	吹砂介质类型及规格	确保介质满足规范要求
			3.5	吹砂压力	防止工件扭曲变形
			3.6	吹砂至表面处理的时间间隔	干吹砂（<8 h）；湿吹砂（<4 h）
4	电镀	工件应电镀出合格的镀层	4.1	镀液槽浓度	溶液需定期按规范要求进行分析和维护
			4.2	电流密度	确保其数值满足规范要求
			4.3	电镀时间	电镀至规定的镀层厚度
5	除氢	热处理到一定强度（通常为 1035 MPa）或更高的铁基合金工件应在电镀后 4 h 内进行除氢以消除氢脆	5.1	除氢温度	设备定期校验,确保操作精度满足要求
			5.2	除氢时间	确保时间满足规范要求
			5.3	电镀至除氢的时间间隔	<4 h

（续表）

序号	名称	要求/限制	分号	名　称	要求/限制
6	镀后辅助处理	提高镀层的耐蚀性能以及与漆层的结合力	6.1	辅助槽浓度	溶液需定期按规范要求进行分析和维护
			6.2	辅助处理的温度	确保温度满足规范要求
			6.3	辅助处理的时间	确保时间满足规范要求
7	镀层性能	要求满足第2.1.2.2节的质量要求	7.1	外观	满足第2.1.2.2节的质量要求
			7.2	镀层厚度	满足第2.1.2.2节的质量要求
			7.3	镀层附着力	满足第2.1.2.2节的质量要求
			7.4	镀层油漆附着力	满足第2.1.2.2节的质量要求
			7.5	耐蚀性	满足第2.1.2.2节的质量要求
			7.6	硬度	满足第2.1.2.2节的质量要求
			7.7	电导率	满足第2.1.2.2节的质量要求
			7.8	孔隙率	满足第2.1.2.2节的质量要求
			7.9	氢脆	满足第2.1.2.2节的质量要求

律的移动,用适当的溶液湿润需刷镀的区域,然后接通电源,通电时阳极不能停止移动。不允许来回往复做直线运动,否则会引起往复区烧伤。

正确的阳极移动方式　　　　　　错误的阳极移动方式

图 2.9　阳极(镀笔)的移动方式

刷镀时,阳极的包覆层不能有磨损,以避免刷镀笔顶部的金属部分与工件接触,否则会因短路而引起电弧烧伤工件。

为防止刷镀溶液沸腾和避免阳极棉花罩干燥,应让阳极完全被电镀溶液浸透并定期重新浸渍,或用一个挤压瓶保持阳极及镀覆区域润湿。

所有工序之间都需要用水彻底清洗,以免残留镀液而产生相互污染,影响镀层质量。

使用过的刷镀液、腐蚀液、清洗液等工艺溶液,不允许倒回原容器循环使用,并应妥善保管和正确排放处理。

d. 电镀工艺的关键特性。电镀工艺的关键特性如表 2.17 所示。

2.1.2.2　电镀工艺质量要求

对于通过电镀形成的金属镀层,其都应达到最基本的质量要求,即镀层金属本身应结晶细致,在工件表面厚度要均匀或是差异尽可能小及与基体间的结合必须牢固,不允许出现分层、鼓泡或脱落的现象,还应达到一些特殊的功能,如耐蚀性、导电性等。此外,由于批量生产过程中进行电镀的工件数量众多,不可能对每个工件都进行厚度、镀层附着力等测试,需要选择适当的抽样比例来随机检查工件的性能。为此,作者在此列出了一个推荐的抽样方法(见表 2.18)及电镀工艺通常需要达到的质量要求及其相应的控制方法(见表 2.19)。

表 2.18　批生产验收的抽样方法

一批工件的数量/件	抽样检查的数量/件	一批工件的数量/件	抽样检查的数量/件
≤6	全部	151～500	35
7～15	7	501～700	50
16～40	10	701～1200	75
41～110	15	>1200	125
110～150	25		

表 2.19 电镀工艺的质量要求及推荐的控制方法

项目	质量要求	电镀镉	电镀铬	电镀镍	电镀铜	电镀银	电刷镀镉
槽液分析	检查频率	按质量控制文件定期分析槽液,记录分析和试验结果,溶液分析报告,质量符合性试验和槽液操作记录(如添加或排放)应予以保存以备检查					
	测试方法	依据槽液成分及分析项目确定溶液分析方法					
	控制要求	槽液成分应在规定范围限制内					
外观	检查频率	100%工件					
	测试方法	工件应在天然散射光线或无反射光的白色透射光光线下进行裸眼目视检查,光的照度应不低于300lx(即相当于工件放在40W日光灯下,距离500mm处的光照度)。必要时允许用3～5倍放大镜检验					
	控制要求	(1) 电镀镉层应光亮、均匀、连续,颜色均匀,无不允许有气泡、起皮、结瘤、凹坑和黑斑 (2) 经铬酸盐转换膜处理的镀镉层应呈浅金色到褐色 (3) 不能滚镀工件,允许有一圈螺纹没有镉层	电镀铬层应光滑、均匀、颜色均匀、无不允许有气泡、夹皮、烧伤、回坑、碎渣、裂纹、杂泡或磨削气泡或其他可见缺陷	电镀镍层在机加或磨削之前,应没有任何的烧伤;机加或磨削之后,应光滑,没有针孔、凹坑、结瘤和其他缺陷	电镀铜层应光滑,结晶细致,结合力好,并无裂纹、凹坑、结瘤及其他缺陷	电镀银层必须有细微的晶粒,且晶粒细小,光滑、规则,一致、不能有裂纹、小孔及其他缺陷	(1) 电刷镀镉层表面目视检查应是平滑、规则,无晶粒细小,无裂纹、小孔,起泡、烧伤、起泡或其他缺陷 (2) 经铬酸盐辅助处理后,其表面应平滑,并带有彩虹色的青铜色至棕色,黄褐色或黄色
镀层厚度	检查频率	每批在工件上检查,可进行抽样检查(参考的抽样方法见表2.18)。若客户允许,也可以选择在随槽试片上进行					
	测试方法	(1) 按照对待测镀层的破坏程度进行分类,厚度测量通常分为非破坏性测量和破坏性测量,前者可用于工件或试片,后者只允许用于试片。非破坏性测试通常包括磁性测量(如ASTM B499[19]或ISO 2178[20]),涡流法,对于厚度较高的镀层(如ASTM E376[18], ASTM B567[22])或X射线法(如ASTM B568[23]等,β射线背散射法(如ASTM B244[21])等					

（续表）

项目\质量要求	工艺	电镀镉	电镀铬	电镀镍	电镀铜	电镀银	电刷镀镉
镀层厚度	测试方法	层（如镀铬层），也可用千分尺进行测量；而破坏性测量则有金相测厚法（如ISO1463[24]或ASTM B504[26]）等，这类方法求得的测量结果更为准确可靠 (2)若使用库仑法，测试前应去除辅助处理（如铬酸盐或磷酸盐）膜层。对于磷酸盐镀层可使用细研磨料（用手指蘸取软膏状氧化铝粉）擦去铬酸盐膜层[27] (3)测量镀层厚度时，至少测量3点，任意点的测量值都应在规定的范围内，测量不同位置至少测量3点的±10%					(ASTM B487[25])或库仑法（ASTM B504[26]）等，这类方法求得的测量结果更为准确可靠 对于铬酸盐镀层或磷酸盐膜层，用手指蘸取磷酸软膏状氧化铝粉擦去铬酸盐膜层；对于磷酸盐镀层可将试样浸入10%的NaOH溶液中或用橡胶沉淀擦洗去磷酸酸膜层；对于磷酸盐镀层可将试样浸入10%的NaOH溶液中或用橡胶擦洗至少至大于被测厚度 测量精度需至少至大于被测厚度
	控制要求	(1)能用直径20 mm的小球接触的可见区域，镀层厚度应满足客户要求 (2)直径为20 mm的球触及不到的工件表面（如孔、槽、缝内表面，镀层厚度通常不作要求。对于镀铬，直到基体金属					
	试样	合金钢，3块，25 mm×100 mm×1 mm（厚）					合金钢，可采用φ25×100 mm的圆棒
镀层附着力	检查频率	仅在试片上进行，检查频率为每周1次或每个工作日					
	测试方法	(1)可按照ISO2819[28]等方法进行划格试验 (2)或通过尖棱、刀子、刮刀等割划镀层直到基体金属 (3)或将试样夹在台钳上伸出部分来回弯曲180°，直到基体金属（或）镀层出现断裂 (4)对于电镀铬层，允许在磨削后目视检查复镀铬层					
	控制要求	当用4~10倍放大镜检查时，镀层既不能与金属基体分离也不能与任何中间预镀层分离					
	试样	合金钢，3块，25 mm×100 mm×1 mm（厚）					
镀层油漆附着力	检查频率	每批在工件上检查，可进行抽样检查（参考的抽样方法见表2.18）。试片检查频率为每周1次或每个工作日					
	测试方法	在电镀后24 h内喷涂底漆，漆层固化后，将胶带（如Scotch 250#）一端贴在工件表面上，稳定加压使胶带具黏性的表面与工件漆层表面完全附着，接近60°角度的方式，将胶带从喷漆面揭开（如ISO2409[29]） 在5 min内以恒定速率，将胶带从喷漆面揭开（如ISO2409[29]）					
	控制要求	漆层应无脱落现象	不适用	不适用	不适用	不适用	漆层应无脱落现象
	试样	合金钢，3块，25 mm×100 mm×1 mm（厚）	不适用	不适用	不适用	不适用	合金钢，3块，25 mm×100 mm×1 mm（厚）
耐蚀性	检查频率	每月1次或每个工作日	每月1次或每个工作日	每月1次或每个工作日	每月1次或每个工作日	每月1次或每个工作日	每月1次或每个工作日

（续表）

项目	质量要求 \ 工艺	电镀镉	电镀铬	电镀镍	电镀铜	电镀银	电刷镀镉
耐腐蚀性	测试方法	试片上进行。电镀至一定厚度（通常为 8～15 μm），室温下至少老化 24 h，之后连续进行一段时间的盐雾试验（如按 ASTM B117[30] 或 ISO 9227[31]），应无白色腐蚀物或红色腐蚀物。有些镀层可能会经铬酸盐辅助处理后再进行耐蚀性测试					
	控制要求	≥96H	≥336H	≥200H	不适用	不适用	≥96H
	试样	合金钢,3 块,150 mm×100 mm×1 mm(厚)					
	检查频率	每月 1 次或每个工作日					
硬度	测试方法	可按照 ISO4516[32] 或 ASTM B578[33]，在 100 g 或 300 g 的载荷下，横向测量镀层中部的显微硬度					
	控制要求	不适用	≥维氏(HV)700	≥努氏(HK)400	不适用	不适用	不适用
	试样	合金钢,3 块,25 mm×100 mm×1 mm(厚)					
	检查频率	每月 1 次或每个工作日					
电导率	测试方法	试片上进行。采用毫欧级的仪器对镀银层进行电阻测试，两测试点间的距离为 20 mm					
	控制要求	不适用	不适用	不适用	10 mΩ	不适用	不适用
	试样	合金钢或铜合金,3 块,25 mm×100 mm×1 mm(厚)					
	检查频率	每个工作日					
孔隙率	测试方法	工件上进行。将浸渍丁溶液(10 g 铁氰化钾,5 g 氯化钠,加水至 100 mL)的定性滤纸料贴在待测试工件的表面上，放置 5 min					
	控制要求	不适用	不适用	不适用	不出现蓝点	不适用	不适用
	试样	不适用					
	检查频率	每批					
氢脆	测试方法	试片上进行。一般来说，影响氢渗透的测试和研究方法主要包括两种：一种是物理或化学的影响，如测氢仪法，主要用于电镀生产的日常维护和研究不同工艺对材料氢脆性的影响；另一种是用力学性能和金属物理性能方法测定氢对材料产生的影响（如 ASTM F519[34] 等）或慢弯曲法。静拉伸法如下：					
	控制要求	不适用	不适用	不适用	不适用	不适用	不适用
	试样	不适用					
	检查频率	每月 1 次或每个工作日					

（续表）

项目	质量要求＼工艺	电镀镉	电镀铬	电镀镍	电镀铜	电镀银	电刷镀镉
氢脆	测试方法	（1）用钢棒热处理至一定强度或用与生产工件相同的材料热处理至高于或等于工件的强度水平，按试验规范要求加工缺口试样 （2）机械加工以后，所有试样（包括参考试样和氢脆试样）在(190±10)℃下烘烤4 h，以去除残余应力，然后磁粉检查有无裂纹 （3）参考试样应加工缺口但不进行电镀，并承载拉伸试验，以确定它们的平均极限抗拉强度。一般来说，该数值可最多用于一批200个氢脆试样 （4）氢脆试样应进行电镀，并在4 h内于(190±10)℃下消除氢脆23 h （5）将氢脆试样置于极限抗拉强度的75%的载荷下承件下承载一定时间，与未电镀试样进行对比后判定 （6）如果所有拉伸试样均无裂纹或开裂（在至少10倍的放大镜下观察，外表面无可见裂纹），则试验合格					
	控制要求	≥200H	≥200H	不适用	不适用	不适用	≥200H
	试样	合金钢，3根氢脆试样＋6根参考试样，规格按测试方法（如ASTM F519[34]等）的要求进行加工					

2.1.2.3 电镀工艺常见故障及其排除方法

电镀工艺涉及工序较多,因而出现故障的原因也错综复杂,作者在此列了一些常见的故障(见表2.20),并提出一些原因分析以供参考。

表 2.20   电镀工艺常见故障及其排除方法

序号	故障描述	故障原因分析	排除方法
1	镀层起泡	前处理不彻底 氰化物含量过高 工件未带电下槽,局部未镀上 镀件有较大的残余应力	检查水膜不破 降低氰化物含量 工件先通电,再下槽 镀前消除应力
2	工件或拉伸试棒脆性断裂	镀前未消除应力 酸洗时间过长 除氢不及时 除氢温度或时间不够 试验时试棒未同轴安装	检查生产原始记录 缩短酸洗时间或改为吹砂 检查生产原始记录 检查除氢温度记录 同轴度校验
3	镀层结合力不合格	清洗不彻底 金属离子浓度偏高 镀液受杂质污染 待镀基体表面光洁度太高	检查水膜不破 调低金属离子浓度 过滤镀液 吹砂或增加酸洗时间
4	镀层边角疏松、发毛,中间正常	边角电力线过大	边角部位进行阴极保护
5	镉镀层发暗	镀液中有铅、银等杂质 光亮剂不足 温度低	过滤杂质 分析光亮剂浓度 提高温度
6	铬镀层呈灰黑色	电流密度过低,未考虑工装夹具及辅助阳极	设计工装夹具及辅助阳极
7	铬镀层剥落	前处理不彻底 中途断电 工件入槽未充分预热 SO_4^{2-}浓度太高	加强镀前处理,检查水膜不破 阳极处理或小电流处理 充分预热 用$BaCO_3$沉淀去除
8	镀铬层产生可见裂纹	H_2SO_4含量过高 工件表面有应力 槽液温度过低	加$BaCO_3$去除多余的H_2SO_4,过滤槽液 进行热处理去除表面应力 提高槽液温度
9	铜镀层粗糙	铜盐浓度过高 电流密度过高 镀液温度偏低	降低铜盐浓度 降低电流密度 提高镀液温度
10	铜镀层呈暗红色	游离NaCN含量不足 镀液被六价铬污染	添加NaCN 用保险粉法处理镀液

（续表）

序号	故障描述	故障原因分析	排除方法
11	铜镀层结合力差	前处理不足	加强镀前处理,检查水膜不破
		游离 NaCN 含量过高	添加 CuCN
		游离 NaCN 含量过低而电流密度过大	分析并调整 NaCN 含量,调整电流密度
		镀液被六价铬污染	用保险粉法处理镀液
12	镍镀层发雾	脱脂不充分	加强镀前处理,检查水膜不破
		镍离子 Ni^{2+} 浓度过低	补充硫酸镍
		存在有机杂质	活性炭处理
13	银镀层粗糙、发黄	银含量偏高	稀释镀液
		游离氰化物不足	补充氰化钾
		碳酸盐偏高	沉淀法去除
14	银层厚度较薄或不均匀	温度太低	升高温度
		银离子含量低	补充氰化银
		镀液浓度不均匀	加强阴极移动或搅拌

2.1.3　航空制造领域新兴电镀技术

2.1.3.1　电镀技术在航空制造领域的应用现状及发展趋势

随着民用飞机性能和寿命的提升,以及全球对环保的越发重视,发展高耐蚀性、低氢脆性的环保防护工艺,特别是无氰电镀、绿色代铬代镉技术的研究是将来航空制造业的发展趋势。

由于氰化物有极强的络合能力,阴极极化作用大,镀层结晶均匀细致,镀液稳定便于维护,因此在电镀工业上普遍应用。然而,氰化物为剧毒物质,其致死量仅为5 mg,在药品的购买、储存和使用上都必须采取严格的控制措施[35],为电镀时的生产、管理及含氰废水的处理等方面都带来了巨大的麻烦和隐患,因此研发出高性能镀层的无氰电镀技术以取代这种有毒工艺是未来一个重要的发展方向。

传统的电镀铬技术,由于严重污染环境,并且能耗较大,在空客公司最新研发的A350 飞机上都已不再使用,转而采用热喷涂 CoCrMo 涂层替代电镀铬,美国波音B767 和 B777 飞机起落架也采用了高速火焰喷涂技术（high velocity oxygen flame,HVOF）。该技术将在本书 2.5 节详细介绍。

传统的电镀镉技术在电镀过程中不仅含镉的污染物,还含氰化物这类剧毒物质,因此无氰电镀镉钛和电镀锌镍合金、离子镀铝等新兴代镉涂镀工艺已逐步取代传统电镀镉,这些技术在 B767 客改货、B787 和空客 A350 上均已应用。

2.1.3.2　电镀镉钛

电镀镉钛是目前国内外对高强度钢防护所采用的较理想的一种防护方法。槽液不含光亮剂,镀层比较疏松,镀层中含有 0.1%～0.7%(质量分数)的钛,具有高耐蚀性、低氢脆性的优点,允许使用温度不超过230℃,但对于使用强度高、使用寿命很长的超高强度钢工件,使用温度应降低到210℃以下。美国波音公司采用了氰化镀镉钛工艺并形成了工艺标准和航宇材料标准 AMS 2419[38],在不含光亮剂的氰化镀镉基础上添加一种不稳定的过钛酸盐(钛膏),使镀层成为钛占 0.1～0.7 的镉钛合金。而国内已研发出了无氰镀镉钛,用盐酸溶解钛膏后加到中性铵盐镀镉溶液中,从而获得镉-钛合金镀层。两者获得的镀层性能技术指标基本一致,相比之下,无氰镀镉钛更为环保,钛盐可以一次配制入槽,而且镀液稳定,并不需要循环过滤,因而在国内航空领域得到广泛应用[39]。

涂贵生提供了一种镀镉钛工艺的溶液配方,如表 2.21[40] 所示。

表 2.21　电镀镉钛的镀液配方

组　分	配　方	组　分	配　方
金属钛/(g/L)	2～5	氯化铵/(g/L)	100～130
金属镉/(g/L)	15～25	醋酸铵/(g/L)	20～30
乙二胺四乙酸/(g/L)	30～40	pH	6～7
氨三乙酸/(g/L)	100～130	槽液温度/℃	15～53

与传统的氯化铵镀镉相比,无氰镀镉钛工艺具有较多优点,如表 2.22 所示[36, 41]。

表 2.22　氯化铵镀镉与无氰镀镉钛的工艺性能对比

项目＼特点＼工艺	氯化铵镀镉	无氰镀镉钛
槽液维护	不允许有杂质,维护较难	对杂质的容忍能力稍强
微观形貌	形状较规则的小块状晶粒,尺寸均匀、细致,镀层较致密,基本无裂纹与孔洞	镉-钛镀层表面存在微裂纹,表面为细小的颗粒,同时有少量的小片状结晶
耐蚀性能	≥842h 中性盐雾	≥842h 中性盐雾,略为优异
氢脆性能	11h 断裂(40CrNi2Si2MoVA)	200h 未断(40CrNi2Si2MoVA)
环保性能	含有剧毒氰化物,严重污染环境	不含氰化物,对环境影响小

汤智慧等认为,镉-钛镀层的优异低氢脆性能一方面归功于镀层的微裂纹多孔隙结构,这种结构有利于除氢时渗入到钢基体中的氢的逸出;另一方面归功于镀层成分中的钛。因为 1 个钛原子还原要消耗 4 个氢原子,因而镀层中的钛沉积时消耗了大量氢原子。此外,由于钛对氢有较强的吸附作用和亲合力,氢在钛中的溶解度很大,造成电镀后镀层中氢含量较高。也正是因为钛对氢的吸附作用,氢处在钛原子周围的间隙位置上,可能形成 TiH_2 分子,使氢成束缚状态,即镀层中的氢并不是

不受束缚可自由运动的活动氢。镉-钛镀层中钛的上述作用再加上镉-钛镀层结构存在的微裂纹孔隙结构,使得镀层具有好的低氢脆性能[41]。

而镉钛槽液中 Cd、Ti 与 EDTA、NTA 的相对含量,NH₄Cl 含量,槽液中钛离子的存在形式,有机物污染,槽液接触铁、铜等金属是影响镀镉钛槽液氢脆性的主要因素。通过调整槽液中 Cd 与 EDTA、Ti 与 NTA 的相对含量和 NH₄Cl 的含量,对槽液进行活性炭过滤(去除有机物),槽液进行通电处理(去除铜离子),槽液通电及使用后逐滴搅拌加入 2~5 mL 的过氧化氢(促使 Ti^{3+}、Ti^{2+} 转化为 TiO^{2+})能对槽液氢脆性实施有效的控制[42]。

2.1.3.3 新兴代镉涂镀层

镉电镀层长期以来一直用于飞机上频繁开关的紧固和连接件表面,主要是因为这种涂层的低摩擦系数和抗电偶腐蚀性。然而民用飞机领域,钛-铝、钛-钢及钢-铝合金的接触形式会存在严重的电偶腐蚀倾向,钢制零件等采用镀镉、镀镉-钛处理可减轻或避免电偶腐蚀,但从安全角度出发,一方面温度高于230℃时高强度钢存在镉脆的危险,另一方面钢-镉-钛合金的接触形式也会存在钛合金镉脆的危险。另外由于镉的化合物具有程度不同的毒性,用任何方法从废水中去除镉,只能改变其存在方式和转移其存在的位置,并不能从根本上消除其毒性,所以滥用镉对环境和人类带来的危害是触目惊心的。国内外对镉的使用都制定了极为苛刻的规定,我国规定的镉最高排放标准为 0.1 mg/L[125]。工信部 2015 年 11 月发布了《电镀行业规范条件》,将民用镀镉工艺划归为淘汰工艺,有些地方环保部在定期检查时已提出该问题,要求厂家给出停止排放的计划。正因如此,电镀镉已成为亟待需要淘汰的表面处理技术之一,环保代镉技术的应用势在必行。

目前新兴代镉技术分为铝系涂层和锌系涂层两大类,而这两大类中技术方法也很多。具体方法和涂层种类如表 2.23 所示。热喷涂、电弧喷涂和冷喷涂方法制备的涂层相对较厚,从几十微米到毫米级,而一般用于耐蚀的镀镉层仅几个微米。冷热喷涂方法所得涂层相对厚而且耐磨,但结合力较差。铝涂料相对方法简单,但是物理方法施涂相对于原位生长的镀镉层,与基体的结合力较差,其应用也受到限制。因此目前为止,电镀锌-镍、离子镀铝和无水电镀铝等技术用于替代电镀镉更具技术优势,这三项技术的对比分析如表 2.24 所示。

表 2.23 代镉方法和涂层种类

涂层分类	具体涂层材料及制备方法
铝系涂层	离子镀铝(IVD Al):IVD Al+NCP
	IVD Al+650E
	无水电镀铝(Ed Al):有机溶剂体系
	离子液体体系
	Sermatech:Al 962+570
	Al 962+1661

（续表）

涂层分类	具体涂层材料及制备方法
铝系涂层	热喷涂铝：Al HVOF 电弧喷涂铝：Al ARC 冷喷涂铝(Cold spray)：Al 　　　　　　　　　　Al - 50％Zn 　　　　　　　　　　Al - 20％Zn
锌系涂层	电镀锌镍：Zn/Ni(15％Ni) 冷喷涂(Cold spray)：Zn 　　　　　　　　　　Zn - Ni

表 2.24　离子镀铝、电镀锌-镍和无水电镀铝技术对比

推荐技术	技术特点	应用现状
离子镀铝 （IVD Al）	无污染； 无氢脆； 耐蚀性与镀镉相当； 使用温度可达 496℃； 偶接性能好； 能够与燃油、润滑油接触	国内技术成熟、标准完善（HB、QAVIC 等）， 并已在大运等型号装机使用
电镀锌-镍	无氰体系，无污染； 耐蚀性优于镀锌，略低于镀镉； 使用温度有限制； 对高强度钢适用性不佳（氢脆）	国外成熟技术，已在 Boeing 正式使用；国内部 分应用，尚未推广
无水电镀铝	无水溶液电镀，对水氧敏感； 无氢脆； 耐蚀性与镀镉相当或更好； 无需真空设备； 使用温度较高； 偶接性能好； 能够与燃油、润滑油接触； 能够适用于复杂零件电镀铝	有机溶剂体系：苯基溶剂，有污染及爆炸风 险，安全性要求高；美军已在 F - 35 等众多机 型开展验证试验，国外有成熟商用产品； 离子液体体系：绿色无污染，国内外正开展研 究，是未来重点发展方向

　　离子镀铝目前最为成熟，在型号上也有应用，但离子镀铝需要昂贵的设备，对工件的尺寸和形状复杂程度有要求，无法用作大型构件处理。电镀锌镍目前波音公司已有成熟的工艺规范，但电镀锌镍涂层的耐蚀性比镀镉略差，且存在高强钢上的氢脆隐患，溶液稳定性和调整维护相对复杂，在波音的飞机中应用也仍在尝试阶段。无水电镀铝，包含有机液体电镀铝和离子液体电镀铝，是空客最新的发展方向。这种方法溶液中不含水，完全杜绝氢脆隐患；此外，也有试验结果表明其耐蚀性可与镀镉相当。有机液体电镀铝美国军机有型号应用，但这种方法存在爆炸风险，安全方面不适合扩大生产，目前基本被离子液体电镀铝方法替代。离子液体电镀铝目前仍

存在溶液稳定性和电镀过程的气氛控制等方面的因素尚需进一步研究。

1）离子镀铝

离子镀铝（IVD）是通过离子镀的方法在基体表面获得结合力良好的均匀纯铝涂层，最早于 20 世纪 70 年代由麦道公司研究成功。离子镀铝涂层是一种应用前景广阔的代镉涂层，美军标 MIL-STD-1568A 规定，离子镀铝可作为钢铁零件的代镉工艺。离子镀铝涂层突出的优点是：与铝构件电偶相容性好，用于连接铝构件的紧固件防护不会产生电偶腐蚀；无氢脆，可用于高强度钢和钛合金的低氢脆防护；不会引起基体疲劳性能下降，对基体材料的机械性能不会产生不利影响；允许使用温度可达 496℃，可用作中温防护层；可用于解决与钛合金接触的零件的电偶腐蚀；替代镉镀层，可避免与之接触的钛合金镉脆；无毒和环保等。因此离子镀铝特别适于与铝合金接触的钢和钛合金零件的防护，目前在国外已被广泛用于钢和钛合金紧固件的防护，此外 F/A-18 和 AV-8B 等飞机起落架、B767 和 DC-10 发动机吊架等零件都采用离子镀铝防护。不过，离子镀铝需要昂贵的设备，对工件的尺寸和形状复杂程度有要求，并且镀层的摩擦系数较高，润滑性不如镀镉层，用于紧固件防护时不如镀镉层和锌镍合金镀层。

2）电镀锌-镍

锌系涂层中冷喷涂工艺将在 2.5.3.4 中详细介绍，冷喷涂由于设备方面的原因应用不广，电镀锌-镍合金在航空制造领域的优势更为明显。1984 年，美国波音公司提出用锌-镍合金替代现行的镉镀层。他们将松孔镀镉作为高强度钢防护的第一代镀层，镉-钛镀层为第二代镀层，锌-镍合金镀层为第三代镀层。他们在铵盐型锌-镍合金镀液的基础上成功研制了一种专利添加剂，解决了高强度钢的低氢脆问题[43]，目前该工艺已在波音 B787、空客 A350 飞机上进行应用，而在国内虽有相关一些报道，技术却尚未完全突破，仍仅限于民品应用领域。

锌-镍合金电镀液镀液成分简单，易于维护，总体分为碱性（氰化物型）和弱酸性（硫酸盐型、氯化物型、硫酸盐-氯化物型、焦磷酸盐型、醋酸盐型、氨基磺酸盐型等）两种类型，其工艺特点比较如表 2.25 所示。

表 2.25　弱酸性型和碱性型镀锌-镍工艺的比较

项目 ＼ 类型	弱酸性	碱 性
分散能力	差	好
电流效率	较高，95% 以上	较低，60%～80%
镍层含量	质量分数在 13% 以上	质量分数介于 6%～9%
污水处理	简单	复杂
成本	对设备腐蚀性大，成本高	对设备腐蚀性小，成本低

商红武[45]在几种典型溶液配方的基础上，采用赫尔槽（250 mL）实验，通过小槽

电镀实验以及镀液性能、镀层性能测试,最后分析对比确定出最佳溶液成分及工艺条件(见表2.26),中性盐雾试验表明,镀层厚度为 $12\,\mu m$ 和 $6\,\mu m$ 时经 96h 无白锈生成,经 240h 无红锈生成。此外,他还提出镀锌镍工艺的除氢温度应达到 $220\,℃$,以获得更优异的除氢效果。

锌-镍合金镀层中含镍 $6\% \sim 20\%$,镀层含有微裂纹结构,经除氢后不仅氢脆敏感性很低,而且耐蚀性优异,明显优于锌镀层和镉镀层。随着镍含量的增加,其耐蚀性能也增强,其中镍含量在 $10\% \sim 15\%$ 的合金镀层韧性好,耐蚀性高,综合性能也很好。如果镍含量继续增加,镀层的脆性也会增加。此外,镀层与基体的结合力好,并且有较好的可焊性,可替代镉-钛镀层,毒性低,有利于环境保护。另一方面,锌-镍合金镀层的润滑性与铜镀层相当,可适用于紧固件[46]。

表 2.26 电镀锌-镍的工艺条件

电镀锌-镍	组　分	配　方
镀液配方	氯化镍	110 g/L
	氯化锌	100 g/L
	氯化钾	200 g/L
	硼酸	25 g/L
	醋酸铵	90 g/L
	AS 903	3 ml/L
	pH 值	5.0~5.5
工艺条件	槽液温度	38~42℃
	电流密度	3—4 A/dm²

3) 无水电镀铝

铝及铝合金在水溶液中电沉积是不可能的,因为在水溶液中,Al^{3+}/Al 的标准电极电位约为 $-1.66\,V$(相对于 NHE),远比氢更负,氢气会在 Al^{3+} 之前被还原出来。因此,铝及铝合金的电镀只能在非水溶液体系中进行,目前可用于非水电镀铝的体系主要有三种:无机熔融盐体系、有机溶剂体系、离子液体体系。无机熔融盐体系是将金属盐类高温熔化,作为电解质进行电解,此体系所需的温度很高(>1000℃),对设备有腐蚀性,并会对基体的力学性能产生不利影响。有机溶剂体系主要以苯、甲苯、醚类、二甲基砜类等有机物为溶剂,此体系是目前仅有的商用电镀铝技术,工艺相对成熟,可在室温下进行电镀。但缺点也十分突出,首先只能够电镀纯铝层,其次镀液制备复杂,需要完全密封的操作空间、性能不稳定、寿命较短,并且镀液对人体和环境有毒性,苯类镀液易燃、易爆、易挥发、易潮解。这些都使其应用受到相当大的限制,成本很高。

采用离子液体作为槽液,电镀纯铝及铝合金技术是一种先进的表面处理技术,主要是针对钢、钛等零件,用于替代传统的镀镉钛或镀镉工艺。与其他类型沉积铝的技术(离子镀铝、磁控溅射铝技术、无机熔融盐电镀、有机溶剂体系电镀等)相比,离子液体电镀铝及铝合金技术具有突出的技术先进性和性能优越性。离子液体是一类相对新的化合物,由特定有机阳离子和阴离子构成的在室温或接近室温下呈液态的离子化合物。采用离子液体作为电解液进行铝及铝合金的电镀,具有以下几点优势:

(1) 无氢脆:由于离子液体体系中完全不存在水,所以在离子液体中的电镀过程不会对基体金属,尤其是钢铁,产生任何氢脆隐患。

(2) 耐蚀性优异:相关研究已经表明,离子液体电镀铝合金镀层能够经受中性盐雾试验长达 1500 小时。

(3) 无接触腐蚀:铝及铝合金作为金属的表面镀层,能够与大多数的常用金属相容连接,而不会发生接触腐蚀。

(4) 绿色环保:整个电镀过程不含重金属、Cr^{6+}、强酸强碱等;离子液体电镀液具有高度稳定性,不易燃烧、爆炸;离子液体的蒸气压低,不会向环境中挥发。

(5) 液体状态温度范围宽:一般在 183~573 K 之间,可以通过调整温度来控制反应条件。

(6) 电化学窗口较宽:离子液体的电化学窗口可达 3~5 V,因此离子液体的电化学稳定性好,能够为金属电沉积提供更有利的条件。

(7) 离子液体中常用于电镀铝合金的卤化物盐的熔点较低,一般都在 100℃ 以内,甚至接近室温,因此采用离子液体电镀可以在室温下操作,减少能耗和副反应。

2.2　阳极氧化

零件作为阳极在相应的电解液和特定的条件下,施加外加电流,在其表面上形成一层氧化膜的过程称为电化学氧化(electrochemical oxidation)。由于零件在电化学过程中做阳极,所以又叫阳极氧化(anodic oxidation),简称阳极化。阳极氧化膜的厚度可达几十到几百微米,赋予材料表面耐腐蚀、装饰、绝缘、耐磨、耐热、高硬度、黏结等性能,普遍用于有色金属的表面处理。

2.2.1　概述

铝在全球的产量仅次于铁,它在大气中具有良好的耐蚀性,但纯铝的强度低,所以只有通过合金化成各种铝合金才可作为结构材料使用。铝合金的突出特点就是密度小、强度高,目前铝及其合金材料已广泛地应用于建筑、航空和军事等领域中。图 2.10 标明了 C919 大型客机关键材料选用部位及比例,由图可见,民用飞机目前最广泛应用的是铝合金(约 60%)。铝及其合金在自然条件下表面形成一层氧化膜,然而这种膜非常薄、易破损,尤其是在酸(碱)性条件下迅速溶解,极大地降低它的抗腐蚀能力。因此,国内外研究人员运用各种方法对其进行表面处理,以提高它的综合性能,并取得了很大进展。铝阳极氧化技术能提高铝及铝合金的耐蚀性,保持其耐磨性和天然的光泽持久,扩大其应用范围。铝阳极氧化工艺最早出现于 20 世纪20 年代,到 50 年代已经广泛地使用,至今已日趋完善。故本节重点介绍铝及其合金的阳极氧化。

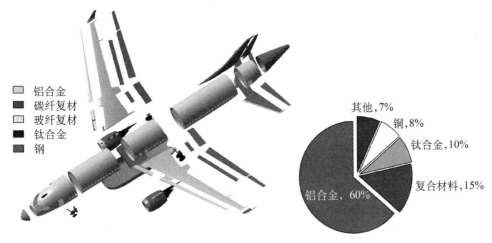

图 2.10　大型商用飞机关键材料选用部位及比例

2.2.1.1　铝及铝合金阳极氧化机理

阳极氧化时,铝合金零件在电解槽中作为阳极连接到外接电源的正极,电解槽的阴极连接到外接电源的负极,通过外加电压维持阳极氧化。在强的外加电压的影响下,Al原子自金属点阵中逸出并越过金属(阳极)/氧化物界面进入氧化膜,向外迁移(或扩散),而在电解液/金属界面上水发生电解,形成初生态的氧[O],以相反的方向迁移(或扩散),当它们相遇时,发生氧化反应就形成了 Al_2O_3 氧化膜。

在阳极发生的反应如下:

$$H_2O - 2e \longrightarrow [O] + 2H^+$$
$$2Al + 3[O] \longrightarrow Al_2O_3$$

在阴极发生的反应如下:

$$2H^+ + 2e \longrightarrow H_2 \uparrow$$

同时酸对铝和生成的氧化膜进行化学溶解,其反应如下:

$$2Al + 6H^+ \longrightarrow 2Al^{3+} + 3H_2 \uparrow$$
$$Al_2O_3 + 6H^+ \longrightarrow 2Al^{3+} + 3H_2O$$

氧化膜的生成与溶解是同时进行的,氧化初期,膜的生成速度大于溶解速度,膜的厚度不断增加;随着厚度的增加,其电阻也增大,结果使膜的生长速度减慢,当膜的生长速度与膜的溶解速度相等时,膜的厚度才为一定值。阳极氧化膜的生长过程可以通过阳极氧化的电压-时间曲线来说明,如图2.11所示。

整个阳极氧化电压-时间曲线大致分为3段:

第1段A:阻挡层形成。曲线 ab 段,通电瞬间,电压由零急剧增至最大值,该值称为临界电压。此时在阳极表面形成了致密无孔的薄膜层,它具有较高的绝缘电阻,阻碍膜层厚度的增加,称为阻挡层。阻挡层的厚度与形成电压成正比,与氧化膜

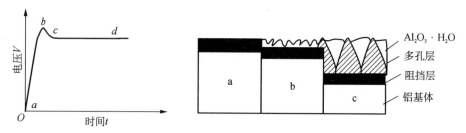

图 2.11　铝阳极化特性曲线与氧化膜生长

在电解液中溶解速度成反比。

第 2 段 B：多孔层形成。曲线 bc 段，电压达到最大值以后，开始有所下降。这表明阻挡层开始被电解液溶解。膜层的某些部位由于溶解较多，被电压击穿，出现空穴，这时电阻小而电压下降。

第 3 段 C：多孔层增厚。曲线 cd 段，经过大约 20 s 的阳极氧化，电压开始进入平稳而缓慢的上升阶段，这表明阻挡层不断被溶解形成多孔层的同时，新的阻挡层又在生长，也就是说多孔层在不断地增厚，在每一个膜胞的底部进行着膜的生长和溶解过程。当膜的生长速度和溶解速度达到动态平衡时，即使氧化时间再继续延长，氧化膜的厚度也不会再增加，该平衡到来的时间越长，则氧化膜越厚。

2.2.1.2　铝及铝合金阳极氧化膜的组成与结构

传统的铝及铝合金阳极氧化方法根据电解液类型不同可大体分为两大类，如图 2.12 所示。

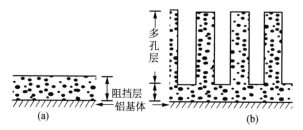

图 2.12　阳极氧化膜截面结构

(a) 阻挡型氧化膜　(b) 多孔型氧化膜

第 1 类是中性溶液(pH 5～7)阳极氧化法，如在硼酸-硼酸钠混合水溶液或酒石酸铵、柠檬酸水溶液中的阳极氧化法。这类方法制得的一般是阻挡型氧化膜(barrier type anodic oxide)。阻挡型氧化膜结构并不是均匀层，而是多层结构。紧靠铝基体的阻挡层是接近纯粹的非晶态 Al_2O_3，中间层夹杂着弥散分布晶态 γ'-Al_2O_3。最外层则含有较多的电解质阳离子。氧化膜晶化程度随电流密度下降而增大，随阳极电位升高而增大，且晶态 γ'-Al_2O_3 较非晶态 Al_2O_3 有更高的介电稳定性。

第 2 类是酸性溶液阳极氧化法，如硫酸法、草酸法、铬酸法和磷酸法等。这种方法制得的为多孔型氧化膜（porous type anodic oxide），其外观良好，并且具有很好的防腐蚀性能和耐磨性能，它是工业生产中的主要阳极氧化方法。多孔氧化膜由两层膜组成，如图 2.13 所示的 Keller 模型，紧靠基体铝的一层为阻挡层，外面的一层为多孔层，它是由中央有圆孔的六方形棱柱体构成。阻挡层为非晶态 Al_2O_3 膜，质地致密而薄、硬度高，外层为靠近电解液一边的水化的、多松孔状的由 Al_2O_3 和 $Al_2O_3 \cdot H_2O$ 形成的膜，硬度低。

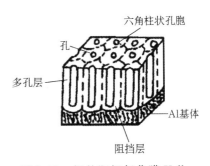

图 2.13　铝的阳极氧化膜 Keller 模型

多孔层的厚度取决于阳极氧化时间、电流密度和电解液温度等，阳极氧化时间越长，电流密度越大，则多孔层越厚[47]。而多孔层的孔径大小则与电解液种类有关，一般硫酸膜、草酸膜、铬酸膜孔径依次增大[48]。此外，在氧化期间采用突然降低电压或突然增加电压的方法，可以得到具有分子结构的氧化膜[49]，如图 2.14 所示。从图 2.14（a）可以看出，当电压突然降低，膜孔在某一个分支点上形成分支；从图 2.14（b）可以看出，当电压突然增加，膜孔在某一个结点上形成会聚。根据膜孔在某一个点上分支或会聚的原理可以人为地控制整个氧化膜层各个邻位膜孔的大小。

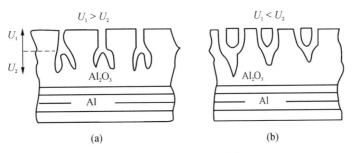

图 2.14　氧化膜孔隙分支

综上，描述氧化膜结构性能的参数有氧化膜孔径、孔密度、厚度、膜的晶型等。阳极氧化膜的组织结构受电解液类型、工艺参数及氧化前处理等多种因素决定，通过改进阳极氧化工艺可人为地控制氧化膜结构与特性，从而改善其使用性能。

2.2.1.3　铝及铝合金阳极氧化膜的性质和用途

铝及铝合金在工业生产中的主要阳极氧化方法是酸性溶液氧化法。依其所采用的电解液不同，主要有硫酸、铬酸、草酸、磷酸阳极氧化之分；按硫酸阳极化所采用的工艺条件不同，又有普通阳极氧化和硬质阳极氧化之分。瓷质阳极化在民用飞机制造领域应用不多，本书不做详述。各类阳极氧化膜层性质、用途及其工艺特点如表 2.27 所示[4,50]。

表 2.27　各类阳极氧化膜层性质、用途及其工艺特点

性质和用途 项目 \ 工艺	硫酸阳极化 普通硫酸阳极化	硫酸阳极化 硬质阳极化	铬酸阳极化	草酸阳极化	磷酸阳极化
颜色	浅黄至黄绿色	灰色至黑色	浅灰或深灰	深灰或灰绿	偏振光检查
厚度/μm	5~20	40~60,最厚可达300	2~5	8~20,最厚可达60	0.2~3
硬度	较高	纯铝 HV1 200~1 500;铝合金 HV250~500	较低	较高	—
设计选用依据	(1) 具有较高的耐蚀性 (2) 经硫酸阳极化处理后零件尺寸稍有增大 (3) 膜多孔,孔隙率约35%,通过封闭可显著提高耐蚀性,与油漆结合力良好 (4) 孔隙多,对染料的亲和力更大,吸附能力强,易于染色 (5) 铝阳极氧化膜能提高绝缘性能 (6) 阳极氧化膜经加热至150℃以上时,仍然具有耐热性 (7) 纯铝和铝镁合金很容易抛光,既可用于装饰又可用于绝热	(1) 电的绝缘性高,可达 10^4 Ω/mm²,当膜层厚度为200 μm时,氧化膜层最大击穿电压可达200~300 V,电导率很小 (2) 经硬质阳极化处理后,铝合金表面可得到很高硬度的厚膜,其硬度高于内层的外层 (3) 耐磨损性、耐热性与耐腐蚀性良好 (4) 硬质阳极化膜的缺点是硬质阳极化膜超过一定值,将显著降低基体材料疲劳性能;膜层脆性大,不能承受冲击和弯曲载荷 (5) 硬质阳极化处理使零件尺寸增加,通常氧化膜厚约为生成氧化膜厚度的一半	(1) 膜层软,弹性高,松孔度较低,染色能力较硫酸阳极化膜要差 (2) 膜层不用封闭就可以使用,在同样厚度情况下,它的耐蚀性比不封闭的硫酸阳极化膜高 (3) 对基体材料疲劳能影响小,适用于长寿命的零件 (4) 耐蚀性较差,但对气体流动性较好 (5) 黏贴性中等,可采用涂油漆作为补充保护 (6) 不会使零件尺寸发生变化,对零件表面粗糙度也没有影响 (7) 铬酸阳极化槽液中残留物基本上不会腐蚀基材	(1) 绝缘性能良好,击穿电压可达200~300 V,浸渍绝缘漆后可达500 V (2) 与普通硫酸阳极化相比,草酸阳极化膜层的电绝缘性、耐磨性和膜层厚度都高得多,但孔隙的直径更大,孔隙的密度更小 (3) 草酸阳极化处理会使零件尺寸加大	(1) 具有良好的防水性能 (2) 膜层孔径大,膜层与胶层有较高的胶接强度,宜于干吸胶,易于黏接 (3) 含铜量高的铝合金同样可获得质量好的膜层 (4) 经磷酸阳极化的铝合金胶接后的铝合金剪切强度最高,疲劳性能最佳 (5) 作为电镀底层的磷酸阳极化膜层厚度只需要3 μm

（续表）

项目＼工艺 性质和用途	硫酸阳极化		铬酸阳极化	草酸阳极化	磷酸阳极化
	普通硫酸阳极化	硬质阳极化			
适用范围	(1) 铝合金零件的防护，如使用条件比较恶劣或要求耐蚀性较高的零件，还应涂油漆作为补充保护（如飞机外蒙皮等） (2) 为了装饰和作识别标记而要求具有特殊颜色的零件 (3) 要求光亮外观，并具有一定耐磨性的零件 (4) 含铜量＞4％的铝合金的防护 (5) 形状简单的对接气焊零件 (6) 消除视觉疲劳要求黑色外观的零件	(1) 用于要求高硬度的耐磨零件（如活塞座、活塞、气缸、轴承、滚棒、导轨、货舱底板等机零件或飞机上减轻重量以铝代钢的耐磨零件等） (2) 耐气流冲刷的零件 (3) 要求绝缘的零件 (4) 瞬间经受高温的零件	(1) 对疲劳性能要求较高而又要求耐蚀的零件 (2) 要求检查锻、铸件工艺质量的零件 (3) 气孔率超过三级的铸件 (4) 硅-铝合金零件 (5) 精密零件 (6) 形状简单的对接气焊零件 (7) 要求检查材料冶金缺陷（晶粒度，纤维方向，夹渣，裂纹等）的零件 (8) 蜂窝结构面板的防护 (9) 需胶接的零件	(1) 要求有较高的电绝缘性能的精密仪器、仪表零件 (2) 要求有较高硬度和良好的耐磨性的仪器、仪表零件	(1) 铝合金胶接前的底层 (2) 电镀前的预处理 (3) 高湿度条件下铝合金的防护 (4) 含铜量高的铝合金的防护
不允许使用	(1) 搭接、点焊或铆接的组合件 (2) 在阳极化时形成气囊不易排除的零件 (3) 与其他金属组合的组合件，在阳极化过程中另一种金属会影响铝表面成膜时	(1) 螺距＜1.5 mm的螺纹零件 (2) 厚度＜0.8 mm的板材 (3) 含硅量高的压铸件 (4) 对疲劳性能要求高的零件 (5) 承受冲击载荷的零件	(1) 含铜量名义值＞5％或含硅量名义值＞8％的铝合金 (2) 搭接、点焊或铆接件 (3) 与其他金属组合的组合件	(1) 厚度＜0.6 mm的板材 (2) 工作表面粗糙度＜Ra1.6～0.8 μm的零件	采用磷酸阳极化作为铝及其合金的电镀底层时，不能采用强酸性或强碱性溶液进行电镀；电镀前氧化膜不能干燥，否则空隙封闭，镀层结合不牢

（续表）

项目 \ 工艺	硫酸阳极化		铬酸阳极化	草酸阳极化	磷酸阳极化
性质和用途	普通硫酸阳极化	硬质阳极化			
不允许使用		（6）搭接、点焊或铆接的组合件 （7）不同金属或非金属组合的制件			
相关技术标准文件	（1）ISO 7599－2010 铝和铝合金的阳极氧化 铝阳极化膜的一般规范 （2）HB5055 铝及铝合金阳极氧化膜层质量检验 （3）HB/Z 233 铝及铝合金硫酸阳极氧化工艺	（1）HB 5057－1993 铝及铝合金硬质阳极化膜层质量检验 （2）HB/Z 237－1993 铝及铝合金硬质阳极氧化工艺	（1）MIL－A－8625C 铝及铝合金阳极极化膜 （2）HB 5373 铝合金铬酸阳极极化膜层质量检验 （3）HB/Z 118 铝及铝合金铬酸阳极氧化工艺	HB 5058－1993 铝及铝合金硬质阳极化膜层质量检验	HB/Z 197 结构胶接铝合金磷酸阳极极化工艺规范
工艺特点及注意事项	溶液简单,成本低廉,操作方便。但对基体材料疲劳性能影响较大	设备较复杂,成本较高。零件上所有锐角都应倒圆,半径不小于 0.5 mm	溶液简单,操作方便	成本较高,电能消耗大	溶液简单,操作方便。进行磷酸阳极化时应注意的是阳极化后严禁污染表面膜层,禁止以任何形式接触膜层表面,包括不允许用手触摸,并在规定时间内完成后续的涂胶工艺

2.2.2 航空制造领域阳极氧化技术的工艺方法与质量要求

2.2.2.1 铝及铝合金阳极氧化的工艺方法及关键特性

1) 基本工艺流程

铝及铝合金阳极氧化表面处理主要包括预处理(有机溶剂除油、碱清洗、酸浸蚀等)、阳极氧化、封闭后处理等工序,如图 2.15 所示。

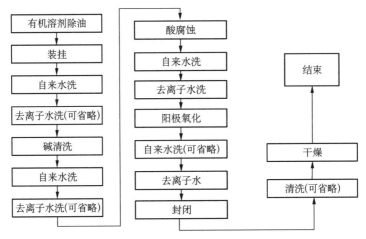

图 2.15 铝及铝合金的阳极氧化工艺流程

预处理的目的是清除零件表面的油脂、污物及表面的自然氧化膜,改善零件的表面状态,为以后的生产工序做好准备;阳极氧化是将经预处理的零件置入电解槽中,并通电氧化,使零件表面形成一层氧化膜。一般来说,阳极氧化膜的微孔容易吸附环境中的污染物,影响膜的外观,并且容易受到侵蚀性离子的腐蚀破坏,因此,在阳极氧化之后应对阳极氧化膜进行封闭处理。在整个生产过程中有多道水洗,目的是防止将前道工序黏附在零件表面的化学药品带入下道工序。

(1) 不同阳极氧化预处理工艺。

a. 除油。民用飞机常用的铝及铝合金零件表面油及油脂的去除方法是溶剂清洗、蒸气除油、水液除油和碱液清洗四者选一或者多种方法复合除油。各种除油清洗方法的机理、优劣势及其应用对比如表 2.28 所示。

表 2.28 各种除油清洗方法的机理、优劣势及其应用

项目 \ 除油方法	溶剂清洗	蒸气除油	水液除油	碱液清洗
机理	通过与有机油污相似相溶的方法让油污溶解从而剥离零件表面	将带油污零件悬挂在槽体上方,当溶剂加热沸腾时,大量的溶剂	采用多种表面活性剂、洗涤助剂复配而成的水基清洗剂。利用水	利用碱液的化学活性与油膜的皂化反应或产生的乳化作用使油污变成小滴

（续表）

除油方法\项目	溶剂清洗	蒸气除油	水液除油	碱液清洗
机理		蒸发并附着在零件表面。油污与溶剂中的热量相互作用，并渗透到油污与金属之间，使油污在溶剂中溶解并逐渐剥离	本身就是良好的极性溶剂的特点，通过表面活性剂改变表面张力对有机污垢进行乳化渗透降低污垢对物体的附着力从而达到洗脱的效果	珠，伴以槽液温度升高和槽内搅拌或超声波振荡强化，提高除油效率，而喷射除油更是增加了喷射液的冲击作用使油膜加速撕裂
操作方法	用清洁揩布或软刷蘸取航空洗涤汽油、丙酮、异丙醇、甲乙酮等擦拭或刷洗零件表面，直至油污除净	用清洁溶剂喷洗严重油污之后，将零件置于汽相区升温，然后取出零件降温，循环直至油污除净	将零件浸润在水基除油剂槽液中，漂洗直至油污除净	将待除油的零件放入碱液或混合碱液的除油浸泡槽中或用高压喷嘴或喷枪将碱液直接喷射到零件表面
优劣势	直接溶解，清洗速度快、周期短，效果直接、彻底，操作简单，但不环保、存在安全隐患，使用原液，量大成本高	溶剂蒸气不带油污，因此蒸气除油零件表面干净，因溶剂蒸气溶解的油污都集中到溶剂的底部，故处理和分离简单，此外，金属零件清洗后表面温度升高，附着在金属表面的蒸气很快蒸发，易干燥，不会受湿气影响而立即生锈	可兑水使用，使用成本低，环保无毒，但设备复杂	设备简单、易操作、安全无毒，可以手工操作也可以自动化机械处理
应用	一般用于零件除重油污。带滞留清洗剂部位的组件可选用	一般采用较低气化热和比热容、高沸点、高化学稳定性的有机溶剂，不适用于重油污的状况	大多配合超声波清洗机使用，可用于塑胶、不锈钢等零件表面油脂	一般使用蒸气除油、水液除油或溶剂清洗作为预清洗，直至达到水膜连续

　　b. 酸腐蚀。表面旧的阳极化膜层去除，或存在腐蚀产物、锈斑和变色，以及表面渗透检查前清洗等情况，可采用酸腐蚀。民用飞机领域常用的酸腐蚀溶液

有 ZAC1501 腐蚀液、硫酸-铬酸-氢氟酸三酸腐蚀液、铬酸-重铬酸钠溶液、铬酸-硫酸溶液及不含铬环保的 Turco Liquid Smut - GO NC - B 溶液,具体配方如表 2.29 所示。

表 2.29　各类酸腐蚀溶液配方及工艺条件

编号	成分	维护范围/(g/L)	操作温度/℃
1	ZAC 1051 腐蚀液	硝酸:75~105 铬酸(以 CrO₃ 计):40~50	室温
2	三酸腐蚀液	硫酸:90~121 铬酸浓度(以 CrO₃ 计):45~60 控制氢氟酸的添加	室温
3	硫酸-重铬酸钠溶液	H_2SO_4:288~311 $Na_2Cr_2O_7 \cdot 2H_2O$:30~90	66~71
4	铬酸-硫酸溶液	游离硫酸:250~300 化合硫酸:20~120 铬酐:45~55	60~65
5	Turco Liquid Smut-GO NC - B	保持浓度在 312~396 通过添加氢氟酸维持腐蚀速率	室温

(2) 不同阳极氧化工艺电解液成分及工艺条件。

表 2.30 为航空制造领域不同阳极氧化工艺电解液配方和工艺条件。

表 2.30　不同阳极氧化工艺电解液配方和工艺条件

种类 参数	铬酸阳极化	硫酸阳极化		硬质阳极化	草酸阳极化		
		普通硫酸阳极化	薄膜硫酸阳极化		纯铝电绝缘氧化膜	纯铝表面装饰	铝镁合金表面装饰
槽液配方/(g/L)	游离铬酸(以 CrO₃ 计):30.5~52 六价铬(按 CrO₃ 计):30.5~107.5	游离硫酸:165~200		硫酸:348~391	草酸:27~33	草酸:50~100	草酸:50
温度/℃	30~40	10~30	10~30	-6~-3	15~21	35	35
电压/V	20~24	15~22	10~20	15~65	110~120	40~60	30~35
时间/min	30~60	20~40	8~15	2~39	120	30~60	30~60
电源	直流	直流	直流	直流	直流	交流	直流

(3) 阳极氧化膜的着色与封闭。

a. 阳极氧化膜的着色。由于阳极氧化膜呈多孔结构,具有极强的吸附能力,通过着色处理可获得各种鲜艳的颜色,在起装饰作用的同时还能提高膜层的耐蚀性、耐磨性。铝及铝合金阳极氧化膜的着色方法可分为 3 类：整体着色法（自然着色法）、吸附着色法和电解着色法，如图 2.16 所示。不同着色方法的工作原理、操作方法及工艺控制要点如表 2.31 所示[51]。

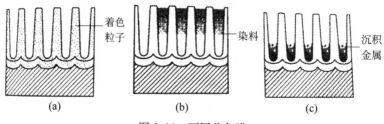

图 2.16　不同着色膜

(a) 整体着色　(b) 吸附着色　(c) 电解着色

表 2.31　不同着色方法的工作原理、操作方法及工艺控制要点

着色方法 / 项目	整体着色	吸附着色		电解着色
		无机盐着色	有机染料着色	
工作原理	阳极氧化时，不透明的微小颗粒分散在多孔层的内壁和阻挡层上，由于入射光的散射而产生不同色彩	依靠物理吸附作用，盐分子吸附于膜层微孔的表面，进行填充	染料分子除物理吸附于膜孔外，还能与氧化铝发生化学作用，使反应物进入孔隙而显色。如染料分子的磺基与氧化铝形成共价键；染料分子的酚基与氧化铝形成氢键；染料分子与氧化铝形成络合物等	铝制品经过阳极氧化后，再在含金属盐的电解液中进行直流/交流电解，则在多孔层孔隙底部沉积金属或金属化合物而显色
操作方法	在特定的铝合金（Al - Si、Al - Mn、Al - Cr、Al - Cu 等）上或在特定的电解液（芳香酚、苯磺酸、磺基水杨酸等）中进行阳极氧化	无机盐着色要在两种溶液中交替浸渍，直至两种盐在氧化膜中的反应生成物数量满足所需的色调为止	将所需燃料用少量水调成膏状，再加入水溶解。采用冰醋酸或氢氧化铵调整 pH。染液的温度对膜层染色均匀、深浅关系很大。染色必须在氧化处理后立即进行，染色前禁止用热水清洗，染液浓度和染色时间要适当，染色后氧化膜需进行封闭处理	主要分一步电解着色和两步电解着色法。两步电解着色大致可归纳为镍盐和锡盐两类。按电源波形分，两步电解法又可分为直流法和交流法

（续表）

着色方法\项目	整体着色	吸附着色		电解着色
		无机盐着色	有机染料着色	
特点	能耗较大、成本高、废水处理困难、着色膜色泽不鲜艳，逐渐被电解着色取代	无机盐着色耐晒性较好，但色种较少，色调不新鲜，与基体结合力差，目前应用较少	有机染料着色色泽鲜艳，颜色范围广，但耐晒性差	电解着色膜具有良好的耐光性、耐磨性、耐热性及耐化学腐蚀性，其应用日趋广泛，如飞机内装饰条或板凳

　　b. 阳极氧化膜的封闭。铝及铝合金在阳极氧化后，无论是否着色都需及时进行封闭处理。目的是把染料固定在微孔中，防止渗出，同时提高膜的耐磨性、耐晒性、耐蚀性和绝缘性。封闭的方法有热水封闭法、水蒸气封闭法、重铬酸盐封闭法、水解封闭法和填充封闭法，不同封闭方法工作原理和特点如表 2.32 所示。

表 2.32　不同封闭方法的工作原理及工艺特点

封闭方法\项目	重铬酸盐封闭	水封闭		水解封闭	填充封闭
		热水封闭	水蒸气封闭		
工作原理	在较高温度下，将铝制品放入具有强氧化性的重铬酸钾溶液中，使氧化膜和重铬酸盐产生化学反应，反应产物碱式铬酸铝和碱式重铬酸铝沉积于膜孔中，同时热溶液使氧化膜层表面产生水化，加强了封闭作用，故可认为是填充及水化双重封闭作用	使非晶态氧化铝产生水化转变成结晶态的氧化铝。当氧化铝水化形成一水合氧化铝时，体积可增大约 33％；生成三水合氧化铝时，其体积几乎增大 100％。由于氧化膜表面及孔壁的氧化铝水化的结果，体积增大而使膜孔封闭		镍盐、钴盐的极稀溶液被氧化膜吸附后，即发生水解反应生产氢氧化镍或氢氧化钴沉积在氧化膜的微孔中，而将孔封闭	阳极氧化膜采用有机物质，如透明清漆、液状石蜡、各种树脂和干性油等进行封闭
操作方法	重铬酸钾 50～70 g/L，温度 90～100℃，时间 15～30 min，pH6～7	热水 90～100℃，pH 6～7.5，时间 20～30 min	将零件置于水蒸气区域内，时间不小于 15 min	时间不应少于 5 min	具体封闭时间和温度与选取的填充物有关

（续表）

封闭方法 项目	重铬酸盐封闭	水封闭		水解封闭	填充封闭
		热水封闭	水蒸气封闭		
特点	封闭后氧化膜呈黄色,耐蚀性较好,适用于以防护为目的的铝合金阳极氧化后的封闭,不适用于以装饰为目的的着色氧化膜的封闭	采用去离子水或蒸馏水,不能用自来水,否则降低氧化膜的透明度和色泽	比热水封闭好,不受水的纯度和pH的影响,但成本较高	因为少量的氢氧化镍或氢氧化钴几乎是无色的,所以此法特别适用于着色氧化膜的封闭处理,不会影响制品的色泽,而且还会和有机染料形成络合物,从而增加颜色的耐晒性	封闭效果跟填充物特性有关

2）阳极氧化膜的质量要求及工艺的过程控制

航空制造领域,铝及铝合金阳极氧化膜层质量的一般要求及工艺的过程控制要求具体如表2.33所示。

表 2.33　阳极氧化工艺的关键特性

序号	名称	要求/限制	分号	名称	要求/限制
1	外观	阳极化膜应不起粉,无裂纹,且无划伤、电弧烧伤和其他损伤或缺陷,允许有少量装挂痕迹,装挂痕迹的面积和数量应尽量小且少,装挂点尺寸任一方向不超过2.4 mm(除一个裸露点可达 3.2 mm),不需要用 MC 涂层修补			
2	膜层厚度/重量	采用涡流法（ASTM E244)或金相方法在阳极化膜层的横截面上测量膜层厚度;按 ASTM B137 测试膜层重量,不同阳极化厚度/重量不同			
3	未涂漆零件的耐蚀性	按 ASTM B117 进行5%盐雾试验,336 h			

（续表）

序号	名称	要求/限制	分号	名称	要求/限制
4	阳极化膜层上漆层附着力	90°划格法测试干带和湿带漆层附着力,8级及以上			
5	涂漆零件耐蚀性	按 EN3665 丝状腐蚀试验,在暴露 960 h 的条件下每个划痕面上的丝极长度应不超过 2 mm;按 ASTM B117 进行 5% 盐雾试验,3000 h			
6	疲劳要求	按 ASTM E466 测试阳极氧化后疲劳强度,变化值要求在可接受的范围内			
7	碱清洗后零件表面状态	无污染物和点蚀,直至水膜连续	7.1	碱清洗槽产品浓度	溶液需定期分析、维护和控制其有效成分
			7.2	碱清洗槽最大氯化物含量	溶液需定期分析,控制杂质含量
			7.3	碱清洗槽操作温度和时间	设备定期校验,确保操作精度满足要求
			7.4	漂洗时间(如果后续酸洗)	充分漂洗,保证漂洗质量,减少下道槽液污染
8	碱腐蚀(按需)后零件表面状态	无任何缺陷	8.1	碱清洗槽产品浓度	溶液需定期分析、维护和控制其有效成分
			8.2	碱清洗槽最大氯化物含量	溶液需定期分析,控制杂质含量
			8.3	漂洗槽的使用	分析控制水质,保证漂洗质量,减少下道槽液污染
9	酸腐蚀后零件表面状态	无污点,直至水膜连续	9.1	酸洗槽产品浓度	溶液需定期分析、维护和控制其有效成分
			9.2	除铝外主要合金元素的最大含量	溶液需定期分析,控制杂质含量
			9.3	酸洗槽操作温度和时间	设备定期校验,确保操作精度满足要求
			9.4	室温工作条件,设备和工具	设备定期校验,确保操作精度满足要求
10	阳极化后零件表面状态	—	10.1	阳极氧化槽主成分浓度	溶液需定期分析、维护和控制其有效成分
			10.2	阳极氧化槽添加剂浓度	溶液需定期分析、维护和控制其有效成分

（续表）

序号	名称	要求/限制	分号	名称	要求/限制
10	阳极化后零件表面状态	—	10.3	阳极氧化槽铝含量	溶液需定期分析,控制杂质含量
			10.4	阳极氧化槽操作温度	设备定期校验,确保操作精度满足要求
			10.5	阳极化周期(电压和时间)	设备定期校验,确保操作精度满足要求
			10.6	阳极氧化槽阴阳极面积比	合理配置,工艺最优化
			10.7	阳极化过程中装挂位置	避免零件相互屏蔽效应
			10.8	阳极氧化槽中最大断电时间	设备定期校验,确保操作精度满足要求
			10.9	阳极化后漂洗时间	充分漂洗,保证漂洗质量,减少下道槽液污染
			10.10	最终漂洗水质量	分析控制水质,保证漂洗质量
			10.11	搬运零件	避免手直接碰触零件,污染膜层

3) 阳极氧化步骤各因素对阳极氧化膜层质量的影响

阳极氧化步骤的电解液浓度、温度、电压、电流,氧化时间和铝合金材料成分等因素对阳极氧化膜层质量起到关键性作用,其具体作用和影响如表 2.34 所示。

表 2.34　阳极氧化步骤各种因素对阳极氧化膜层质量的影响

阳极氧化步骤主要因素	作用与影响
电解液	氧化膜的生长取决于膜的溶解速度和生长速度之比率。通常随着氧化溶液浓度升高,氧化膜的溶解速度也增大;反之,随着溶液浓度降低,溶解速度也减小。氧化开始时,浓溶液的氧化膜生长速度大于稀溶液,但随着时间的延长,浓溶液中氧化膜的生长速度反而小于稀溶液。此外,电解液最重要的性质是二次溶解能力,这对氧化膜中阻挡层厚度、壁厚、气孔直径等有很大影响。一般来说,对于二次溶解能力较低的电解液如硼酸,得到阻挡层性质的薄膜;具有中等二次溶解能力的电解液如硫酸、草酸和铬酸等,得到较薄的阻挡层和较厚的多孔层。硫酸、草酸和铬酸 3 种电解液中阳极氧化膜的孔径大小顺序是:硫酸<草酸<铬酸,膜孔密度大小顺序是硫酸>草酸>铬酸,并且其致密性和附着力均有明显差异
电压	在一定的范围内,随着电解电压升高,阻挡层的厚度、多孔膜的胞径和孔径均呈线性增加;当电压达到一定程度之后,它们反而减小;在氧化期间,突然降低或升高电压可形成膜孔隙的分支结构

(续表)

阳极氧化步骤 主要因素	作用与影响
电流密度	电流密度的改变对膜的内层无影响,但影响外层的厚度。在一定限度内,提高阳极氧化的电流密度,可加快膜的生长速度,氧化膜厚度就增大,并伴随着氧化膜晶态成分的减少,非晶态成分增加。但电流密度过高会使零件表面过热和局部溶液温度升高,加速氧化膜的溶解,甚至烧坏零件
电解液温度	在其他条件不变时,氧化温度越高,电解液的溶解能力就越大,膜越薄;反之,氧化膜就厚,并且氧化膜的致密度也大,耐腐蚀性也好。但是温度也不能太低,温度太低就会导致生产效率低,电能消耗大
氧化处理时间	随着氧化时间的变化,氧化膜的生长与溶解这两个过程的相对速度也将发生变化;在氧化开始阶段,膜的成长速度几乎呈直线上升,但随着时间的延长,成长速度逐渐减小,膜的厚度不再明显地增加,外层氧化膜的溶解作用却不断增强,使膜的孔隙率增大,吸附性能提高,表面硬度降低。因此,为了获得具有一定厚度和硬度氧化膜,氧化时间宜短些,而要获得疏松多孔便于着色的氧化膜,氧化时间应长些
铝合金成分	铝合金中合金元素的存在,一般均使膜层质量降低。对膜的厚度也有一定的影响,在同样的氧化处理条件下,纯铝所得到的氧化膜要比铝合金的厚。铝硅合金较难氧化,膜层易发暗发灰

2.2.2.2 铝及铝合金阳极氧化工艺质量要求

1) 通用要求

(1) 设备要求。

a. 本工艺所用的设备在投产前必须全部符合工艺规范的要求,用于监控工艺溶液的试验和测量设备在使用之前应显示其校验合格证处于有效期内。

b. 对带有加温功能的液体槽和干燥设备的要求:

(a) 应安装温度调节系统,确保槽液温度在工艺规范规定范围内。

(b) 定期校验,进行温度均匀性和系统精度测试。

c. 对压缩空气的要求。用于槽液搅拌或干燥零件的压缩空气,应定期进行清洁度检测,并无水、油和颗粒等污染物。

(2) 材料及水质要求。

航空制造用阳极氧化工艺所有涉及的飞机材料和工艺材料均需满足设计要求,在设计批准的选用目录中选取。此外,阳极氧化工艺中配制、调整阳极化溶液和氧化膜封闭溶液应使用去离子水。

(3) 人员要求。

执行工艺的操作人员和检验人员必须经过培训并考核合格。

2）技术要求

（1）阳极化工序前：

a. 装挂时零件之间不允许互相碰触。

b. 零件应无油、脂、标记墨水和其他表面污染。零件待阳极化的表面在阳极化之前应具有水膜连续表面且没有凹坑和其他会降低阳极化膜层性能的表面缺陷。

c. 表面光亮且外观均匀，并无由合金元素或前道工序形成的条纹或污迹。

d. 不需要氧化的零件/区域应进行相应的保护。

e. 除非零件已适当保护，否则不能把含有纤维织物、包封材料、导线或其他类似材料的零件浸入阳极化溶液中。

f. 使用化学预处理时，氧化前的最后工序应是酸洗。

g. 重新氧化时，所有前次氧化处理的残留应彻底去除。

（2）阳极化处理时：

a. 铝-锂合金不得和其他铝合金同槽进行阳极化。

b. 禁止零件处于任何拉、弯、扭或其他应力条件下。

c. 零件处理过程中，各个工序之间间隔的时间不宜过长，不应使零件表面上的水膜变干。

d. 阳极化初始电压需控制均匀地升高到所需的值。

e. 应采取适当措施以避免或消除可能的槽液微小污物。

（3）阳极化处理后：

a. 零件应充分漂洗，直至表面洁净为止。

b. 未封闭区域必须有后续的防腐蚀保护。

c. 已阳极化而短时间内涂漆或涂敷其他材料的零件可用中性牛皮纸保护。

d. 要保持零件的干净和干燥，尽可能地减少搬运。佩戴干净的轻质白棉纱手套搬运零件，避免与油污表面接触。

e. 阳极化后到开始涂底漆之间时间间隔应做相应控制，否则漆层结合力会不佳。

3）工程要求

应对铝合金零件阳极化工艺进行槽液成分、槽液外观的检查。按质量控制文件定期分析槽液，记录分析和试验结果、溶液分析报告。质量符合性试验和槽液记录（如添加或排放）应予以保存，以备检查。

此外，零件外观、耐蚀性、膜重和漆层附着力等的检查频率、测试方法及控制要求等如表 2.35 所示。

表 2.35 不同阳极化工艺连续检查和最小检查频率、测试方法、控制要求及材料规格

项目	工艺 质量要求	硫酸阳极化		铬酸阳极化	磷酸阳极化
		普通硫酸阳极化	硬质阳极化		
零件目视检查	检查频率	100%零件			
	测试方法	裸眼,不用放大镜观察			
	控制要求	(1) 普通硫酸阳极化膜层的外观应该是连续、平滑均匀,结合良好的,没有粉末和疏松现象或者诸如裂纹、划伤之类的缺陷,不应有腐蚀、斑纹或烧伤的痕迹,电极接触点的尺寸和数量应控制在最小范围 (2) 具有不均匀外观(色变)的零件,应进行导电率测试,当符合规范目色变在非外观表面上,不是拒收的理由 (3) 焊接件的焊缝和热影响区,有不均匀外观(色变),是允许的,但不得有污染或发黑区	(1) 硬质阳极化膜层的外观应连续、平滑均匀,无粉末和疏松膜层,也无裂纹、松膜层、划伤等缺陷。电接触点的数量和尺寸应尽量减少 (2) 单个零件的阳极化膜颜色应是均匀的,其颜色和色彩深浅与合金牌号和膜层厚度相关	(1) 铬酸阳极化膜的色泽应呈金属灰色、灰色或黄色到绿灰色。色泽的差异不应作为拒收的理由 (2) 铬酸阳极化膜应不起粉,无裂纹、且无划伤、电弧烧伤和其他划伤或缺陷,允许有少量装挂痕迹,装挂痕迹的面积和数量应尽量小且少,装挂点尺寸任一方向不超过2.4mm(除一个裸露点可达3.2mm),不需要用阿洛丁MC化学氧化涂层修补 (3) 除了外观及漆层附着力方面的原因,由于对零件表面残余的阳极化溶液漂洗不当而引起黄色到黄褐色的斑点是无害的,不需要清除 (4) 零件有不均匀外观(色变,如灰色或灰黑色条纹)时,应由质量保证部门测定电导率值,以核实材料状态	(1) 阳极氧化过的零件表面上应无锈点、条纹、变色或烧留物;零件表面之外应无过烧区并且除电接触点之外应无未阳极氧化的部分。电接触点和任何的划痕在任意方向上测量不应大于2.5mm,划痕深度不得高于0.05mm。但任何在台阶或者减薄区域出现的缺陷不得附近1.2mm以内 (3) 由于金属材料本身原因造成的轻微的色差是允许的,但是不包括以下情况: a. 由于未去除干净的油墨标记造成的颜色变化 b. 打磨残留造成的变色 c. 由于工艺过程错误造成的膜层厚度不均匀和颜色变化 d. 干燥过程中由于其他溶液滴落在零件表面造成的颜色变化(无污染去离子水除外)

（续表）

项目	质量要求	硫酸阳极化 普通硫酸阳极化	硫酸阳极化 硬质阳极化	铬酸阳极化	磷酸阳极化
耐蚀性	检查频率	试验每月至少进行1次。当新配制槽液或槽液更换、添加量超过1/3时必须进行试验	试验每月至少进行1次，或随每一批零件采用随槽液或槽液更换。每当新配制槽液更换、添加量须进行试验	试验每月至少进行1次。每当新配制槽液或槽液更换、添加量超过1/3时必须进行试验	不适用
	测试方法	按照ASTM B 117连续进行5%盐雾试验，试验的表面应与垂直方向倾斜约6°，应裸眼或带视力校正眼镜(不放大)检查试片			
	控制要求	经去离子水封闭的阳极化试片，持续240 h。经重铬酸盐或稀铬酸(盐)封闭的阳极化试片，持续336 h		经去离子水封闭的阳极化试片，持续240 h。经稀铬酸盐或稀铬酸(盐)封闭的阳极化试片，持续336 h	
	质量验收标准	除丁装挂痕迹或打印标记以及距离边缘、拐角或孔1.6 mm(0.064 in)范围内的区域以外，试片经过规定小时数的盐雾试验之后，不得有9个以上独立的腐蚀点或蚀坑，其中任意一个腐蚀点直径不得大于0.8 mm。在每个试片1.9 dm^2(30 in^2)的试验面积上(0.032 in)。任意一个腐蚀点直径不大于0.8 mm(0.032 in)		经去离子水封闭的阳极化试片经过规定小时数的盐雾试验之后，在3个试片组成的总共5.7 dm^2(90 in^2)的试验面上，其中任意一个腐蚀点直径不得大于0.8 mm，不得有5个以上独立的腐蚀点或蚀坑	
膜层厚度	检查频率	每批应选择典型零件或零件随槽试片		100%零件	不适用
	测试方法	膜层厚度用金相试片或按ASTM B 244涡流试验方法测定		铬酸阳极化一般通用膜重测试方法、膜重与膜厚存在线性关系	
	控制要求	阳极化后薄膜硫酸阳极化膜的厚度应在2.5～5.0 μm之间	单面膜层厚度应为0.005～0.008 mm(0.0002～0.0003 in)之间		

（续表）

项目	质量要求 工艺	硫酸阳极化		铬酸阳极化	磷酸阳极化
		普通硫酸阳极化	硬质阳极化		
膜层重量	检查频率	试验每月至少进行1次。每当新配制槽液或槽液更换、添加量超过1/3时必须进行试验	不适用	试验每月至少进行1次。每当新配制槽液或槽液更换、添加量超过1/3时必须进行试验	不适用
	测试方法	按ASTM B137测试		按ASTM B137测试	
	控制要求	2024-T3裸铝材料，不染色的阳极化试片，其膜层重量均不得低于64.6 mg/dm²（600 mg/ft²）。2024-T3裸铝材料，染色的阳极化试片，其膜层重量均不得低于269 mg/dm²（2500 mg/ft²），对铜义铜含量大于等于1.9%的铸造合金（如2001，2014，2017，2219或2024）和铝含量为主要合金成分的2000系列锻造合金（如2001，2014，2017，2219或2024）和213.0，222.0，242.0，296.0，333.0和852.0的铸造合金（如213.0，222.0，242.0，296.0，333.0和852.0），最低膜重按ASTM B137测试时的膜重为150.7mg/dm²（1400mg/ft²）		已阳极化处理（封闭前）的2024-T3或T4裸铝试片膜重均不得低于21.5 mg/dm²（200 mg/ft²）。经阳极化处理（封闭前）的7075-T7X(XXX)裸铝试片的膜重均不得超过75.4 mg/dm²（700 mg/ft²）。经阳极化处理（封闭前）的2060-T8E30裸铝试片的膜重均不得低于21.5 mg/dm²（200 mg/ft²），且不得超过75.4 mg/dm²（700 mg/ft²）	

（续表）

质量要求项目	硫酸阳极化		铬酸阳极化	磷酸阳极化
	普通硫酸阳极化	硬质阳极化		
漆层附着力 检查频率	试验每月至少进行1次。每当新配制槽液或槽液更换，添加量超过1/3时必须进行试验	不适用	试验每月至少进行1次。每当新配制槽液或槽液更换，添加量超过1/3时必须进行试验	不适用
测试方法	干带附着力：底漆在空气中固化7天后按图2.17对试片划线，然后用胶带进行附着力试验，评级方法按图2.18。湿带附着力：底漆在空气中固化7天，再在蒸馏水中浸泡7天后按图2.17对试片划线，然后用胶带进行附着力试验，评级方法按图2.18		干带附着力：底漆在空气中固化7天后按图2.17对试片划线，然后用胶带进行附着力试验，评级方法按图2.18。湿带附着力：底漆在空气中固化7天，再在蒸馏水中浸泡7天后按图2.17对试片划线，然后用胶带进行附着力试验，评级方法按图2.18	
控制要求	干湿带附着力8级及8级以上	不适用	干湿带附着力8级及8级以上	
耐磨试验 检查频率	不适用	试验每月至少进行1次，或随每一批零件采用随槽试片	不适用	不适用
测试方法 控制要求		按ASTM D 4060 进行测试 2024－T3裸铝合金阳极化后的重量损失，不得大于40mg，其他合金的重量损失，不超过36mg		

（续表）

质量要求\项目　　工艺	硫酸阳极化		铬酸阳极化	磷酸阳极化
	普通硫酸阳极化	硬质阳极化		
颜色变化试验　检查频率	不适用	不适用	不适用	100%零件
测试方法				按图2.19所示进行偏振光测试
控制要求				应观测到明显的颜色变化。即当旋转线性光偏振片时,阳极化膜层的颜色能够从一种颜色变为另外一种颜色(一般为原颜色的互补色)。无颜色变化发生时,应拒收零件 (1) 一般来说,包铝零件容易观测到从紫色变为绿色,非包铝零件上容易观测到从有色变为无色或者灰色 (2) 在相同条件下由于合金处理的不同铝件会由于合金成分和冶金状态的不同显示不同的干涉色。最常见的颜色为紫色、黄色和蓝绿色 观测零件时,随着观测距离变化或观测角度变化可能会观测到零件不同位置呈现颜色变化,这是可接受的 指纹印或擦伤等引起局部区域(电接触点除外)的颜色与底色的急剧变化是不可接受的

（续表）

质量要求 项目 \ 工艺	硫酸阳极化		铬酸阳极化	磷酸阳极化
	普通硫酸阳极化	硬质阳极化		
浮辊剥离试验 检查频率	不适用	不适用	不适用	首次配槽、生产间断 30 d 时，或当质量部门或工程部门要求时测试
测试方法				按 ASTM 3167，采用图 2.20 所示浮辊进行剥离测试
控制要求				浮辊剥离（钟形）试样应显示为 100% 的黏结破坏（内聚破坏）

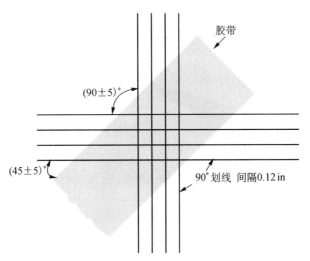

图 2.17 90°垂直交叉划格法

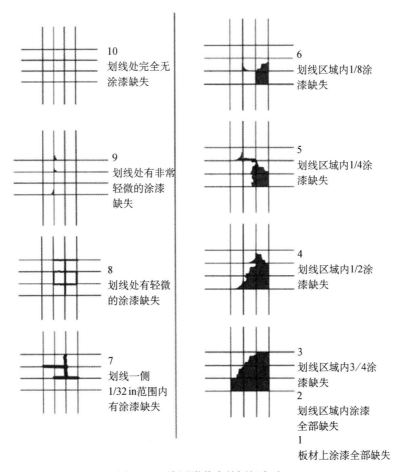

图 2.18 涂层附着力的评级方法

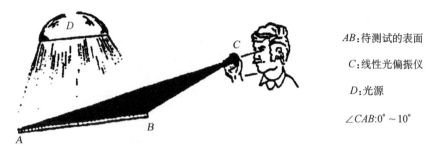

AB:待测试的表面

C:线性光偏振仪

D:光源

∠CAB:0°～10°

图 2.19　线性光偏振仪的放置

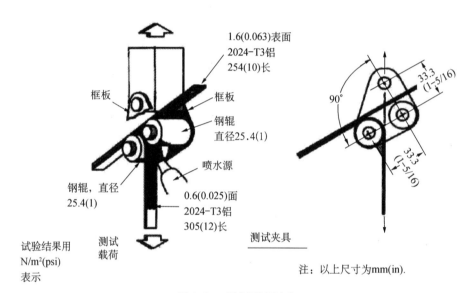

1.6(0.063)表面 2024-T3铝 254(10)长

框板

框板

钢辊 直径25.4(1)

喷水源

钢辊，直径 25.4(1)

0.6(0.025)面 2024-T3铝 305(12)长

试验结果用 N/m²(psi) 表示

测试 载荷

测试夹具

33.3 (1-5/16)

90°

33.3 (1-5/16)

注：以上尺寸为mm(in).

图 2.20　浮辊剥离试验

2.2.2.3　铝及铝合金阳极氧化工艺常见故障及其排除方法

因停电、工人误操作等多种原因，在实际零件制造过程中可能出现一些故障。铝及铝合金阳极氧化工艺常见故障及其排除方法如表 2.36 所示[50]。

表 2.36　不同阳极化工艺常见故障及排除方法

故障现象	排除方法	硫酸阳极化	铬酸阳极化	草酸阳极化
零件局部烧伤	产生原因	零件与阴极接触，零件彼此接触发生短路	(1) 零件与阴极接触，零件彼此接触发生短路 (2) 零件与夹具之间接触不良 (3) 电压过高	(1) 零件与夹具接触不良 (2) 零件散热不好

（续表）

故障现象	排除方法 / 工艺	硫酸阳极化	铬酸阳极化	草酸阳极化
零件局部烧伤	排除方法	检查零件入槽后装挂情况,使零件与阴极和零件直接保持适当距离	(1) 检查零件入槽后装挂情况,使零件与阴极和零件直接保持适当距离 (2) 保证零件有良好的电接触 (3) 降低电压	(1) 保证零件有良好的电接触 (2) 加强电解液搅拌
氧化膜起粉/硬度不够	产生原因	(1) 电解液温度高 (2) 氧化时间过长 (3) 电流密度过大 (4) 包铝和裸铝件同槽氧化处理	(1) 电解液温度高 (2) 电流密度大	(1) 电解液温度高 (2) 氧化时间过长 (3) 电流密度过大
	排除方法	(1) 降低电解液温度 (2) 缩短氧化时间 (3) 降低电流密度 (4) 分槽氧化处理	(1) 降低电解液温度 (2) 降低电流密度	(1) 降低电解液温度 (2) 缩短氧化时间 (3) 降低电流密度
盐雾试验不合格	产生原因	(1) 酸洗不充分 (2) 氧化操作不当,膜厚不够 (3) 封闭水或清洗水水质不合格		
	排除方法	(1) 适当延长酸洗时间 (2) 严格按规范控制溶液浓度、温度和氧化时间,保证膜厚 (3) 保证封闭水和清洗水水质	—	
氧化膜有黑斑点或黑条纹	产生原因	(1) 电解液有悬浮杂质 (2) 零件上的油没有除净 (3) 电解液含铜和铁太多 (4) 电解液未洗净就封闭	(1) 热处理后硝盐未洗净 (2) 工序间周转防锈不好	—
	排除方法	(1) 清理电解液表面悬浮物 (2) 加强化学除油后的检查	(1) 热处理后将残留硝盐彻底洗净 (2) 加强工序间防锈	

（续表）

故障现象	排除方法 工艺	硫酸阳极化	铬酸阳极化	草酸阳极化
氧化膜有黑斑点或黑条纹	排除方法	（3）分析铜、铁等杂质，调整溶液 （4）零件封闭前加强清洗	（3）用刮修法排除锈蚀后重新氧化	
氧化膜局部表面腐蚀	产生原因	氧化后没有清洗干净，尤其是焊缝处和深凹处滞留溶液未清洗掉	（1）氧化后没有清洗干净，尤其是焊缝处和深凹处滞留溶液未清洗掉 （2）电解液中 CrO_3 含量低	—
	排除方法	氧化后彻底清洗零件，尤其是溶液滞留位置的清洗	（1）氧化后彻底清洗零件 （2）调整电解液	
氧化膜厚度不够	产生原因	（1）溶液温度太高 （2）硫酸浓度太低 （3）电流密度太高	（1）零件夹具、导电杆之间接触不良 （2）氧化时间短 （3）电流密度小	（1）氧化时间短 （2）电流密度低 （3）氧化面积计算不对
	排除方法	（1）降低溶液温度 （2）适当添加硫酸 （3）降低电流密度	（1）改善电接触 （2）增加氧化时间 （3）升高电流密度	（1）增加氧化时间 （2）升高电流密度 （3）准确计算零件面积
膜层颜色不一致	产生原因	热处理残留硝盐或化学除油不彻底，硅酸盐没有洗净出现云彩花斑	（1）表面准备不好 （2）导电杆、零件、夹具之间接触不良	（1）电接触不良 （2）同槽处理不同种材料
	排除方法	彻底清洗干净	（1）严格按照规范进行表面准备，加强除油和酸洗效果 （2）改善电解槽	（1）检查并改善电接触 （2）同槽氧化的零件材料应一致

2.2.2.4 其他金属的阳极氧化

除了铝之外，许多金属也可以进行阳极氧化来获得氧化物膜层。镁合金阳极氧化处理获得的阳极氧化膜,其耐蚀性、耐磨性和硬度一般都比化学氧化所得的高。其缺点是对复杂的制件难以得到均匀的膜层,膜的脆性较大。镁合金阳极氧化膜层的厚度和孔隙率随合金的类型和电解液的组成而定,经封闭处理后,其防护性能将有进一步的提高。镁合金在用 HAE 方法进行阳极化时,低电压下得到软膜,高电压下得到与铝的硬质阳极化相当的硬膜;在酸性溶液中镁合金阳极化得到的膜层组成较复杂,大致为含镁的磷酸盐和氟化物,此外还含有铬,但未验明它的化合物形式。

钛合金和其他材料接触时易发生接触腐蚀,此外钛合金耐磨性差,在中等和较高的承受负荷下易被擦伤和磨损,采用阳极氧化有利于改善这些性能。钛合金在酸性、中性和碱性的电解液中均易形成阳极化膜,但是膜的厚度大都局限于 $0.1 \sim 0.2\,\mu m$ 的范围。目前,国内已研究成功 $8 \sim 10\,\mu m$ 的脉冲阳极化厚膜,并在工程中得到了应用。

铜和铜合金在氢氧化钠溶液中阳极化可得到黑色的氧化铜膜层。该膜薄而致密,与基体结合良好,且处理后几乎不影响尺寸精度,广泛应用于精密仪器等零件的表面装饰。铜和铜合金阳极化的电解液组成十分简单,仅含氢氧化钠单一成分,能够得到良好膜层的浓度范围为 $15\% \sim 20\%$。过高的氢氧化钠浓度生成粗粒的疏松膜层,而浓度过低时,膜层薄,且电流密度的许用范围窄。后者的不良后果是制件表面将因电流分布不均而导致形成不均匀的膜层,即在电流密度较低的部位呈现厚的黑膜,而在电流局部集中的部位则呈现微带红色的氧化物膜。

此外,硅、锗、钽、锆等金属也可以进行阳极氧化处理。

2.2.3　航空制造领域新兴阳极氧化技术

目前航空制造领域采用的表面处理工艺仍然沿用传统的表面处理工艺,高污染、高能耗,在表面处理过程中排放出大量的废物,严重恶化劳动条件,危害操作人员健康,并污染环境。

从美国和欧洲发达国家来看,总的趋势是对生态环境保护和污染排放控制的环保标准要求越来越高,尤其对交通运输工具制造业、电子电器制造业、航空航天制造业等大量涉及表面处理工艺的行业控制更严。美国环境保护局对使用六价铬有严格的空气排放要求和固体废弃物处置规定。美国职业健康安全委员会(OSHA)规定工人所能暴露接触六价铬的极限量从 $50\,\mu g/m^3$ 减少到 $1\,\mu g/m^3$。欧盟车辆报废指令对 2002 年 7 月 1 日后进入欧洲的每辆车做出了最多只能使用 2 g 六价铬的规定。另外,欧盟于 2003 年 1 月 23 日公布的《关于在电子电气设备中禁止使用某些有害物质指令》(ROHS)于 2006 年 7 月 1 日正式实施。根据该指令要求,2006 年 7 月 1 日以后投放欧盟市场的电气和电子产品不得含有六价铬等有害物质。各国对镀铬工艺的管制越来越严格。例如,美国将会把现行的 Cr^{6+} 的空气排放标准从 $0.1\,mg/m^3$ 降低到 $0.005 \sim 0.0005\,mg/m^3$。而据美国海军部门估计,单是美国海军在实施该标准后需要一次性投资 2 200 万美元用于更新设备等,而以后每年要花费 4 600 万美元作为收集、处理等的费用。

现代大型客机日趋复杂、性能更高、用户要求更苛刻,其发展趋势是更安全、更经济、更舒适。而其中一个不可忽视的指标是追求更环保、更绿色,不仅仅体现在飞机设计本身的指标如降低油耗、减少噪声,内饰、空调制冷剂考虑安全性和环保性,更重要的是在制造过程中,提倡清洁生产,采用绿色工艺,提升环保理念。在这种趋势下,国际航空制造企业在开发无污染材料阳极氧化技术,寻找并采用无污染替代技术方面予以巨大的投入,环保型工艺研究在国外已经得到了飞速发展,各种环保工艺大量应用,重污染工艺逐渐被替代甚至被完全取缔。目前波音的硼硫酸阳极化技术和空客的酒石酸-硫酸阳极化技术在 B777、A380 等新型先进飞机上得到充分体现,钛合金脉冲阳极化则在俄罗斯伊尔-96 等飞机中得到了应用。此外,国外对微弧氧化等新型环保工艺也在进行进一步研究。

2.2.3.1　代铬环保硫酸阳极化技术

1) 波音硼硫酸阳极化(boric-sulfuric acid anodizing, BSAA)

20 世纪 80 年代,针对硫酸阳极氧化影响零件疲劳性能、铬酸阳极氧化严重污染环境等缺点,波音公司研究了硼硫酸阳极氧化工艺,于 1990 年将其申请了专利保护(US Patent 4894127),保护范围如表 2.37 所示。90 年代初波音编制硼硫酸阳极氧化工艺规范,美军标 MIL-C-8625F 也引入了该工艺,规定其可用作铬酸阳极氧化的替代工艺,为硼硫酸阳极化新技术的推广和应用开辟了广阔前景。

表 2.37　波音硼-硫酸阳极化专利保护范围(1999)

硫酸含量	3%～5%	电压	5～20 V
硼酸含量	0.5%～1%	电流密度	不超过 10 A/in²
溶液温度	21～32℃		

硼硫酸阳极化槽液配方中主要包括硫酸和硼酸两种成分。硫酸是主成膜剂,单一组分硫酸阳极化形成的氧化膜表面粗糙度大;疏松、易起粉、与铝基体结合差;膜层较厚、对零件尺寸影响较大、抗疲劳性能较差。硼酸作为氧化改性剂可提高导电率、降低电压、减薄成膜厚度,提升抗疲劳性能。此外,硼酸加入可使膜层孔径缩小,且更为均匀致密。最初开发的硼硫酸阳极化工艺成膜速度较慢,成膜时间长,最长甚至需要几个小时,随后,波音在最初工艺基础上加大硫酸浓度(60～100 g/L),在相同电压下加大电流密度开发出快速硼硫酸阳极化(fast boric-sulfuric acid anodizing, FBSAA)工艺,并在 2004 年追加保护专利 US Patent 2004/0050709 Al,保护范围如表 2.38 所示。

表 2.38　波音硼-硫酸阳极化专利保护范围(2004)

硫酸含量	60~100 g/L	溶液温度	21~32℃
硼酸含量	0.1~10.7 g/L	电压	6~16 V

硼硫酸阳极化工艺满足航空铝合金表面处理的不同用途,其耐蚀性与硫酸阳极化相当,优于铬酸阳极化;同时对基体的疲劳性能影响较小,可用于对疲劳性能要求高的铝合金关键件和重要件。最为关键的是硼硫酸阳极化工艺槽液中不含铬离子,对环境的污染很小,利于环保。同时,它的封孔处理所采用的 Cr^{6+} 浓度仅为$(45\sim100)\times10^{-6}$,封孔后不需要水洗,环境污染小,又充分发挥了 Cr^{6+} 的耐蚀作用。目前,波音公司已将硼硫酸阳极化工艺规范应用于工业生产,在最新生产的机型如B777、B787等飞机上已大量使用铝合金硼硫酸阳极化,在美国本土几乎不再使用铬酸阳极化。

2) 酒石酸阳极化(tartaric-sulfuric acid anodizing,TSAA)

空客为了避开波音专利的限制,转而将研究精力主要投向酒石酸-硫酸体系的开发,并在 20 世纪 90 年代成功开发出可用的酒石酸阳极化工艺。其配方中主要包括硫酸、酒石酸两种成分。空客公司主要通过在欧洲申请的 EP 1233084 A2 以及在中国申请的 CN 101423965A 等专利对该工艺的主要成分及操作条件进行专利保护,其保护范围如表 2.39 和表 2.40 所示。目前空客已将该工艺编制成工艺规范用于生产,并已要求其供应商成飞、上海飞机制造有限公司(上飞)等在空客转包项目于 2019 年前停止使用铬酸阳极化,改用该酒石酸-硫酸阳极化工艺或是其他无铬环保工艺。

表 2.39　空客酒石酸-硫酸阳极化工艺欧洲专利保护范围(EP 1233084 A2,2002)

硫酸含量	10~200 g/L	电压	1~120 V
酒石酸含量	5~200 g/L	氧化时间	5~120 min
溶液温度	0~130℃		

表 2.40　空客酒石酸-硫酸阳极化工艺中国专利保护范围(CN 101423965A,2008)

硫酸含量	0.2~0.9 mol	溶液温度	0~130℃
酒石酸含量	0.2~0.8 mol	电压	1~120 V
至少一种过渡金属、一种镧系金属、一种锕系金属及其组合的元素的至少一种无机盐	0.000001~1 mol	氧化时间	5~120 min

3) 己二酸-硫酸阳极化(adipic-sulfuric acid anodizing,ASAA)

20 世纪 90 年代开始,国内研究者开始尝试在硫酸中加入添加剂改善槽液性能,比如在硫酸中加入醋酸、草酸、乳酸等降低氧化膜溶解速率,使膜层紧密细致;加入硝酸和盐类改善溶液导电率,使含 Cu 铝合金能制备较厚的氧化膜;加入草酸、丙二酸、磺基水杨酸等提高槽液允许的工作温度;加入丙三醇、草酸等降低膜层的粗糙度;加入 Cu 沉淀剂,减少槽液 Cu 浓度,并堵塞孔穴,防止膜层过度溶解。但这些尝试都未考虑到阳极氧化对铝合金疲劳性能的影响。

北京航空航天大学的刘建华等成功开发了硫酸-己二酸-合金缓蚀剂的三元阳极化工艺,并于 2009 年申请了专利保护(CN101624718)。槽液中加入的己二酸能影响膜层厚度和致密度,此外,在一定电压和温度下己二酸还可对氧化膜进行填充,并对壁垒层和孔洞缺陷进行修复。槽液中的合金缓蚀剂,能有选择性地吸附在氧化膜缺陷位置,抑制粗大的合金相颗粒、晶界、亚晶界等铝合金基体组织结构的局部不均匀性对氧化膜结构和性能带来的不利影响。该工艺不含六价铬,制备的膜层耐盐雾、膜重、漆层结合力、对铝合金基体疲劳性能的影响等指标均与铬酸阳极化相当。目前该工艺正在工程化验证阶段。

4)苹果酸-硫酸阳极化(malic-sulfuric acid anodizing,MSAA)

上飞联合北京航空材料研究院,也设计并开发了硫酸-硼酸-苹果酸-稀土添加剂的新型环保硫酸阳极化工艺(CN201110431367)。苹果酸作为稀土添加剂的络合剂,两者配合可显著提高阳极化膜层的耐蚀性。该工艺不含六价铬,制备的膜层耐盐雾、膜重、漆层结合力、对铝合金基体疲劳性能的影响等指标均与铬酸阳极化相当,完全可作为铬酸阳极化的替代工艺。目前该工艺已完成配方优化和阳极化膜层全面性能测试,并建立阳极化相关配套工艺技术体系,实现了该工艺在中试线的应用并达到性能指标要求,证实了该工艺工程化应用的适应性与稳定性,为该工艺在全行业的推广应用奠定了坚实的基础。

2.2.3.2　脉冲阳极化技术

阳极氧化工艺膜层厚度和硬度是衡量产品质量优劣的重要指标。阳极氧化是放热反应。在氧化过程中,产生大量的热量。由于热量增加,氧化槽液温度升高,加速电解液中的酸对膜层的溶解,特别是在大电流条件下氧化,热量更多,膜层增厚更困难。热量在膜层表面富集,引起电阻增大,局部电压加大。过高的电压会击穿氧化膜膜层表面,产生"烧蚀"现象。工件表面打火烧伤工件,致使工件报废的现象时有发生,从而影响产品质量,加大了产品的返工率,增加了劳动力成本和生产成本,更为严重的将直接造成工件报废,造成较大的经济损失。此外,采用常规直流或直流叠加电源作为阳极氧化的电源,在阳极氧化的过程中即使采用外循环冷冻机,将溶液进行了外循环冷冻,这种外循环冷冻的效果也不能迅速冷却阳极氧化的过程产生的焦耳热。膜层中累积的焦耳热会大大地降低氧化膜层的硬度。

而脉冲电源的引入,使膜层获得高厚度的温度区间向高温推移,并且高温比直流低温时,脉冲阳极氧化膜的硬度还稍有提高。一般认为,热量过大引起氧化膜局部过热"烧焦",而使用大脉冲电源时,大脉冲电流只在非常短的时间内通过,在这段很短的时间内大电流促进了氧化膜的快速生长。在膜层过热前,电压突然降低,阳极电流迅速跌落接近于零,然后逐步恢复到与此电压相适应的电流,使氧化膜生长变慢。同时,脉冲休止期间也有利于热量的散失。因此,脉冲氧化巧妙地越过了"氧化-焦化"临界值,使氧化膜避免了"烧蚀"现象的产生。此外,由于反向电流的存在,使得在电化学反应过程中形成大盆的"水分子",这种"水分子"的作用会迅速带走氧化膜内部的热量,这种"内冷"的方式可提高膜层的硬度。

1) 铝及铝合金的脉冲硬质阳极氧化(pulse hard anodizing of aluminum and its alloy)

铝及铝合金硬质阳极氧化一个较大的革新就是变传统的直流氧化为脉冲或交直流叠加氧化。自20世纪80年代末以来,硬质阳极氧化生产使用脉冲整流电源,首先在日本兴起脉冲阳极氧化[52],接着意大利和美国[53]先后纷纷使用。

通过阳极氧化过程的电压-时间曲线[54](见图2.21、图2.22),表明脉冲阳极氧化膜的生长规律与直流时的明显不同。在一个脉冲周期内,该曲线反映了氧化膜生长时各阶段的特点:AB段电压急剧上升,说明在通电后的很短时间内(~10 ms)铝及其合金的表面生成了连续的、无孔的氧化膜,即无孔层或阻挡层;BC段电压达到一定数值后开始下降,这是氧化膜溶解后产生孔使电阻减小所致;CD段脉冲电流断开,在纯直流电源时氧化膜的溶解速率大于生成速率,故电压下降;DE段氧化膜中的无孔层生长速率与溶解速率达到平衡,无孔层厚度不再增加,电压平稳。在最后阶段,随着氧化膜的生成与溶解,孔穴底部逐渐向金属基体内部转移加深后形成孔隙,孔隙壁氧化膜溶解水化($Al_2O_3 \cdot H_2O$)后形成可以导电的多孔性结构[55]。

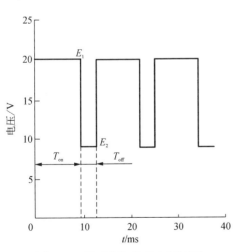

图 2.21　脉冲阳极化的电压波形

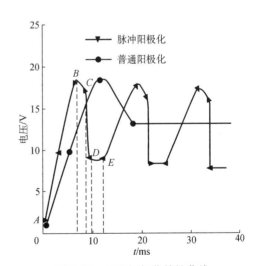

图 2.22　铝阳极氧化特性曲线

由于生成阳极氧化膜电阻很大,在氧化过程易产生大量的热量,因此传统直流氧化电流密度不宜过大,而脉冲氧化大大地降低了硬质阳极氧化所需的电压,可通过调整占空比和峰值电压值,瞬间给出很大的脉冲氧化电流,脉冲电流是非连续的,在氧化间隙中可由强烈搅拌的电解液将界面热量带走。因而脉冲阳极氧化可提高膜的生长速度,改变膜的生成质量,获得性能优良的氧化膜。脉冲硬质阳极氧化可以得到性能更好的阳极氧化膜,或在难于阳极氧化的铝合金上得到满意的硬质氧化膜。表 2.41[56] 中比较了脉冲阳极氧化与普通阳极氧化膜的性能。

表 2.41　脉冲硬质阳极氧化膜与普通阳极氧化膜性能比较

项　目	普通阳极氧化膜	脉冲硬质阳极氧化膜
氧化膜硬度/HV	300(20℃)	650(20℃),450(25℃)
CASS 实验达 9 级时间/h	8	>48
落砂耐磨实验/s	250	>1500
弯曲试验	好	好
击穿电压/V	300	1200
膜厚均匀性	25%(10 μm, 22℃)	4%(10 μm, 20~25℃)
电源成本比较	1	1.3
电源能耗比较	大	小
生产效率比较	1	3

2) 铈盐双向脉冲封闭技术(cerium salt bi-directional pulse sealing)

铝以及铝合金经过阳极氧化后,无论是否要进行着色都要进行及时的封闭处理,如果后续工艺需要进行着色,封闭工艺处理可以把染料固定在微孔中,防止渗出,同时可以提高阳极氧化膜的耐磨性、耐晒性、耐蚀性和绝缘性。传统的封闭方法有沸水封闭、高温水汽封闭、重铬酸盐封闭、醋酸镍封闭、氟化镍冷封闭和有机酸封闭等。但是传统的封闭工艺中,重铬酸钾、氟化镍等封闭液中含有对人体和环境有害的物质,沸水封闭有需要较高的能量消耗和较高的水质要求,因此,从 20 世纪 80 年代后绿色封闭技术的研究方兴未艾。绿色封闭技术包括溶胶-凝胶封闭技术[57]、微波水合封闭工艺[58]及稀土封闭工艺[59, 60]等,这些封闭工艺对环境基本无污染,对人体也无害,是未来阳极氧化膜封闭技术的发展方向。

21 世纪初期,赵景茂等首先发明了可以利用脉冲电源对铝阳极氧化膜进行封闭,后来又利用稀土元素和脉冲电源发明一种脉冲电场下的铈盐封闭技术,他们通过对封闭后的铝合金阳极氧化膜进行表面观察和电化学分析等研究手段发现,脉冲电场下的铈盐封闭方法得到的阳极氧化膜在酸性和中性环境下的耐蚀性要好于铬酸盐封闭所得的阳极氧化膜,认为脉冲电场下的铈盐封闭是一种极具希望代替重铬酸钾封闭的工艺[61-63]。

3) 钛合金脉冲阳极化(pulse anodizing of titanium alloy)

钛合金阳极化工艺有多种,波音、麦道公司工艺一般为低压直流阳极化,溶液组分也有多种,主要用于防止钛合金表面擦伤、防止接触腐蚀和作为漆层的预处理,缺点是获得的膜层较薄,性能较低,且在湿状态下出现膜层易擦除等问题。俄罗斯采用的是脉冲阳极化工艺,为硫酸-磷酸体系,改变工艺参数可获得不同厚度、不同用途的膜层。厚度为 $2\sim3\,\mu m$ 的膜层主要用于防止与铝合金、镁合金零件和镀钢、镀锌零件及其他电性较负的金属接触腐蚀；膜层厚度为 $8\sim10\,\mu m$ 时可提高钛合金零件的耐磨性能，主要用于一般摩擦条件下的零件防护。脉冲阳极氧化耗能少，对环境无污染，该工艺制备的氧化膜致密、硬度高、绝缘性好、无粉化[64]，可改善与表面涂层的结合力，用于有机涂层或干膜润滑剂的胶接底层。脉冲阳极化对钛合金零件的力学性能无不良影响，不降低零件的强度、塑性和疲劳极限，且能使膜层的耐击穿电压升高，同时减小膜层的导热系数，使钛合金具有更广的实用价值。因此，钛合金脉冲阳极化在近几年间飞速发展，已在伊尔- 96、Su - 27 等飞机使用。

21 世纪初期，国内研究者证实采用钛合金脉冲阳极化技术可制备一种钛合金耐磨阳极氧化膜。该氧化膜可显著提高钛合金的耐磨性能，带膜层试样的磨损量比裸材低一个数量级。还可制备一种抗电偶腐蚀的钛合金阳极氧化膜，大大增加钛合金的电化学反应电阻，有效地降低钛合金与 300M 钢、300M 钢镀镉-钛配对时的电偶腐蚀电流[65, 66]。

2.2.3.3 微弧氧化技术

微弧氧化(micro-arc oxidation，MAO)概念的提出始于 20 世纪 50 年代，70 年代后期逐步引起国外学术的研究兴趣，90 年代开始成为国内外学者的研究热点。微弧氧化，又称等离子体微弧氧化(plasma micro-arc oxidation，PMAO)、微等离子体氧化(micro-plasma oxidation，MPO)、阳极火花沉积(anodic spark deposition，ASD)、火花放电阳极氧化(anodic oxidation by spark discharge，ANOF)或微弧放电氧化(micro-discharge oxidation，MDO)，是一种直接在有色金属表面原位生长陶瓷层的新技术，其主要方式是通过在工件上施加电压，突破传统阳极氧化电流、电压法拉第区域的限制，将工作区由普通阳极氧化的法拉第区域引入到了高压放电区，阳极电位由几十伏提高到几百伏，氧化电流由小电流发展到大电流，由直流发展到交流，致使在工件表面出现电晕、辉光、微弧放电，甚至火花斑等现象，使工件表面的金属在微等离子体的高温高压下与电解质溶液相互作用，在金属表面形成陶瓷膜，达到工件表面强化的目的。

1) 微弧氧化技术的发展历史

20 世纪 30 年代初，Gunterschulse 和 Betz 合作研究并相继报道[67]，浸在电解液中的金属在高压电场作用下，表面会出现火花放电现象，放电火花对金属表面有破坏作用。后来又发现，在一定条件下，利用这种高压电场也可以生成氧化膜。从 50 年代末开始，美国的一些兵工单位开始进行阳极火花技术研究，并提出了微弧氧化的概念[68]。70 年代以后，人们逐渐意识到火花放电现象在有色金属表面强化处理中所具有的价值，苏联科学院的无机化学研究所、德国的卡尔-马克思工业大学和美国的伊利诺伊大学等研究机构都相继开始了对该技术的研究[69]。1969 年，苏联学者发现，当对铝合金材料施加电压时，如果所施加的电压高于火花区电压，就可以获得性能优异的氧化物陶瓷膜层，还将这种在微电弧条件下通过氧化获得陶瓷膜层的过程正式命名为"微弧氧化"[70]。所采用的电源模式开始是直流电,以后又采用正弦交流电和调制电流(脉冲电流)。被氧化处理的基底材料主要是铝合金、钛合金。20 世纪 80 年代后期,微弧氧化已成为国际研究的热点,进入了快速发展时期。德国学者 Kurze[71] 通过火花放电微弧氧化技术在纯铝表面成功制备了含 $\alpha - Al_2O_3$ 的硬质膜层,并深入地研究了通过该技术在各种金属表面获得陶瓷膜的实用性。进入 90 年代以来,荷兰、葡萄牙、法国、日本等更多国家开始微弧氧化技术的研究,加快了该技术的发展。从规模和研究水平上来看,俄罗斯一直占据绝对优势,处于世界领先地位,其学者提出的理论体系比较成熟、完整,也得到了其他国家学者的认可,并且已将该技术成功地应用于多个工业领域。

在国内,微弧氧化技术自 20 世纪 90 年代起受到广泛关注。北京师范大学低能核物理研究所、北京有色金属研究总院、哈尔滨工业大学、哈尔滨理工大学、西安理工大学、中国兵器工业第 52 研究所和装甲兵工程学院等在引进吸收俄罗斯技术的基础上对微弧氧化设备,陶瓷膜的形貌、组织、性能及形成机理和制备过程等方面都进行了大量的研究。其中,北京师范大学邓志威等在这方面的研究较为系统。他们自行设计了微弧氧化设备,对制备过程、能量转换、陶瓷膜的形貌结构及应用等进行了有益的探讨。哈尔滨环亚微弧技术有限公司已申请了国家专利,已经由实验阶段转向小批试生产,并建立了一条半自动生产线。随着人们对微弧氧化技术研究的不断深入,其在表面工程领域越来越受到重视,并得到更加广泛的应用和推广。从目前的研究状况来看,对铝合金微弧氧化技术的研究主要集中在电解液及添加剂、电参数等处理工艺对微弧氧化陶瓷膜耐腐蚀性、耐磨性、抗疲劳性能的影响及微弧氧化膜生长机制和规律等方面。

2) 微弧氧化的机理过程

Al、Mg、Ti 及其合金在金属-氧化物-电解液体系中具有电解阀门的作用,德国学者 A. 贡特舒尔茨称之为阀金属[72]。当这类金属或合金浸入电解液中通以电流后,工件表面的金属与电解质溶液相互作用,在金属表面立即生成很薄的一层氧化膜绝缘层,形成的这层完整的绝缘膜是进行微弧氧化的必要条件。当工件上施加的电压超过某一临界值时,绝缘膜上某些薄弱环节被击穿,在工件表面形成微弧放电,工件表面产生大量的游动弧点或火花。弧光放电增强并激活在阳极上发生的反应,由于击穿总是在氧化膜相对薄弱的部位发生,导致在工件表面形成许多放电通道(微孔),放电通道内的等离子在不足 1 ms 的时间内达到高温和高压,这种高温高压作用使基体及合金化元素熔化或通过扩散进入通道并发生氧化,在该部位又生成了新的氧化膜,击穿点转移到其他相对薄弱的部位,最终形成均匀的氧化膜[73]。

因此,在微弧氧化过程中,通电后的工件表面其膜层生长过程具有明显的阶段性。可将微弧氧化的过程分为 4 个阶段:

(1) 阳极氧化阶段。

在微弧氧化初期,金属光泽逐渐消失,材料表面有气泡产生,电解液中的元素开始进入基体表面并与基体元素反应生成新的化合物,这是由于沉积作用而在阳极表面形成团絮状的沉积氧化膜及氧化膜不断扩展的过程。该过程在工件表面生成一层很薄且多孔的绝缘氧化膜(绝缘膜),绝缘膜的存在是形成微弧氧化的必要条件。此时的电压、电流遵循法拉第定律。

(2) 火花放电阶段。

随着电压的升高,氧化膜击穿,在等离子化学、电化学等共同作用下,钛合金的表面开始出现移动的密集明亮小火花,这个阶段持续的时间通常只有 $2\sim3\,\mathrm{min}$。

(3) 微弧放电阶段。

随着电压和膜层的增加,钛合金表面的火花逐渐变大,移动速度相对减缓,膜层迅速生长,此时每个电弧存在的时间仍旧很短,但等离子体放电区瞬间温度很高,W. Krysmann[74]等计算出其温度可达到 $8\,000\,\mathrm{K}$。当微弧放电区域瞬间温度高达 $2\,000\sim5\,000\,℃$时,可使表面薄膜微区熔化导致氧化物的结构发生变化。微弧氧化膜表面分布有大小不等的微孔,这些微孔是氧化过程中等离子放电通道,微孔周围的火山丘状形貌为明显的烧结熔融痕迹,而高温烧结是氧化钛转变为陶瓷相的必要条件。

(4) 弧光放电阶段。

随着氧化时间延长,氧化膜达到一定厚度,膜层的击穿变得越来越困难,开始出现少数更大的红色斑点,这些斑点不再移动,而是停在某一固定位置连续放电,并伴有尖锐的爆鸣声,此阶段形成的膜层孔径较大,结构较疏松,应当尽量避免。通过控制不同生长阶段的能量分配,尽量延长膜层的均匀生长阶段,可以获得均匀致密的陶瓷层。微弧氧化不同于常规阳极氧化技术,其工作电压由普通的阳极氧化法拉第区引入到高压放电区域,完全超出了传统的阳极氧化范围。在微弧氧化的过程中,化学氧化、电化学氧化、等离子体氧化同时存在,致使陶瓷氧化膜的形成过程非常复杂,至今尚无一个合理的模型全面描述陶瓷膜的形成。

3) 微弧氧化关键特性及膜层结构

微弧氧化膜的制备过程中,溶液体系的选取是至关重要的,溶液体系的选配影响膜层质量的好坏。目前,国内外的研究中以硅酸盐、磷酸盐及铝酸盐体系为主,再添加稳定剂及辅助剂、着色剂等进行性能及外观上的改良。根据相关文献报道,在电源配置上,主要有直流、交流和脉冲 3 种电源模式。

微弧氧化膜层由过渡层、致密层和疏松层 3 层组成[75]。过渡层与基体凹凸搭接,结合牢固。致密层由结合紧密的细小等轴晶构成,没有孔洞和裂纹存在,与过渡层结合良好。疏松层表面起伏不平,与致密层之间存在明显的孔隙,疏松层内虽然存在一些较大的孔洞和细小的裂纹,致密度低,结合强度不高,但这些孔洞和裂纹并没有贯通整个疏松层。因而,微弧氧化膜对基体具有良好的保护作用。

4) 微弧氧化的性能特点及应用背景

目前,我国飞机铝合金提高耐磨性的表面处理方法主要为硬质阳极化,一般用于铝合金活塞、衬套、三通接头、壳体等部位。但铝合金硬质阳极化膜层硬度较低（HV250）、耐蚀性不高（中性盐雾试验 240 h）、工艺较复杂（电解液需低温）、膜层严重降低铝合金基体疲劳寿命、不能处理铸造铝合金等缺点，在恶劣腐蚀环境中其抗腐蚀性能已不能满足要求。另外，该处理方法溶液中含有铬离子，因对环境污染严重而被限制应用。

微弧氧化工艺设备简单，反应在常温下进行，除了处理铝及铝合金材料之外，还可处理钛、镁、铌等金属，对黑色金属的强化处理也有很大进展。微弧氧化使用的电解液不含有毒物质和重金属元素，电解液抗污染能力强和再生重复使用率高，对环境污染小，同时不需酸洗除去样品表面原有的氧化膜皮，前处理简单，减少了污水排放。因此，与铬酸盐化学处理、电镀和阳极氧化处理相比有"清洁处理"之称，可满足优质清洁生产的需要，也符合我国可持续发展战略的需要。微弧氧化制备的陶瓷膜层，具有耐蚀性能高（中性盐雾试验 1000 h）、硬度高、耐磨性能（HV800～HV2000）与电绝缘性能好、与基体结合牢固、对基体疲劳寿命影响相对较小、对环境无污染等优点，从根本上克服了铝合金材料在应用中的缺点。此外，微弧氧化技术工艺处理能力强，可通过改变工艺参数获取具有不同特性的氧化膜层以满足不同目的的需要；也可通过改变或调节电解液的成分使膜层具有某种特性或呈现不同颜色；还可采用不同的电解液对同一工件进行多次微弧氧化处理，以获取具有多层不同性质的陶瓷氧化膜层。微弧氧化技术明显优于目前国内飞机使用的硬质阳极化技术，特别是能大幅度提高铝合金的耐蚀性能和耐磨性能，达到了第 2 代工程材料（金属）和第 3 代工程材料（陶瓷）的完美结合。因此，该技术在民机领域可作为硬质阳极化的替代工艺，拥有广泛的应用前景。

2.3　化学转化

2.3.1　概述

2.3.1.1　化学转化工艺原理

化学转化膜，是金属（包括镀层金属）表层的原子与溶液介质中的阴离子相互反应，在金属表面生成的附着力良好的隔离层，这层化合物隔离层就是化学转化膜，又叫金属转化膜。它的化学反应式为

$$mM + nA^{z-} \longrightarrow M_mA_n + nze$$

式中：M 表示表层的金属离子；A 表示介质中价态为 z 的阴离子。

实际上，这个化学反应式只是化学转化膜的基本意义，它的具体形成过程包含多步化学反应和许多电化学反应，还有很多的物理化学变化过程，反应产物复杂多样，比简单的化学反应式描述的要复杂很多[76]。

化学转化膜的应用广泛，主要用于金属的表面防护，延长金属或者合金的使用寿命；它具有良好的附着性，膜层均匀、致密可以作为有机涂层的前处理工艺；在冷

加工方面,化学转化膜有润滑的作用,减少工件的磨损,使其可以承受更高的负载;双层或者多层的化学转化膜,能吸附有机或无机染料,染成各种颜色,作为装饰用化学转化膜;化学转化膜还是电的不良导体,可以作为绝缘性的化学转化膜;磷化膜在塑性加工的方面可以用于钢管、钢丝的挤出工艺、深拉延工艺的冷加工等。

2.3.1.2 化学转化工艺功能及分类

实际生产应用中,化学转化膜主要按照基体材料的不同进行分类。本文依据航空产品主要用到的材料,对相应的转化膜工艺分别进行介绍。

1) 铝的转化膜层

在已有的波音 B737 系列至 B777 系列、空客 A300 系列至 A340 系列飞机中,铝合金的使用比例仍然是最高的。但是铝的电极电位极低(-1.66 V)[77],很容易发生接触腐蚀。因此,进行表面预处理是铝和铝合金表面处理所必需的工序。铝合金表面预处理主要有铝合金的阳极氧化(见第 2.2 节)和铝合金的化学转化两种。

(1) 铝合金化学转化膜的主要用途:

a. 为基体材料提供保护性氧化膜层,提高防腐蚀能力。

b. 为基体材料涂装作准备,提高涂层的附着力。

c. 为导电连接的表面提供导电性的表面处理膜层。

d. 为阳极氧化膜的局部损伤或不完整区域提供修补。

e. 为超大型零件表面(如机身部段外表面或整机外表面)提供表面准备。

f. 铝质紧固件或铝镀层/涂层表面防护处理。

(2) 铝合金化学转化膜的分类。

目前,航空制造企业在用的铝合金表面化学转化膜产品是以阿洛丁系列产品为代表的含有六价铬的化学转化膜溶液,此产品的标准为 MIL - DTL - 81706。其分类方法如表 2.42 所示。

表 2.42　铝合金化学转化膜的分类

分类标准	类　　别
按照主要用途	可获得最大防腐蚀能力的转化膜层
	在要求低电阻场合下使用的防腐蚀化学转化膜
按照材料形态	浓缩的液体状态(使用时需要稀释至指定浓度)
	粉末
	预混合好、可直接使用的溶液
按照施工方法	喷涂方法
	刷涂方法
	浸入式方法
	修补专用的水笔形式的施工方法
按颜色	无色膜层
	有色膜层(一般为黄色、棕色或彩虹色)

应当注意,以上的分类可以组合使用的,转化膜产品的供应商也分别依据使用场合制备了专用的产品。

常见的阿洛丁化学转化膜层外观如图 2.23 所示,图 2.24 和表 2.43 及图 2.25 和表 2.44 分别是阿洛丁转化膜的微观形貌和成分定量分析及腐蚀点处的微观形貌和成分定量分析。

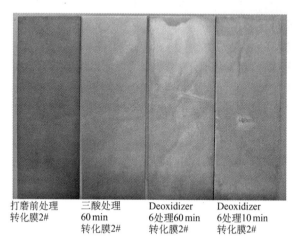

打磨前处理 三酸处理 Deoxidizer Deoxidizer
转化膜2# 60 min 6处理60 min 6处理10 min
    转化膜2# 转化膜2# 转化膜2#

图 2.23 阿洛丁化学转化膜的颜色外观

 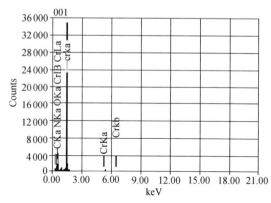

图 2.24 阿洛丁化学转化膜的微观形貌与成分

表 2.43 转化膜能谱定量分析

元　素	电子能量/keV	质量分数/%	原子数比/%
C K*	0.277	9.84	18.43
N K*	0.392	2.51	4.03
O K	0.525	10.62	14.93
Al K	1.486	73.13	60.93
Cr K	5.411	3.90	1.69

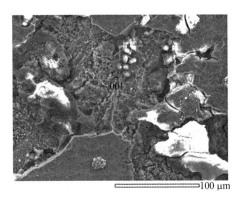
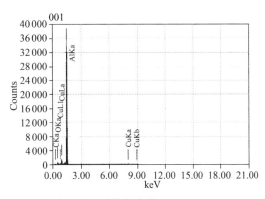

图 2.25 阿洛丁化学转化膜腐蚀点处的微观形貌与成分

表 2.44 腐蚀点处成分定量分析

| | 腐蚀点 1 成分定量分析 | | | 腐蚀点 2 成分定量分析 | | |
元素	电子能量 /keV	质量分数 /%	原子数比 /%	电子能量 /keV	质量分数 /%	原子数比 /%
C	0.277	4.28	10.49	0.277	3.76	8.18
O	0.525	2.97	5.46	0.525	3.87	6.33
Al	1.486	65.57	71.47	1.486	85.19	82.54
Cu	8.040	27.18	12.58	8.040	7.18	2.95

从成分分析测试结果可知,完整膜层的成分主要元素有 Al、O、Cr。腐蚀点处成分为 Al、Cu、O 三种,其中铝元素含量从 61% 增加至 71%,氧元素从 15% 减少至 5%,原有 1.7% 铬元素消失,铜元素增加至 12%,均进一步表明腐蚀点处含六价铬的 Alodine1200S 氧化膜已完全消失。同时对另外一个处于发展阶段的腐蚀点 2 进行研究,成分分析中出现 2.95% 的铜元素(见表 2.44),但是没有腐蚀点 1 的铜含量高,氧元素为 6.33% 高于腐蚀点 1 处的 5.46%。说明氧化膜的破坏伴随氧元素的减少和铜元素的增加,说明合金中局部富集铜会造成转化膜膜层不完整或疏松,从而降低了膜层耐腐蚀性能。

2) 钢的表面化学氧化膜

钢的表面处理主要依据钢本身的特性和具体用途进行区分。对防腐蚀要求而言,耐蚀钢或不锈钢等一般采用钝化工艺形成转化膜,碳钢和低合金钢则一般通过电镀、发黑氧化等形成化学转化膜层。还有一种采用磷化处理,在钢的表面形成多孔化学膜层,一般用于提高润滑油等润滑物质或油漆等的附着力。

3) 耐蚀钢的表面钝化

绝大部分耐蚀钢在空气环境中表面可以自发钝化,但是当钢的表面存在有油脂、污物或者游离的铁离子(可能来自钢模具)时,可能会影响生成的钝化膜性质。因此通过合适的清洗工艺将污染物清除干净,确保表面氧化生成钝化膜的过程中氧气可以均匀地与不锈钢表面反应生成均匀的钝化膜是耐蚀钢钝化的关键。实际生产中通过将钢浸入氧化性环境(如硝酸、草酸、重铬酸钾等),可以使钝化膜的生成速度明显加快。

硝酸等氧化性溶液可以去除表面的游离铁和其他外来夹杂物,但不能用来去除零件表面的热变色或氧化皮。

对于在不锈钢中增加了硫元素用以增加机加性能的情况,采用钝化工艺时可以去除金属表面的硫化物,从而增加零件的耐蚀性。

当不锈钢的表面没有游离铁离子或其他任何污物时,在氧化性气氛中其表面会自发生成钝化膜。采用重铬酸钠或硝酸溶液等进行处理时,氧化膜产生速率更快,这种处理称之为钝化,这种方法区别于单纯通过腐蚀去除(包括氧化皮、热变色)清洗获得清洁表面然后自发生成钝化膜的方法。

能够去除热变色和氧化皮且能够溶解金属基体的化学处理工艺,称为酸洗。酸洗完成后,钢的表面没有离子或其他污物,钝化膜会自发生成,但是采用氧化性溶液可以大大增加钝化膜生成速度。

耐蚀钢的钝化主要用于确保钢零件表面的游离铁离子和其他表面阳性离子完全去除。耐蚀钢的钝化可以按照所用配方分类,也可以按照详细配方进行细化的分类,其主要分类如表 2.45 所示。

表 2.45　不锈钢的钝化工艺分类

分类标准	类　别
按照钝化所用酸	硝酸钝化工艺
	草酸钝化工艺
按照详细配方	室温硝酸重铬酸钠钝化
	中温硝酸重铬酸钠钝化
	高温硝酸重铬酸钠钝化
	40%硝酸钝化
	室温硝酸钝化
	中温硝酸钝化
	中温浓硝酸钝化

4) 钢的磷化处理

磷化是指将金属放入以磷酸盐为主的溶液中,使其与溶液发生化学反应,在其表面生成均匀难溶于水的磷酸盐转化膜的过程。磷化膜涂层外观如图 2.26 所示。磷化膜具有以下功能:

(1) 磷化膜与金属表面结合牢固。

(2) 磷化膜中的微小孔隙增强了漆膜与基体的附着力,由于磷化膜的绝缘性,可以减少漆膜下的腐蚀电流。

(3) 由于磷化膜是无机酸盐,较稳定,具有抗化学腐蚀能力。

(4) 磷化膜孔隙增强了抗氧气和水扩散能力。

（5）具有良好的润滑性能。

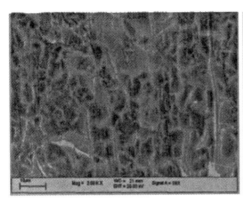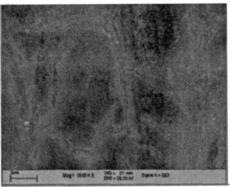

图 2.26　典型磷化膜层的外观

磷化膜的分类方法有很多,主要有以下分类:

（1）按磷化温度分类:高温磷化、中温磷化、低温磷化、常温磷化。

（2）按磷化膜的质量分类:重量型、中量型、轻量型、特轻量型。

（3）按磷化膜基本成分分类:锌系磷化液、锌钙系磷化液、锌锰系磷化液。

（4）按磷化工艺使用在不同金属的表面分类:如铝、钛、钢等。

在民用航空制造过程中,磷化工艺主要作为一种有机涂层或润滑化合物涂覆前的表面处理工艺应用。航空制造企业中最广泛应用的分类如表 2.46 所示。

表 2.46　磷化的分类表

锰系磷化工艺	后续按规定有涂层处理
	后续按规定润滑处理
	无后续处理要求的
	化学处理（如着色）
锌系磷化工艺	后续按规定有涂层处理
	后续按规定润滑处理
	无后续处理要求的
	化学处理（如着色）

5）发黑（氧化）处理

钢铁的氧化发黑处理可使钢铁工件表面生成一层保护性的化合物（如氧化物）。此化合物膜层具有很好的吸附性。所得的膜层基本不影响零件的装配尺寸,使表面光洁度高或抛光的精密零件发黑后既亮又黑,具有保护和装饰的效果。但是这种氧化膜的耐腐蚀性能并不高,只有在特定的环境下才能作为防腐蚀膜层被采用。在发黑氧化处理后再进行浸油或其他填充处理,能进一步提高膜层的耐蚀性。

目前,钢铁材料的常用的氧化处理方法有碱性化学氧化法（又称碱性发蓝或发黑)和酸性化学氧化法(又称常温发黑)[78]。

碱性发蓝的特点是在(140℃左右)含有氧化剂亚硝酸钠的高浓度氢氧化钠溶液中进行氧化处理,生成以四氧化三铁(Fe_3O_4)为主要成分的氧化膜。

常温发黑是表面处理技术中生成耐蚀性膜层的化学转化膜法。它是近十几年发展的一种新工艺,可在常温下进行处理,使工件表面生成一层耐蚀性能好、以黑色化合物硒化铜(CuSe)为主要成分的膜层。

铁合金(铁原材料、碳钢、低合金钢、耐蚀钢)表面黑色氧化膜层分为有后处理和没有后处理涂层两种。黑色氧化膜层只有在一些并不恶劣的环境中才具有一定的防腐蚀性能。黑色氧化的分类和限制如下:

(1) 碱性氧化工艺。适用于铁合金的锻件、铸件、碳钢和低合金钢。

(2) 碱性铬酸盐氧化工艺。适用于回火热处理温度不超过 482℃ 的耐蚀钢。

(3) 熔盐氧化工艺。适用于回火热处理温度超过 482℃ 的耐蚀钢。

(4) 碱性氧化工艺。适用于其他耐蚀钢合金。

黑色氧化常用于军用枪炮的表面和膛内,尤其适用活动零件表面,因为这种黑色氧化后不会引起零件尺寸的变化,与其他防腐蚀措施相比在尺寸精度方面控制非常简便。黑色氧化不适用于长期存储物件的表面处理,除非表面另行施加防护性化合物并进行合适的包装。黑色氧化表面是漂亮的黑色外观,经常用于装饰性表面,以获得低反射表面。后处理用水置换型的防腐蚀抑制剂涂层处理,如 MIL‐PRF‐161731 的 3 级或其他的防腐蚀涂层。

需要注意的是,硬度大于 40HRC 的高强钢在应力状态下进行黑色氧化处理时容易发生碱脆,导致裂纹发生。

2.3.1.3　钛的表面处理

由于钛合金本身具有优良的耐蚀性、低温特性稳定、很好的生物相容性,因此对于防腐蚀方面几乎不需要采取特殊的工艺。钛和钛合金的钝化工艺主要用于确保零件表面的游离离子和其他表面污染的完全去除,其实际作用是清洗操作的一种。所用的配方与耐蚀钢的钝化配方有一定的重合。

钛的表面处理关键是去除钛合金零件表面的车间污物、氧化物、氧化皮及外来物。钛合金表面的热处理氧化皮一般采用喷砂的方法予以去除,喷砂工艺所用的砂粒应该采用清洁、无铁的氧化硅砂粒,且不能用处理过碳钢和低合金钢零件的砂粒。但是喷砂并不能替代酸洗工艺,喷砂操作并不能去除钛合金表面的元素扩散污染层。例如,在热氧化性气氛中,钛合金在生成氧化皮的同时,在金属基体表面向内相当的厚度内,氧或氮等气体会扩散在金属中,形成性能急剧降低的表面金属层,这种情况下只能采用酸洗工艺予以去除。

在钛合金加工、锻造、成形中形成的氧化皮和润滑残留一般要先用特殊溶液进行调节,调节之后再采用酸洗工艺以获得清洁表面。钛合金表面氧化皮调节处理有如下几种:

(1) 强碱性(苛性)化合物的水溶液调节处理+酸洗。

(2) 碱性熔盐(399~454℃)调节处理+酸洗。

(3) 碱性熔盐(204℃)调节处理+酸洗。

(4) 593℃以下形成的氧化物或热变色一般通过反复的酸洗即可。酸洗溶液可选用10%~20%体积比的硝酸加上1%~2%体积比的氢氟酸溶液,温度选择在49℃。

(5) 锻造或热加工的钛合金一般选择454℃碱性熔盐调节处理,以保证锻造和热加工过程中夹杂的石墨、玻璃润滑成分的氧化皮的完全溶解松弛,然后酸洗。

(6) 固溶处理的α+β合金或β合金加工温度至593℃以上,且有硫化钼和石墨润滑成分残留的氧化皮,一般建议用碱性熔盐调节处理,操作温度为204℃,然后酸洗操作。

(7) 磨削、喷砂等工艺也是可以采用的工艺。

机械打磨清洗或化学调节处理后,可以采用如下工艺配方进行彻底清洗:

(1) 采用硫酸溶液,10%~40%体积比的硫酸,操作温度66℃。然后也可以在10%~30%的硝酸加上1%~3%的氢氟酸中短暂浸渍,以获得光亮的表面。

(2) 采用10%~30%的硝酸加上1%~3%的氢氟酸。这种配方可以确保表面没有残留氧化物、氧化皮等。

钛合金的表面处理要注意以下的内容:

(1) 高温环境下在盐槽中调节钛合金氧化皮的时,不得使钛合金接触铁基合金,否则将会发生电化学腐蚀。钛合金相对于铁合金在高温下的电位可能高0.6V,这样在接触点的位置可能因为电流通过而继续升高温度,从而造成烧伤。避免此种现象发生的方法是降低调节槽的温度(不要高于455℃),同时装夹架子的材质选用钛合金或进行绝缘处理。

(2) 严重氧化皮的锻件或者热轧材料,可以用机械打磨的方法去除过多的氧化皮,选用避免在盐槽中调节处理时间过长。

(3) 在热处理或热成型工艺中表面施工硅基保护涂层可以降低氧化皮的生成概率。这些保护层在熔盐槽中是完全可溶解的。注意观察去除,防止带入酸处理槽。

(4) 热成形或热处理的钛合金表面污染中如果含有石墨和硫化钼,应注意调节温度不要超过204℃,否则有可能引起热变形。

(5) 在盐槽或强碱性水溶液中调节钛合金氧化皮,实际上是将氧化皮反应并最终生成钛酸钠,钛酸钠可以溶解在硫酸和硝酸-氢氟酸溶液中。硫酸溶液中可以加入0.25%~1%的硫酸铜或硫酸铁以减少基体腐蚀。

(6) 氧化皮调节处理后,一般应该在硫酸或硝酸、氢氟酸中清洗。有可能要多次完成盐槽—水清洗—硫酸洗,直至表面的氧化物完全去除。最终可以用硝酸氢氟酸清洗以获得光亮的表面。

（7）硝酸氢氟酸酸洗时，应注意控制硝酸和氢氟酸之间的比例，当比例控制在硝酸：氢氟酸为 10：1 时，钛合金的吸氢量是最小的。两种酸各自的浓度并不是控制的关键。

（8）氧扩散层（富氧层）的处理。富氧层在高温和氧化性气氛中加工时，不可避免。但是应该注意在酸腐蚀清洗去除氧扩散层的时候，应该保证氧化物和氧化皮已经完全去除，否则可能在腐蚀清洗去除氧扩散层时发生严重的选择性局部腐蚀。

（9）多余材料要求的氢增量应该用真空热处理的方法进行处理以去除多余的氢。

2.3.2 航空制造领域化学转化技术的工艺方法与质量要求

2.3.2.1 化学转化的工艺方法

1）铝的化学转化

（1）常用铝的转化膜配方如表 2.47 所示。

表 2.47 民机常用的铝的转化膜配方

溶 液	成 分	使 用
阿洛丁 1500 喷涂液	Alodine 1500	喷涂用(需要配制)
阿洛丁 1500 浸涂液	Alodine 1500	浸涂用(需要配制)
阿洛丁 1500 刷涂液	Alodine1500	刷涂用(需要配制)
阿洛丁 1500 预混合的刷涂液	Alodine 1500 刷涂用预混合液	刷涂用(直接使用)
阿洛丁 1000L 浸涂液	Alodine 1000L	浸涂用(需要配制)
阿洛丁 1000L 刷涂液	Alodine 1000L	刷涂用(需要配制)
阿洛丁 1200S 喷涂液	Alodine 1200S	喷涂用(需要配制)
阿洛丁 1200S 浸涂液	Alodine 1200S	浸涂用(需要配制)
阿洛丁 1200S 刷涂液	Alodine 1200S	刷涂用(需要配制)
阿洛丁 1200S 预混合的刷涂液	Alodine 1200S 预混合的刷涂液	刷涂用(直接使用)
阿洛丁 600S 预混合的刷涂液	Alodine 600S 预混合的刷涂液	刷涂用(直接使用)

（2）铝合金转化膜的常用工艺操作方法。

a. 对零件进行碱液除油清洗，直至获得水膜连续表面。

b. 对零件进行脱氧处理。如果屏蔽保护时经过碱液腐蚀脱氧处理，那么脱氧处理时间要求适当延长。

c. 检查表面是否达到水膜连续。

d. 把零件在转化膜溶液中浸润指定时间。

（a）化学转化膜溶液中浸 2～6 min。

（b）化学转化膜溶液中浸 1～3 min。

e. 将零件移出转化膜溶液，在槽液上部排液片刻。

f. 水清洗 2~5 min,漂洗或喷淋漂洗方法均可。

g. 在不高于 54℃(130℉)温度下空气干燥。

2) 钢的表面化学氧化

(1) 耐蚀钢的表面钝化。

a. 常用的钝化配方。表 2.48 所示为常用的耐蚀钢钝化用配方。表中所给的数据为指导性数据,具体的操作温度、时间和浓度需要依据工艺控制试验获得的数据来确定。

表 2.48　常用的耐蚀钢钝化用配方及操作方法

序　号	条　目	浓度方法
1	槽液配方	$20\%\sim25\%$, HNO_3,体积比 $2\%\sim3\%$, $Na_2Cr_2O_7 \cdot 2H_2O$,重量比
	温度	$21\sim32℃$
	浸入时间	不少于 30 min
2	槽液配方	$20\%\sim25\%$, HNO_3,体积比 $2\%\sim3\%$, $Na_2Cr_2O_7 \cdot 2H_2O$,重量比
	温度	$49\sim54℃$
	浸入时间	不少于 20 min
3	槽液配方	$20\%\sim25\%$, HNO_3,体积比 $2\%\sim3\%$, $Na_2Cr_2O_7 \cdot 2H_2O$,重量比
	温度	$63\sim68℃$
	浸入时间	不少于 10 min
4	槽液配方	$38\%\sim42\%$, HNO_3,体积比 $2\%\sim3\%$, $Na_2Cr_2O_7 \cdot 2H_2O$,重量比
	温度	$21\sim49℃$
	浸入时间	不少于 30 min
5	槽液配方	$20\%\sim25\%$, HNO_3,体积比 $2\%\sim3\%$, $Na_2Cr_2O_7 \cdot 2H_2O$,重量比
	温度	$21\sim32℃$
	浸入时间	不少于 2 min,零件阳极电压 3~5 V
6	槽液配方	$20\%\sim45\%$, HNO_3,体积比
	温度	$21\sim32℃$
	浸入时间	不少于 30 min
7	槽液配方	$20\%\sim25\%$, HNO_3,体积比
	温度	$49\sim60℃$
	浸入时间	不少于 20 min
8	槽液配方	$45\%\sim55\%$, HNO_3,体积比
	温度	$49\sim54℃$
	浸入时间	不少于 30 min

（续表）

序　号	条　目	浓度方法
9	槽液配方 温度 浸入时间	4%～10%,草酸,重量比 60℃以上 不少于4min
10	槽液配方 温度 浸入时间	4%～10%,草酸,重量比 49～60℃ 不少于10min
11	槽液配方 温度 浸入时间	4%～10%,草酸,重量比 38～48℃ 不少于20min
12	槽液配方 温度 浸入时间	4%～10%,草酸,重量比 38℃以下 不少于30min

b. 钝化工艺的典型操作步骤：

（a）蒸气或水液除油。采用蒸气除油或水液除油去除零件表面的油、脂等。

（b）溶剂清洗。用丙酮、航空清洗汽油、变性酒精或其他合适的溶剂擦洗表面，直到污染全部去除。

（c）乳液清洗。在专用的乳化清洗溶液中浸泡清洗直至目视清洗干净。

（d）碱性清洗。把零件浸入到专用的碱性清洗溶液中清洗20min,直至获得水膜连续表面。

（e）钝化。将零件浸入钝化液中到指定的时间。

（f）干燥、送检验。

（2）钢的磷化处理。

a. 常用磷化工艺配方。表2.49给出的是已经在航空制造企业有应用经验的磷化工艺商业配方和基本的操作参数。

表2.49　常用的磷化工艺商业配方

溶　液	配制(1L溶液)	温度/℃
Bonderite 880	5.4%重量比	82～93
Parkerizing 210	3%,体积比	79.5～98.8
Bonderite 37	5%,体积比	60～76.6

b. 磷化工艺的基本操作步骤：

（a）对零件消除应力。

（b）按蒸气除油、水液除油或溶剂清洗表面。

（c）将经过清理的零件浸入磷化溶液中 5～15 min。

（d）用清洁压缩空气强制干燥或在最高温度为 107℃的烘箱中加热干燥零件。

c. 使用目标。磷化膜层作为后处理层的底层，方便后处理层在磷化膜层中渗入和存留，以达到提高耐腐蚀性能。耐腐蚀性能主要由后处理层提供。锌系磷化膜层可以用于多种表面的磷化处理，对后续涂层具有良好的适用性。

M 型磷化膜层。M 型磷化膜层相对于 Z 型磷化膜层在碱性环境中有更好的耐腐蚀性能。M 型膜层的使用温度不得超过 121℃，除非另有说明，磷化膜层不应该单独使用。M 型膜层对应的特征如下：

（a）1 类用于为采购方提供后处理的磷化膜层。

（b）2 类膜层为采用 MIL‐PRF‐3150 润滑油和 MIL‐PRF‐16232,3 级防锈化合物浸润作为后处理的磷化膜层。这种类型是常用的类型，用于在存放过程中提供中等级别程度的耐腐蚀性能、放置摩擦或者用于便于轴承类插入润滑。后处理的油类可以用吸附性材料去除。

（c）3 类磷化膜层是一种无后处理的工艺，在特殊用途下使用。

（d）4 类磷化膜层是经过化学转化处理的膜层，用于对耐腐蚀性能要求稍高的情况。一般是用于着色或黑色的膜层。4 类膜层可以获得更好的耐腐蚀性能，但是应该注意的是后处理层才是防腐蚀的主要手段。同时 4 类膜层相对于 2 类膜层，能够更好地降低滑动摩擦，在螺纹紧固件的表面使用较为广泛。

Z 型膜层。不能在碱性环境中应用，使用温度不能超过 93℃。Z 型膜层用于冷挤压过程中和拉深处理中防止金属表面磨损。Z 型磷化使用中一般应与后处理配套。Z 型膜层的几种分类如下：

（a）1 类用于为采购方提供后处理的磷化膜层。

（b）2 类膜层为采用 MIL‐PRE‐3150 润滑油和 MIL‐PRF‐16232,3 级防锈化合物浸润作为后处理的磷化膜层。这种类型是常用的类型，用于在存放过程中提供中等级别程度的耐腐蚀性能、放置摩擦或者用于便于轴承类插入润滑。后处理的油类可以用吸附性材料去除。

（c）3 类磷化膜层是一种无后处理的工艺，在特殊用途下使用。

对于磷化后要求表面粗糙度优于 0.8 μm。使用喷砂工艺时应注意砂粒介质的选择，以保证最终表面粗糙度能够符合要求。可选用砂粒介质从 320 粒度～1000 粒度。对于抛光要求的表面不可以用磷化工艺。

尺寸变化。表 2.50 给出了磷化膜层的可能厚度，如果采用净公差配合，那么可能因为磷化膜层的厚度造成明显的装配干涉。如果用强制装配、擦除多余膜层，应注意磷化膜层是较脆的，不能使用非铁的丝刷刷除。

表 2.50 磷化膜层的厚度

磷化类型	厚度/μm	磷化类型	厚度/μm
M 型	5～10	Z 型	5～15

（3）钢的发黑（氧化）处理。

发黑的基本工艺过程如下：

a. 对零件消除应力。

b. 按蒸气除油、水液除油或溶剂清洗表面。

c. 将经过清理的零件浸入黑色氧化工艺槽液。

d. 用清洁压缩空气强制干燥或在最高温度为 107℃ 的烘箱中加热干燥零件。

一般 2 类氧化是用于加工 400 系列的耐蚀钢零件的，3 类氧化用于加工 300 和 400 系列钢，4 类氧化用于加工 300 系列耐蚀钢并可以通过耐盐雾试验测试的。表 2.51 给出了各种工艺的摘要。

表 2.51 工艺摘要

序号	适用的铁合金	所用的化学原料	工艺温度/℃	浸入时间/min
1	碳钢、低合金钢、铸件	氢氧化钠 硝酸钠 水	141～152℃沸腾液体	5～60
2	回火温度小于 482℃ 的耐蚀钢	氢氧化钠 重铬酸钠 水	121±5	30～45
3	回火温度高于 482℃ 的耐蚀钢	熔盐：重铬酸钠，重铬酸钾	399～454	30
4	耐蚀钢合金	专利产品	121～130	15～30

部分的 400 系列马氏体耐蚀钢同样可以用 4 类氧化工艺加工，但是不能获得满足盐雾试验要求的膜层。

4 类膜层。含量至少为 17Cr - 7Ni 的耐蚀钢可以用 4 类氧化工艺。

漂洗。为了能够通过水漂洗完全去除从槽液中带出的黑色氧化溶液，可以通过槽浸漂洗、喷淋漂洗和溢流漂洗组合清洗的方法。组合式清洗有可能节约大量的用水。

3）钛的化学氧化

（1）常见的钝化配方。

常见钛的钝化配方有两种，如表 2.52 所示。

表 2.52　钛合金钝化工艺配方表

分　类	配　方	操作温度/℃
硝酸钝化配方	20%~25%体积比的硝酸	49~60
草酸钝化配方	4%~10%体积比的草酸	49~71

（2）钛的钝化处理的工艺流程。

a. 蒸气或水液除油。采用蒸气除油或水液除油去除零件表面的油、脂等。

b. 溶剂清洗。用丙酮、航空清洗汽油、变性酒精或其他合适的溶剂擦洗表面，直到污染全部去除。

c. 乳液清洗。在专用的乳化清洗溶液中最后浸泡清洗直至目视清洗干净。

d. 碱性清洗。把零件浸入到专用的碱性清洗溶液中清洗 20min，直至获得水膜连续表面。

e. 钝化。将零件浸入到钝化液中指定的时间。

f. 干燥、送检验。

2.3.2.2　化学转化工艺质量要求

1）铝的转化膜工艺的质量要求如表 2.53 所示

表 2.53　铝的转化膜工艺质量要求

要求项目	类别	需测试合金	试板数量	要　求
耐腐蚀性能	防腐蚀用	2024－T3	5	按照 ASTM B117 连续进行 5% 盐雾试验，试验的表面应与垂直方向倾斜约 6°，铝合金试板应选用非包铝试板，试验时间为 168 h。在试片上，孤立腐蚀斑点或腐蚀坑的总数目不应超过 15 个，任一直径均不大于 0.8 mm(0.032 in)。在任意一个试片上，孤立腐蚀斑点或腐蚀坑的数目不应超过 5 个，任一直径均不大于 0.8 mm(0.032 in)
		7075－T6	5	
	防腐蚀＋低电阻	6061－T6	5	
耐腐蚀试验后接触电阻	防腐蚀＋低电阻	6061－T6	5	不大于 5 000 μΩ
原始接触电阻	防腐蚀＋低电阻	6061－T6	5	不大于 10 000 μΩ
涂层附着力-浸涂	防腐蚀用	2024－T3	2	在试片上按照实际需求喷涂需要的有机涂层，进行刻线的湿带附着力试验，应无涂层脱落，且试板表面没有起泡现象
		7075－T6	2	
	防腐蚀＋低电阻	6061－T6	2	

（续表）

要求项目	类别	需测试合金	试板数量	要 求
修补用转化膜涂层附着力	防腐蚀用	2024 - T3	18	在试片上按照实际需求喷涂需要的有机涂层，进行刻线的湿带附着力试验，应无涂层脱落，且试板表面没有起泡现象
		7075 - T6	18	
膜重	防腐蚀用	2024 - T3	3	膜层重量不小于 0.43 g/m² （浸涂法施工）
		7075 - T6	3	膜层重量不小于 0.11 g/m² （其他施工方法）
储存寿命	—	—	—	储存周期不小于 12 个月

2）钢的表面化学氧化的技术要求

（1）耐蚀钢的表面钝化膜层的技术要求。

a. 耐腐蚀性能。除了 AISI 440C 等含碳量大于 0.85% 的不锈钢之外，钝化膜层应该能够达到如下的防腐蚀指标。

（a）高湿度腐蚀试验。将钝化的零件或试板放置在温度为 38～46℃，相对湿度高于 95% 的环境中 24 h，钝化的不锈钢不出现红色锈迹。

（b）周期性浸水试验。将钝化的零件完全浸入去离子水中 1 h，然后取出放置于室内 1 h，重复浸入和取出至 24 h，钝化的不锈钢不出现红色锈迹。

（c）对于 AISI 200 和 AISI 300 系列不锈钢或者沉淀硬化不锈钢中含有的铬元素高于 16% 时，应满足如下要求：

ⅰ. 在钝化的表面上滴一滴试验溶液（试验溶液为：16 g/L 的五水合硫酸铜加上 5 mL/L 的硫酸），使之停留 6 min，然后擦干。试样表面不应出现肉眼可见的铜沉淀或变色。

ⅱ. 按 ASTM B117 盐雾试验至少 2 h。试验后的试样表面不应出现肉眼可见的锈蚀。

b. 外观。处理之后的零件表面应无油脂、油污、标记、手印、外来金属污染、热处理氧化皮、热变色、锈蚀和其他污染。

（2）钢的磷化处理膜层的技术要求。

主要技术要求如表 2.54 所示。

表 2.54　钢的磷化处理膜层的技术要求表格

技术要求条目	要 求	方 法
应力释放	洛氏硬度大于或等于 39，且经过可引入应力的加工工艺时，必须进行应力释放处理	177～204℃ 环境下烘烤，时间为 1 h/in 厚度。（最小烘烤时间不少于 30 min）

（续表）

技术要求条目	要　　求	方　　法
氢脆去除	洛氏硬度≥39,且经过磷化,必须进行氢脆去除	98～107℃环境下烘烤 8 h,或室温下放置 120 h
磷化膜重量	至少 11 g/m²	
耐腐蚀试验	按 ASTM B117 进行 2 h 连续暴露盐雾试验,试片上不应出现任何腐蚀产物	按 ASTM B117 进行 2 h 连续暴露盐雾试验,试片上不应出现任何腐蚀产物
磷化的后处理工艺	一般施工润滑油或防腐蚀化合物	—

（3）发黑（氧化）处理膜层的技术要求。

金属的准备。金属表现在进行黑色氧化前应确保表面没有锈迹、氧化皮、油脂和其他外来污染物,并应该能通过 MIL‑C‑53072 中规定水膜连续测试。清洗用材料和方法必须经过合同方批准。清洗过程中不得有磨损和磨蚀。

应力释放消除。除非图纸或另有专用说明,硬度大于 40HRC 的零件,如果经过成形、硬化等引入应力的工艺,在处理之前应该通过合适的热处理工艺消除应力。热处理的温度应进行合适的控制,以保证在应力消除的前提下,不会使得材料的硬度降低到规定硬度以下。如果已有工艺证明黑色氧化不会影响零件的性能,则不需要应力消除工序。

除非另有说明,黑色氧化工艺应该在机加、成形、焊接、冷矫直、热处理工艺完成之后进行。基本的技术要求如下:

a. 黑色氧化层的施工。应按照规定的氧化类型执行。应注意控制氧化时间和溶液温度,同时注意保持槽体、溶液和其他设备干净和整洁。所选用的氧化工艺应不造成加工零件的硬度降低或者使零件达到脆性温度区,更不能使钢产生氢脆等。

b. 表面腐蚀。黑色氧化工艺应不造成零件表面发生如晶粒末端点蚀和表面腐蚀点。

c. 碱性氧化溶液。1 类和 2 类氧化膜层在沸腾的碱性氧化溶液或碱性铬酸氧化溶液中生成。

d. 漂洗。所有的黑色氧化膜层应该在冷水中漂洗。

e. 铬酸浸入漂洗。冷水洗之后将零件浸入铬酸溶液中(0.06%质量)至少 30 s,铬酸溶液应该控制在 66～88℃,pH 在 2～3 之间。铬酸浸入完成后应用暖空气进行干燥,此时不可用水漂洗。

f. 熔盐氧化工艺(3 类)。熔盐的温度不要超过 482℃。在经过熔盐槽氧化后,零件应先取出并冷却 8～10 min,再浸入 88℃的水溶液中漂洗,然后再浸入冷水中漂洗,以去除带出的黑色氧化溶液。漂洗完之后,再按 3.4.2 节中规定的铬酸浸入清洗。

g. 碱性氧化(4 类)。应按照黑色氧化配方材料的供应商进行加工。

h. 覆盖率和颜色。所有 4 个类别的氧化膜层应该能够完全覆盖基体金属,并通过 SMUT TEST。颜色应该是均匀的黑色。局部少量的污物黏附不应造成零件拒收。但是如果发现零件表面有棕色或绿色污物时,应拒收。

i. 酸点滴试验(1、2、3 类)。1、2、3 类黑色氧化应该能够通过规定的酸点滴试验。

j. 耐盐雾试验(对 4 类氧化中 AISI300 系列不锈钢)。黑色氧化膜层在经过规定的盐雾试验 96 h 之后,应没有腐蚀现象发生。

其他要求:

a. 氢脆消除处理。对于硬度在 40HRC 以上的钢零件,在完成黑色氧化之后,应该要完成氢脆消除工艺。弹簧等需要弯曲的零件应该在弯曲之前完成氢脆消除处理。氢脆消除应在铬酸浸洗之后、后续涂层处理之前完成。

b. 后处理保护工艺。后处理保护工艺和材料应该按照指定的规范执行,除非另有说明,在黑色氧化工艺完成并干燥后,应尽快完成后处理保护工艺。

c. 外观要求。黑色氧化的零件表面应均匀,目视无明显可见的缺陷,如气泡、点蚀、粗糙、烧伤、裂纹或未覆盖区域。

黑色氧化的主要工艺技术指标如表 2.55 所示。

表 2.55　黑色氧化主要工艺技术指标

技术要求条目	要　　求	方　　法
应力释放	洛氏硬度≥40,且经过可引入应力的加工工艺时,必须进行应力释放处理	—
点滴试验	要求执行	(1) 在试样的黑色氧化膜表面上一平整的部位,滴上 3 滴(0.2 mL)的 5% 的草酸溶液,让草酸溶液反应 8 min (2) 反应 8 min 后,冲洗试片,检查膜层质量 (3) 点的中心为黑色或暗褐色,周围光亮,表明膜层质量合格
氢脆去除	洛氏硬度≥40,发黑氧化后必须进行氢脆去除	
耐腐蚀试验	按 ASTM B117 进行 96 h 连续暴露盐雾试验,试片上不应出现任何腐蚀产物	按 ASTM B117 进行 96 h 连续暴露盐雾试验

3) 钛的化学氧化的技术要求

钛的化学氧化膜层可以自发在空气气氛中生成,因此钛合金的钝化工艺是一种纯粹的清洗表面杂质元素的方法,钝化后表面清洁、干燥、没有污染即可。

2.3.2.3　化学转化工艺控制要点

1) 铝转化膜层的工艺控制要求

所用的化学转化膜溶液或材料必须经过 MIL - DTL - 81706 的合格鉴定,列入合格产品目录。生产过程中允许加入少量的添加剂以保证转化膜配方的成膜效率,但添加前应经过充分的工艺试验,以保证不会影响转化膜溶液的性能。

清洗是铝合金化学转化膜成功的关键。清洗的目标是获得水膜连续的表面,可以采用化学溶液腐蚀清洗,也可以采用打磨的方法清洗。采用腐蚀清洗时,应注意腐蚀清洗溶液本身的鉴定。采用打磨清洗方法时,应注意所用的磨料中不应有钢丝刷、铁氧化物等容易因残留而造成腐蚀的成分,因为铁元素存在情况下,铝合金表面的腐蚀是非常迅速的。

清洗剂的选用。一般应该选用非腐蚀性的清洗剂。如果必须选用腐蚀清洗剂,应注意清洗剂不可引起点蚀和晶间腐蚀。尤其是在选用碱性腐蚀清洗剂时,因为铝合金中的铝更加容易腐蚀,而合金元素则不容易腐蚀而易于残留(如铜),这样将使得合金元素更多地在表面暴露。由此可能造成转化膜生成的完整性较差。因此,应尽量减少碱性清洗剂的使用,如果使用,其后续工艺操作中应增加酸性清洗操作。

待施工化学转化膜的表面应已经完成了诸如成形、机加、焊接、钎焊等工艺。组件表面施工时,应注意保护可能会被转化膜溶液损伤的表面区域。

修补。当转化膜层有机械损伤时,应该采用同类经过批准的手工刷涂化学转化膜溶液进行修补,在民用航空中,一般要求修补区域的面积不超过零件本身的 5%。

转化膜溶液的成分分析的间隔时间不得超过 7 天。当生产量大时,还应该考虑增加分析频率,或根据转化膜膜层情况及时分析并调整溶液。

有电阻性能要求的转化膜层,在生产中应限定电阻测试的频率、方法和要求。

试板的测试应该采用有代表性的铝合金试板,一般对于有防腐蚀性能要求的转化膜层,采用 2024 - T3 的非包铝合金,对于有导电性能要求和防腐蚀双重性能要求的转化膜采用 6061 - T3 合金。

工艺控制实验内容与要求、工艺控制频率要求一般不超过 1 个月,如果工艺控制试验不合格,则需要追溯上次工艺控制试验至本次工艺试验合格之间生产的所有零件。表 2.56 给出了铝转化膜层的工艺控制试验内容与要求。

表 2.56　铝转化膜层典型工艺控制试验内容与要求

要求项目	测试方法	合格要求
外观	目视	转化膜层应连续,有良好的附着力,并且没有划伤和其他损伤。无色膜层应无色并无起粉现象,有色膜层应具有明显的色彩并且外观尽可能均匀
耐腐蚀	盐雾试验	与生产零件一起处理 3 块名义尺寸为 76 mm×254 mm×0.8 mm(3 in×10 in×0.032 in)或更大、更厚的非包铝试片。按照 ASTM B117 连续进行 5% 盐雾试验,试验的表面应与垂直方向倾斜约 6°,试片试验时间为 168 h。完成

（续表）

要求项目	测试方法	合格要求
耐腐蚀	盐雾试验	试验后,用肉眼检查:在 3 片试片上,孤立腐蚀斑点或腐蚀坑的数目不应超过 9 个,任一直径均不大于 0.8 mm(0.032 in)。在任意一个试片上,孤立腐蚀斑点或腐蚀坑的数目不应超过 5 个,任一直径均不大于 0.8 mm(0.032 in)
涂层附着力	试板试验	准备 3 片有施工过转化膜层的 76 mm×152 mm×0.8 mm(3 in×6 in×0.032 in)的指定的非包铝试片,涂覆指定的涂层。进行刻划的湿带附着力试验时,非包铝试片上已固化的涂层不应出现剥离现象

　　所用的工艺控制试板在试验过程中应尽可能地贴合实际生产中的产品。例如,当执行涂层附着力工艺控制试验时,应采用产品中应用的有代表性的涂层或涂层系统,涂层厚度也应符合产品的常用规定,在民用航空制造企业中,一般采用的是飞机结构件保护用涂层。

　　耐腐蚀试验的测试方法。操作的程序应按照 ASTM B117,但是倾角由 ASTM B117 中规定的 15～30℃改为(6±2)℃,时间选择 168 h。测试完成后应用去离子水(不可加热)清洗,冷风吹干,检查是否符合要求。一般来说腐蚀点和腐蚀斑会带有一段较长的尾巴形白色痕迹,但是并不绝对,因此任何肉眼可见的腐蚀或者点蚀都认为是腐蚀点。

　　涂层附着力试验的测试方法。一般按照各个航空制造企业本身的附着力测试工艺规范执行,常见的附着力测试方法有以下 3 种方式(见图 2.27、图 2.28 和图 2.29)。

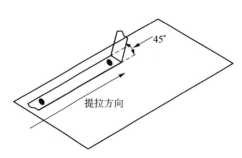

图 2.27　典型胶带附着力试验

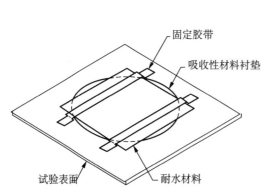

图 2.28　湿衬垫的胶带附着力典型装配

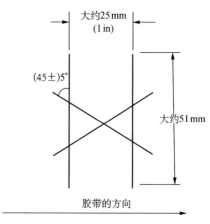

图 2.29　典型的刻划试验方式

将胶带贴于试验表面,确保胶带接触表面的长度大约是 150 mm,为手指的把握附加一个大约 50 mm 的额外长度。若零件的尺寸不允许这个长度,则带随炉试片。

用一个橡胶覆盖滚筒,做 2 次来回滚动,以压紧胶带。

提起附加胶带的一端,与试验表面大约成 45°角,并且用手指紧捏胶带这一端以一个快速而突然的动作,扯去其余贴在试验表面的胶带。

在化学转化膜表面施工涂层之前,应该预先进行试验,因为涂层中的成分有可能与化学转化膜层的成分存在兼容性问题。

耐摩擦性:化学转化膜的耐摩擦性能较差,在搬运的过程中可能会如果遇到受力的摩擦将会去除膜层。但是在冷成形工艺中如果小心操作,膜层是不会损伤的。

转化膜的颜色:转化膜的颜色可以从无色至黄色、棕色、灰色或者蓝色都有可能。通过采用试板的方法可以预测颜色。关于颜色,以下情况应注意:

(1) 不同合金表面施工相同的转化膜时,转化膜的颜色经常会发生变化。

(2) 铸件和焊接的表面一般因材料本身的不均匀,转化膜的颜色也会不均匀。

(3) 转化膜表面可能出现黑色或发暗区域。这可能是因为零件取出溶液时,有转化膜溶液残留或滴落。这些表面应在转化处理后尽快、充分地漂洗。

(4) 转化膜溶液在较低的温度下一般与铝合金的反应是非常缓慢的,因此在低温下不适合施工铝合金的化学转化膜。

温度对耐腐蚀性能的影响。未涂漆的转化膜层在整个后续工艺中应注意可能接触的温度,这是因为当转化膜所处的温度高于 60℃时,将逐渐丧失防腐蚀性能。随着暴露在温度高于 60℃下的时间的延长,由于转化膜内部的过度失水,从而造成膜层内部的铬酸盐成为不可溶(不可水化)的成分,从而使得水合盐分的渗透,腐蚀速度增加。

取样:每一批次零件生产,都应该从零件中抽取一定数量的零件或试板作为样本进行检查。一般航空制造企业都有各自的规范规定取样频率。常见的取样频率如下:

抽样的零件或试板要完成以下项目的试验内容:外观、耐蚀性、涂层附着力、电阻、溶液组分分析等。应当注意的是,如果抽样的零件或试板在检验项目中有不合格现象,那么将拒收它们所代表的零件。

其他应当注意以下内容:

(1) 转化膜工艺中应注意充分的通风,操作者应避免吸入转化膜溶液蒸气。

(2) 操作者应佩戴橡胶手套、防护眼镜,同时当搬运转化膜处理的零件、转化膜材料时,应该佩戴防毒面罩。一旦接触到转化膜溶液/粉末应尽快冲洗掉。

(3) 为了获得最好的化学转化膜,应当保证最后一道水清洗尽可能地干净。但是对于不同的系统，没有办法制定统一的清洗水安全标准。经验表明，当清洗水满足如下要求时，转化膜质量可以得到保证：

　　a. 氯离子和硫酸根离子含量不超过 $70×10^{-6}$。

　　b. 钙离子($CaCO_3$)含量不超过 $200×10^{-6}$。

　　c. 导电率不超过 $800\,\mu\Omega$（以上两组物质含量不超过 $225×10^{-6}$）。

　　（4）铬酸盐转化膜槽。应特别注意铬酸盐转化膜槽的滴定分析和 pH 分析，pH 分析可以用专用分析仪。通常 pH 维持在 $1.3\sim2.0$。

　　2）钢的表面化学氧化膜

　　（1）耐蚀钢的表面钝化工艺控制内容。

　　a. 接收检验测试内容。耐腐蚀性能测试和表面外观是每批零件交付前的必检项目。对于耐腐蚀性能无要求的转化膜，则只需要完成外观检验即可。

　　b. 周期性测试内容。钝化溶液和后处理溶液的溶液组成要求进行周期性测试，测试时间的间隔长短由工艺经验来确定，常见的测试周期为每周测试或者随零件测试。

　　耐腐蚀性能测试也应该周期性地进行，测试周期通常是每月 1 次。

　　c. 预生产测试内容。在生产开始前，应该对钝化工艺的所有技术要求进行梳理，并通过试验进行全面测试。

　　d. 取样方法。应按批进行取样，每批零件指的是相同的零件编号、在相同的一个槽进行处理，间隔时间不超过 24 h，且同时交付检验的零件。应随机完成零件取样。对 1 类零件，取样数量要求如表 2.57 所示。

表 2.57　1 类零件取样数量要求

零件数量	外观检验数量	腐蚀性能测试检验数量	零件数量	外观检验数量	腐蚀性能测试检验数量
$1\sim6$	全检	2	$111\sim150$	25	8
$7\sim15$	7	2	$151\sim500$	35	8
$16\sim40$	10	3	$501\sim700$	50	13
$41\sim50$	15	3	$701\sim1\,200$	75	13
$51\sim110$	15	5	超过 $1\,200$	125	13

　　对 2 类零件，腐蚀性能测试应对每批零件至少测试 1 件，外观检验则按照表 2.57 中 1 类零件的检验方案执行。

　　当零件的本身要素造成不适于进行腐蚀性能测试时，应随槽生产相同合金的试板予以代表。试板应该随机地放置在零件钝化工艺槽的各个位置，需具有代表性，且数量符合要求。当要求多个测试项目时，测试样品应该分别设置，而不应该共用试板。4 类零件的取样频率如表 2.58 所示。

表 2.58　4 类取样频率表

零件数量	外观检验数量	腐蚀性能测试检验数量	零件数量	外观检验数量	腐蚀性能测试检验数量
1～13	全检	全检	1201～35 000	50	13
14～1200	13	13	35001～500 000	80	50

e. 外观检测。如果抽样中有任何零件的外观不符合要求,那么交付批的零件应该拒收,此时应检查所有零件的外观,观察是否符合要求,拒收不能满足要求的零件。

f. 防腐蚀性能测试。如果防腐蚀性能测试中有任何一个零件不符合要求,那么应拒收此不符合的零件,同时剩余的所代表批的零件也应该重新按照原抽样频率重新抽样和测试,或者剩余零件全部完成耐腐蚀性能测试。

g. 槽液组成。钝化工艺常用的硝酸溶液一般为 20%～55% 体积比的浓度(硝酸原材料选用 69% 的体积比浓度)。但是对于高强度钢零件的钝化溶液则选用硝酸浓度高于 40% 的钝化溶液。

h. 操作条件。在 21～37℃ 条件下操作的溶液一般浸入时间不超过 30 min,37～52℃ 条件下操作的溶液,浸入时间不要超过 20 min,操作温度高于 52℃ 时,浸入时间不要超过 10 min。

对于高碳含量的耐蚀钢,如 AISI440C 钢,一般应该采用电化学钝化工艺,阳极电压控制在 2～3 V,时间 2～3 min。

一般来说,漂洗水的总可溶固含量应该控制在 200×10^{-6},但是对于能够满足技术要求的情况下,这并非绝对要求。建议采用喷淋清洗的方法进行漂洗。清洗用水应选用蒸馏法、离子交换法、电解法等方法获取。

有报道表明,钝化溶液中的离子含量超过重量的 2% 时,会降低零件的钝化效果。

i. 常用要求。对于将要在超过 649℃ 温度下加工和热处理的耐蚀钢零件,建议在热处理前对零件进行钝化工艺,以防止零件表面已有的游离离子在加热过程中扩散进入零件内部造成零件降级。

钝化工艺不能用于去除外来物和去除氧化皮。

渗碳和渗氮过的表面不应钝化。钝化工艺应在完成所有加工工艺之后完成,加工工艺包括但不限于成形、热处理、喷丸及所有可能影响表面钝化膜层的工艺。

对于铁素体和马氏体钢,如果硝酸浓度体积比小于 35% 时,一般并不建议用单纯的硝酸溶液,而是在硝酸溶液中加入 2%～6% 的重铬酸钠($Na_2Cr_2O_7$ · $2H_2O$)。

当待处理表面有铅合金等外来物需要去除时,一般会在槽液中加入 0.35% 的钼酸($HMoO_3$)。研究发现当溶液中的铁离子含量超过 2%,钝化对消除金属表面的离子的作用会减弱。

虽然钝化膜可以在空气或者氧化性的气氛中自发形成,但是仍然应该选用合适的钝化溶液来进行钝化,这是因为钝化溶液除了可以加速钝化膜的形成之外,还可以去除表面的离子态污染物。钝化液不仅含有氧化性氛围,还具有其他成分,单纯的氧化性溶液并不能达到钝化的全部功能,如铬酸钠等物质就不能去除钢零件表面的自由态离子。

最后一道工序在漂洗之后 1 h 内完成,对铁素体和马氏体不锈钢应该在含有4%~6%的重铬酸钠溶液中至少漂洗 30 min,钝化溶液温度应该控制在60~71℃。

钢的钝化工艺控制摘要如表 2.59 所示。

表 2.59　钢的钝化工艺控制摘要表

要求项目	测试方法	合格要求
溶液成分	—	溶液成分、浓度符合上下限要求
槽液温度	—	槽子温度符合要求,槽温均匀性符合要求
耐腐蚀性能	盐雾试验	
钝化时间	—	监控时间符合要求

(2) 钢的磷化处理。

以下是磷化工艺中应该着重控制的内容。

a. 磷化工艺应当在机加、成形、焊接、应力释放热处理完成之后进行,但是应该在氢脆释放(除氢热处理)之前完成。

b. 磷化槽控制。磷化槽、槽液控制能够获得满足技术要求的磷化膜层。控制的主要内容包括槽液浓度、槽液温度梯度、零件浸入时间。槽液不接触铜合金或者铜焊件。

c. 磷化处理的零件在开始处理后,工序间是不允许干燥的,可以通过喷雾或者其他合适的手段来保持表面湿润。

d. 应当记录磷化槽的所有调节过程,包括所有化学品的加入以及加入后的测试分析结果,记录应该永久保存。保存期限一般要求不少于 1 年。

e. 槽液控制和监测中游离酸、总酸度、铁离子含量是关键指标,此 3 项物质的浓度要求高频度地测量,一般要求在生产前和生产开始后每 4 小时监测 1 次。当生产量增加时还应适当地增加测试频率,以保证溶液浓度能够维持在需要的范围内。

f. 脱脂。除油脱脂是关键工艺,可以通过溶剂清洗、蒸气除油、乳液清洗或碱性清洗工艺获得,当使用乳液清洗和碱性清洗时,应特别注意漂洗干净,喷砂前应及时彻底干燥。

g. 喷砂处理。磷化前的表面处理一般选用喷砂工艺。喷砂工艺可以去除氧化皮和锈迹等,不限定喷砂所用丸粒,钢砂、砂粒、氧化铝、玻璃丸、塑料丸或陶瓷丸等。喷砂前应注意:

(a) 零件应无油、脂、污物或其他外来物。

(b) 喷砂结束后,喷砂残留应该用压缩空气清除干净。

(c) 所选喷砂的砂粒应该足够细,以保证获得表面粗糙度。

(d) 喷砂工艺的替代工艺:强酸或者强碱性的溶液不应用来作为磷化前的最终清洗,如果用作最终清洗,应该通过试验摸索强酸或强碱清洗后的补充处理工艺,以重新细化晶粒和消除影响。替代工艺的试验认证至少应包括磷化膜层的膜重、耐腐蚀性能及氢脆性能。

h. 磷化。将零件放入对应的磷化溶液中进行处理。注意控制槽液的浓度、温度及浸入时间,一般选择工艺控制时间。

i. 水漂洗:冷水漂洗,采用浸入式的漂洗或者溢流法清洗,最佳的方法为采用喷淋的方法进行清洗。

j. 铬酸漂洗。水漂洗后应该立刻进行铬酸漂洗。铬酸漂洗常用的温度为 $63\sim93℃$ 的铬酸或者铬磷酸溶液。铬酸的浓度大约为 $300g/L$。应该控制铬酸漂洗溶液的 pH 在 $2\sim4$ 之间,且应该在生产中每 8 小时测试 1 次,测试应当包括总酸度和游离酸含量。当总酸含量是游离酸的含量的 7 倍时,应当报废铬酸漂洗槽。铬酸漂洗的时间一般在 1min 左右。

k. 干燥。铬酸漂洗之后,零件应彻底地干燥,然后进行后续的涂层或润滑等处理。

l. 应力释放。当零件的表面硬度或本体洛氏硬度大于 39 时,应该完成应力消除工序。这种高硬度表面包括渗碳、感应硬化、火焰硬化等处理造成的应力,同时也包括零件采用研磨(ground)、冷成形、冷矫直等处理机械加工或者热处理造成的拉应力。具体的处理方法应包括如下步骤:

(a) 在 $177\sim204℃$ 温度下保温一定时间,时间的计算按照材料厚度计算,一般为 1h/in,但是总处理时间不得少于 0.5h(即使厚度小于 0.5in)。

(b) 在 $104\sim155℃$ 温度保温 8h。

m. 消除氢脆热处理。磷化处理后,当零件的表面硬度或本体洛氏硬度大于 39 时,应当完成消除氢脆热处理工艺。

处理方法:洛氏硬度大于或等于 39,且经过磷化,必须进行氢脆去除,$98\sim107℃$ 环境下烘烤 8h,或室温下放置 120h。

消除氢脆后,零件或材料的批次都应该完成氢脆性能测试。

n. 磷化膜层的膜重:锰系磷化和锌系磷化的膜重一般至少应为 $11g/m^2$。

o. 耐腐蚀试验。一般采用盐雾试验的方法来快速验证磷化膜层的耐腐蚀能力。耐盐雾试验结束后,表面不应有任何的腐蚀。磷化膜层本身的耐腐蚀性能较差,当不经过铬酸漂洗时,要求通过的盐雾试验为 1.5 h(锰系磷化)和 2 h(锌系磷化),经过铬酸漂洗的,盐雾试验要求则达到 24 h。

　　p. 磷化后的后处理及其性能要求。常见后处理是采用润滑油 MIL‐PRE‐3150 和涂层处理。一般对润滑油处理后的磷化膜层的要求也是通过盐雾试验进行检验的。经过后处理的磷化膜层,对锰系磷化经盐雾试验 48 h 后应没有任何腐蚀发生。对锌系磷化则要求经盐雾试验 48 h 后应没有任何腐蚀发生。

　　q. 磷化后化学转化与着色处理后。经过后处理的磷化膜层,经盐雾试验 72 h 后应没有任何腐蚀发生。

　　r. 磷化后的尺寸应满足要求。

　　s. 预生产检验的批次量。应该准备与零件相同材料成分的试板,采用与零件相同的磷化工艺,在相同的磷化槽设备中进行磷化工艺,并且各个项目所有的试板都应该同时提交,不应该分批提交,如果各个检验项目的试板需要分槽处理,则时间间隔不能超过 4 h。

　　t. 预生产检验。用于在零件投入生产前的符合性验证试验,要求对磷化工艺的全面性能进行验证。预生产检验中应详细记录工艺过程、化学成分、测试方法以及设备等内容。一般来说涉及磷化工艺关键内容的浸入时间、温度、pH 等应尤其注意。预生产检验内容的要求是无任何缺陷与不合格现象。

　　u. 应该选择方法和工艺控制试样对生产中工艺的完整性进行验证。

　　(a) 氢脆消除。氢脆消除工艺应该每 3 个月左右进行 1 次验证,以保证氢脆消除是完善的。

　　测试样品。测试样品应按照以下要求制备。

　　ⅰ. 测试应尽量在零件表面测试,当因为尺寸或成本原因不能在零件表面测量时,可以用试板替代。试板最好用零件加工中的余料,或者采用与零件相同材料、热处理状态、表面状态的试板。试板面积一般在 10～100 cm²。

　　ⅱ. 测试试样应该随机分布到零件加工的各个区域中。

　　ⅲ. 试样不可以重复使用,只能使用 1 次。

　　(b) 磷化膜层的膜重测试样品。M 型磷化膜层。磷化膜层的重量指的是在后处理(润滑等)之前的膜层重量,测试方法如下:

　　ⅰ. 称量磷化膜层试样的原始重量,精确至毫克级。将试板放入温度为 74℃的 50 g/L 铬酸溶液中 15 min,然后在流水中清洁干净,干燥并重新称重。

　　ⅱ. 重复以上步骤,直至试板的重量不再变化。铬酸溶液不能重复使用。

　　ⅲ. 如果后处理涂层或润滑油已经涂覆,应该用合适溶剂将后处理层清洗掉之后再实施上述操作。膜重的计算方法如下:

$$W(\text{g/m}^2)=\frac{\text{膜层试样原始重量(g)}-\text{膜层试样最终重量(g)}}{\text{试样中磷化膜覆盖面积}}$$

　　Z 型磷化膜。磷化膜层的重量指的是在后处理(润滑等)之前的膜层重量,测试方法如下：

ⅰ. 称量磷化膜层试样的原始重量,精确至毫克级。将试板放入温度为 74℃的 50 g/L 铬酸溶液中 15 min,或者用浸入如下配方(氢氧化钠 125 g,4NaEDTA 125 g,水 1000 mL)的常温状态溶液 10 min。

ⅱ. 然后在流水中清洁干净,干燥并重新称重。

ⅲ. 重复以上步骤,直至试板的重量不再变化,铬酸溶液不能重复使用。

如果后处理涂层或润滑油已经涂覆,应该用合适的溶剂将后处理层清洗掉之后再执行上述操作。膜重的计算方法同上。

钢的磷化处理工艺控制要点如表 2.60 所示。

表 2.60　工艺控制要点

要求项目	测试方法	合格要求
溶液成分	—	溶液成分、浓度符合上下限要求
槽液温度	—	槽子温度符合要求,槽温均匀性符合要求
耐腐蚀性能	盐雾试验	
钝化时间	—	监控时间符合要求

(3) 发黑(氧化)处理。

a. 取样:

(a) 批定义。一批的定义为相同类型的工艺、相同金属材料基体,并且外形尺寸基本一致的零件。除以上要求外,间隔时间超过 8 h 的不能认为是同一批。

(b) 样品的挑选。样品的挑选应该是随机的,挑选数量由合同授权方确定。

(c) 接受与拒收。挑选作为样品的试样或者零件在完全符合本文件的要求时,可以接收样品所代表的零件。如果任何零件有不符合要求的情况发生,则以该样品为代表的那一批零件均应该拒收。除非另有说明,在零件装船运输前,样品的测试结果应该完全结束并被接受。

b. 表面腐蚀。用 10 倍的放大镜肉眼观测表面是否有点蚀或者晶粒末端腐蚀。

c. 污染测试。测试应该在后处理工艺之前或者蒸气除油之后进行。每一个黑色氧化零件应该在强光照射下目视观测,以保证外观项目被完全观测。每一个样品应该用干净的白揩布擦拭,以确保表面没有污物。因为本身原因形成的少量的污物,在不影响后续工艺的情况下,是可以接受的。

d. 草酸点滴试验测试(1、2、3 类)。对于 1、2、3 类黑色氧化,在后处理工艺完成之前应该用干净的棉手套进行搬运。在零件的表面滴 3 滴草酸溶液,3 滴约 0.2 mL,酸的浓度为 5%。然后等待 8 min 时间(从 30 s 开始观测)。在 8 min 结束后,漂洗试板,并将试板与图 2.30 试验结果进行对比。点滴区域的中心变为灰色,而边缘变为亮白色,则黑色氧化的膜层质量较差;点滴区域中心为灰黑色,边缘为亮白色,则说明氧化膜层处在合格边线附近;点滴中心为黑色或黑褐色,边缘为亮色,说明氧化膜层的质量较好(见图 2.30)。边缘亮白的情况是由于基体金属暴露造成的,此时应该注意判别观测在液体以下部分的状态,而不要以边缘金属基体暴露为主要事由进行拒收。

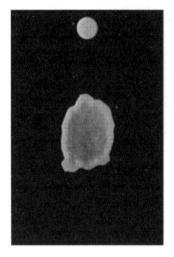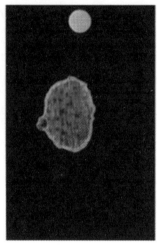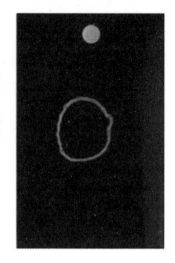

图 2.30　点滴试验

e. 耐盐雾试验。对于 4 类黑色氧化,当用于 AISI300 系列不锈钢表面时,应该按照 ASTM B117 进行盐雾暴露试验,暴露时间按照工艺文件要求,常见是 48h。盐雾试验应该在后处理之前、蒸气除油之后完成。

f. 氢脆消除工艺。氢脆消除应该按照相应的标准完成。

g. 氢脆消除测试。测试方法应该按照 ASTM F519 标准进行。加载应该按照 ASTM F519 的附件 A1 进行。如果氢脆试验失败,则应该拒收所代表的零件。

发黑处理的工艺控制要点如表 2.61 所示。

表 2.61　工艺控制要点摘要

要求项目	测试方法	合格要求
溶液成分	—	溶液成分、浓度符合上下限要求
槽液温度	—	槽的温度符合要求,槽温均匀性符合要求
耐腐蚀性能	盐雾试验	
钝化时间	—	监控时间使其符合要求

3) 钛的化学氧化

钛的化学氧化的工艺控制要点如表 2.62 所示。

表 2.62 工艺控制要点摘要

要求项目	测试方法	合格要求
溶液成分	—	溶液成分、浓度符合上下限要求
槽液温度	—	槽的温度符合要求,槽温均匀性符合要求
钝化时间	—	监控时间符合要求

目视检查零件表面是否存在油漆、油脂、玻璃、石墨润滑剂、氧化皮、喷砂残留、铁污染等。

吸氢:应尽量减少吸氢量。通过周期性的监测吸氢量来保证零件在清洗过程中的吸氢不超过标准,一般采用试样的方法来进行分析。当增氢量与原材料相比超过 20×10^{-6} 时,应该更新酸溶液或调整酸溶液。

可以通过化铣的方法来进一步获得清洁表面,常用的去除量为 $0.025 \sim 0.05\,\mathrm{mm}$。化铣清洗后所有的表面应平整、光洁并没有任何的残余氧化皮等。

2.3.2.4 化学转化工艺常见故障及其排除方法

1) 铝的转化膜层

(1) 粉状膜层可能是由下列原因之一或数个原因共同作用产生的:

a. 碱清洗、脱氧和冲洗操作不充分。必须检查每步工序,以保证在浸入阿洛丁溶液前获得水膜连续的表面。即使是采用带有恒定溢流系统的浸渍冲洗,也应经常检查。

b. 膜层溶液的反应产物过量,或由于前道工序溶液残留物的进入而污染。铝的反应产物、氯化物、磷酸盐、还原的铬化物、硅酸盐和硫酸盐都是污染物的来源。对每一个物质的限制量难以作出规定,因为两个或多个低浓度物质的组合可产生与一种高浓度物质相同的效果。

c. 溶液浓度太高。大量添加试剂后的溶液应彻底地搅拌均匀,并且开始的几批零件处理时间应缩短。经常性小量定期添加的方法比不定期的大量添加的方法效果好。可用稀释的方法或处理铝边角料做试验的方法调整溶液。

d. 溶液的 pH 不在规定的范围之内。此时必须进行调整。由于用硝酸调整可能引起粉状涂层,应多次小量经常性添加而不要一次大量添加。经调整后,开始的几批零件的处理时间应缩短。

e. 在 MC 膜层溶液中的浸入时间过长,虽然不会出现粉状膜层,但会呈现深褐色斑迹,应避免此现象的发生。

f. 溶液温度不在规定的范围内。过冷或过热的溶液有形成粉状膜层的可能。

g. 酸性冲洗液的 pH 太低。

h. 原来的转化膜层没有完全去除。

(2) 膜层呈无色可能由下述之一或多种情况造成:

a. 在溶液中浸入的时间太短。

b. 溶液的浓度太低。

c. 溶液的 pH 不在规定的范围内。

d. 溶液的温度不在规定的范围内。

e. 膜层在热水中浸入时间过长。

f. 膜层浸在碱性清洗剂或其他碱性介质中。

g. 由于氧化膜、旧转化膜层或其他有影响的膜层的存在,脱氧后的表面冲洗不充分会产生有抵触的膜或膜层。

(3) 每一种铝合金与阿洛丁反应会生成各自独特的膜层。对于每种合金,阿洛丁处理一定时间后应该能够获得金色至棕色的外观。如果不能得到合适的外观,可以通过逐步增加阿洛丁的方法来逐渐调节。以阿洛丁 1200S 为例,每次增加的量控制在 1.8g/L,逐渐增加,并观察外观,直至达到约 22.5g/L 的浓度。或者也可以通过用酸调节 pH 的方法来获得合格的膜层。

(4) 一般在生产中,槽液的 pH 会逐渐升高,从而逐渐降低转化膜的密度。如果在生产中发现规定的调整方法不能获得需要的膜层质量,可以在加入酸溶液的同时加入阿洛丁 1200S。

2) 钢的表面化学氧化膜

(1) 钢的磷化处理。

a. 外观缺陷:

(a) 颜色。颜色可能从黑色至灰色。颜色变化不是作为拒收的理由,如果其他性能保持良好,不需要做任何调整去改变颜色。

(b) 永久性的装配件上的磷化。装配件一般不能进行磷化处理,应该在零件状态完成磷化工艺。当组件的分拆已经不可能时(铆接或者焊接),如果一定要磷化,应该注意磷化前进行清洗以保证缝隙间的油脂完全去除。尤其是在漂洗过程中更应该注意。

(c) 热处理区域(如焊接)没有磷化膜层。这些区域裸露的原因一般是零件本身在热处理之前带有油污,油污在热处理过程中没有完全烧蚀掉,造成一些残留甚至渗入到钢的表层。这种现象的预防需要充分的除油前处理。发生这种现象后,可以通过喷砂的方法去除表面油污层。

(d) 粗晶粒膜层(coarse crystalline coating)。当其他性能能够满足要求时,粗晶涂层并不是拒收的要求。但是粗晶膜层往往很难达到耐腐蚀性能的要求。产生这种现象的原因一般是清洗工艺造成的。当碱性清洗剂在漂洗溶液中没有漂洗干净时,紧接着浸入磷化溶液,或者再次经过喷砂处理,也有可能会造成这种粗晶膜层。另一种造成粗晶膜层的原因可能是在磷化工艺之前进行了酸洗去氧化皮工艺,因此酸洗去氧化皮工艺在磷化工艺流程中应该杜绝使用,除非是采购方要求这样做。因为酸洗去氧化皮后无论如何增加漂洗,清洗剂都会有残留,随后参与磷化工艺中的结晶过程。有的清洗剂可以帮助获得合格的膜层,但是这些清洗剂大多是专利产品,并不能被大部分客户使用。

(e)膜层表面有白色粉末。这种情况经常出现在浸渍漂洗零件的表面,而在漂洗清洗的零件表面基本不会出现这种问题。磷化工艺中这种白色粉末一般会覆盖工件的上表面,其他的表面则是正常和完好的。这种现象产生的原因一般是槽液底部的淤泥沉淀,淤泥在搅拌的作用下漂浮并重新沉淀造成的。解决这种问题的方法一方面是要控制好溶液的温度,另一方面是要将淤泥及时清除。

(f)条纹外观。磷化零件的表面有可能会产生类似水流过的痕迹,痕迹有类似于锈迹、打磨材料或者绿色与白色-灰色的材料外观。这种现象产生的原因在于漂洗出了问题。当磷化后的漂洗溶液被污染时容易产生条纹。当磷化溶液有滞留,而在后续漂洗过程中流出,也会造成条纹的产生。解决这个问题的方法有两种:一种方法是通过在漂洗过程中旋转零件,避免限流溶液或溶液漂洗不均匀;或者直接采用喷淋漂洗的方法完成清洗。漂洗的表面出现这种问题时,应该考虑调整喷淋的方向。

(g)雾化浑浊状的条纹。这种条纹一般也容易在浸入式的表面发生,喷淋清洗的表面一般不发生这种情况。这种雾化浑浊的条纹一般厚度非常薄,颜色很浅,覆盖在零件表面。一般条纹的走向是从下至上。这种情况容易发生在使用碱性清洗剂的工艺中,因为有些碱性清洗剂的清洗原理是将油脂吸附在除油官能团表面。在有防锈油的表面、螺纹的表面、小孔内及部分贴合面内部,如果存在的油脂没有被完全清洗干净,其在吹砂处理中可能释放流出,并分布在热的磷化溶液中,从而最终造成污浊的条纹外观。

(h)擦伤和磨损。这种情况的发生与所用的设备有关。磷化工艺有可能在滚筒中或者其他的旋转设备中制备,此时碰撞、摩擦和磨损是不可避免的。此时应该尽量将滚筒装满,以减少零件的摩擦。但是需注意,零件的一定量的移动也能够阻止装夹痕迹的形成。

(i)指纹印。已经准备好进行磷化工艺的表面对于指纹是非常敏感的,有指纹形成后,表面会形成指纹状、薄层无色的沉积膜层。即使是戴上棉手套或者橡胶手套,用擦拭的方法清洗滑动通过表面,仍有可能在磷化之后留下指纹印。这种指纹印在后续处理时,可能会造成防锈油等的保有量不充足。

b. 耐腐蚀性能不达标。当膜层本身的外观符合要求,但是却在膜重和耐腐蚀性能方面不能达到要求,应注意以下内容:

(a)检查溶液的操作温度,总酸量、游离酸量、游离酸与总酸的比例以及铁离子含量是否正确。

(b)检查槽液是否长期没有零件或很少零件加工的情况下长时间保持高温,如果是,将温度降低至44℃以下,然后彻底搅拌,使得淤泥溶解,然后再将槽液加温至工艺温度,重新加工零件。

(c)如果铬酸浸洗槽使用的时间太长,可以用小槽子配制少量新鲜铬酸溶液,与已有的生产线铬酸溶液进行对比,看是否是因为铬酸浸洗槽造成的。

(d) 所用的清洗剂中是否含有硅酸盐。硅酸盐洗涤剂、缓冲液及去除固悬浮物有非常好的效果。但是存在的问题是,这种清洗剂容易吸收空气中的二氧化碳、燃烧的废气及酸性物质。这种污染物可能会引起胶状的沉淀发生,并且会沉积在工件的表面,沉淀之后不易发现而且在漂洗过程中也不会洗掉。这种胶状沉淀物会阻止磷化膜层的生长。如果怀疑是由于这个原因造成的,可以将经过碱液清洗的零件先进入5%的氢氧化钠溶液进行清洗,然后再完成后续的磷化工艺。如果这种情况得到改善,可以验证问题的原因,此时应将清洗溶液报废,并重配槽液。应该尽量降低溶液中二氧化碳或酸性物质的吸附量。如果仍然出现这个问题,建议更换碱性清洗配方。

(e) 压印过的表面(drawn or pressed parts):压印过的表面磷化膜层是很难完成的,这主要是由其表面的状态决定的。此类表面应该用机械法完成清洗,最好用喷砂工艺,以去除表面的应力层。在喷砂操作、滚筒磨料清洗、金属容器清洗或钢丝刷清洗之后应该也用强碱溶液清洗除锈。

(f) 零件进入磷化槽之前是否清洁。应该注意零件表面的污物有没有发生改变,从而使得原有的适用性很强的清洗剂的清洗效果有所降低。或者说清洗剂已经长时间没有更换了。怀疑是这个原因时,应该尝试用新鲜溶液或者更换溶液配方进行试用。

c. 低膜重。膜重低于最小要求值时,应考虑以下问题:

(a) 采用了溶液清洗作为磷化前的处理工艺。

(b) 磷化溶液中带入了表面活性剂或酸性抑制剂。

(c) 检查加热管道表面是否有泄漏。因为使用蒸气加热管道时,为了减小腐蚀发生,一般会加入一些腐蚀抑制剂,腐蚀抑制剂泄漏可能会导致这种结果。可以通过分析腐蚀抑制剂的配方,确认是否会造成这种影响。

(d) 确定导致腐蚀性能差的原因是磷化层本身的腐蚀性能差还是因为磷化后后处理涂层的耐腐蚀性能差导致的。尤其要注意后处理层的涂覆量是否正确。

(e) 铬酸盐污物。铬酸盐污物的外观基本一致,它们一般出现在铬酸盐漂洗之后直接干燥(一般就是这么做的)的情况。当溶液中不含有其他的溶解盐类物质时,这种污染不会影响磷化膜层的性质。但是当有溶解盐类物质时,当铬酸盐污点产生时,在这些区域同时也是溶解盐聚集区域,这样也容易造成污染加剧并且容易产生腐蚀生锈。解决这个问题的方法是用去离子水彻底清洗,或者更换铬酸清洗溶液。

(f) 加热对磷化膜层耐腐蚀性能的影响。锌系磷化膜层的接触温度不能超过105℃,时间不超过 15 min。锰系磷化膜层的接触温度不超过 190℃,时间不超过15 min.过长的时间暴露在这些温度或者暴露在更高的温度下较短的时间,都会造成膜层耐腐蚀性能损伤。注意的是,锌系磷化膜层的除氢工艺可以在 97~107℃下烘烤 8h,温度虽然没有超过 107℃,但是仍然会影响耐腐蚀性能,此时可以用在室温下放置 120h 的方法除氢作为替代工艺。

(g) 砂粒污染造成的问题。如果喷砂砂粒上存在油或者脂类污染,那么在喷砂清洗过程中,油和脂会浸入零件表面,这使磷化膜的成膜过程不可能完成。此时必须要完全地去除污染源。

(h) LIME 拉拔线。大量的紧固件或者螺栓采用的是 LIME(石灰)润滑拉拔铁丝为原料制备的。当磷化工艺应用在这些零件表面时,应该在清洗工艺中加入酸洗剥皮工艺,以保证完全去除。如果用硫酸酸洗,可能会产生不溶解的硫酸钙沉积在零件表面或者后续的磷化层表面。应该采用盐酸清洗的方法完成,以保证生成的反应产物是可溶的,最终可以通过漂洗去除。

(i) 表面硬化的零件。表面硬化处理的零件,进行磷化处理有可能发生耐腐蚀性能不达标的情况。尤其是磷化用于替代电镀的情况。因为在有电镀工艺的时候,零件本体的回火操作是可以忽略的,因为电镀之后一般都要经过氢脆消除工艺的,而氢脆消除工艺一般可以代替回火操作。但是,当采用磷化工艺时,如果回火操作省略掉,磷化膜层的防腐蚀性能会明显降低。在磷化工艺前回火操作是必需的操作。

(j) 铸铁或铸造合金难以磷化处理。铸铁、可锻铸铁、铸钢等有些合金很难进行磷化处理,磷化后的耐腐蚀性能可能不达标。铸钢、铸铁、可锻铸铁的表面含有一定的沙铸膜表面,或者含有高硅的表面,应该给予一个彻底全面的喷砂清洗,以保证表面能够允许达到磷化的表面要求。但是即使这样,表面的磷化过程所需要的时间也比常用的钢表面更长,这时磷化溶液如果用一个弱酸性的溶液,效果会更好。通过合适的处理,通过如下的两种表面处理方法之一,仍然能够获得很好的耐腐蚀性能。

方法 1

ⅰ. 喷砂清洗所有零件表面。

ⅱ. 合理地安排工艺步骤,以便于保证铸件磷化加工的时间是在磷化槽子闲置或新配制之后进行的,而且在磷化之前允许将槽液温度降到接近室温。

ⅲ. 磷化前在溶液中加入 0.75g/L 的碳酸锌(锌系磷化)或者 0.75g/L 的碳酸锰,并彻底搅拌。

ⅳ. 加热槽液,当槽液温度达到 75℃ 时,将铸件等零件放入槽液,然后继续升温,尽快使温度达到工艺温度 95℃。保持磷化 45min。

方法 2

ⅰ. 喷砂清洗所有零件表面。

ⅱ. 通过加入碳酸锌或碳酸锰调节总酸度与游离酸的比值为 7.5∶1 或更高的比例。

ⅲ. 磷化加工一大批其他零件。

ⅳ. 磷化加工铸铁等难加工零件。

d. 热处理过的零件。热处理过可能出现问题的零件主要是指热处理前表面存在油污没有清理干净,这些零件通过常规的清洗不能清洁干净,从而影响磷化膜层的生成。

e. 涂层附着力差。小型起泡或者散布型的星点掉漆。此处指的涂层附着力失败是胶带试验中有涂层被胶带拉掉。产生这种问题的原因一般是涂层与底层之间已经形成了小气泡,从而摧毁了涂层的附着力。只有消除产生气泡的原因才可以达到目的。

f. 气泡的原因是可溶性的盐类残留在磷化的表面,喷完涂层之后,暴露在潮湿环境之中,这时水蒸气会穿透涂层,水溶性的盐溶解在穿过涂层的水汽表面,从而形成溶液,剥离涂层形成气泡。当涂层进行测试时,即使已经离开了所处的潮湿环境,气泡已经消失,但是涂层仍然会在之前形成气泡的区域剥离。

g. 因为漂洗不够充足造成的盐残留。如果漂洗溶液被污染或者有些溶液滞留在零件上,这些盐分虽然经过后续的干燥过程,但是仍然保持了其可溶解的本性,进而造成起泡。这时进一步的增加漂洗或者采用喷淋清洗的方式,以保证彻底地清洗干净。

h. 受污染的铬酸溶液。铬酸溶液在漂洗后是直接干燥的,如果铬酸溶液中存在可溶性的盐,这些盐在零件干燥过程中可能不会富集和聚留。在铬酸盐发生条纹区域的地方,尤其应该注意这种可溶解盐类的富集。解决的方法如下:

(a) 避免条纹流痕、点滴状的铬酸溶液形成并干燥。

(b) 用去离子水配制和补充维护铬酸溶液。

(c) 在铬酸漂洗之后加入一道去离子水漂洗。但是应该注意的是这样需要用到特殊的铬酸清洗溶液。

搬运。搬运过程中如果赤手直接接触零件,也会造成可溶性盐溶液的形成。

2.3.3　航空制造领域新兴化学转化技术

2.3.3.1　化学转化技术在航空制造领域的应用现状及发展趋势

六价铬酸及其盐因其弱酸性、高效率、高适应能力、高耐腐蚀性在表面处理前处理工艺中大量应用,在铬酸阳极化、阿洛丁系列转化膜、铝合金表面氧化皮脱除、钛合金表面清洗处理等方面有广泛的应用。但是目前世界各国对六价铬重污染产业进行禁止和限制,欧盟发布了 WEEE 和 ROHS 两项指令,禁止采用六价铬的产品和工艺;美国在全境取消六价铬电镀工艺;日本 UE 委员会表示采用欧盟两项指令,全面废除六价铬使用。因此,开发无铬型的化学氧化工艺成为航空业乃至铝合金防护产业的重要方向之一。

无铬型化学氧化液有钼酸盐、高锰酸盐类、钛盐、锆盐类、钛酸盐类、稀土类转化膜层等。耐盐雾试验、膜层厚度及与漆层的结合力等指标都能达到或超过含铬转化膜。从分析资料和试验数据看,钛酸盐类、稀土类转化膜层技术更接近含铬转化膜,更有可能成为新的代铬化学氧化技术。

国内目前的研究主要集中在钢、钛合金表面,用于特殊的防磨损、抗腐蚀,而且基本上处于科研阶段,真正应用的产品很少,而在航空方面的应用和研究则更少。

2.3.3.2 新型化学氧化配方与技术

1) 硅氧烷溶胶-凝胶

采用带不同取代基的硅氧烷和四乙氧基硅烷(TEOS)按不同比例混合并水解,待水解充分后,在 50~150℃温度范围内,硅醇基团进一步脱水缩合形成 SiO_2 网络包覆有机组分的有机无机杂化陶瓷材料。水与可水解硅烷之比会影响溶胶-凝胶体系的聚合和生长机理,从而改变杂化膜层的结构,在含水量较低($R<4$)溶胶中,主要靠线性链的聚合和生长机理形成致密、微孔型 SiO_2 网络;在含水量较高($10<R<20$)的溶胶中,主要以环化机理进行聚合和生长;在含水量介于两者之间($4<R<10$)的溶胶中,则包含了以上两种聚合和生长机理。

四乙氧基硅烷(TEOS)水解聚合可形成 SiO_2 纳米小颗粒。这种 SiO_2 小颗粒表面含有大量羟基,它会与带有有机集团的硅氧烷水解生成的硅醇($\equiv SiOH$)缩合,形成 $\equiv Si-O-Si \equiv$ 共价键结合,这样就形成以 SiO_2 为核,环氧乙基为壳层的"核-壳"结构的溶胶体系。当加入交联剂(TETA)后,壳层外的环氧乙基会与 TETA 发生加成开环反应,固化后纳米 SiO_2 颗粒就均匀地分布在有机基体中,它会堵塞水和醇小分子溢出时遗留下的空穴,从而阻止腐蚀介质(Cl^{-1},O_2,H_2O)的渗入,提高了材料的防腐保护性。另外,溶液中的 $\equiv SiOH$ 也会与铝表面形成 $Al-O-Si$ 键结

图 2.31 铝合金 2024 裸铝样片 168h 中性盐雾试验后、经涂敷溶胶-凝胶的 2024 样片 168h 中性盐雾试验后、经涂敷溶胶-凝胶的 2024 样片盐雾试验前

合,同样也会提高铝合金的耐蚀性。图 2.31 为进行盐雾试验后的裸铝试板、涂覆溶胶凝胶后经过盐雾试验的试板及涂覆溶胶凝胶后的试板对比图。从图中可以看出裸铝试板直接经过 168 h 盐雾试验时,表面有明显的腐蚀发生;而经过溶胶凝胶处理之后,再经过 168 h 盐雾试验,表面无腐蚀发生,说明溶胶凝胶膜层应用于铝合金表面可以大大提高耐腐蚀性能。

2) 稀土转化膜

在成膜方面,一般认为铝合金一旦浸入 $CeCl_3$ 溶液中,由于铝合金表面不同元素的电位不同,构成许多微小电池,微电池的阳极部分发生金属溶解和稀土化合沉淀:

$$Al \longrightarrow Al^{3+} + 3e$$
$$Al^{3+} + 3OH^- \longrightarrow Al(OH)_3$$
$$Ce^{3+} + 3OH^- \longrightarrow Ce(OH)_3$$

阴极部分发生氧的还原和氢的析出:

$$O_2 + 2H_2O + 4e \longrightarrow 4OH^-$$
$$2H + 2e^- \longrightarrow H_2$$

这两种反应的发生,使阴极区的 pH 升高,当 pH>8 时,就形成了 $Ce(OH)_3$ 沉淀膜,同时 $Al(OH)_3$ 发生溶解,最终氢氧化铈沉淀就可以替代 $Al(OH)_3$ 覆盖基体表面。此外,成膜过程中可以加入氧化剂,一方面提供了阴极反应的氧气,促进成膜过程的进行;另一方面过氧化氢(双氧水)起氧化剂作用,使部分三价的 Ce^{3+} 被氧化为四价的 Ce^{4+},还可能会发生下列反应:

$$Ce^{3+} + H_2O_2 \longrightarrow Ce^{4+} + e$$
$$Ce(OH)_3 + H_2O_2 \longrightarrow Ce(OH)_3OOH + 2H_2O$$
$$Ce^{4+} + OH^- \longrightarrow Ce(OH)_4$$
$$Ce(OH)_3OOH + Ce(OH)_3 + H_2O \longrightarrow Ce(OH)_4$$
$$Ce(OH)_4 \longrightarrow CeO_3 + H_2O$$

经稀土转化处理成膜后的铝合金表面能够获得一层具有良好结合力的金黄色稀土转化膜。图 2.32、图 2.33 所示分别是 2024、7075 成膜后在光学显微镜下的表面形貌。

可以看出在 SEM 下稀土氧化膜显开裂状;在 $2\,\mu m$ 下还清晰地看到一些团簇状的颗粒(尚未做 EDS,估计是 Ce 的化合物)。膜的开裂会使基体暴露,影响耐蚀性。

此外,澳大利亚航空研究实验室的 Hiton 等对稀土转化膜的耐蚀机理进行了研究,提出了阴极抑制机理:由于稀土转化膜主要在阴极区富集形成,O_2 的传输和电子的传递受到稀土转化膜的阻碍,因而阴极还原反应受到抑制,作为控制步骤的阴极共轭反应速率的降低,导致了整体的腐蚀速率的降低。

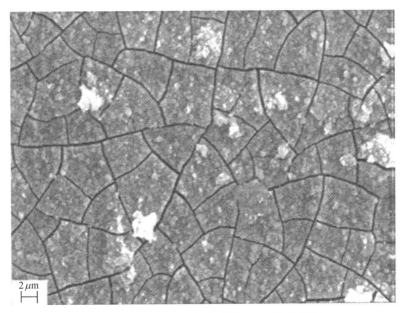

图 2.32　铝合金 2024 稀土氧化膜的 SEM 微观形貌（2 μm）

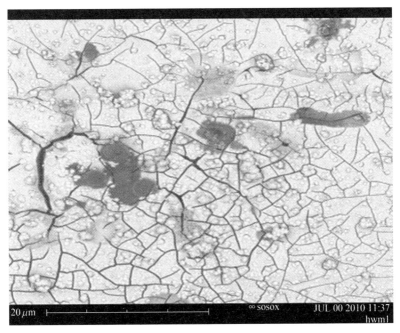

图 2.33　铝合金 7075 稀土氧化膜的 SEM 微观形貌（20 μm）

　　国内外学者对稀土转化膜的耐蚀性能做了大量的研究，在 0.1mol/L NaCl 溶液中进行极化曲线测试，测得的极化曲线的阴极分支一般显示以氧的还原反应为表征的动力学行为。点蚀电位和腐蚀电位几乎完全一致。极化曲线阴极分支向低电流密度一侧移动,腐蚀电位向负方向移动,而点蚀电位基本不变。极化曲线的测试结果显然可以由稀土转化膜的阴极禁止机理说明。通常阴极分支朝向更小的电流密度方向移动,腐蚀电位和点蚀电位有分离现象。但是腐蚀电位会因为工艺的不同而既可能向负方向移动,也可能向正方向移动。变化值因工艺参数、稀土阳离子性质、浸入 NaCl 溶液中的时间不同而有所差别。Hiton 等研究的结果表明,腐蚀电位向负方向移动,而点蚀电位几乎不变。对于铝合金,通常点蚀电位与腐蚀电位几乎完全重合,氧化膜极易被击穿。

3) 三价铬化学氧化

三价铬主要成分是三价铬离子,可以在铝合金表面形成一层无色至亮绿色的氧化膜层,被认为是最有可能达到现有阿洛丁六价铬技术质量水平的配方,国内外的研究机构、公司针对这种配方进行了广泛的研究,也有了一些针对不同应用环境和功能的三价铬产品,但是这些产品在替代阿洛丁六价铬的应用还有较大的差距。主要原因有如下几点:

首先,已有的三价铬产品综合性能远远未能达到六价铬产品的性能,主要表现在耐盐雾试验性能(耐腐蚀性能)上。三价铬产品的耐盐雾试验大多数在 72 h 以下(最常用的技术要求为 168 h),因而只能用在相对温和的腐蚀环境中。表 2.63 和表 2.64 是针对某一三价铬产品进行的试验验证。

表 2.63　三价铬钝化调节试验

工　艺　参　数				试验项目	试板材料
槽液	浸入时间/min	温度	前处理		
12.5%	7 11 15 19	室温	按生产线	盐雾试验 漆层结合力	2024 - T3 非包铝
10%	11	室温	按生产线	盐雾试验 漆层结合力	2024 - T3 非包铝
15%	11	室温	按生产线	盐雾试验 漆层结合力	2024 - T3 非包铝
20%	11	室温(25~ 35℃)	按生产线	盐雾试验 漆层结合力	2024 - T3 非包铝

表 2.64　三价铬槽验证试验结果

工　艺	结合力	盐雾试验说明	腐蚀点数量
溶液浓度 12.5% 化学转化 7 min	无漆层脱落	试样在 72 h 左右出现了较大或较多的腐蚀点(>5 个/片)	9+8+8=25
溶液浓度 12.5% 化学转化 11 min	无漆层脱落	试样在 72 h 左右出现了的腐蚀点(>5 个/片)	8+10+7=25

（续表）

工艺	结合力	盐雾试验说明	腐蚀点数量
溶液浓度 12.5% 化学转化 15 min	无漆层脱落	试样在 72 h 左右出现了的腐蚀点（≤3 个/片），至 168 h 腐蚀点未扩大，数量不变（≤3 个/片）	3＋3＋1＝7
溶液浓度 12.5% 化学转化 19 min	无漆层脱落	试验进行 72 h 时，已经出现较多腐蚀点（>3 个/片）	16＋34＋17＝67
溶液浓度 10% 化学转化 11 min	无漆层脱落	试样在盐雾试验进行 72 h 时，已经出现较多腐蚀点（>5 个/片）	试样有明显的线状黑点，氧化膜没有处理干净
溶液浓度 15% 化学转化 11 min	无漆层脱落	试验进行 72 h 时，已经出现较少腐蚀点（2 个/片），在 168 h 时，腐蚀点总数增加至 8 个，但其中有一块试板的腐蚀点数量>5 个	6＋2＋1＝9
溶液浓度 20% 化学转化 11 min	无漆层脱落	试验进行 72 h 时，已经出现较少腐蚀点（3 个/片），在 168 h 时，腐蚀点数量已经增加至>5 个/片	7＋7＋7＝21

（1）工艺流程。

溶剂擦洗除油、碱液清洗 10 min、去离子水漂洗、三酸处理 10 min（铝锂合金要求三酸 20 min）、去离子水漂洗、转化膜溶液处理、去离子水漂洗、烘干。

（2）试验结果。

图 2.34 所示是三价铬氧化处理经过 168 h 盐雾试验的结果，试板表面有明显的腐蚀发生。根据试验结果，目前三价铬的转化膜工艺的耐腐蚀性能不能达到标准要求的 168 h 盐雾试验，耐腐蚀性能一般在 70 h 以下。

图 2.34　三价铬化学转化盐雾试验结果

2.3.3.3　溶胶凝胶

1）溶胶凝胶工艺现状

转化膜法中目前最受关注的为溶胶-凝胶转化膜。溶胶-凝胶法是以适当的无机盐或有机盐溶液为原料，经过水解与缩聚反应在基材表面胶凝形成薄膜，最后经干燥、固化或者烧结获得一定结构的表面薄膜,具有提高表面与漆膜结合力或者耐腐蚀性能的作用。基本原理如图 2.35 所示。

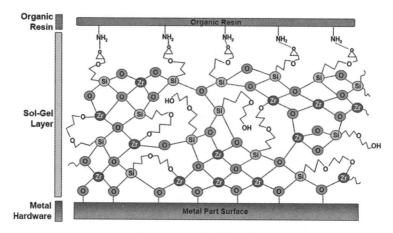

图 2.35　溶胶凝胶原理

　　波音公司现自行开发出一种施工简易、易于改性的、单独用于提高基体金属与漆膜结合力的溶胶凝胶产品,并将之出售给 PPG、汉高、速科、AC 等公司进行生产、推广。波音已在整机喷漆中采用溶胶凝胶替代阿洛丁 1500 和阿洛丁 1200 转化膜,取得了良好的效果(见图 2.36)。

图 2.36　溶胶凝胶用于飞机整机喷漆工艺

　　2) 溶胶凝胶工艺应用研究

　　(1) 钛合金表面溶胶凝胶工艺应用的优点。

　　传统钛合金表面涂漆前的表面处理有打磨、喷砂、酸洗、钝化等,其中打磨、酸洗和钝化工艺在与涂层附着力方面存在严重问题,而喷砂工艺由于需要相对复杂的设备致使应用受到限制。

　　根据试验结果分析,钛合金以酸洗处理的试板与涂层结合力差(见图 2.37 和图 2.38)。

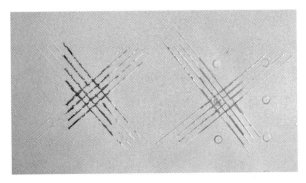

图 2.37　钛合金采用酸洗表面前处理在平板及铆钉上的
干带结合力试验

图 2.38　钛合金采用酸洗表面前处理在平板及铆钉上的湿
带结合力试验

　　以溶胶凝胶作为前处理,漆层结合力干、湿附着力都无涂层脱落,与铆钉头的干、湿附着力也远远高于之前的非溶胶凝胶表面处理。图 2.39 与图 2.40 分别为溶胶凝胶处理后的附着力试验照片。

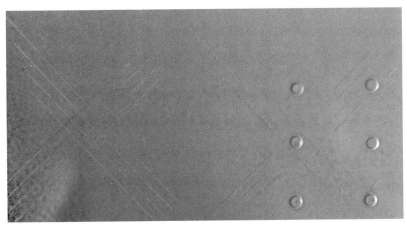

图 2.39　钛合金采用溶胶凝胶前处理在平板及铆钉上的干带结合力试验

图 2.40　钛合金采用溶胶凝胶前处理在平板及铆钉上的湿带结合力试验

（2）溶胶凝胶工艺开发中需要注意的问题。

民用飞机表面处理不仅对材料本身性能的要求很高，并且对其整个施工过程的要求也非常严格。进行溶胶凝胶开发试验时，需要考虑在工厂施工环境下溶胶凝胶的常规结合力、喷漆间隔时间、对漆层耐潮湿性能影响、耐液压油性能影响、高温烘烤下漆层结合力、施工方法（喷涂、刷涂、辊涂）影响、与密封胶兼容性、大面积施工适用期及对铝合金适用性等工艺性能进行研究。常见的工艺要求与试验项目如表 2.65 所示。

表 2.65　溶胶凝胶材料工艺性能试验内容

序号	试验内容	试验目的
1	常规结合力试验，干、湿带结合力	基本性能验证
2	辊涂施工方式影响，干、湿带结合力	辊涂施工方式验证
3	喷涂施工影响，干、湿带结合力	喷涂施工方式验证
4	多次涂覆影响，干、湿带结合力	涂覆方式验证
5	溶胶凝胶涂覆至喷漆时间间隔影响，干、湿带结合力	间隔时间参数验证
6	诱导期，外观，附着力	配制后至使用的最短时间验证
7	适用期，外观，附着力	配制后至使用的最长时间验证
8	溶胶凝胶对漆层耐液压油影响，漆膜硬度试验	对涂层耐液压油性能的影响验证
9	溶胶凝胶对漆层耐潮湿性能影响（200 h）湿带结合力	对涂层耐潮湿性能的影响验证
10	铝合金上工艺验证试验，干、湿带结合力	合金适用性
11	120℃烘烤 2 h 后结合力	耐温性能（试验结果见图 2.41）
12	150℃烘烤 2 h 后结合力	
13	170℃烘烤 2 h 后结合力	
14	190℃烘烤 2 h 后结合力	
15	210℃烘烤 2 h 后结合力	
16	常温，作为外观对比	

（续表）

序号	试验内容	试验目的
17	钛合金上工艺验证试验，干、湿带结合力	合金适用性验证
18	与密封胶相容性	材料兼容性（见图 2.42 和图 2.43）
19	大面积施工外观效果（工程应用验证）	大面积施工性能（见图 2.44）

图 2.41　不同烘烤温度下漆膜颜色变化

图 2.42　经溶胶凝胶处理的 T 型剥离试样

图 2.43　未经溶胶凝胶处理 T 型剥离试样

图 2.44　施工溶胶凝胶后的典型件

2.3.3.4　钛合金磷化

钛合金由于具有相对密度（比重）低、比强度高、耐蚀性优异的特点，在航空工业上大量应用。由于钛合金表面可以自动生成高稳定的薄层致密钝化膜，因而具有较好的化学稳定性，不易发生腐蚀，使得一般情况下钛合金工件表面无须进行喷漆保护。但是，对于新型飞机而言，出于其长寿命、高耐蚀、高可靠性的要求，钛合金工件仍会选择通过喷漆来进一步提高其寿命。对于需要涂装饰漆的钛合金工件，或钛合金工件与其他材料工件一起整体喷漆的部件，由于薄层致密钝化膜的存在往往导致钛合金与漆层的结合力较差，即使经过酸洗钝化也不足以提供足够优异的油漆结合力。人工加速老化试验研究的结果表明：经循环加速模拟试验，钛合金螺栓表面涂层鼓泡和钛合金长桁表面的漆层脱落均较严重。

钛合金磷化技术主要采用磷酸盐、氟化物溶液对钛合金表面进行表面处理，在表面制备出一层致密颗粒状膜层，该膜层可显著提高钛合金与漆膜涂层的结合力。钛合金化学转化膜技术的原理是采用合适的氟离子作为活化剂，与钛合金作用导致钛的溶解，氟离子与钛离子可生成稳定的配位物，在钛合金表面形成了致密的转化膜，因此钛合金转化膜处理与钢磷化处理后获得的膜层不同，钛合金转化膜处理后膜层主要成分为氟化物，而磷化物含量很少。

由于国外航空业对钛合金应用时间较早、应用范围较广，因此对于提高钛合金与有机漆膜结合力的技术进行了较为深入的研究。国内对这一领域的研究最近几年才刚起步，离工艺应用尚有一段距离。

2.4　有机涂层涂覆

2.4.1　概述

2.4.1.1　航空涂料的组成及分类

1）涂料的组成

涂料一般由树脂、颜料、溶剂和添加剂组成。航空涂料的供货中，一般将颜料、树脂混合在一起作为一个组分称为基料；将添加剂（一般为树脂的交联剂）作为一个组分称为固化剂；溶剂可能在固化剂中，也可能单独供应，单独供应时一般称为稀释剂。各组成成分对膜层性能的影响如下。

（1）树脂。

是涂料性能的关键组分，决定涂层的基本性能，包括膜层的硬度、柔韧性、耐摩擦性能、耐环境性能及黏接性能，其他的基料组分也可以调节这些性能，但是起决定性作用的仍然是树脂本身。树脂的选择也可以决定如下的性能：

a. 涂层固化条件。添加剂和溶剂可以改变固化的速率和时间，但是最终仍然是以树脂选择为基础决定的。

b. 涂层耐久性。涂层的耐久性可以通过添加高耐久性的颜料来提高，但是最终的耐久性实际上是由填料-树脂-填料之间的界面性能来决定的，树脂的耐久性不好或者颜料和涂层的界面耐久性不好，涂层本身的耐久性也不可能会改进。

c. 涂料的施工性能。溶剂的选用和用量可以改善涂料的施工性能，但是当涂料选用的树脂只是允许采用喷涂工艺的时候，无论如何调节溶剂组分，也不可能使得涂料允许采用刷涂和流涂工艺。

d. 涂料的成本。一般情况下涂料的材料成本主要由树脂的成本来决定。

（2）颜料，也称颜填料。

在涂料中主要的作用是调整涂料的颜色和透明度（遮盖力）。另外，涂料还有辅助提高抗腐蚀能力和耐候性的作用。例如，锌粉填料、铬酸锌、磷酸锌等填料就是最常用的防腐蚀颜填料。

颜料也是涂料的关键组成成分，对成本也有较大的影响。

（3）溶剂。溶剂的主要作用在于保证涂层的可施工性。溶剂的选用应注意：

溶剂本身的挥发速度，它会影响涂料湿膜状态下的流平性能和抗流挂性能。低挥发性的溶剂会增加流平性能，增加发生流挂的可能性，同时也可能造成在固化完成的膜层内部残留溶剂。常用的涂料溶剂一般是采用多种溶剂混合，以调整溶剂的挥发性能。

（4）添加剂。

添加剂包含的内容非常多，一般是实现特殊功能的。如以填充为目的的填充剂、防结皮剂、杀菌剂等作用的组分。一般并不会公开用料和用量。

2）涂料的分类

涂料分类存在多种方法，主要有以下几种。

（1）按照成膜物质分类。分为环氧涂料、聚氨酯涂料、聚丙烯酸类、聚酯类等。

（2）按溶剂或分散体系分类。分为水性涂料与溶剂型涂料。

（3）按照功能分类。民机用量较大的功能涂层种类包括耐流体涂层系统、外表面装饰涂层系统、耐燃油涂层系统、抗冲击涂层系统，以及部分特种功能涂层系统

（耐磨涂层、防滑走道涂层、耐热涂层、临时保护涂层等等）。各个涂料的基本用途如下：

a. 耐流体涂层体系。耐流体涂层系统主要用于结构件的防护，针对常见的流体、化学品有特定的耐腐蚀能力。在民用飞机中，耐流体涂层用于飞机内部结构件的防护涂层，防护性能要求与机体结构同寿命。

b. 外部聚氨酯涂层体系。主要负责飞机外部表面的防护，同时兼具标识、装饰的效果。要求对外界的雨、雪、霜、紫外线等有较好的耐受性能。航线中的飞机一般5～8年后会对飞机外表面的涂层完成全面退漆和重新喷涂。

c. 燃油箱涂料。专用于接触燃油区域的表面的防护。防护性能要求与机体结构同寿命。

d. 抗冲击涂层系统。用于飞机迎风面和易于受沙砾冲击区域的防护和装饰。与外部聚氨酯涂层体系性能基本一致。

e. 内装饰涂层体系。用于飞机内部客舱表面的防护，一般需要注重喷涂获得的外观（如纹理、颗粒、皮草等），耐摩擦性能等。

f. 特殊功能涂料：耐磨涂层、防滑走道涂层、耐热涂层、临时保护涂层。

（4）按照光泽可分为高光涂料、半光涂料和无光（平光）涂料。此类方法一般用于面漆。不同光泽的涂层有如下的特点：

a. 平光或低反射光涂层对涂层的微小缺陷有一定的屏蔽功能，半光和高光涂层则会更趋向于暴露这些缺陷。

b. 平光涂层的耐清洗性能与高光漆相比较差，当擦洗或擦拭时，用力稍大可能会留有擦痕。

c. 高光涂层或者半光涂层的耐磨性能、耐环境湿度的性能比低光和无光涂层要好。

d. 高光涂层经常会有更好的外观视觉效果。低光或者无光涂层适用于要求低反射或者特殊需求的表面。

2.4.1.2　涂料的防护原理

1）腐蚀的基本过程

腐蚀是一种电化学现象，在金属/材料或环境的接触界面上发生。下面以钢铁的腐蚀为例简要阐述腐蚀过程。

钢一般包含碳、锰、硫、硅、镍、铬、铜、钼等多种合金元素，会存在反应活性大的区域和反应活性弱的区域，前者称为阳极，后者称为阴极，当接触空气中的氧气、水（空气中的水分）时，阴阳极之间会发生电子转移而产生电流。基本反应如下：

$$Fe \longleftrightarrow Fe^{2+} + 2e^-$$

电子转移至阴极区域与溶液中的组分发生反应，反应类别取决于阴极区域的pH 和氧气的状态，主反应类别如下：

$$2H^+ + 2e^- \longrightarrow 2H \longrightarrow H_2$$

$$2H^+ + \frac{1}{2}O_2 + 2e^- \longrightarrow H_2O$$

$$H_2O + \frac{1}{2}O_2 + 2e^- \longrightarrow 2OH^-$$

一般情况下,阴极区域不可能为酸性的环境,因此常见的反应为上式子中的第3个反应。生成的氢氧根与铁反应生成氢氧化亚铁:

$$Fe^{2+} + 2OH^- \longrightarrow Fe(OH)_2$$

在空气中 Fe^{2+} 不能稳定存在,一般会按照如下生成氢氧化铁:

$$Fe(OH)_2 + O_2 + 2H_2O \longrightarrow Fe(OH)_3$$

或者生成的氢氧化铁也可以称为水合氧化铁。

此时在不同的局部有限区域内,可能存在着三价铁与二价铁共存的情况:

$$Fe^{2+} \longrightarrow Fe^{3+} + e^-$$

在表面快速形成氧化物(锈迹)的时候,二价铁与三价铁共存时(尤其是在缝隙、点蚀坑内部),将会形成四氧化三铁和氢氧化铁共存的情况。而且当水中含有可溶的盐分的时候,导电的效果将大大增加。尤其是当存在氯离子的时候,氯离子将会产生巨大的腐蚀加剧作用,具体原因如下:

氯离子使得腐蚀的表面更加难以干燥,因为其吸湿水合作用。

氯离子会始终破坏材料表面氧化过程中可能产生的有保护作用的氧化膜。

对于已经形成自隔离腐蚀坑(即已经稳定的不再扩大的腐蚀坑),氯离子可以从点蚀的内部破坏,进一步增大腐蚀坑。

2) 涂层的防护

合理的选择涂层可以有效地阻止腐蚀的发生,但涂层与底处理是共同配套才能形成防腐蚀能力。涂层一般是由底漆-中间涂层-面漆共同构成的。底漆位于基体表面和后续涂层之间,是最重要的,需要保证:

(1) 与基体表面处理有良好的附着力。

(2) 本身具有良好的抗腐蚀性能。

(3) 与后续涂层有良好的附着力。

涂层的防护主要通过下面3个方法实现:

(1) 对潮湿、氧气和盐分的屏蔽作用。首先应该明确的是,虽然有的涂层(如环氧、聚乙烯或氯丁橡胶)有很好的屏蔽阻挡效果,但任何的涂层都不可能屏蔽所有的水、氧气和一些其他物质,这是由涂层分子形态决定的。因此,在对涂层进行防护前应该尤其注意确保基体表面的水、盐分及所有水溶性的固体物质全部被去除,否则在水分、潮湿深入涂层时,涂层将会起泡(见图2.45)。当然,在涂料施工前,表面的任何固体污染也会使得膜层的均匀覆盖变得不可能,从而成为腐蚀物质向基体表面的传输通道。

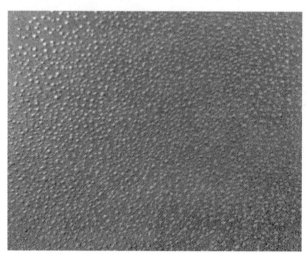

图 2.45　典型的涂层表面起泡

(2) 电化学抑制方法。主要用于降低腐蚀电流,以保证腐蚀的发生量降低,腐蚀产物减少。如下式表示:

$$I = \frac{E}{R}$$

式中: E 是不同区域的阳极和阴极的电势差,在具体的环境中基本不会改变; R 是电解系统的电阻, R 越大腐蚀电流将越小。因此,应尽可能地加大系统的电阻,以减少离子和电子迁移,减小腐蚀。常用的涂层中,催化固化的环氧树脂、酚醛树脂、聚乙烯及氯丁橡胶具有较高的电阻,一般能够达到 $10^{10}\ \Omega/cm^2$ 。通过在涂料中加入滑石粉、氧化物、高岭土、云母等填料可以进一步增大电阻。但是加入过程中应该尤其注意不要引入可溶性的物质,否则将会随着水分的深入溶解最终导致涂层的短路,从而增大电流值。

膜层厚度也会对电阻值产生巨大变化,一般膜层厚度越大电阻越大,对于浸入水中工作的军用或者工业用的防护涂料,常用的厚度为 $250\sim500\ \mu m$ 。

另外一种防护方法是在涂料中增加金属锌,使得基体材料处于阴极,而锌本身为阳极,从而保护基体。这种防护措施在后面的颜料化学腐蚀抑制作用中会进一步讨论。

(3) 颜料化学腐蚀抑制作用。

通过采用具有抗腐蚀功能的颜填料同样可以增加涂层的防腐蚀性能,增加的原理主要有以下几种方式:

a. 通过覆盖阴极区域或者阳极区域达到抑制腐蚀。

b. 通过与阴极或阳极发生反应阻止铁形成氧化铁等疏松易溶的物质,从而阻止腐蚀。

c. 通过强氧化剂如铬酸锌等,将腐蚀产物氧化并生成体积增大的阳极产物,进而增大电阻。

以下列举常用的防腐蚀填料:

铅红(Pb_3O_4):铅红填料与透过涂层的水发生反应生成 $Pb(OH)_2$,增加涂层的不通透性,同时钝化所在区域的表面,从而达到增强耐腐蚀性能。铅红另外一个增强耐腐蚀性的原因在于,对氯离子、硫酸根离子等对腐蚀有较大促进作用的离子,铅能与之形成不溶解的氯化铅和硫酸铅离子,从而增强耐腐蚀性能。

铬酸锌:最常用的铬酸锌颜料实际上是 $K_2CrO_4 \cdot 3ZnCrO_4 \cdot Zn(OH)_2$,这种填料中$(CrO_4)^{2-}$具有强氧化性,可以将所有的铁离子氧化生成复杂的含铬的水合氢氧化物,从而增大体积,进一步增大电阻。但是应该注意的是,铬酸锌本身在水中有 0.11% 的溶解度,因此这种填料不适合用于浸渍在水中工作的零件,否则在长时间浸入的情况下会发生起泡。

$ZnCrO_4 \cdot Zn(OH)_2$:这种填料常用在磷化底漆涂料中。磷化底漆一般含有两个组分:一个组分含有 $ZnCrO_4 \cdot Zn(OH)_2$;另一组分含有磷酸组分。在施工过程中,$Zn(OH)_2$ 和磷酸会反应生成一层磷酸锌膜层,这种磷酸锌膜层类似于磷化处理,再加上涂层中含有$(CrO_4)^{2-}$这种腐蚀抑制成分,从而造就了磷化涂层处理具有超强的防腐蚀性能,且适用于钢、铝合金、铜、锌等多种金属表面。

磷酸锌:磷酸锌主要具有阻碍作用,使得水分等难以到达基材表面。但其本身没有钝化功能。

2.4.1.3　涂料的施工方法及设备

1) 喷漆室

喷漆室用于提供良好的喷漆环境,可以防止喷漆中过喷的涂料、溶剂重新沉降在已喷涂零件表面。喷漆室分为 3 种类型:洗涤型、过滤型和导流型。

(1) 洗涤型。洗涤型喷漆室包括动力除尘型和无泵型喷漆室。当喷漆产生的漆雾和空气被抽风装置吸向水幕时,漆雾中含有的颗粒被水溶解、冲洗掉。这种类型的喷漆室适用于大量、连续工作的喷漆操作,且对各种黏度和性状的涂料均适用。

图 2.46 所示为动力除尘型喷漆室中配备的除漆雾装置。通过抽风装置让漆雾通过水幕使得其中含有的涂料颗粒初步清洗

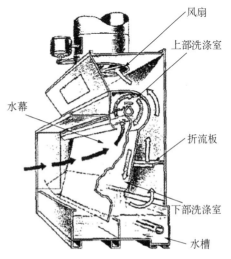

图 2.46　动力除尘型喷漆室除尘设备

风扇
上部洗涤室
水幕
折流板
下部洗涤室
水槽

去除,然后在上部洗涤室使得漆雾突然转向,将其中剩余的颗粒进一步去除,然后漆雾转向向下通过下部洗涤室、折流板等进一步清洗去除漆雾中含有的颗粒等有害成分,去除完有害成分的空气通过风扇等排出。在洗涤水中加入一些专用的洗涤产品,可以增加对漆雾中涂料颗粒的溶解效果和溶解能力。

图 2.47 为无泵型喷漆室除尘装置图。强制漆雾空气通过可调隔板与水槽之间的空隙,通过控制空隙的大小,使得漆雾空气通过间隙时引起水液旋流或飞起,充分地接触漆雾空气,洗涤去除大量的漆雾颗粒。然后剩余的漆雾空气继续按照图 2.47所示依次经过多个折流板,进一步沉淀和析出漆雾空气中的有害颗粒。

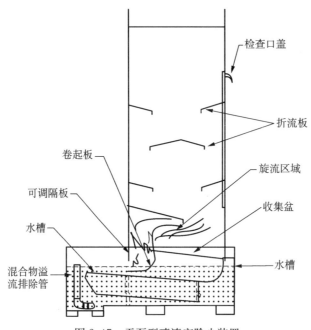

图 2.47　无泵型喷漆室除尘装置

(2) 过滤型。过滤型喷漆室通过过滤器吸附过喷漆雾中的涂料组分来实现漆雾有害成分的去除。过滤芯/过滤器是核心装置,当过滤器/过滤芯因过多的吸附而发生堵塞或压力差达到预定最大值时,应及时更换。过滤型喷漆室/喷漆装置适用于间歇或低生产节奏的喷漆操作,如实验室等。

(3) 折流板型。适用于间歇性生产用和快干型涂料的喷涂使用。此种类型通过控制气流使得过喷的漆雾通过折流板向室外排放,此种类型的喷漆室排放的空气中仍含有少量的涂料颗粒。

用于喷漆施工的压缩空气,应无水、油和颗粒等污染物。

2) 喷涂装置

(1) 虹吸供给型装置。

图 2.48 所示的虹吸供给装置中,当空气高速通过喷枪释放时,在流体管内产生

真空,液体罐内外的压力差使得漆通过虹吸管并进入喷枪喷嘴,最终雾化喷出。这种装置不能调节液体的压力,适用于小批量喷涂。

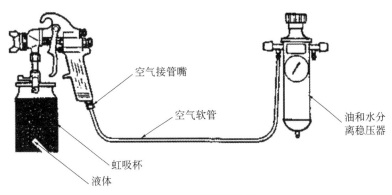

图 2.48　虹吸供给装置

（2）无空气喷涂系统。

如图 2.49 所示,无空气喷涂系统与空气喷涂系统的最大不同在于压力供给方法不同,无空气喷涂系统采用的是液体压力,直接将漆料通过喷嘴进行雾化。

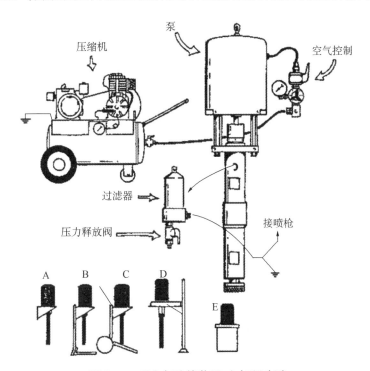

图 2.49　无空气连接装置-空气驱动泵

A—壁支架;B—站立支架;C—手推支架;D—55 加仑桶;E—5 加仑补偿支架

（3）静电喷涂系统。

静电喷枪的工作原理在于使漆料雾化，同时用高压使漆雾质点带上电荷（见图 2.50）。带电的漆雾将被吸附在或黏附在其最近的接地物体上。对于小零件只要从一侧喷出漆雾，就能使整个零件（包括边缘孔及背面）都涂上完整的漆层（称为卷绕效应）。对于较大的零件，可能要从两侧喷漆，才能形成完整的漆层。形成带电漆雾的方法随喷枪制造厂不同而异。

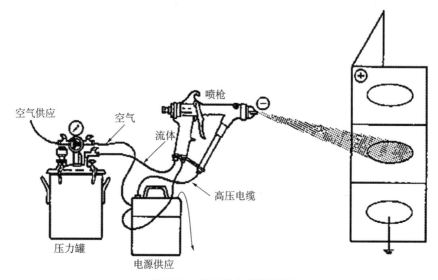

图 2.50　常用静电喷涂装置

（4）高容量低压喷涂系统。

图 2.51 所示为压力辅助高容低压喷涂系统，当压缩空气进入喷枪的同时，有部分的压缩空气从低压空气放气口进入漆料杯中，通过加压和主压缩空气流的虹吸作用将漆料压入喷枪，在压缩空气的雾化下喷出。因为清洗十分方便，这种装置比较适合于多颜色、少量漆料的施工。

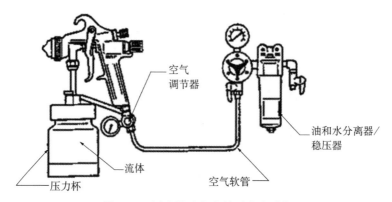

图 2.51　压力辅助高容低压喷涂系统

3) 涂漆施工辅助设备

(1) 压力供给罐。

压力供给罐也称为压力罐,是密封的金属容器,它们给喷枪提供均匀压力的恒定材料流。为改变材料流速,必须升高或降低罐内的压力。大多数的压力供给罐最高能调节到0.7MPa,在图2.52中显示的是标准压力罐。压力供给罐上备有可供选择的手工操作或空气驱动的材料搅拌器。对于很快会沉淀或容易沉淀的涂层,使用搅拌器能防止罐中材料分层。

A—带夹壳体
B—盖
C—流体管
D—空气进气阀
E—压力调节器
F—压力表
G—压力择放阀
H—流体出口阀
I—材料搅拌器

图 2.52　压力供给罐

(2) 材料泵。

材料泵也称为活塞泵,通常由空气驱动并能获得非常高的流体压力,这取决于泵中的流体与空气压力比。材料泵主要用于无空气喷涂。空气操作的材料泵要有压缩空气源,以产生范围很广的受控流体雾化压力,能用于差异很大的各种材料(从薄似水的漆料到稠的保护胶)进行无空气喷涂。可分为移动式泵、圆筒固定式泵和固定(墙固定)泵(见图 2.53),材料泵的实际使用包括下述几项:

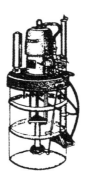

图 2.53　材料泵的构形种类

a. 无空气喷涂流体。

b. 用泵长距离输送流体。

c. 用泵把流体送到高处。

d. 输送高黏度(稠的)材料。

e. 从运输容器中转移材料以进行操作。

2.4.2　航空制造领域有机涂层涂覆的工艺方法与质量要求

2.4.2.1　航空功能性涂料技术要求

航空功能涂料的性能要求主要是按照使用过程中的环境情况来确定的。航空中常见的环境分类如下:

(1) 只与空气接触。飞机外表面、机身内部上部。

(2) 与燃油接触区域。燃油箱及其附近区域。

(3) 与多种流体(如水、液压油)偶尔接触的区域。液压系统附近、水箱附近。

(4) 长期与多种流体(如水、液压油)接触的区域,或者容易发生液体集聚的区域。如机身比较靠近下部的区域、电池区域、起落架舱区域、门的部分区域。

以下为飞机内外表面所用涂料的通用技术要求。

1) 飞机内表面用涂料的通用技术要求

飞机内表面需要的涂层性能与所处的环境和受力状态有直接关系,通常采用如表 2.66 所示性能的试板验证涂料。施工后的干膜厚度要求在 $20 \sim 30~\mu m$ 之间。

表 2.66　试板尺寸与类型

尺寸/mm	A 类试板的数量要求	B 类试板的数量要求
$150 \times 70 \times 1$	19	10
$300 \times 70 \times 1$	4	4
$127 \times 25.4 \times 0.64$	2	1

注:A 类试板,采用非包铝的 7075 - T6 试板,符合 AMS4045,完成转化膜处理。
B 类试板,采用非包铝的 7075 - T6 试板,符合 AMS4045,完成硫酸阳极化处理。

(1) 固化性能。

涂层应该在 14 天内完全固化。加速固化时,在室温放置 24 h,后在 60℃环境下干燥 24 h,也应能达到完全干燥状态。测试方法:涂层达到完全固化的试验为在试板上用揩布浸上甲乙酮溶剂,来回地用力擦洗 50 次(每一个来回为一次),如果没有露出基体材料可以认为涂层已经完全固化。涂层的硬度应该达到铅笔硬度 F 级别。

(2) 耐水性能。

固化的涂层应该没有起泡、变软超过 1 个铅笔硬度级别,没有膜层溶解,同时试板表面的划痕处边缘应该没有超过 3.2 mm 的腐蚀,没有涂层脱粘,也没有发生裸眼可见的其他缺陷。测试方法:在试板表面施工并固化涂层。在试板上刻划宽度约为 0.75mm 的划痕,划痕为对角线划痕,要求划穿直至金属基体。然后将试板放入盛去离子水的容器中,保证试板有大约 76.2mm(3in)被水浸润。容器要求加热至 (60±1)℃,在容器中放置 30 天后,取出立即观察。同时要求完成涂层软化试验和涂层附着力试验。

(3) 耐盐水与燃油。

在试板表面施工并固化涂层。在表面刻划宽度约为 0.75mm 的划痕,划痕为对角线划痕,要求划穿直至金属基体。将试板浸入到制备好的液体中(液体一层是约 3‰浓度的氯化钠水溶液,另一层是飞机燃油)。将容器放到温度为(60±1)℃的环境中,在浸入 30 天后,取出划线的试板,检查是否符合要求。软化和附着力试验要求同时测量。固化的涂层应该无起泡、无变软超过 1 个铅笔硬度级别,无膜层溶解现象,同时试板表面的划痕处边缘应没有超过 3.2mm 的腐蚀,无涂层脱粘。

(4) 耐发动机油。

固化的涂层应该无起泡、变软超过 1 个铅笔硬度级别,无膜层溶解,无涂层脱粘,也没有发生其他肉眼可见的缺陷。测试方法为:将试板施工涂层并固化。在试板上刻划宽度约为 0.75mm 厚的划痕,划痕为对角线划痕,要求划穿直至金属基体。将试板完全浸入到满足航空发动机机油溶液中 14 天,将容器加盖。放置过程中保证温度在(121±2)℃。取出试板后,立刻检查是否符合要求。

(5) 耐液压油。

在试板表面涂漆并固化。然后在试板上刻划宽度约为 0.75mm 的划痕,划痕为对角线划痕,要求划穿直至金属基体。将试板完全浸入到液压油溶液中 14 天,将盛放容器加盖。放置过程中保证温度在(82±2)℃。取出试板后立刻检查。固化的涂层应该无起泡、变软超过 1 个硬度级别(铅笔),无膜层溶解,无涂层脱粘,也没有产生其他肉眼可见的缺陷。

(6) 耐燃油污染。

在试板表面涂漆并固化,然后将试板浸入盛有 250mL 燃油的长颈瓶中 48h,环境条件为标准环境条件。将燃油倒出,并测试在 160～165℃下被污染燃油中的非挥发组分含量。检验确认是否有硫污染。每 100mL 燃油中因涂料产生的不可挥发组分不超过 20mg。

(7) 低温柔韧性。

测试方法:在试板表面涂覆涂层并固化。将试板和弯曲用的工装一起在 −54℃的温度下放置 2h,以达到相同的温度。在这个温度下快速反复弯曲试板,固化的涂层应无裂纹、外观变化和涂层脱粘。

(8) 在涂层表面施工密封胶后的剥离强度。

采用的试板为完成盐溶液-燃油双层液体测试的试板。先将试板彻底地清洗,干燥 30min。在试板的中心 102mm 宽的范围内涂覆约 3.2mm 厚的密封胶,等密封胶固定后将一张 69.8 mm×305 mm 的蒙乃尔丝网（20～40 目，网孔约 0.842～0.42 mm)或棉布覆盖在试板密封胶的表面，防止空气滞留。均匀覆盖后，在已经施加完丝网或者棉布的表面再涂覆一层密封胶，厚度约为 0.79 mm，然后固化密封胶。固化后，放置在盐溶液-燃油双层溶液中 7 天，温度控制在 60℃。7 天后，将试板取出并切割出两条宽度 25 mm 的部分，用于剥离试验。试样采用 180°剥离的方法试验，最终的剥离强度数值选用加载力值的平均值。剥离试验要求试板从溶液中取出后 1h 内完成。剥离强度不应低于 20 lbf/in，且没有界面剥离现象（因密封胶本身气泡或者刀划痕处除外）。

（9）密封胶表面施工耐燃油涂层后的附着力。

在密封胶表面施工耐燃油涂层测试附着力时，密封胶表面不应该发生开裂，涂层本身的开裂是允许的，但是不得从密封胶上剥离。

（10）可修补性。

在试板表面涂漆并固化。然后将试板竖直放入盛有燃油的容器中 7 天，确保试板表面有 76 mm 的部分浸入到燃油中，其余部分暴露在油气混合空间，整个浸入期间温度要求控制在 60℃。浸入 7 天后，将试板取出并清洗。清洗之后，重新施工燃油箱涂层，然后再次将试板浸入测试液体中，7 天后取出试板测试时，固化的涂层不应有起泡、脱粘现象。

（11）储藏能力试验（加速）。

将涂料置于容器中（容器与供货用容器一致），在(49±1)℃的温度下放置 14 天（盖好盖子），然后在室温下放置 24 h 使之冷却之后，涂料新配制后要满足黏度要求，同时满足适用期和干燥时间要求。

（12）耐氯化铁。

将试板竖直放入浓度为 0.5% 的氯化铁溶液中 10 天，溶液温度控制在 60℃。然后将试板取出，用清洁的水清洗，固化的涂层应不会有起泡、软化或者腐蚀现象发生。同时测试的时候，浸入过溶液的涂层电阻要求不小于 5 MΩ/mil*。

（13）耐菌性要求。

在试板表面涂漆并固化。在浓度为 3% 的氯化钠溶液中加入 5 体积份的分析纯冰醋酸。将试板竖直放入配置好的溶液中 5 天，溶液温度保持 60℃，浸入时使试板的 1/3 接触乙酸-盐溶液，1/3 接触燃油液体，剩余的 1/3 接触空气-油蒸气。然后将试板取出在 45℃的温度下清洗，并用揩布轻轻地蘸干。在试板表面刻划两条平行线，刻线的间距为 25 mm，刻线要求刻划至基体暴露。然后在刻划线的垂直方向黏附一条在不锈钢表面黏附力不低于 7.1 N/10 mm 胶带，用一个突然的动作迅速将胶带拉掉后完成检验判断。固化的膜层应无起泡、软化或褶皱。执行附着力测试时，

---

* mil(密耳)，非法定长度、体积、平面角、质量单位。1 mil＝10⁻³ in＝2.54×10⁻⁵ m(长度)，1 mil＝10⁻³ L (体积)，1 mil＝10⁻³ rad(平面角)，1 mil＝10⁻³ lb＝0.453592 g(质量)。

脱粘部分的面积不得超过黏附面积的 5%。

（14）接收目视检验。

接收到的产品应该足量、均匀,无外来物,也没有影响使用的现象。涂料中的组分不应各自分散开,如果分散开来,使用搅拌方法也不能使涂料重新均匀混合,涂料应该拒收。

（15）涂层软化试验。

涂层软化试验采用铅笔硬度试验(常见的国际标准如 ASTM D3363)。

（16）涂层附着力试验。

除非另有说明,常见的涂层附着力试验要求如 ASTM D3359 中的方法。

（17）涂料为液态时技术要求如表 2.67 所示。

表 2.67　内表面用涂料液态时候常用技术要求

性 能	对 1 型的要求	对 1 型的要求	对 1 型的要求
外观	平整、均匀,没有孔隙或者不规则外观	平整、均匀,没有孔隙或者不规则外观	平整、均匀,没有孔隙或者不规则外观
密度与 QPL 值偏离的要求	±5%	±5%	±5%
VOC 含量,MAX	420	720	420
黏度			
新配制	13～23	10～20	13～23
适用期时候	≤35	≤20	≤35
适用期	4	4	4
干燥时间	2	2	2

在需要检验的涂料中,从每个批次的涂料中随机选择足够量的涂料进行检验。每批涂料的含义是同一次研磨和混合的涂料。除非另有说明,测试此数据不应少于 3 次(或者按照接收检验测试的要求文件进行),但是类似黏度、施工期、干燥时间及强制干燥时间只需要执行一次试验即可。

民用飞机所用的涂料产品鉴定要求每 3 年完成 1 次。每次重新认证要求制造商首先声明生产用的材料、工艺方法、厂址等没有任何改变,并且保持符合了产品性能要求,然后要对产品的性能进行重新测试,并在指定的实验室中完成测试,以证明性能能够符合要求。涂料制造商在制造批生产涂料的过程中,使用的涂料原料组分、制造工序、工艺、测试检验方法应该与提供样品采用的完全相同。如果需要更改产品配方、原材料、制造工艺方法、工厂地址,涂料生产商要提交关于发生变化部分(工艺、原料等)的重新认证的样品涂料。在新的产品认证未得到认可前,产品不允许发运。

所有的测试环境要求(25±1)℃,相对湿度(50±5)%。环境误差如表 2.68 所示。

表 2.68　环境标准误差

测试项目	误差允许	测试项目	误差允许
温度	$\pm1℃$	分钟	$\pm10\,s$
天	$\pm2\,h$	英寸	$\pm0.25\,mm$
小时	$\pm5\,min$		

2）飞机机身外表面聚氨酯涂料的通用技术要求

（1）组分。

飞机外表面聚氨酯涂料应包含 A、B、C 3 个组分，A 组分包含颜料、聚酯树脂和溶剂；组分 B 包含透明的脂肪族异氰酸树脂和溶剂；组分 C 是可有可无的，如果有，一般为有机溶剂。各个组分的混合比例按照供应商的要求。各个组分中应该都无镉、镉的化合物或者超过 0.05％的金属铅，同时不含有任何的六价铬。

（2）溶剂含量。

任何以稀释为目的的溶剂，应该以涂料的固有组分来供应，除了 W 类之外。溶剂的电阻要求足够小以允许 H 类涂料采用静电喷涂。混合后涂料的 VOC 含量不得超过 420 g/L，溶剂中不得含有氯化溶剂或者溴化物。

（3）容器中状态。

a. 组分 A。测试时，组分 A 应平滑、均匀、可均匀流动。涂料应该没有颗粒、结皮、块状物、结籽、外来污染物，也不应该有变黏稠、胶化，也不应该有颜料漂浮或多余的沉淀（搅拌之后可以重新变均匀的除外）。

b. 组分 B。组分 B 应该均匀、透明、没有胶状或可见的特殊物质，不应有悬浮物或者沉淀在内表面。组分 B 的容器也不应有任何的变形。

c. 组分 C。组分 C 应该是透明的有机溶剂。组分 C 的容器不应该有变形。

测试容器中状态的方法：将 A 组分在密闭容器中放置 14 天，放置期间不要搅拌或震荡。然后用刮板手工搅拌并在 5 min 内检查各个组分是否符合要求。

（4）存储性能。

未开罐的涂料组分在金属罐中存储 1 年或者在塑料罐中存储 6 个月应该能够满足所有技术要求。

（5）加速存储试验。

存储 14 天之后，涂料应该能够符合规定的所有要求。存储容器不应该有变形或者封闭性变差。

测试方法：将各个组分至少一份材料放置在存储容器中，将容器放置在（60±3）℃的温度下 14 天，放置期间不可以搅拌或震荡。然后将涂料转移至室温状态，并保持 24 h。整个试验期间建议将涂料放置在合适的大的坚固的容器中，以防止涂料罐爆炸。

（6）研磨细度（液体涂料）。

混合后的涂料的要求研磨细度至少为7(对高光涂层)或者5(对迷彩涂层)。

(7) 粗颗粒(液体涂料)。

用 No.325 筛子过滤后残留的粗颗粒的量应不超过重量的 0.5%。

(8) 气味。

涂料各组分、涂料混合后及涂料施工后,其气味应该是所用溶剂的气味。室温空气干燥的涂料在经过48h干燥后,应没有残留气味。

(9) 黏度和施工期。

用福特4号杯测试黏度的时候,黏度应达到表2.69的要求。

表 2.69 黏度要求表

混合后时间	测得的黏度秒数	混合后时间	测得的黏度秒数
新配制	30 s	配制后5h	无凝胶
配制后4h	60 s		

(10) 干燥时间。

涂料采用喷涂工艺施工后,涂层应该在干燥6h后达到干至可触摸(set-to-touch)状态,干燥12h后应达到干硬(dry-hard)状态。

(11) 表面外观。

膜层应均匀、表面平滑、没有流挂、流痕、气泡、条纹、结籽、灰尘、颜料暴露(粗糙表面)、污浊或其他缺陷。距离6ft远的距离观测的时候,应不会观测到橘皮状涂层。

测试方法:涂料混合后4h内,将涂层施工在试板上,并空气干燥不少于24h,然后检查外观。

(12) 颜色。

施工的试板应该按照 ASTM D2244 测试颜色,测试时选择测试角度为10°,光照度为D65。测试出的数值与标准数值对比时,差值不得超过1。

(13) 光泽。

采用60°角测试时,光泽度应满足表2.70的要求。

表 2.70 光泽度要求

颜色类型	最小值	最大值	颜色类型	最小值	最大值
高光	90	—	无光或平光	—	5
半光	15	45			

(14) 不透光性(遮盖力)。

涂层厚度在1.9~2.1mil时,对于黑色基材板和白色基材板,涂层的遮盖能力应不低于0.95(对黄色 FED-STD-595,色号13538,遮盖力要求为0.90)。

测试方法:将混合好的涂料施工在黑白颜色的图片上(Lenata Form 3B),涂层厚度选择 1.9～2.1 mil。然后按照 ASTM D2244 分别测试黑色涂层区域和白色涂层区域的"L"值,分别记为 LB 和 LW。测试 LB 和 LW 的比值 C。

(15) 附着力。

按照 ASTM D3359 进行附着力测试时,级别应不低于 4A。

(16) 柔韧性。

抗冲击柔韧性测试。涂层要符合延伸率至少 40%的要求。

测试方法:按照 ASTM D6905 测试涂层柔韧性。测试中,涂漆面朝下,放置在冲击头导轨底部的橡胶垫上。将冲击器松开使之自由降落在试板上,确保冲击造成的所有印记都在试板内部,然后将冲击器重新复位并在第 1 次冲击区域的附近再次完成冲击。然后用 10 倍放大镜检查试板表面,看是否符合要求。反复试验并逐渐增大载荷,记录不产生裂纹的最大载荷及对应载荷情况下的延伸率。

(17) 低温柔韧性。

在一(60±3)℃条件下,高光和半光涂层经过直径为 25 mm 的 MANDREL 弯曲测试,无光涂层经过 50.8 mm 的 MANDREL 弯曲测试时,涂层应无裂纹。

测试方法:按照 ASTM D522 中的方法 B 测试。测试中的温度控制在一(51±3)℃,对于高光涂层和半光涂层采用 1.0 in 半径的 MANDREL,对无光涂层采用 2.0 in 半径的 MANDREL。测试后,裸眼观测涂层表面是否符合要求。

(18) 涂料流体电阻。

将涂料试板分别浸入符合要求的润滑油、液压油以及燃油中指定的时间,涂层表面应无起泡、软化和其他涂层缺陷。

测试方法:按照要求准备试板,并将试板浸入如表 2.71 所示的液体中。涂层在浸入时间完成后应在 1 h 内完成观察,以验证是否符合要求。

表 2.71　试验时间表

流体	液体温度	浸入时间(最小)
润滑油(MIL-L-23699)	(121±3)℃	24 h
液压油(MIL-PRF-83282)	(66±3)℃	24 h
LP-5 燃油(MIL-DTL-5624)	室温	7 天

(19) 耐环境性能。

在氙灯照射下 500 h:60°测试涂层光泽时,高光涂层光泽至少 80,半光涂层至少 15,无光涂层光泽度不超过 5;与未进行氙灯照射实验的试样相比,色差应不超过 1 个单位。

测试方法:按照 ASTM G155 采用氙灯环境测试仪测试,测试中每 120 min 内,102 min 只用氙灯照射,另 18 min 既用氙灯也用水喷射在试板表面,这种循环保持 500 h。所有测试过程中测试箱内的温度为(42±3)℃,黑色箱内温度(63±3)℃,相对湿度(50±5)%,光照功率 0.35～0.5 W/m²,光波波长选择 340 nm。测试时间结束后,从仪器中取出试板,并测试 60°光泽度(一般按照 ASTM D523)。

(20) 耐潮湿性能。

在温度(49±2)℃、相对湿度 100%的环境下放置 30 天,涂层应无起泡、软化、脱粘或者其他的膜层缺陷。

(21) 耐热性(颜色变化)。

经过温度暴露的试板的颜色与未经过温度暴露的试板的颜色色差值应不大于 1。

测试方法:一个试板作为控制试板,另一个作为测试板。将测试板放置在(121±3)℃的环境中 60 min。暴露后,将试板冷却至室温。然后按照 ASTM D2244 测试 LAB 值,测试中照度选择 D65,观测角度选择 10°。

(22) 耐溶剂性能。

采用甲乙酮(丁酮)溶剂蘸湿的棉布来回地用力擦,经过 25 个来回后涂层应未被擦穿至暴露金属基体。

测试方法:用棉布蘸取 MEK 溶剂,并在试板表面用力反复擦拭(一般可参照 ASTM D5402),擦拭来回的次数为 25 次(每一个来回为 1 次)。然后检查涂层是否满足要求。

(23) 胶带实验。

涂层表面覆盖胶带之后,应无胶带或胶带上的胶残留在试板表面。

测试方法:准备试板,将试板空气干燥不小于 12 h,然后将胶带贴在试板的表面,用 4.5 lbf 以上的力将胶带压紧,让胶带保持 1 h,然后慢慢地将胶带去除,检查是否符合要求。

(24) 清洁性。

对半光和无光涂层,清洁效率应不低于 75%,对高光涂层,不低于 90%。测试方法:

a. 人工污染的制造。取(50±0.5)g 的炭黑和(500±1)g 的液压油,放置在一个容器中,然后用高速混合器将污染物混合(15±1)min。在使用这些污染物之前,震荡和摇晃。

b. 试板的污染。用软毛刷将 1%浓度的阴离子型表面活性剂刷到试板表面,充分地漂洗试板(3 次),然后在(49±2)℃的条件下干燥不小于 18 h。测试板的 L 值,将此时的 L 值记为 A(一般按照 ASTM D2244)。

c. 试板的污染。在试板表面用软毛刷将制备好的污染物刷在已经涂漆的试板表面。用棉布覆盖在试板表面,用约 5 lbf 的橡胶滚轮滚压棉布以吸走多余的污染物,重复这个步骤 2 次。沿试板的长度方向来回地刷试板表面污染 10 次。然后在(105±2)℃的环境下放置(60±1)min。然后测试涂层的 L 值,记为 B。

d. 程序。试板污染完成 4 h 后,按照测试板的可清洁性能,采用 2 型清洗组分(水与清洗剂的比例为 14∶1)清洗,此时获得另一数值 C。

e. 计算。清洁效率为$[(C-B)\div(A-B)]\times100\%$。

(25) 可退漆性能。

涂层至少有 90%可以被去除,测试方法如下:

方法 A:将试板完成 500 h 的环境试验。在试板上划两条线穿透至金属基体,两条线呈 X 型,且位于试板的中间。用蜂蜡将试板的边缘封闭起来(封闭区域约为 6 mm),将试板放置成为 60°角,涂层面朝上,然后将退漆剂从试板的上部边缘流下,覆盖试板的整个表面。保持 4 h,用橡胶片去除表面已经疏松的涂层,然后用冷水清洗表面,同时用软毛尼龙刷子刷。漆层去除应该估计两个试板的表面去除比例。计算两个试板的去除量的平均值,与要求值对比。

方法 B:将试板完成 500 h 的环境试验,将试板放置成为 60°夹角,用蜂蜡封闭涂层的边缘(6 mm),用退漆剂从上至下完全覆盖带有涂层的表面,维持退漆剂湿润 60 min,用橡胶片去除表面已经疏松的涂层。然后用冷水清洗表面同时用软毛尼龙刷子刷。漆层去除应该估计两个试板的表面去除比例。计算两个试板的去除量的平均值。

2.4.2.2 有机涂层涂覆工艺控制关键

1) 清洗

清洗是有机涂层涂覆最关键的操作,不正确的清洗易导致涂层成膜失败或者涂层无附着力。喷漆前,表面的氧化物、锈迹、焊接焊剂、油、脂等污染物质要完全去除。常见的清洗方法针对不同的材料各有选择,主要包括如下类型。

(1) 铁合金的喷砂清洗。

喷砂清洗用于去除铁合金表面的加工氧化皮、腐蚀产物、污物、铸件砂粒,或其他一些外来污染物。喷砂清洗一般要求获得水膜连续。喷砂所用介质要注意考虑维持表面要求的纹路,尤其是考虑对涂漆后表面状态的影响,一般来说纹理不超过 25 μm,这样既能够保证不影响涂层的外观,又容易保证涂层附着力和耐腐蚀性能。用于铁合金喷砂所用介质不能再用于其他材料表面的喷砂。清洗完成之后要求在 4 h 内完成后续磷化底漆或底漆的施工,否则要进行水膜连续验证,验证失败的要重新清洗。

水膜连续定义:将水用喷雾的方法洒在待测表面,如果所有的液滴能够自发地形成一层镜面薄膜,且能够保持 25 s 以上则可以证明表面处于水膜连续状态。如果表面的水在 25 s 内又凝聚成了液滴,则证明没有完好的清洗。如果表面的水膜形成之后,马上自发地暴露出了大量的零件表面,则可以认定表面存在游离碱、残留的表面活性剂等物质。水膜连续失败表面需要重新完成清洗。

喷砂清洗限制:

喷砂清洗不能用于精加工的表面或厚度<1.59 mm 的金属薄板。喷砂清洗可以作为储存过程中所用保护性的涂料的表面准备工艺,例如轨道的表面。

铁合金的表面应该采用喷砂清洗的方法用以获得喷漆前的表面。不能采用喷砂清洗的表面应该用打磨清洗、电动清洗、电动钢丝刷清洗、磨削等方法清洗。对于厚度小于 4.166mm 的铁合金板,在批准的情况下可以用酸清洗的方法,但是酸溶液中硫酸的含量不得大于 5%。钢丝刷清洗中使用的钢丝刷应该采用钢材质或者不锈钢材质的,不得使用含有大量铜的刷子,否则容易发生铜的沉积造成腐蚀发生。

(2) 锌合金的表面。

锌合金或者镀锌的表面,应按照预处理要求完成表面准备。

(3) 铝和铝合金表面。

按要求完成清洗,并尽快按照预处理要求完成表面处理。5000 系列铝合金且厚度大于 3.2mm 时,应采用喷砂清洗。

(4) 镉的表面。

镉的表面应完成铬酸盐处理,然后按照预处理要求完成喷漆前的准备。

2) 预处理

化学表面处理应该在清洗完成之后尽快完成。常用的 3 种处理方式是铬酸盐/镀铬、磷酸盐处理和有机改性转化涂层。

铁合金、锌、镀镉的表面。完成准备之后,按照如下的工艺之一处理:

a. 锌系磷酸盐处理。

b. 磷化底漆处理。

c. 其他有机或无机表面预处理,并且打底预处理涂层处理。

(1) 有机型表面预处理(磷化底漆)。

磷化底漆直接作用于清洗完成的金属表面,具有一定的防腐蚀作用。但是一般来说,磷化底漆并不是用来作为防腐蚀的主要方法,在磷化底漆上要施工环氧类的涂层才能达到,而且在磷化底漆完成施工后的 24h 内应完成环氧涂层的施工,若超过 24h,磷化底漆应该退除重新处理。在 16～32℃的温度,磷化底漆施工后 1h 可以干燥至能喷涂底漆,未干燥之前不应施工后续的环氧涂层。磷化底漆的干膜厚度在 7.5～12.5 μm,施工温度不得低于 10℃,施工前表面应该目视达到干燥状态。在混合磷化底漆的过程中,先将树脂部分充分地震荡摇晃,确保所有的固体组分均匀分散,然后将含有酸的组分缓慢添加到树脂组分中。如果树脂组分有凝胶或团状,可以用加温的方法溶解,最终达到均匀,否则不允许将酸组分加入树脂组分中。混合后的磷化底漆要求在 8h 内使用完,新鲜配制的磷化底漆效果更好。磷化底漆一般不需要稀释,稀释应按照磷化底漆生产商的要求完成。

(2) 铝合金表面。

铝合金表面应按照如下工艺,在清洗完成后尽快完成。

a. 铝和铝铸件进行阳极氧化处理。阳极氧化处理时,如果材料是 WROUGHT 铝合金或铸件,厚度最小分别应为 0.018m 和 0.10mm。

　　b. 化学转化处理。

（3）镁合金表面。

镁合金表面应按照 AMS－M－3171 的 1 型或 3 型完成表面处理或者磷化底漆处理。处理好的表面如果发生了擦伤，可以按照 AMS－M－3171 的 2 型进行修补。如果要求采用无六价铬的表面处理工艺，可以采用 MIL－DTL－5541 的 2 型工艺。

（4）木制品表面。

木制品在涂漆前应完成加压处理，处理方法分为地面以上（不接触地面）和地面接触。木材应该干燥到要求的水含量（与尺寸有关），水含量绝对不可超过 20%。采用耐流体涂层保护木材表面前，应先用聚氨酯木材封闭剂处理。

（5）不锈钢表面。

所有表面完成清洗或者按照 ASTM A380 处理。采用磷化底漆工艺时，应选用喷砂工艺作为表面准备方式，当不允许采用磷化底漆时，应选用合适的非铁的喷砂介质，使得零件表面轮廓至少达到 0.5 mil（13 μm）。

（6）碳钢。

洛氏硬度在 39 以上，此时磷化底漆中因含有磷酸而不可以应用，否则容易引起氢脆。此时可以采用不含磷酸的方法进行处理。洛氏硬度在 42 以上的时候，表面喷砂后的涂层不应采用富锌底漆，除非另有说明。对于洛氏硬度大于 39 的钢，在表面处理后应按照 TT－C－490 进行除氢脆处理。对于洛氏硬度大于 42 的钢，应禁止使用富锌底漆涂层。

　　3）底漆施工

底漆施工应该在表面处理后 24 h 内完成，待喷涂的表面应确定干燥和清洁。施工的最佳温度区间为 16～30℃，如果施工条件在这个区间之外，那么应该实施所有的质量控制措施以保证涂层的质量一致性。施工中应注意，涂料和基体材料表面的温度应不低于 10℃。尤其应注意，当待施工表面的温度与露点相比低 2.8℃ 的时候，施工后涂层的性能会严重降低，在相对湿度高于 50% 的时候，应尤其注意露点的计算，以保证施工过程中湿气不会在涂层中凝结。施工后的涂层应光滑、均匀、无流淌、垂挂等外观缺陷，涂层的厚度应满足要求，施工方法不限，可以刷涂也可喷涂，但是浸涂方法一般不适用（因为涂料一般是双组分的）。防腐蚀涂料一般是双组分的，粉末涂层一般是单组分的。富锌底漆一般是双组分环氧基涂料或者单组分聚氨酯涂料（湿固化类型的）。

双组分涂层固化过程分为两个阶段，溶剂蒸发阶段和化学交联反应阶段，涂料一般都有适用期（壶装寿命），适用期一般是 6～8 h。环境条件，尤其是温度和相对湿度对涂层的适用期、固化过程、附着力有重大的影响。在密闭的空间中施工时，一般会有 VOC 含量释放控制限制，施工应注意不要增加稀释剂，否则容易发生危险。如果要求在零件表面施工富锌涂层，那么涂覆面漆涂层的时候，应使用耐流体底漆作为面漆和富锌涂层的中间层。

　　4）混合和稀释的要求

　　（1）不得混合来自不同供应商的材料，包括专用稀释剂。

　　（2）在混合之前，让未打开的材料达到均匀温度。在打开和混合时应至少高出露点3℃（5℉）。

　　（3）在使用之前检查材料，废弃已经凝胶或不易于混合形成光滑、均匀的混合物的材料，即漆料应无硬渣、颗粒、结皮、结块、异常黏稠和硬化情况。有的漆料表面会形成一层薄皮，如果对漆料没有不利影响，则可以将薄皮去除后使用。

　　（4）漆料混合决不能采用起泡空气法混合漆料，最好采用桨片搅拌混合；超过3.75L的漆料混合的时候可以采用气动桨叶来混合。对于漆料达到20L的漆料，如果漆料的黏度较低，可以使用漆料振荡器进行混合，但是在混合之后要使空气从漆料中溢出，并用桨叶搅动检查。

　　（5）用于混合的容器必须干净，尤其注意不能使用带有可溶解有机物的容器，优选金属、聚乙烯或玻璃制容器。

　　根据涂料的组分的差异分为以下混合形式。

　　（1）单组分材料的混合。

　　a. 在打开和检查材料之后，倒出约2/3的液体。用桨叶将容器底部的材料搅拌起来，分散所有的颜料结块，以达到均匀一致的材料。以少量方式将漆料液体倒回，直至漆料变成均匀一致。

　　b. 如果漆料需要稀释和调节黏度，可以加入少量相容的稀释剂，每升的加入量不大于250mL。加入方法要求每次少量加入，然后搅拌直至均匀，检查黏度，如果黏度达到要求，则停止加入稀释剂，若不足则继续加入稀释剂，不得过量稀释。

　　（2）双组分或多组分材料的混合。

　　a. 打开每个组分。

　　b. 搅拌各个组分以获得均匀的材料。如果固体结块，则可以倒出上层液体，并搅拌粉碎结块。然后把液体加回去，再搅拌以获得均匀的混合物。对于透明组分，要确保搅拌后无析出物。

　　c. 缓慢地将标为催化剂、活化剂或者硬化剂的组分加到标为基料的组分中，搅拌直至混合物混合均匀为止。达到单一色的时候表示漆料已经混合均匀。

　　d. 检查黏度，如果漆料需要稀释和调节黏度，可以加入少量相容的稀释剂。加入方法要求每次少量加入，然后搅拌直至均匀，检查黏度，如果黏度达到要求，则停止加入稀释剂；若不足则继续加入稀释剂，不得过量稀释，除非已知较大量的稀释剂不会影响最终的膜层性能。

　　e. 混合之后，漆料一般有30～60min的诱导期，供应商标明不需要诱导期的除外。在混合之后要立刻记录时间和日期，开始进行适用期测量。

f. 漆料必须在适用期之前使用,最常用的适用期判别时间是黏度升高 5 Zahn 杯·秒的时间。壶装寿命一般选择供应商或者对应材料规范规定的时间。

g. 不可使用添加溶剂的方法来增加壶装寿命,这种做法只是能够降低黏度,但是不能停止漆料内部树脂的聚合反应。

(3) 带分装金属颜料的材料。

a. 打开漆料液体组分,搅拌至均匀一致。

b. 打开分装的颜料组分,颜料可以以湿、糊状、粉状形式分包。

(a) 对于粉状颜料,先用足够的溶剂将颜料调至糊状外观,然后以少量的方法添加液体组分,搅拌到双组分形成单色的混合物为止。

(b) 对于糊状颜料,先搅拌糊状颜料以消除结块,如果需要,添加少量的溶剂以成为糊状材料。然后以少量的方法添加液体组分,搅拌到双组分形成单色混合物为止。

c. 如果漆料需要稀释和调节黏度,可以加入少量相容的稀释剂,每升的加入量不大于 250mL。加入方法要求每次少量加入,然后搅拌直至均匀,检查黏度,如果黏度达到要求,则停止加入稀释剂;若不足则继续加入稀释剂,不得过量稀释,除非已知较大量的稀释剂不会影响最终的膜层性能。

d. 直到漆料使用前,应保持搅拌,以防止重颜料沉淀和结块。

5) 喷漆后漆料的固化

应按照相对应的说明进行固化。对于新喷涂的漆层,应避免灰尘、过高温度或者其他的污染,直至达到指定的时间为止。

涂料的固化时间取决于材料的类型、膜厚、温度和相对湿度。

加速固化,仅仅包括部分时间采用加速固化的情况,计算固化时间时,应按照加速固化的时间计算,而不能再加上其他温度下的固化时间。

烘烤干燥的时间是按照涂层表面达到预定的温度的时间开始的,而不是从放入第 1 个零件的时间开始。空气干燥涂层体系包括多种。硝基清漆等是通过溶剂挥发干燥的。其他的,诸如油基和醇酸类,由氧化和聚合干燥。所有空气干燥体系的材料要求有溶剂挥发和吸收氧气的时间。只有那些允许烘烤的漆料才能烘烤。

(1) 化学反应固化体系。

a. 双组分体系:如环氧体系、催化的聚氨酯体系和催化的硅酮体系,固化不需要氧气,能够催化固化。如果不采用烘烤的方法,大多数固化时间将延长到 7 天才能完全固化。

b. 单组分体系:单组分的漆料中包含未活化的固化剂组分,固化方法是通过改变外部条件来激活固化剂组分来实现的。供应商必须提供相关的固化剂激活方式。一般通过相对湿度或者温度的改变就可以实现固化剂激活。

表 2.72 列出了推荐的固化时间和方式。

表 2.72 常用推荐固化数据

材料	固化状态			
	到触摸、堆积或搬运	到重新涂	完全固化	说明
硝基清漆	在室温下 48 min～1 h	在室温下 10～30 min	在室温下 48 h	—
油基漆	在室温下 12～16 h	在室温下 24 h	在室温下 48 h	在空气干燥 24 h 后可以在 93℃(200℉)下烘 1 h
空气干燥醇酸	在室温下 12～14 h	在室温下 24 h	在室温下 64 h	
烘烤醇酸	—	在指纹印不出现时	在 121～148℃(250～300℉)下 1～2 h	—
水基乳胶	在室温下 4 h	在室温下 2 h	在室温下 24 h	—
酚醛清漆	在室温下 24 h	在室温下 5～6 h	在室温下 168 h；在室温下 15 min 然后在 93℃(200℉)下 1 h	—
醇酸清漆	在室温下 24 h	在室温下 5～6 h	在室温下 168 h；在室温下 30 min 然后在 83℃(180℉)下 2 h	—
环氧	在室温下 4～8 h	在室温下 30 min～1 h	在室温下 168 h；在溶剂闪蒸 15 min 后在 148℃(300℉)下烘 1 h	—
聚氨酯	在室温下 4～8 h	在室温下 30 min～1 h	在室温下 40 h；在溶剂闪蒸 15 min 后在 148℃(300℉)下烘 1 h	—

(2) 涂料干燥/固化状态的检查。

a. 干至不沾灰时间，可以用如下方法测试。棉纤维方法。将棉纤维从高度约 25 mm 的地方自然降落到漆层上，用手或扇子轻扇或者用嘴轻吹，看是否能够将纤维全部从涂层表面清除。如果不能清除，证明未达到不沾灰时间，则重新间隔一段时间(工艺人员自行确定)，重复上述试验，直至棉纤维可以完全清除。所用的棉纤维应充分分散，不应该出现团聚现象。

b. 干至贴胶带时间。在开始下述胶带试验前，让最后一道涂层干燥预期的最少时间。

将拟使用的胶带贴到试片上，并压紧。1 h(建议)后揭去胶带，并检查涂层表面。间隔时间可以依据所用涂料进行调整。如果目视试片表面可见胶带痕迹，在胶带下方约 12.7 mm 处(建议)贴第 2 片胶带。间隔预定的时间后，再次执行上述操作，直至无胶带痕迹,获取干至贴胶带时间。

6) 修补

修补损伤区域的涂层或者在已有的涂层表面施工涂层的时候,施工工序应该按照已有的表面状态确定。如果已有的涂层表面老化的涂层是丙烯酸、清漆或者聚乙烯基的,则在补漆前应该去除至表面涂层至环氧底漆;当没有环氧底漆的时候,应该退除至基体材料本身。对于返工零件,聚氨酯的涂层和环氧的涂层应该只涂覆在聚氨酯和环氧的涂层表面。当已有的聚氨酯和环氧涂层的老化时间已经超过了168 h,表面应该进行清洗＋打磨＋溶剂清洗。

(1) 表面准备。

划伤和轻微损伤的表面,聚氨酯和环氧涂层要求在损伤区域的附近进行打磨。暴露底材表面的时候,应该打磨至基材重新表面处理和涂漆。打磨中注意去除所有的腐蚀产物,并注意采用羽化打磨技术,以保证涂层的厚度能够均匀过渡。所有打磨过的区域或者受打磨残留物污染的区域应该完成溶剂清洗。溶剂清洗应该在通风良好的区域完成,同时佩戴手套防止皮肤接触溶剂。所有钢的表面,如果打磨至暴露基体材料,在涂漆前应采用磷化底漆处理。所有的铝合金表面如果打磨至露出基体材料,按照完成化学转化表面处理,在涂漆前应使得表面处理层干燥 15 min 或以上。供应商应从客户处明确允许修补区域的最大值。

(2) 修补程序。

底漆的修补。要求选择合适的底漆并完成准备。先在完成表面准备的表面均匀地施工一道涂层,然后采用合适的喷涂技术喷涂,使得漆膜的厚度变化最小。

面漆的修补。确保表面的清洁和干燥。从施工开始直至施工后涂层固化至一定状态,基体材料表面的温度应该在 16～32℃。修补过程中先均匀地施工一层面漆,以减少修补区域与附近区域的差别,然后用合适的技术喷涂。在喷涂前应确保底漆已经固化 1 h 或者已经干燥至可触摸状态。对水基结构涂层,要求在底漆中的水分完全挥发后再进行面漆施工。如果老化的涂层超过 168 h,则应该对表面进行轻微打磨处理并溶剂清洗以提高附着力。

在已有的涂层表面施工面漆的时候,如果已有涂层仍然处于黏性状态的时候,可以直接喷涂。环氧涂层和聚氨酯涂层在完全固化之后,如果需要重新覆盖喷涂,表面必须重新清洗、打磨和溶剂清洗。常见的涂层系统不能用于温度超过 204℃的温度下使用(如尾喷口等处)。

干膜厚度。返工前应记录返工区域的干膜厚度。最大的干膜厚度应该进行测试以确定。一般最大的干膜厚度不应该大于 500 μm。对于飞机涂层,最大干膜厚度不应超过 200 μm(多孔的表面干膜厚度不应超过 225 μm)。如果涂层厚度导致膜层的脱粘、开裂,应记录厚度值,并限制厚度。

7) 航空涂层的质量控制要求

(1) 检测环境条件。

除非另有说明,按照相关文件的要求配备试验的环境条件。测试按照表 2.73 的要求检查试板的缺陷。除非另有说明测试样品应该是零件本体,最大限度地宽松可以放松至采用与零件相同的材料、相同的制造过程的试板,试样的材料应取自零件材料的边角料。

生产前的测试表面。每天在生产前要求检查表面是否适合喷涂。这个过程一般与涂料混合比例、喷涂技术与设备、施工参数等一起作为喷涂前的必查项目。常见的检查内容如表 2.73 所示。

表 2.73　喷漆前材料应完成的检查

序号	检查内容	序号	检查内容
1	清洗是否按要求完成	12	木材的表面是否按要求完成表面准备
2	铁合金表面是否按要求完成清洗	13	不锈钢的表面是否按要求完成表面
3	锌合金表面是否按要求完成清洗		准备
4	铝合金表面是否按要求完成清洗	14	底漆涂层是否按要求配制
5	镁合金表面是否按要求完成清洗	15	底漆涂层是否按要求稀释完成
6	镉的表面是否按要求完成清洗	16	底漆的施工是否符合要求
7	表面是否正常完成	17	面漆涂层是否按要求配制
8	铁合金表面是否按要求完成表面	18	面漆涂层是否按要求稀释完成
9	处理	19	已有涂层的表面是否按要求完成了
10	锌表面是否按要求完成表面处理		表面准备
	铝合金表面是否按要求完成表面	20	不要求涂漆的表面是否涂漆
	处理	21	焊接是否按要求完成
11	镁合金表面是否按要求完成表面	22	涂料的各个组分的使用和储藏是否
	处理		符合要求

(2) 涂层检验。

a. 涂层施工后的送检:

(a) 各种涂层,推荐在室温条件下,最佳的固化时间为 7 天。

(b) 各种涂层在未达到最佳的固化时间之前,操作者认为已固化即可提交检验。如检验项目都通过,可判为合格。如在检验过程中出现不合格项目,需等待 7 天后重新检验,仍不通过,则判为不合格,应拒收。如通过则应视为合格。

b. 涂层的厚度测试。涂层厚度是涂层的重要检测检验项目,应当在零件表面测试(复合材料表面除外)。厚度测量应充分考虑零件的形状、复杂性和施工过程,并采用足够的测试频率完成。厚度低于 1 mm 的零件或据测量位置边缘小于 5 mm(直径小于 10 mm 的零件),涂层厚度测量数据会受零件影响,测量时应注意避免。

非金属零件上漆膜厚度的测试方法:在喷涂零件的附近区域放置金属试板,喷漆时将试板视为待喷涂零件或组件的一部分进行喷涂,喷涂结束后测试金属试板上的漆膜厚度,以此厚度代表零件漆膜厚度。

涂层测厚应该选择涂层施工后溶剂挥发干净或厚度不再变化的时间段测试。

当底漆或面漆规定了厚度，但需要在已喷涂底漆或面漆表面连续施工面漆时，则需要在已喷涂层干至贴胶带时间和干至重涂时间测试涂层厚度。此时测定涂层厚度，如果测试探头在接触、下压时过程中涂层表面如果没有出现台阶或印迹，则此厚度即可当做涂层的最终干膜厚度。如果出现台阶或者压痕则可能造成厚度数据低于实际厚度。此时可以将已知厚度且面积较大的塑料插片（如涂层厚度标块，$50\sim100\,\mu m$）插入测厚仪探头和待测涂层之间，然后同时测量涂层和插片的总厚度，测量完后用总厚度减去已知的插片厚度，则可以得到较为可靠的涂层厚度。只要在涂层表面不产生明显的压痕，插片的面积由检验人员自行确定。

应充分考虑零件的形状、复杂性和施工过程（同时同一人员施工），推荐采用如下厚度测量频率：

（a）当喷涂表面面积小于 $27\,m^2$ 时，每 $9\,m^2$ 至少在 5 个有代表性的表面区域测量涂层厚度，每个测量区域（点）至少测量 3 次，取平均值作为该测量区域（点）的厚度，3 次测量的厚度应相互接近，差距应不超过 10%。总面积低于 $9\,m^2$ 时，测量数量和频率可以降低，但是应保证测量的表面已经能代表所有表面状态。

（b）当喷涂表面面积大于 $27\,m^2$ 时，且表面状态、形状无明显变化时，测量频率可以降低（即每 $9\,m^2$ 测量厚度区域少于 5 个），但每个测量点仍要求至少测定 3 次，取平均值作为该测量区域（点）的厚度，3 次测量的厚度应相互接近，差距应不超过 10%。

（c）试板测厚法：当零件表面无法直接测量，而且有相关规范规定可以用厚度测试板时，可以用试板测厚。喷涂过程中，试板应作为待喷涂零部件的一部分进行喷涂，且应放置在有代表性的区域。试板放置频率要求每 $9\,m^2$ 喷涂面积（同时同一人喷涂的零部件）放置不少于 3 块试板（少于 $9\,m^2$ 的按 $9\,m^2$ 计），每个试板至少测量3 次，取平均值作为该测量区域（点）的厚度，3 次测量的厚度应相互接近，差距应不超过 10%。

c. 涂层测厚仪的要求：

（a）厚度测量仪应经过计量和校准并在规定的有效期内使用。建议使用符合ASTM B244，ASTM D7091，ASTM B499，ISO 2360，ISO 2178 等规范之一的涂层测厚仪。推荐的涂层测厚仪为 Fisher Technology Inc.，750 Marshall Phelps Road, CT 06905 制造的，配有 ETA 3.3H 探针的同频示波器（涡流）和双频示波器（电磁感应和涡流），或者配有 EFAB1.3 探针的三角波示波器（电磁感应）的涂层厚度仪。

（b）涂层厚度标块。涂层厚度标准块（常见是聚酯薄膜）应经过鉴定和测量并且可追溯。当用厚度标准块测量时：测厚仪在磁性基体材料表面测量，误差不得超过 $5\,\mu m$ 或者测量厚度的 10%（两者取其大）；在非磁性金属表面测量，误差不得超过 $2.5\,\mu m$ 或者测量厚度的 5%（两者取其大）。

（c）金属基体标准块。不同基体金属对测厚仪的测量数据会产生影响，不同表面处理的相同基体材料在厚度测试中应视为不同的基体金属。对铝合金，测厚仪在

2000 系列、5000 系列、6000 系列、7000 系列合金的包铝和非包铝表面（无表面处理层）测量时，因材质引起的测量结果差别是可以忽略的。但材料的表面粗糙度、表面处理（阳极化或转化膜等）、材料厚度、测试面积大小、金属种类（钛和铁合金）等则会影响测量的最终数据。因此，对于带有表面处理的铝合金、其他合金（钛和铁合金等），金属基体标准块应该选用相同状态和牌号及表面处理状态的材料进行。或者进行材料标准块等效性测试，经过测试且等效的材料可以共用标准块。

d. 涂层测厚仪的校准与使用。在金属基体标准块上进行校准。使用涂层测厚仪在金属基体标准块上测量至少 3 次，如果测试结果数据的平均值在 $-2.5\,\mu m$（$-0.1\,mil$）至 $+2.5\,\mu m$（$+0.1\,mil$）之间，则执行步骤（b）。如果不在 $-2.5\,\mu m$（$-0.1\,mil$）至 $+2.5\,\mu m$（$+0.1\,mil$）之间，则进行调零操作，然后重复本步骤的测量，直至测量结果符合要求。

涂层厚度标块。在已经校准的金属基体标准块上平放 1 块涂层厚度标准块，此与涂层厚度标准块的厚度相比，测厚仪在磁性基体材料表面测量时，误差不得超过 $5\,\mu m$ 或者测量厚度的 10%（两者取其大）；在非磁性金属表面测量时，误差不得超过 $2.5\,\mu m$ 或者测量厚度的 5%（两者取其大）。如果测量结果不在上述范围内，则应按照测厚仪供应商的要求进行调试，直至符合要求。涂层厚度标准块不应有可见的磨损、摩擦痕迹和变形。

基体金属等效性测试。可以通过以下试验过程验证未知基体金属是否可以采用已知的金属基体标准块。

使用已知的金属基体标准块对测厚仪设备进行校准。

在未知金属基体标块上直接按设备校准方法进行 3 次测量，如果测试结果数据的平均值在 $-2.5\,\mu m$（$-0.1\,mil$）至 $+2.5\,\mu m$（$+0.1\,mil$）之间，则执行步骤 c. 的（c）。

在未知金属基体标块上平放一块涂层厚度标准块，进行 3 次测量，如果测量的误差不超过 $2.5\,\mu m$ 或者测量厚度的 5%（两者取其大），则证明两者等效。所选用的涂层厚度标准块的厚度应该在所需测量零件表面涂层要求厚度的厚度区间内。

e. 涂层附着力的检验。涂层附着力检验方法应该按照民机技术体系中对应的工艺规范或工程文件执行。除非工程文件另有说明，零件表面应进行不刻划的附着力试验。附着力的测试频率或周期应按照具体规范的要求执行。典型的涂层刻划附着力测试图如图 2.54 所示。

图 2.54　典型的刻划型附着力测试

2.4.2.3　航空涂料应用中的常见问题及排除方法

1) 喷漆工艺中造成的缺陷和可能的原因如表 2.74、表 2.75 所示。

表 2.74　缺陷、可能的原因和排除方法

缺陷	可能的原因	排除方法
砂纸一样的表面状态	(1) 以前涂层表面光洁度不理想 (2) 从喷漆场地带来的大量污染 (3) 以前涂层打磨不充分 (4) 喷漆设备清洗不当 (5) 干后过喷 (6) 稀释剂用错 (7) 过高的空气压力 (8) 零件上有灰尘	(1) 检查所有喷涂的工艺程序 (2) 提供清洁的喷漆场所 (3) 打磨以前的涂层 (4) 冲洗喷漆管路,清洗设备 (5) 砂光全部喷漆表面直至光滑 (6) 按推荐稀释剂和漆料的样板进行对比 (7) 检查喷枪所推荐的空气压力是否正确 (8) 去除灰尘
预涂层干燥太慢	(1) 稀释剂用错 (2) 漆膜过厚 (3) 湿度过高	(1) 使用推荐稀释剂 (2) 去掉漆层,重新喷上规定厚度的漆层 (3) 检查所采用的湿度控制设备,在湿度下降以前应停止喷漆
漆膜浑浊	湿度过高	使用挥发性较快的溶剂
针孔空穴或凹坑	(1) 没有表面处理或处理不当 (2) 含有油、水和(或)溶剂 (3) 底漆干燥时间不充分 (4) 在底层漆料中含有过多的酒精 (5) 稀释剂不适用 (6) 表面有有机硅物质 (7) 涂层过厚 (8) 在溶剂挥发之前加温干燥	(1) 采用正确的表面处理 (2) 对胶带试验时去掉的漆层和表面进行微观检查,清洗空气过滤器 (3) 检查干燥时间 (4) 使用按正确配比的漆料样板进行对比 (5) 使用按要求的稀释剂和漆料的样板进行对比 (6) 退漆,重新清洗表面,重新喷漆 (7) 采用较稀的涂料 (8) 给予足够的溶剂挥发时间
胶带试验时漆层脱落	(1) 底漆干燥时间不够 (2) 表面清洁不当,底漆中有油污 (3) 表面处理不适当 (4) 底漆老化	(1) 检查干燥时间 (2) 用浸有溶剂的擦布彻底清洗表面 (3) 采用正确的表面处理 (4) 用砂纸打磨,用溶剂清洗,涂上一层薄薄的同样底漆
流淌	(1) 空气帽或喷嘴脏污或损坏(使喷射形状畸变) (2) 喷漆移动时过分靠近被喷涂表面	(1) 取下空气帽,仔细清洁喷嘴和空气帽,必要时进行调换 (2) 对于空气喷涂,保持喷枪到被喷涂表面的距离为 150～250 mm(6～10 in);对于无空气喷涂距离 300～400 mm(12～16 in)

（续表）

缺陷	可能的原因	排除方法
流淌	（3）在行程终点扳机没有松开（喷枪的行程没有超过零件范围，就松开扳机）	（3）要达到每次行程的终点后才能松开扳机
	（4）喷枪对于被喷表面的角度不对	（4）喷枪与被喷表面之间要保持正确的角度
	（5）漆温过冷	（5）使用经批准的加热器加温漆料，或保持在加温的环境里
	（6）漆层堆积得很厚	（6）学会对湿漆膜厚度的估计
	（7）漆料稀释得过稀	（7）测定后加入正确数量的溶剂
	（8）漆罐压力过高	（8）降低底漆罐压力
	（9）喷漆场所温度过低	（9）升高温度
条纹	（1）空气帽或液体喷嘴脏污或损坏（使用喷射形状畸变）	（1）拆下空气帽，仔细清洗喷嘴和空气帽，必要时进行调换
	（2）各层行程之间的重叠不足或不正确	（2）精确地尾随先前的行程。沉积湿涂层
	（3）喷枪移动速度过快（漆料"粘灰"）	（3）运枪时要均匀，不得抖动
	（4）运枪时，喷枪和零件之间的角度不对	（4）运枪时喷枪和零件表面之间保持正确的角度
	（5）喷枪离零件表面太远	（5）使喷枪至零件表面的距离，空气喷涂保持150～250mm(6～10in)，无空气喷涂为300～400mm(12～16in)
	（6）空气压力过大	（6）使用较低的空气压力
	（7）喷雾间断	（7）清洗液体喷嘴和空气帽
	（8）漆温过冷	（8）加热漆料以达到良好的流动性
	（9）喷漆场所温度过低	（9）升高温度
橘皮纹	（1）油漆稀释不足	（1）测定后加入正确数量的溶剂
	（2）油漆太冷	（2）加热油漆以获得正常的流动性
	（3）未沉积湿涂层	（3）检查溶剂，采用正确的运枪速度及重叠尺寸
	（4）运枪速度太快（油漆"粘灰"）	（4）运枪速度沉着均匀不得抖动
	（5）空气压力不足	（5）升高空气压力或降低流体压力
	（6）使用错误的空气帽或喷嘴	（6）根据漆料及供给量选择正确的空气帽及喷嘴
	（7）喷枪和零件表面的距离太近或太远	（7）空气喷涂时，喷枪与零件表面的距离保持150～250mm(6～10in)；无空气喷涂为300～400mm(12～16in)
	（8）在原先已喷涂的表面上严重过喷	（8）先对零件喷漆，最后喷上湿的涂层
	（9）涂漆室的温度太低	（9）升高喷漆场所温度
	（10）空气压力过大	（10）降低空气压力
漆料消耗量过大	（1）在整个喷涂过程中一直未关断喷枪	（1）养成在每次行程后释放扳机的习惯
	（2）喷涂时喷枪与零件表面之间角度不对	（2）喷枪与零件表面之间应成正确的角度

缺陷	可能的原因	排除方法
漆料消耗量过大	(3) 喷枪与零件表面距离太远	(3) 对于空气喷涂,喷枪应离开零件表面 150～250 mm(6～10 in);对于无空气喷涂,应为 300～400 mm(12～16 in)
	(4) 空气帽或液体喷嘴不对	(4) 确定与使用正确设备
	(5) 漆层厚度不均匀	(5) 学会对湿涂层膜厚的估计方法
	(6) 空气压力太高	(6) 使用较低的空气压力
	(7) 流体压力太高	(7) 降低压力,如果压力继续升高,则要清洗压力罐上的调节器
	(8) 漆温太低	(8) 加热油漆,以降低空气压力
漆雾过分分散	(1) 空气压力太高	(1) 使用较低的空气压力,以减轻过喷
	(2) 超过产品表面喷涂	(2) 当喷枪超过零件范围时,即释放扳机
	(3) 空气帽或喷嘴不对	(3) 确定与使用正确设备
	(4) 喷枪离开零件表面太远	(4) 空气喷枪应离开零件 150～250 mm(6～10 in);无空气喷枪为 300～400 mm(12～16 in)
	(5) 漆料过稀	(5) 测定后加入正确数量的溶剂
	(6) 喷枪与零件表面之间角度不正确	(6) 用正确的方法
喷枪喷不出漆来	(1) 油漆液面低,喷不出漆(枪开始发出噼啪声)	(1) 添加油漆,要正确地进行稀释与过滤
	(2) 由于结块的颜料沉淀,堵住了喷枪的喷嘴	(2) 除去堵塞物,充分搅拌油漆
	(3) 砂粒、污物、油漆结皮等物堵塞喷枪嘴	(3) 彻底清洗喷枪,过滤油漆 油漆使用前应过滤
	(4) 油漆稠	(4) 检查黏度
	(5) 喷嘴、空气帽/或阀针组合错误	(5) 检查喷枪零件
由于压力罐或杯原因喷不出漆来	(1) 压力罐中空气压力不足	(1) 检查空气管路是否有漏气或堵塞
	(2) 压力罐盖内侧进气孔被干涸的漆料堵塞	(2) 这是常见的故障,要定期清洗该进气孔
	(3) 压力罐盖垫圈有泄漏	(3) 换上新垫圈
	(4) 漆料太稠	(4) 检查黏度
虹吸杯中不出漆料	(1) 脏的流体嘴和空气帽	(1) 拆下空气帽,小心清洗喷嘴和空气帽
	(2) 杯口盖的通气口堵塞	(2) 除去堵塞物
	(3) 空气帽或阀针用得不对	(3) 确定与使用正确的设备
	(4) 流体管道或喷嘴的接头泄漏	(4) 在水中检查泄漏并修理
	(5) 漆料太稠	(5) 检查黏度
喷枪漏漆	(1) 流体阀针的密封螺帽拧得太紧	(1) 拧松螺帽,润滑密封件
	(2) 流体阀针密封件干涸	(2) 每天润滑这个密封件
	(3) 外来物质堵塞喷嘴	(3) 拆下喷嘴并清洗
	(4) 喷嘴或阀针损坏	(4) 同时更换喷嘴与阀针

表 2.75 静电喷涂设备问题

问 题	原 因	补 救
鱼尾形喷涂图形	电离针,如果出现,则弯曲或超出直线	矫直弯曲针
操作者被漆覆盖	排出空气流不足或没有合适的方向	检查合适的 CFM,检查干扰和空气流入的方向
	操作者到喷枪的距离比要喷涂的物体近	持枪闭合目标并远离人体
缺环绕	零件接地不良	清洗悬挂,检查在传送装置上的合适接地,清洗传送装置导轨
	高的排出速率	减低到标准限度之内
	高的流体压力	减低压力
	不正确的漆的电阻率	重新施工
	高的黏度	如果允许,添加溶剂
	低或无静电压	见下一个问题和补救
低或无静电压	弹簧在变压器电缆端头没有接触	拉紧弹簧
	在电源单元烧断保险丝	要求维护
	电缆绝缘层击穿	要求维护
	在静电电压上直接短路或枪或电缆短路	要求维护
	变压器短路	要求维护
	有毛病电源的单元	要求维护
	安全开关不工作	要求维护
	无空气喷枪 - 开关堵塞不完全释放	检查流体旋钮的调节,要求维护
	空气喷枪 - 在动力单元上的空气流开关不工作	检查空气泄漏,检查空气流量开关,要求维护
当枪扳机释放时,高压继续停留	无空气喷枪 - 开关堵塞不完全减压	检查流体旋钮的调节,要求维护
	空气喷枪 - 在动力单元上的空气流量开关不工作	检查开关,要求维护
喷涂者受到轻微电击	喷涂者没有接地	提供比静电系统好的接地,确保地板接地和穿非绝缘底鞋

2.4.3 航空制造领域新兴有机涂层及涂覆技术

2.4.3.1 有机涂层及涂覆技术在航空制造领域的应用现状及发展趋势

绿色环保型涂层体系研究主要集中在两个方向:一是减少涂料配方中溶剂含量(VOC 含量)和高溶剂用量,二是减少涂料中重金属物质六价铬、铅、镉等物质含量。前者主要研究方向为水性涂料(即以水为溶剂的涂料),后者需要采用无毒的颜料和填料替代。

2.4.3.2 新兴有机涂层

1) 无铬涂层体系发展现状及在航空业的应用

在汽车产业方面,欧盟在 2006 年颁布的《WEEE&ROHS 指令》中明确了铅(Pb)、汞(Hg)、镉(Cd)、六价铬(Cr^{6+})等重金属有害物质含量的最高限值(见表 2.76)。并于 2006 年 7 月开始执行,目前汽车行业的涂料在重金属含量方面已经基本做到了无铬的要求。

表 2.76　WEEE&ROHS 指令对重金属的限制

有害物质	E. U. 建议值/%	有害物质	E. U. 建议值/%
铅(Pb)	0.1	镉	0.01
汞(Hg)	0.1	多溴联苯(PBB)	0.1
六价铬(Cr^{6+})	0.1	多溴联苯醚(PBDE)	0.1

但是在航空方面,由于材料体系主要为铝合金,长期以来采用的是含铬表面处理＋含铬涂层体系,以达到高强的防腐蚀能力和长期服役目标。涂料供应商开发的涂料均以与含铬表面处理工艺配套为基础,而表面处理工艺的开发又以含铬涂层体系为基准,这造成了飞机用无铬表面处理＋无铬涂层体系开发的针对性不足和应用难点重重。直到波音公司开发无铬表面处理工艺并将之纳入美国军用标准(MIL-DTL-8625)后,相应的涂料研发的有效性才开始被认可,目前也仅仅经过不到十年的发展,因此民用航空方面的无铬底漆开展并不成熟,虽然 PPG 等公司开发出了一些无铬涂层,但是无铬涂层的防腐蚀效果与已有含铬的仍有差距。尽管如此,基于绿色环保无铬涂层的发展趋势不可避免,以及涂装的防护效果主要靠施工决定,波音公司决定通过自动化喷涂工艺,依靠对喷涂参数、工艺、环境的精准控制和检测,提高涂层的防护效果和质量,达到设计需求。

2) 水性涂料的发展。

在欧美发达国家,自 20 世纪 80 年代起就颁布了一些环保规定,出台了相关 VOC 排出量的限制。国内中国石油和化学工业联合会提出,由全国涂料和颜料标准化技术委员牵头,联合国内几个重要的汽车公司和汽车涂料生产公司对汽车涂料制定强制性国家标准,并于 2009 年 9 月 30 日发布标准号为 GB 24409—2009 的汽车环保新国标,且于 2010 年 6 月 1 日颁布并执行。几个主要的汽车涂料供应商,如巴斯夫、关西、庞贝捷、立邦、杜邦等公司在水性涂料的开发和应用上大部分有 10 年以上的时间,它们的产品在各自国内的汽车生产线均有比较多的应用实例。目前,国内外汽车企业包括通用、丰田、吉利等在车用涂料中有相当一部分已经采用了水性涂料。因为汽车部件相对较小,可以整体进入烘房进行高温烘烤,并且自动化程度高,施工效果精确可控,因此水基涂料的性能可以通过这些手段提高。

航空业中,水性涂料的应用尚未广泛开展,波音公司仅仅是在一些内饰塑料、非金属材料或非承力金属材料表面采用水基涂料。这是因为飞机部件较大,整机喷漆等工艺还没有相关的自动化技术;同时,由于水的汽化能过大、表面张力过大、沸点过高造成的涂层稳定性较差的问题依旧无法解决。在 2012 年,空中客车公司将美凯维奇公司的水基底漆和水基面漆纳入了飞机结构件防护用涂料的施工工艺规范,并对相应的表面处理工艺进行了配套的规定,但是目前仅在欧洲国家有部分应用,在国内相关的空客供应商中尚未实现,原因在于国外的施工设备可以实现温湿度的较强控制,国内尚不能达到这种技术水平。另外,水基涂层的性能受环境影响很大(见图 2.55),因此在目前技术水平阶段,采用水基涂层至少要对涂层的施工过程进行更加精确的控制才能达到工程设计的要求,采用自动化喷涂即可以完成这方面的要求,同时也可以提高无铬涂层的防护性能。

(a) (b)

图 2.55 因湿度过大造成的涂层黏接力不合格

(a) 与基材失粘 (b) 与密封胶失粘

2.4.3.3 新兴涂覆技术

喷涂机器人是一种主要用于表面涂覆工作的特殊机器人,是机器人技术和表面喷涂工艺相结合的产物[79]。喷涂机器人能满足环保、效率和柔性生产的需要,因而在现代化的喷涂线上有望全部替代人工操作[80]。涂层的厚度、均匀度、光泽度和丰满度等是评价涂装表面质量的重要指标。在航空领域,特别是飞机表面的涂装,则对厚度和均匀度提出了更为严格的要求[81]。喷涂机器人涂装容易满足安全环保、高效和高质量的喷涂要求,是未来自动化涂装发展的必然趋势[82]。对喷涂机器人的技术发展进行回顾,探究应用中出现的问题,有助于早日实现航空制造领域喷涂机器人的产业化。

1) 自动化涂装工艺技术

(1) 喷涂机器人的发展简史与现状。

喷涂机器人作为特殊的工业机器人,除了能极大地降低工人的劳动强度和改善工作环境外,还具有如下的特点:①轨迹灵活,位置控制精确,涂膜厚度均匀;②柔性大,适用范围广;③易于操作和维护,可离线编程,大大缩短了现场调试时间;④设备的利用效率高。

在国外,机器人喷涂已经成为一项比较成熟的技术,有着 30 多年的研究和发展历史。目前,国外尤以喷枪的建模分析和轨迹优化的研究居多。1986 年,Klein 首次探讨了喷涂机器人的离线编程技术,建立了喷涂离线编程系统,并能进行交互式设计和喷枪仿真与机器人的运动轨迹分析[83]。1999 年,Balkan 等用实验方法建立了涂料的分布方程,在此基础上探讨了喷枪模型在平面上的轨迹优化方法,并完成了实验研究[84]。Hansbo 等针对旋转物体热喷涂机器人喷涂时的涂料累积模型进行了机器人运动轨迹优化分析,并进行了实验验证[85]。Vejko 等以降低涂料浪费和电机负载为目标,在保证喷涂质量的前提下对相关的参数进行了优化[86]。2001 年,Arikan 等开发了一种喷涂机器人离线编程系统,实现了在线控制涂层厚度[87]。2005 年,Sheng 等提出了复杂自由曲面上喷涂机器人喷枪路径规划方法,通过建立优化目标函数来优化喷涂机器人喷枪路径模式及行走方向[88]。Chen 等首次提出复杂曲面喷枪轨迹组合优化时的涂层干涉问题,并通过仿真数据讨论了解决方案[89]。Duncan 等在空间频域的方法上给出了喷涂时路径间距的优化方法[90]。2009 年,Chen 等将基于曲面 CAD 模型的喷涂机器人轨迹规划方法与 Atkar 的方法进行比较,讨论了两种方法的优缺点[91]。2010 年,Gyorfi 等考虑到喷枪路径规划时的约束问题,用遗传算法和图搜索方法实现了方案优化[92]。

国内的喷涂机器人近年来也有了长足的发展。1991 年,北京机械工业自动化研究所完成了我国第 1 条自动喷涂生产线,还开发了 PJ 系列电液伺服喷涂和 EP 系列的电动喷涂机器人。国内的哈尔滨工业大学、上海交通大学、天津大学、南京理工大学等高校都开发出了喷涂机器人,但尚未形成批量生产的能力[93]。

国内的喷涂机器人研究成果主要集中在两个方面:①喷涂机器人的构型、运动学和动力学分析;②喷涂机器人的轨迹规划和运动仿真等问题。彭商贤等对喷涂机器人的手臂静态特性进行了研究[94]。王战中等对非球形手腕 6R 串联喷涂机器人采用矩阵方程和方向余弦进行了逆运动学分析[95]。杜亮等对喷涂机器人的各关节和喷枪之间的关系进行了计算,并对机器人的结构进行了分析[96]。赵德安等根据复杂曲面分片交界处喷枪空间路径相对于交界线的 3 种位置关系,探讨了涂层厚度计算方法和喷枪轨迹优化问题[97]。范柯灵等采用摄动法分析了机器人的位姿误差[98]。曾勇等提出了最小二乘圆弧逼近思想,在保证喷涂精度的同时有效减少了复杂曲面的分片数[99]。陈伟华等利用抛物线逼近法也对喷枪轨迹优化问题进行了研究[100]。蔡蒂等使用蒙特卡罗法对机器人的工作空间进行了分析和仿真[101]。国内的其他学者还对涂层的厚度、均匀性等进行了研究[102]。

(2) 未来喷涂机器人发展的趋势和市场需求分析。

随着航天技术的发展,喷涂的数字化已经成为现代喷涂技术的发展趋势。喷涂的数字化就是综合利用三维 CAD 技术、可视化技术、离线编程技术等先进的数字化技术来提高喷涂的自动化程度、喷涂质量、喷涂效率、改善喷涂的工作条件[103]。基于制造业面临的挑战,喷涂机器人未来的研究重点主要包括以下几点:

a. 机构创新理论。不断由串联机构向并联和复合式机构等新机构构型延伸,增强机器人的运动灵活性、模块化和重构特性,适应制造业的小批量多品种。

b. 先进控制理论。喷涂机器人越来越多地用于复杂曲面喷涂,要实现高效、高质量喷涂,需要先进的控制理论做支撑。此外,国际上的机器人已经进入以智能化为标志的第 3 代,更需要先进的控制理论。

c. 新型传感器技术。目前喷涂机器人已经使用了多种传感器,但是要实现多传感器的信息融合还比较困难。

d. 网络化。未来工厂的发展趋势是无人化,要实现对喷涂机器人的监控、远程诊断和机器人之间的工作协调,就需要实现喷涂机器人的网络化。

随着我国制造业的持续发展和结构转型,以及喷涂机器人功能的日益增强和价格的不断下降,未来将会有更多的喷涂机器人应用到制造业中。

未来喷涂机器人的一个应用热点是航空航天领域[104],目前公开发表的文献中,仅美国将喷涂机器人在飞机上进行了应用[105]。数据表明,机器人不但喷涂效率高,而且喷涂质量稳定可靠,尤其能满足隐形飞机对喷涂的高指标要求。美国 Berry 等研制的 SAFARI 系统采用示教方式对 F-15 进行冲洗和喷涂,仅用 10 h 就可以完成所有的工作[106]。B-2 轰炸机采用手工喷涂需要 10 万 h,

图 2.56 美国采用移动式工业机器人进行飞机喷涂

F-22 采用手工喷涂预计需要 1 万 h,而用机器人喷涂只需要 1000 h[107]。F-35 飞机使用 RCFS 和 RAFS 两套自动化喷涂系统,可以在单日内完成全方位喷涂。并且保证喷涂流量的误差控制在 ±3% 的范围内,95% 以上的涂层测量点厚度满足公差要求[106]。美国卡耐基梅隆大学国家机器人工程中心(NREC)、CTC 公司和空军研究实验室采用移动式工业机器人构成军机表面涂层激光剥离系统(见图 2.56)。该方式既降低了工作量和处理时间,又避免了废料和空气污染[108]。现阶段,我国飞机的喷涂还依靠传统的手工方式进行。为满足精度控制,往往需要进行额外的打磨和补喷。导致飞机喷涂的人员劳动强度大、作业效率低,并且对工人的身体造成较大的伤害。

制造业中的航空航天设备,普遍具有结构复杂、工作环境恶劣、可靠性要求高、成本低及重量轻等特点。而航空航天设备的制造,通常研制周期长,加之更新换代快,更适合小批量多品种生产[86]。我国要完成由航空航天大国到强国的转变,就必须迈过飞行器自动喷涂这道坎。因此,未来在航空航天领域对智能喷涂机器人的需求比较迫切。

(3) 我国喷涂机器人发展面临的问题和解决策略。

与国外类似,我国的喷涂机器人取得了长足的发展,但是也存在许多问题。企业花费巨资进口的喷涂机器人,但其核心技术严格保密,尚未达到最佳的喷涂效果。基于国内外劳动者生产水平的差异,直接照搬国外的生产线普遍存在"水土不服"的问题。一部分代价不菲的进口喷涂机器人往往处于闲置状态,甚至出现不能正常运行的情况[109]。还有少数企业采用机器加人工的半自动喷涂模式。这往往会造成喷涂质量不高的现象,也会不可避免地对工人身体造成伤害。因而开发适合国内生产需求的高精度喷涂机器人尤为重要。

国内的研究机构,尽管发表了高水平的论文和研究成果,也制造出了样机,但受困于基础制造业水平的制约,产品性能无法得到市场认可而难以实现产业化。其中最主要的原因是缺乏机器人核心元部件的制造能力。

综上所述,未来制造业将更多地依赖高端装备,制造业之间的竞争更多地体现在装备之间的竞争。因而,开发具有自主知识产权、完全适合国内企业需求的喷涂机器人具有重要的战略意义。解决国产喷涂机器人产业化的困境,需要从以下3个方面着手:①解决国内机器人产业化中的瓶颈。近十几年机器人的发展过分强调了系统集成,忽略了关键部件制造技术的突破,使得制造成本过高。②确保国内机器人产业化的有序竞争。大量企业的机器人项目蜂拥而至,造成了市场的恶性竞争,也浪费了研发经费和研发时间。③制定国内机器人产业化的中长期发展战略。国家应该出台相应政策,鼓励企业和高校建立产学研用联盟,结合国情探索机器人应用的新领域和新模式。

2) 整机自动化涂装

(1) 整机自动化涂装的必要性。

为实现大飞机在各种恶劣环境下安全飞行,必须对其表面进行涂装,使其能够忍受舱内气压增高造成的机身膨胀、冰雹、灰尘、盐分和其他的化学试剂的腐蚀[83]。大型飞机的自动化涂装可以显著提高其环保性、生产效率和喷涂质量,是飞机制造和维护的重要内容。德勤公司发布的《2013年全球宇航与防务市场展望》中指出,2013年商用飞机领域将连续第3年实现1000架的全球年生产量[84]。而目前全球在役的民用飞机总数在14 200架左右,基本要求每3~5年重新喷涂1次,因此每年预计至少有2 800架飞机要进行重新喷涂[85]。大型飞机项目的开展及产品使用,必将对整机的自动化涂装提出更高要求,展开整机自动化喷涂研究具有重大意义。

a. 整机涂装自动化是民用大型飞机产业和市场发展的现实要求。自动化涂装综合利用了三维CAD技术、可视化技术、离线编程技术等先进的数字化技术来提高涂装的自动化程度,是大型飞机产业和市场发展的现实要求[89]。飞机喷涂技术由传统手工喷涂向自动化喷涂发展成为世界航空制造业发展的历史潮流。

b. 整机涂装自动化提高外观质量和效率。涂装光洁度在一定程度上取决于表面涂层的均匀度,均匀度不佳容易引起表面的热应力集中而导致产品的损坏;而涂层过厚在使用中容易产生破裂,也造成产品寿命缩短和涂料浪费[90]。自动化涂装质量稳定可靠,容易满足隐形飞机对涂装的要求。

c. 整机涂装自动化环保制造水平和实现以人为本发展的有力技术保障。飞机涂装的过程中,一般会产生大量的有机溶剂、六价铬酸盐、粉尘、胺类污染环境并严重损害人员健康的有害物质和气体,影响工人的身体健康和劳动情绪[93, 94]。尽管已出现新型环保性涂料,但目前飞机涂装仍以传统的涂料为主。自动化涂装消除了劳动者之间的技能差异,避免出现二次涂装或打磨,又保障了劳动者的身体健康。

d. 自动化喷涂技术对提升我国民机市场竞争力有重要意义。我国民用飞机的成套制造技术正处于发展的关键攻坚阶段。以上海飞机制造有限公司为例,目前承担制造 ARJ21 新型支线飞机,已获得 252 架订单;C919 大型飞机也已经达成 400 架的订单,后续生产中将涉及大批量、多类型涂层的整机喷涂需求。亟待解决自动化喷涂技术难题,在飞机的外观、耐腐蚀喷涂、环保等方面形成产业优势,提高国产民用飞机的国际竞争力。

(2) 飞机整机自动化涂装的现状。

汽车产业的飞速发展,使喷涂机器人技术得到了飞速发展,在发达国家,汽车自动化喷涂已经是一项成熟的产业化技术[86]。机器人喷涂除了在汽车行业广泛应用之外,近年来逐步进入航空航天领域。在已公开的英文文献中,飞机自动化喷涂系统还主要处于理论研究阶段,其中,小型军用飞机自动化喷涂系统已经进入实验研究阶段,例如洛克希德马丁公司在 2011 年建立了针对某战机的自动化喷涂实验系统(见图 2.57)[87, 88]。对大型民用客机而言,即使是波音和空客公司这样的巨无霸,仍不得不依靠手工完成涂装(见图 2.58)。

国外对涂装自动化的研究,特别是对小型飞机机器人喷涂理论研究的热点主要包括两个方面:①飞机表面复杂形貌的重构;②机器人喷涂路径的规划。2009 年,Dirk Bausen 等研究了飞机外表面的预喷涂问题,初步设计完成了机器人自动喷涂方案[95]。2010 年,Gyorfi 等针对喷枪路径规划中的约束问题,采用遗传算法和图搜索方法,建立了轨迹规划的优化方案[96]。2012 年,Ferreira 等针对飞机表面复杂形貌的建模和表面重构问题,研究了采用低成本激光进行复杂表面扫掠的方法[97]。2013 年,Galceran 等回顾了过去十年来喷涂机器人路径规划问题,为后续的研究指明了方向[98]。Neto 等对普通三维 CAD 模型的投影进行离线编程[99]。Chen 等研究了喷涂机器人作业时的路径规划问题[100]。Kohrt 等对在线喷涂机器人工业应用需要的路径规划和编程支持系统进行了研究[101]。Chai 等对喷涂机器人应用 TOF 相机实现三维模型表面的快速重构方法进行了研究[102]。Nubiola 等研究了 ABB IRB 1600 的误差,提出了使用激光跟踪器进行参数校核的思路[103]。Rossi 等通过设定位置及切向速度研究了机器人路径规划问题[104]。2014 年,

图 2.57　某飞机的自动化涂装

图 2.58　大型民机的半自动手工涂装

Mukherjee 等以喷枪操作路径规划为目标，进行了带电微粒喷射系统的电磁控制研究[105]。

　　虽然国内自动化喷涂起步较晚，但是技术发展迅速，目前已经彻底解决了汽车喷涂机器人的产业化技术障碍。2012 年 4 月 2 日我国自主研制的具有完整自主知识产权的首台汽车喷涂混联机器人系统，由清华大学和江苏长虹智能装备集团有限公司合作研发成功[106]。

　　国内对于自动涂装的研究主要集中在以下两点：①喷涂机器人的构形、运动学和动力学分析；②喷涂机器人的运动轨迹规划。同时，部分高校和研究院所已经开始进行战斗机机器人喷涂的理论和初步实验研究。中国航天科工集团公司三院 239厂与清华大学联合研发的歼-20 隐形战斗机进气道喷涂机器人成功交付成都飞机工业(集团)有限责任公司。虽然未涉及大尺寸和整机的喷涂，仅实现了进气道零件的具体表面喷涂，但该项目是飞机机器人喷涂的首次成功尝试，为后续整机和大尺度自动化喷涂系统的实现积累了宝贵的工程实践经验。此外,在喷涂机器人技术研究上,江苏大学研究了复杂曲面的喷涂机器人喷枪轨迹优化方法[107],东南大学研究了基于高斯模型的喷涂机器人涂层生长率建模问题[108],清华大学进行了机器人匀速喷涂涂层均匀性分析研究[109],还有研究人员通过将龙门机架的水平运动与喷涂作业模块单元的运动结合,控制各个喷涂模块单元的雾化喷嘴的位置,从而完成对整个待喷涂零件的喷涂作业[110]。

由此可见,自动化喷涂方面,国外的研究一直处于领先国内的状态,但国内相关应用领域的研究并不明显落后于国外,而是能够步步紧跟。甚至在飞机的自动化喷涂方面从技术的水准来讲,国内与国外基本处于相同的起步线上。国外以波音、空客公司为主的大型飞机制造商目前也仅开始针对机翼等大部件进行自动化的喷涂技术开发;国内中国商飞上海飞机制造有限公司也已经对飞机喷涂开展了大量的研究。国内通过技术攻关完全可先于国外形成世界航空业首批满足民用飞机自动化喷涂技术成果,在此领域达到领先水平。

(3)飞机涂装重大技术挑战与可能的对策。

与汽车的自动化涂装相比,大型飞机具有体积大、曲面多、结构复杂、工作环境恶劣、喷涂精确度要求高等特点,不可能直接将汽车喷涂的技术移植过去。此外,航空设备具有小批量多品种的行业特征,必须增强喷涂系统的柔性和运动控制的精确度,才能达到大型飞机自动化涂装的高要求。

整机喷涂是飞机涂装中技术含量最高、难度最大的工艺,涉及的飞机表面材质、涂料和工具种类繁多,对喷涂速度、运动轨迹、漆料流量和喷涂角度要求严格,不同材质表面的喷涂工艺参数变化较大,难以实现自动化喷涂。因此需要针对新型涂层体系和整机涂装的技术要求,考虑自动化喷涂对人工喷涂的替代特点,开展面向复合材料、铝合金等材料表面及突变曲面组成的复杂基体材料的自动化喷涂工艺技术研究,研究不同基体材料在不同自动化喷涂参数下获得的性能,对整机涂装中涉及不同材料的表面清洗、表面处理及涂装效果进行试验和对比协调研究,获得相关的工艺技术参数,提出适用于大型飞机复杂表面的自动化喷涂工艺方法,实现多基体材料表面自适应调节喷涂规划。最终建立大型飞机表面涂装工艺知识库和民用飞机常用喷漆工艺及漆料选择方法库,实现喷漆工艺的计算机辅助决策和智能化喷漆工艺规划。

大型飞机的形体庞大,涉及的机身喷涂面积大,机翼、尾翼、垂尾、背鳍、天线、轮舱、整流罩、机头等非规则突变部位表面曲率变化剧烈,对喷涂机器人的运动灵活性和位姿可达性要求苛刻,需要有针对性地探索超大作业空间的机器人机构设计,研究关键曲面高灵活度位姿要求下关节及连杆的结构设计。因此需要研究超大工作空间中待涂装表面突变部位多、防撞设计要求高、轨道设计要求特殊、喷涂轨迹规划困难等条件下喷涂机器人机械系统的运动学、动力学和几何结构设计,各部分机构与结构之间采用模块化设计的理念,实现喷涂机器人机械系统的总体设计。同时,根据喷涂工艺要求,机器人末端并不直接接触飞机表面,即喷涂机器人的末端运动表面与喷涂表面之间存在一定的法向位移,因此,需要研究飞机喷涂表面的包络重构问题。最终建立群体机器人的运动协同和避碰技术、大曲率表面曲面族重构方法及片区划分策略,实现机器人喷枪高精度法向随动轨迹规划,提出全局路径优化和局部快速定位相结合的喷涂路径优化方法。

机器人自动化喷涂是大型飞机涂装的必然趋势。要实现机器人在超大空间内按照预定路径喷涂需保证其定位精度,首先需解决其空间位姿检测及喷涂轨迹纠偏技术难题以及群体机器人协调控制问题。动态环境下的群集机器人任务规划是其中的一个研究难点,需要通过传感器的精确定位,在控制上实现一定的精度,避免机器人之间的碰撞;同时还要通过算法的优化,保证片区分布的合理性和控制算法的稳定性。而飞机姿态识别和位姿检测主要是获取飞机的初始位置和姿态数据,为离线编制的飞机喷涂轨迹进行纠偏。可通过建立基于激光智能检测的飞机姿态快速检测及喷涂轨迹纠偏系统,以及通过离线编程实现对喷涂机器人作业过程中震荡的主被动控制补偿解决上述难题。

汽车涂装一般使用单组分、烘干固化方式的涂料,影响因素相对单一。飞机涂装一般用两组分、化学固化方式涂料,喷涂中既要考虑喷涂距离等常规参数,同时还要考虑涂料的适用期、诱导期及温度对此类参数的影响问题,这需要控制和监测材料从开封、混合到喷涂的全过程,加剧了飞机自动化喷涂工艺难度。为此需要在充分考虑喷涂距离、喷涂搭幅、喷涂压力、喷涂速度等自动化参数的同时,研究获得涂料不同固化时间下可获得的最佳性能、涂料不同化学固化阶段的喷涂参数、不同温度和湿度下涂层的最佳喷涂参数,建立喷涂工艺与环保涂层性能的对应关系,分析自动化喷涂设备控制喷涂工艺参数可行性及综合调整工艺参数获得最优化涂层性能的方法。

针对飞机喷涂及涂料性能的要求,研究实现超大空间喷涂作业油漆输送。油漆管线的空间布置及油漆的混合、输送、管路及喷枪的自动清洗,直接影响喷涂质量、效率和提高油漆利用率。为此,需要研究输漆管线在三维空间的布置及在机器人方位上的防干涉方案,保证不影响机器人的运行。研究特种涂料的输送,管路及喷枪的自动清洗,保证喷涂质量、效率和油漆利用率。同时需要研究降低输调漆的自身重量,实现输调漆系统与机器人随动操作。

我国要从航空大国变成航空强国,就必须实现拥有自主知识产权的大型飞机制造技术。大型飞机是一个国家工业发展水平的标志,大型飞机产业能带动冶金、材料、控制、航电、化工等领域技术的发展,形成新的经济增长点。自动化喷涂是大型飞机制造中重要的一环,具有巨大的市场需求。国内实现了飞机零部件的自动喷涂,与国外的整机自动化喷涂相比基本处于同一起跑线上。大型飞机制造已经上升为国家战略,上飞等企业已经进行了自动化涂装的中长期规划,一些企业已经设计出适用于大型飞机喷涂的机器人系统。只要我们创新科研的机制,发挥两弹一星的精神,就完全能够结束八亿件衬衣换回一架 A380 飞机的历史,迈入航空强国的行列。

高质、高效和智能化是喷涂作业的发展趋势,也是数字化制造技术的发展要求。智能化主要是指由现代通信与信息技术、计算机网络技术、行业技术、智能控制技术汇集而成的针对这一个方面的应用。我国的喷涂机器人技术和水平虽然有了很大的发展,但是与国外的差距较大,尚未实现产业化。未来喷涂机器人需要在借鉴国外技术的基础上,不断提高机器人的应用水平和制造业的升级转型。可以采取的措施主要有以下几个:

(1) 在机器人设计方面,需要依赖企业和高校的联合攻关实现具有我国自主知识产权的机器人机构的结构创新。

(2) 在机器人制造方面,要以关节机构、减速机以及伺服电机等关键元件制造和实用化为突破口,掌握核心的机器人技术。

(3) 国家和地方政府需要出台相关政策,鼓励和支持企业、高校和科研院所结成机器人产业联盟。规范现有的机器人研发秩序,支持龙头企业发展壮大,提高资金的利用效率。

2.5　热喷涂

热喷涂是指利用一定形式的热源(燃烧火焰、放电、电热、激光等)将粉末或丝材加热至熔融或软化状态,然后借助外加动力或是火焰流、等离子流的动力将粒子加速,使其具有一定的速度喷射到基体表面,形成具有一定结合强度的涂层,如图 2.59所示。热喷涂技术是材料表面强化和防护的重要技术,在表面工程技术中占有重要地位。采用热喷涂技术可制备耐磨、隔热、耐腐蚀、抗氧化、绝缘、导电、碱洗控制、防辐射等不同功能的涂层。目前,热喷涂技术广泛应用于航空航天、机械、冶金、化工等领域,尤其是在航空航天等高技术领域发挥着重要作用。

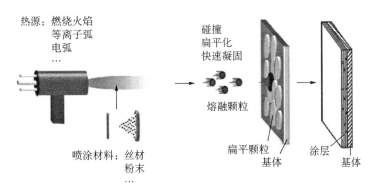

图 2.59　热喷涂技术原理

2.5.1　概述

2.5.1.1　热喷涂基本原理

用热喷涂方法制备涂层离不开喷涂材料和喷涂热源。喷涂材料在热源中加热、加速、颗粒与基体表面结合的过程,是喷涂过程中的关键环节。热喷涂有很多具体方法,并各有其特点,但无论采用何种方法,其喷涂过程、涂层结构和涂层形式原理基本相同。

1) 喷涂过程

从喷涂材料进入热源到形成涂层,喷涂过程一般经历 4 个阶段:

第 1 阶段:喷涂材料加热至熔化或软化阶段。对丝材而言,当端部进入热源高温区域时,即被加热熔化;对粉末而言,进入高温区域后,在行进的过程中被加热熔化或软化。

第 2 阶段:熔滴雾化阶段。丝材端部加热形成的熔滴在外加压缩气流或热源自身射流的作用下脱离丝材,同时雾化成更细微的熔滴向前喷射。粉末无须经破碎或雾化过程,直接在气流或热源射流作用下向前喷射。

第 3 阶段:雾化或软化的颗粒飞行阶段。颗粒首先被加速形成粒子流向前喷射飞行,随着飞行距离的增加速度不断降低。

第 4 阶段:颗粒撞击基体表面形成涂层阶段。喷涂材料颗粒以一定的温度和速度冲击基体表面,产生强烈碰撞,颗粒的动能转化为热能传给基体。基材表面的凹凸不平致使颗粒沿表面变形,并迅速冷凝且产生收缩,呈扁平状黏结在基材表面。喷涂粒子束不断地冲击基材表面,产生碰撞—变形—冷凝收缩的过程。变形颗粒与基材表面,颗粒与颗粒之间相互黏结在一起,从而形成涂层,如图 2.60 所示。

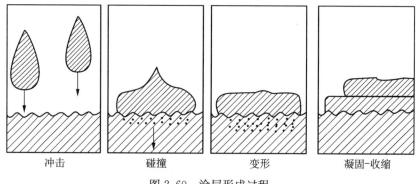

冲击　　　　碰撞　　　　变形　　　　凝固-收缩

图 2.60　涂层形成过程

2) 涂层结构

热喷涂涂层结构取决于其形成过程,喷涂粒子被加热加速后向前喷射,这些具有一定温度和速度的粒子接触基体产生碰撞,粒子沿凹凸不平的基体表面产生变形,变形的粒子迅速冷凝产生收缩,呈扁平状黏结在基体表面,粒子不断地冲击表面,产生碰撞—变形—冷凝收缩的过程,变形的粒子与基材之间、粒子与粒子之间互相交错地黏结在一起,从而形成涂层。因此,涂层是由细小的扁平化粒子堆叠形成的层状组织结构,如图 2.61 所示。在喷涂过程中,由于熔融的粒子与喷涂工作气体及周围空气发生化学反应,使得涂层中出现氧化物;由于粒子陆续沉积叠加,叠加不完全产生孔隙;此外,喷涂时大气中气体的卷入、凝固过程中气体的释放也会造成孔隙;熔融粒子的凝固和冷却过程中产生体积收缩,导致粒子之间结合不完全,存在孔隙。收缩应力若不能得到缓解就会在颗粒间产生裂纹。因此,喷涂层主要是由变形颗粒、氧化物、气孔和未熔颗粒(先进技术可尽量避免未熔颗粒的产生)组成。图 2.62 为火焰喷涂 WC-Co 涂层断面微观结构。

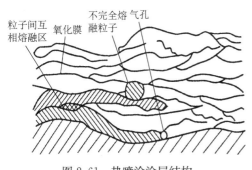

图 2.61　热喷涂涂层结构

图 2.62　火焰喷涂 WC-Co 涂层结构

涂层中的氧化物夹杂的含量及涂层孔隙率,取决于热源、喷涂材料和喷涂条件,通过提高热源温度和粒子飞行速度可以很好地改善涂层质量。采用等离子弧高温喷涂(高温热源)、超声速喷涂、爆炸喷涂(提高颗粒飞行速度)及采用低压或保护气氛喷涂(改善喷涂条件),就是为了尽可能地消除涂层中的氧化物夹杂和孔隙,改善涂层的结构和性能。

热喷涂涂层为典型的层状结构,因此涂层的性能具有方向性,在垂直和平行涂层方向上的性能有显著的差异。涂层经过适当的处理后,结构会发生变化。例如,涂层经过重熔,既能够使层状结构转变为均质结构,还可以消除涂层中的氧化物夹杂和气孔。

3) 涂层结合方式

涂层的结合包括涂层与基体表面的结合和涂层内聚的结合。前者的结合强度称为结合力,后者的结合强度称为内聚力。目前公认的涂层和基体之间存在以下3 种结合方式。

(1) 机械结合。

熔融粒子高速撞击基体表面,沿着基体凹凸不平的表面起伏,快速冷却凝固时,与基材表面嵌合,也叫做"抛锚效应",从而形成机械结合。这是热喷涂涂层与基体表面结合的主要形式。当涂层以机械结合为主时,涂层结合强度比较差。机械结合的强弱很大程度上受基材表面的微观粗糙度影响,因此基材在喷涂前的粗化预处理是喷涂不可或缺的重要工序。

（2）物理结合。

熔融颗粒高速撞击基体表面,当涂层原子或分子与基体表面原子之间的距离接近晶格的尺寸时,就进入了范德瓦尔斯力的作用范围。范德瓦尔斯力虽然不大,但在涂层与基体的结合中是一种不可忽视的作用。

（3）冶金-化学结合。

熔融颗粒高速撞击基体表面,涂层和基体界面出现扩散和合金化,在结合面形成金属间化合物或固溶体,而不是对基体晶格的外延,这种结合类型叫做冶金结合。热喷涂颗粒熔点越高,热容越大,撞击基体时会导致局部基材熔化形成于热喷涂颗粒之间的合金化现象越明显。此外,热喷涂颗粒与基材之间发生放热反应（如 Fe 和 Al 之间）也会形成合金结合层。热喷涂自熔合金涂层的加热重熔也会形成界面合金层,使其具有非常高的界面结合强度。

4）涂层的残余应力

熔融颗粒高速撞击表面,在产生变形的同时快速冷却凝固。凝固过程中,凝固颗粒因其自身固有的热膨胀系数产生凝固收缩,凝固颗粒的收缩变形受到其他相邻颗粒或基材粗糙表面的约束而在涂层内产生拉伸应力,这时会在颗粒内产生张应力,而在基体表面产生压应力,应力积聚造成涂层整体的残余应力。涂层残余应力大小与涂层厚度成正比,涂层厚度达到一定程度时,涂层内的张应力超过涂层与基体的结合强度时,涂层就会发生破坏。涂层的残余应力是由喷涂热条件及喷涂材料与基材物理性质差异所造成的,改变喷涂热条件及喷涂材料种类,可改变涂层结构,从而影响涂层的应力水平,例如,高收缩材料如某些奥氏体不锈钢易产生较大的残余应力,不能喷涂厚的涂层;致密涂层中的残余应力比疏松涂层的要大。

为减小涂层的残余应力,应选择热膨胀系数与基材相差不大的热喷涂材料,但热膨胀系数相匹配的涂层材料与基体材料的组合是有限的;其次,可在基材和热喷涂涂层中间先喷涂一层热膨胀系数居于两者之间材料,即喷涂中间层,中间层可以是单层,也可以是多层,甚至是渐变层。此外,控制基材温度也可以控制涂层的残余应力。热喷涂过程的热循环过程包括涂层温度从熔点到室温的变化过程,基材在喷涂中经历较高温度到室温的变化过程,涂层和基材各自的温度差对应各自的体积变化,体积变化相等时温度差最小,相应残余应力最小。

2.5.1.2　热喷涂技术特点及分类

1）热喷涂技术的特点

（1）种类多。

热喷涂细分有十几种，为制备涂层提供了多种手段。各种热喷涂技术的优势相互补充，扩大了热喷涂的应用范围，在技术发展中各种热喷涂技术之间又相互借鉴，增加了功能重叠性。

（2）适用性广。

几乎所有的工程材料都可以作为热喷涂的基材，包括金属、陶瓷、玻璃、塑料、木材、布、纸等。喷涂材料范围广、品种多，可制备耐磨损、耐腐蚀、耐高温、抗氧化、隔热、导电、绝缘、密封、润滑等多种功能的单一材料涂层或多种材料复合涂层。

（3）工艺灵活。

喷涂工件无尺寸和形状的限制，既可以整体喷涂，也可以局部喷涂；既可用于大型整体结构件，也可以用于尺寸仅几个毫米的孔槽；既可建成大型喷涂房间，在真空或控制气氛条件下喷涂，也可以是采用便携设备的工序简单移动喷涂。

（4）基体变形小。

在喷涂过程中，工件温度不超过200℃，基材受热温度低。工件变形小，基材的组织和性能基本不会发生变化。对薄壁零件、细长杆零件进行热喷涂在防止变形方面有很大的优越性。

（5）厚度可调。

热喷涂涂层的厚度可根据需要通过喷涂参数（送粉量、喷涂压力、喷涂时间等）进行任意调节。

（6）生产效率高。

热喷涂效率仅次于电弧堆焊。大多数喷涂工艺都能够达到每小时数千克的喷涂量，生产率甚至可超过50 kg/h。

（7）局限性。

材料利用率低、不经济；涂层与基材结合强度较低，热喷涂不适用于重载交变负荷的工件表面；喷涂操作环境较差，要求采取劳动保护和环境保护措施。

2）热喷涂技术的分类

热喷涂技术主要根据热源分类，目前应用与热喷涂的热源类型有气体燃烧火焰、气体放电、电热和激光等。采用上述热源加热熔化不同形态的喷涂材料，所形成的一系列热喷涂方法如表2.77所示。

3）热喷涂工艺的选择原则

热喷涂工艺方法种类繁多，其各自采用的设备、技术特点以及最终获得的涂层的性能有所不同。常用热喷涂技术特点比较如表2.78所示[111]。

选择热喷涂工艺一般遵循以下原则：

（1）若涂层结合力要求不是很高，采用的喷涂材料的熔点不超过2500℃，可采

表 2.77　热喷涂技术分类、基本原理、工艺特点

热源	热喷涂类型		基本原理	工艺特点
气体燃烧火焰	普通火焰喷涂	粉末火焰喷涂	利用燃气(乙炔、丙烷等)及助燃气体(氧气)混合燃烧所形成的火焰作为热源,将喷涂粉末加热熔化后使之随着焰流喷射在零件表面形成涂层	(1) 可以喷涂能在 2 500~3 000℃熔化的各种纯金属、合金、塑料、尼龙及氧化物陶瓷材料,应用非常广泛灵活 (2) 喷涂设备简单、轻便、可移动,价格低于其他喷涂设备 (3) 经济性好,是目前应用最广泛的一种喷涂工艺 (4) 火焰中心最高温度只有 3 000℃,且多为氧化性气氛,不适合喷涂高熔点材料和易难氧化材料,很难获得高致密涂层
		线材火焰喷涂 棒材火焰喷涂	丝(棒)材经燃烧火焰熔化和压缩空气雾化后,随着焰流喷射在零件表面形成涂层	
	超声速火焰喷涂		最先商业化的产品是 Jet-Kote,它是在喷涂枪中引入超声速喷管-Laval 喷管,对高速气流进行加速,使其速度加速到超声速状态,实现对喷涂颗粒进行强烈加速以获得高的飞行速度重击到基体,从而得到性能高的优质涂层	(1) 焰流速度高达 2 400 m/s,具有较高的冲击能量,所得涂层孔隙率很低(小于 1%),表面较普通火焰喷涂光滑;粉末喷涂效率高,粉末颗粒喷涂速度达到 1 000 m/s,沉积效率达 27 kg/h (2) 粉末颗粒在高温下停留时间和在空气中暴露时间都很短,涂层的氧化污染小,化学成分和相组成较普通火焰喷涂稳定 (3) 涂层与基材结合强度高,可喷涂比爆炸喷涂更厚的涂层,残余应力也得到改善
	爆炸喷涂		爆炸喷涂是利用氧和可燃性气体的点火燃烧造成的气体膨胀产生爆炸,释放出热能和冲击波,利用脉冲式气体爆炸和冲击波将被喷涂的粉末颗粒加热,加速重击到工件表面形成涂层	(1) 粉末颗粒最高速度可达 1 200 m/s,最高温度可达 4 000℃,高速喷涂具有较高的动能使熔化到基材表面提高涂层与基材结合强度,涂层提高结合强度、气孔率低(1%~2%) (2) 可喷涂金属、金属陶瓷和陶瓷材料 (3) 设备造价高、噪声大(超过 150 dB),而且属于氧化性气氛

（续表）

热源	热喷涂类型	基本原理	工艺特点
气体燃烧火焰	粉末火焰喷焊	以氧-燃料燃烧火焰为热源,将自熔性合金粉末喷涂在预处理好的基材表面上。然后在基材不熔化的情况下加热涂层,使涂层在基材润湿基材表面,通过液态合金与固态基材表面的相互扩散,实现冶金结合,并获得无气孔、无氧化物的致密喷焊层	(1) 喷焊时涂层融化,重熔温度可达900℃以上,不仅易引起工件变形,而且多数工件会发生火退或不完全退火。相对而言重熔过程、表面温度可始终控制在250℃以下,一般不产生工件变形和组织状态变化 (2) 喷焊是通过涂层熔化与基材表面成冶金结合,结合强度比喷涂的机械结合要高(>200 MPa) (3) 喷焊层均致密的焊层组织,有树枝状的结晶,一般认为气孔率为零 (4) 喷焊层可承受冲击载荷和较高的接触应力,可用于线接触场合
气体放电	电弧喷涂	两根被喷涂的金属丝作为自耗型电极,输送直流或交流电,利用其端部产生的电弧作为热源来熔化金属丝材,再经压缩空气雾化,使雾化的颗粒以一定的速度喷向基材表面形成连续涂层	(1) 雾化颗粒的速度最高可达80～300 m/s,电弧最高使用温度可达5000℃。涂层结合强度高于一般火焰喷涂 (2) 相对其他工艺而言,喷涂效率高,比火焰喷涂高3倍 (3) 形成液滴所需配合的参数少,质量容易保证 (4) 能源利用率比等离子喷涂高,成本较低 (5) 设备投资低,而且仅使用电和压缩空气,不用氧和乙炔等易燃气体,安全性好 (6) 各种金属材料如锌、铝、青铜、钢、镍、铬、钼等都能喷涂,可广泛应用于防腐、耐磨等工程
	等离子喷涂 气稳等离子喷涂 真空等离子喷涂 保护气氛等离子喷涂 水稳等离子喷涂	利用惰性气体(一般为N$_2$、Ar、Ne等)电离所产生的高温等离子弧作为热源,将粉末熔化后高速喷射预先处理好的零件表面形成涂层。气稳等离子喷涂是用气体作为工作介质产生等离子弧;水稳等离子喷涂是用水作为工作介质产生等离子弧。在常压大气下进行的等离子喷涂称大气等离子喷涂。真空或低压条件下进行的等离子喷涂称真空(低压)等	(1) 等离子弧温度高达10000℃以上,焰流速度大,几乎可以喷涂所有难熔的金属材料 (2) 等离子弧流速高达1000 m/s以上,熔融状态粒子的飞行速度可达180～600 m/s,涂层结合强度高达30～70 MPa,致密度高达85%～98%,尤其是采用真空等离子喷涂时,涂层受氧化及杂质含量少,涂层质量优于普通火焰喷涂和电弧喷涂涂层

（续表）

热源	热喷涂类型	基本原理	工艺特点
气体放电	超声速等离子喷涂	离子喷涂，是工作气体等离子化后，在低压气氛中边膨胀边喷出的。在惰性气氛保护气氛条件下进行的等离子喷涂为保护气氛等离子喷涂。超声速等离子喷涂是 Browing Engineering 公司在 1986 年推出的，商品名叫 Plaz Jet，它是利用转移型等离子弧与高速气流混合时出现的"扩展弧"，获得稳定集聚的高热焓、超高速等离子焰流进行喷涂	(3) 粉末熔化充分，而且反向转移弧还可将工件表面氧化物及污垢进一步清理，并可获得半冶金性质的涂层 (4) 对周围环境污染少、噪声小、操作环境好 (5) 计算机程控自动操作，涂层工艺参数重复性好，可进行数理统计优化，涂层生产性能稳定
	等离子喷焊	采用转移型等离子弧作为热源，在预热处理好的基材表面自熔性合金粉末成形成致密喷焊层。该工艺同时包括喷涂和重熔两个过程	(1) 生产效率高，超过手工电弧堆焊和氧块熔堆焊 (2) 喷焊是通过涂层熔化与基材表面形成完全的冶金结合，结合强度比喷涂的机械结合要高 (3) 等离子弧温度高，热量集中，喷焊速度快，一次熔成，使工件热影响区小，喷焊层合金组织颗粒细，硬度和化学成分均一，喷焊层质量好 (4) 由于等离子弧稳定性好，外界因素的干扰对电参数和电弧稳定性影响较小，从而使工艺易于稳定 (5) 通过调节各种工艺参数的范围，控制过渡到工件的热量，可获得熔深浅，冲淡率低，成形平整光滑的范围宽优质熔覆层 (6) 喷焊过程自动进行，易于实现机械化和自动化操作，减轻劳动强度
电热	电容放电喷涂	利用电容放电把线材加热熔化，然后用高压气体将熔滴雾化并加速喷射到零件表面形成涂层	(1) 对周围环境污染少、噪声小、操作环境好 (2) 计算机程控自动操作，涂层工艺参数重复性好，可进行数理统计优化，涂层生产性能稳定

（续表）

热源	热喷涂类型	基本原理	工艺特点
电热	感应加热喷涂	喷涂材料放入高频电路所经过的线圈中，由于高频电路所产生的交变磁场的作用，在金属线圈内产生电感应电流，从而产生高压金属线圈感应热量使金属材料受热熔化，然后再利用高压空气将熔融雾化喷射到零件表面形成涂层	(1) 具有精确的加热深度和加热区域，并易于控制 (2) 易于实现高功率密度集中，加热速度快，效率高，能耗小。采用非接触式加热方式，在加热过程中不易掺入杂质 (3) 加热温度由工件表面向内部传导或热渗透。 (4) 工件材料烧损小，氧化皮生成少 (5) 作业环境符合环保要求，易于实现加热过程的自动化
	线爆炸喷涂	将金属等导电材料制成线状或细长的箔状，在空气或惰性气体气氛中，对其通以冲击性的大电流时，线材首先熔融，继而过热，最后发生局部爆炸，在这种爆炸力的作用下，残留的熔融部分变成粒状，并向外分散，高速冲击到基材表面形成涂层	(1) 气孔少，涂层光滑，涂层易氧化 (2) 适合于圆筒内面喷涂 (3) 涂层与基材结合强度高 (4) 可在玻璃和陶瓷上喷涂 (5) 对基材无热影响 (6) 操作简便，便于批量生产 (7) 不能喷涂很厚的涂层 (8) 不能直接看到喷涂工况，噪声大，需防护 (9) 不能以非导电性材料作为喷涂材料
激光	激光喷涂	把高密度能量的激光束朝着接近于零件的基体表面的方向直射，基体同时被一个辅助的激光加热器加热。将细微的粉末颗粒吹向高强度和高能量的激光束中融化并结在基体零件表面形成涂层	(1) 涂层结构与原始粉末不相同 (2) 激光功率密度大，可以喷涂从低熔点到超高熔点的大多数涂层材料 (3) 激光束容易控制，易与精密机械和计算机结合，实现加工的高度自动化和很高的加工精度
	激光喷焊	利用会聚的高能量激光作为热源，在经过预处理的基材表面喷焊自熔性合金粉末形成喷焊层	(1) 喷焊是通过涂层熔化与基材表面形成冶金结合，结合强度比喷涂的机械结合要高 (2) 喷焊层可承载冲击载荷较高的接触应力，可用于线接触场合 (3) 对于那些对温度特别敏感的基体来讲，选用激光喷涂工艺，其显微结构和机械应力比其他的堆焊方式能要比更容易加容易控制

（续表）

热源	热喷涂类型	基本原理	工艺特点
激光	激光喷焊		（4）由于激光光源的精确分配，可以获得更加均匀的涂层。在喷涂过程中通过闭环控制，温度进行闭环控制，使得工件的表面的温度自始至终保持一致，这样就保证了激光光束在熔化工作时始终保持均匀的熔池深度
			（5）若采用合适的工艺方案，在重熔时可保证涂层不会产生裂纹，从而获得比涂层更高的气密性和更高的防腐蚀性能

表 2.78 常用热喷涂技术特点

项　目	氧乙炔火焰喷涂	电弧喷涂	常规等离子喷涂	超声速火焰喷涂	爆炸喷涂
热源类型	燃烧火焰	气体放电	气体放电	燃烧火焰	爆炸燃烧火焰
喷涂材料	金属、陶瓷、塑料	金属	金属、陶瓷、塑料	金属、陶瓷	陶瓷、金属陶瓷
材料形态	线材、棒材、粉末	线材	粉末	粉末	粉末
热源温度/℃	2 500～3 000	4 000～6 000	＞10 000	2 500～3 000	3 000～4 000
熔粒飞行速度/(m/s)	45～120	80～300	180～600	500～1 000	800～1 200
涂层孔隙率/%	10～30	10～20	1～10	1～2	1～2
涂层增氧率/%	4～6	0.5～3	0.1～1	0.2	0.1
涂层结合强度/MPa	5～10	10～30	30～70	＞70（WC-Co）	陶瓷75，金属陶瓷175
喷涂成本	低	低	高	较高	高
设备特点	简单，成本低，可现场施工	简单，成本低，可现场施工	复杂，成本中等，但适合高熔点材料	一般，成本较高，可现场施工	较复杂，成本高，效率低，应用面窄

用设备简单、成本低的火焰喷涂。

（2）工程量大的金属喷涂施工最好采用电弧喷涂。

（3）对涂层性能要求较高的某些比较贵重的机件,应采用等离子喷涂。因为等离子喷涂材料熔点不受限制,热源具有非氧化性,涂层结合强度高,孔隙率低。

（4）要求高结合力、低孔隙率的金属或陶瓷涂层可采用超声速火焰喷涂和超声速等离子喷涂。爆炸喷涂所得涂层结合强度最高,可达175 MPa,孔隙率最低,可用于某些重要部件的强化。

（5）对于批量大的工件,宜采用自动喷涂。自动喷涂机器人可成套购买,也可以自行设计。

2.5.1.3 热喷涂涂层的分类及应用

热喷涂涂层的应用领域和主要类型如表 2.79 所示[112]。

表 2.79 热喷涂涂层的应用领域和主要类型

应用领域	主要类型	设计选用依据	专用典型涂层	喷涂工艺
耐摩擦磨损涂层	耐黏着磨损或划伤	两个表面相对滑动,碎屑从一个表面粘到另一个表面时,发生黏着磨损或划伤。磨损是由两个零件紧密接触时	WC-Co, Cr_2C_3-NiCr	超声速火焰喷涂、普通等离

（续表）

应用领域	主要类型	设计选用依据	专用典型涂层	喷涂工艺
耐摩擦磨损涂层		产生强大黏着力所引起的。涂层必须具备一定的硬度,另外还能降低零件表面接触产生的黏着力		子喷涂、超声速等离子喷涂
	耐磨粒磨损	由外界硬质颗粒或硬表面的微峰在摩擦副对偶表面相对运动过程中引起的磨损称为磨粒磨损。温度小于540℃时,涂层要能经受外来磨料颗粒的划破和犁削作用,涂层的硬度应超过磨粒的硬度。涂层在高温下应超过磨粒的硬度,而且有良好的抗氧化性	$WC - Co$、CrO_3和 Fe、Ni、Co基自熔性合金	
	耐微振磨损	重复加载和卸载产生周期应力导致表面开裂和大面积脱落。温度小于540℃时,应选韧性较好的涂层	$Al_2O_3 - TiO_2$	
	耐气蚀磨损	当零件与液体接触并做相对运动时,在接触面附近的局部压力低于相应温度液体的饱和蒸气压时,液体就会加速气化而产生大量气泡,与此同时,原混在或溶解于液体中的空气也都游离出来形成气泡;当气泡流到高压区时,因压力超过气泡压溃强度而使气泡溃灭,瞬间产生极大的冲击力和高温。气泡的形成和压溃的反复作用,使零件表面疲劳破坏,产生麻点,随后扩展为海绵状空穴,这种磨损称为气蚀磨损。涂层要具备良好的韧性,高的耐磨性、耐流体腐蚀、无脆性	铝青铜涂层	
	耐冲蚀磨损	气体或液体携带粒子高速冲击表面时,发生冲蚀磨损。涂层要能经受尖锐的、硬颗粒引起的磨损	Al_2O_3、$Al_2O_3 - TiO_2$	
耐腐蚀涂层	阳极性防护涂层(抗大气及浸渍腐蚀涂层)	根据零件的服役状态、环境温度和各种介质,确定对涂层材料的要求,一般采用钴基合金、镍基合金和氧化物陶瓷等作为涂层材料,并通过提高涂层的致密性,堵住腐蚀介质的渗透;依据零件基材的氧化/还原电位,合理选择涂层材料,防止电化学腐蚀,涂覆腐蚀抑制封孔剂	Zn层,Al层,Zn - Al层,Al - Mg层	火焰喷涂、电弧喷涂、超声速火焰喷涂、普通等离子喷涂、超声速等离子喷涂
	阴极性防护涂层(抗化学腐蚀涂层)	涂层比基体电极电位正,作为阳极,保护基体不受酸、碱、盐等化学物质腐蚀	Sn、Pb、Cr18 - 8 不锈钢、塑料	

应用领域	主要类型	设计选用依据	专用典型涂层	喷涂工艺
耐高温抗氧化涂层	抗高温氧化涂层	保护基体抗高温氧化，涂层要能阻止大气中氧的扩散，阻止涂层本身原子向基体的迅速扩散，具有比工作温度更高的熔点，且在工作温度下具有低的蒸气压	Ni 基、Co 基合金，氧化物陶瓷	超声速等离子喷涂、超声速火焰喷涂
	耐热腐蚀涂层	涂层要保护基体免受高温气体的腐蚀	Ni - Cr、Co - Cr - W、Ni - Al 复合材料、MCrAlY	
	热障涂层	在零件和高温环境之间充当热屏障，阻止热的传递，防止基体金属达到其熔点或降低基体金属的受热温度。因此这类涂层在工作温度下具有低的蒸气压，低的热导率、低的辐射率和高的反射率，而且必须耐氧化。在温度周期性变化的情况下，应具有一定的耐热疲劳性和耐热冲击性，应尽可能使涂层和基体材料有相似的热膨胀系数	结合底层：MCrAlY 合金 陶瓷表层：YSZ（Y_2O_3/Al_2O_3）或 CeYSZ（$CeO_2/Y_2O_3/Al_2O_3$）	
特种功能涂层	可磨密封涂层	又称可磨耗封严涂层，用于控制转动部件与非转动部件之间间隙的涂层。可磨耗涂层质轻，转动部件工作时可将多余部分磨削掉	500℃ 以下应用典型涂层：Ni/石墨、Cu/石墨、Ni/MoS_2；750～800℃ 应用典型涂层：Ni/硅藻土、NiCrAl/BN	火焰喷涂、普通等离子喷涂
	热辐射涂层	涂层具有防热辐射特性	氧化物复合材料	超声速火焰喷涂、普通等离子喷涂、超声速等离子喷涂
	固体润滑涂层	涂层具有润滑特性	金属＋非金属复合材料	
	屏蔽涂层	涂层有微波吸收层，用于抗电磁干扰（EMI）或高频干扰（RFI）	Fe - Cr - Al、Fe - Cr - Ni - Al、Fe - Cr - Mn、Fe - Ni	
	导电涂层	具有导电性能的涂层	Cu、Ag 高导电涂层	冷喷涂、普通等离子喷涂、超声速等离子喷涂
	超导、压电、高温塑料等特种涂层	涂层具有高温超性能	$YBa_2Cu_3O_7$	
恢复尺寸涂层		这类涂层主要用于修补因磨损或加工超差的零件。对涂层材料的选择主要取决于零件的使用要求，如要求耐磨、耐腐蚀、耐热或涂层材料与基体相同	—	超声速火焰喷涂、普通等离子喷涂、超声速等离子喷涂

（续表）

应用领域	主要类型	设计选用依据	专用典型涂层	喷涂工艺
间隙控制涂层		这类涂层提供紧密的封严间隙，显著提高设备性能和运转效率。与配合零件接触时，涂层优先受控磨损	Ni/石墨、聚酯铝混合物、Al/石墨涂层	火焰喷涂、普通等离子喷涂

针对具体工程问题，热喷涂涂层的设计一般依据以下原则：

（1）合理选择涂层材料和热喷涂技术，将工艺性、实用性和经济性相结合进行综合分析。

（2）依据被涂覆零件的工作环境和服役条件选择涂层类型，考虑包括涂层在工作中所承受的应力或冲击力、工作温度、腐蚀介质和腐蚀环境、涂层与其他零件配合表面和连接表面的材料和润滑情况等因素。

（3）满足被涂覆零件的使用性能要求，考虑包括涂层的表面状态、涂层的化学性能、结合强度、孔隙率、硬度、金相组织、耐磨性能等因素。

（4）科学设计涂层结构，根据涂层材料特性和零件材料特性直接的差异确定选择单一涂层还是复合、多层或梯度涂层。

2.5.2 航空制造领域热喷涂技术的工艺方法与质量要求

2.5.2.1 热喷涂的工艺方法及关键特性

1）基本工艺流程

热喷涂主要包括预处理、热喷涂施工、后处理等工序，如图2.63所示。根据工件基体材料、涂层材料以及使用性能和服役条件的不同，图中所示工序略有增减。

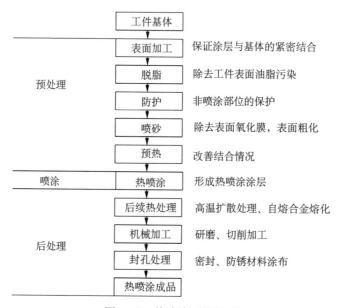

图2.63　热喷涂工艺流程

预处理是为了改善零件的表面状态,使喷涂颗粒能很好地浸润工件表面,并与微观不平的表面紧紧咬合,以获得高结合强度的涂层;在经过预处理质量合格的工件表面进行热喷涂,是获得满足所需性能涂层的关键工序;后处理是为了进一步提高涂层与基体的结合强度和致密度,改善涂层内的结合强度,消除涂层中孔隙的不良影响。

(1)预处理。

a. 表面加工。为保证涂层厚度,可以对工件表面进行预先切削加工,这对不规则磨损表面的修复是不可缺少的工序。

b. 脱脂。涂层与基体界面存在油脂类污染物会削弱涂层的界面结合强度,严重时会直接导致热喷涂涂层脱落。基体表面脱脂方法包括溶剂浸渍法、擦拭法、喷雾法、蒸气处理法和火焰(或等离子焰)灼烧分解油脂法等。其中溶剂浸渍法使用最为广泛,常用溶剂以汽油等有机溶剂配合表面活性剂和碱性清洗剂使用效果最好。

c. 防护。喷砂处理前要对不需要喷涂的部位进行保护,常用捆扎或黏结金属薄块、橡胶皮、玻璃纤维布或屏蔽保护胶带进行保护。

d. 喷砂。对工件表面进行粗化处理和除去表面氧化膜、锈蚀产物可采用酸洗或喷砂处理。喷砂处理应用较为广泛。喷砂处理是以尖锐的多棱角细砂在压缩空气流作用下或离心力作用下冲击工件表面,同时对工件表面进行微切削,从而得到粗糙表面。熔融颗粒高速冲击基体表面时,经过粗化处理的凹凸不平的表面能跟变形颗粒形成相互嵌合的结构,基体与涂层从而形成牢固的机械结合。

喷砂所使用的砂粒有钢砂、刚玉砂、碳化硅砂、石英砂、玻璃球、树脂球等多种。应根据被喷涂工件的硬度选择合适的喷砂砂粒,高硬度工件一般采用刚玉砂或碳化硅砂,低硬度工件多选用玻璃球、树脂球等。根据工件大小、厚度选择适宜的砂粒粒度,常用的喷砂粒度范围为20～80目,薄壁工件应选用小粒度。此外,喷砂后应使用粗糙度仪测量表面粗糙度,表面粗糙度应达到 $Ra\ 3.0～12.5\ \mu m$。除喷砂种类和粒度之外,喷砂表面粗糙度还取决于喷砂压力、角度和距离。一般来说喷砂压力越大、喷砂角度越接近90°角、喷砂距离越近,喷砂表面受到的切削力越强,表面越粗糙。然而喷砂角度应尽量避免90°角,以防砂粒嵌入基体表面。

喷砂后应用压缩空气将黏附在工件表面的碎砂粒吹净。重复使用砂粒时要及时筛选破碎的粉末状砂粒。提倡采用循环式喷砂设备,可减轻环境污染、保护劳动者健康和降低施工成本。对金属及其合金而言,喷砂处理后因材料表面积增大及表面活性增强,材料表面容易吸湿及氧化生锈,因此喷砂处理后要及时进行热喷涂施工,一般中间间隔不超过4 h。

e. 预热。喷涂之前要对基体表面进行预热,预热有3个作用:降低因涂层与基体表面的温度差而产生的内应力,防止涂层的开裂和剥落;去除工件表面的水分;提高工件表面与熔粒的接触温度,加速熔粒的变形和咬合,提高沉积速度。预热处理可采用喷枪和电阻炉加热的方式。预热温度一般不太高,对普通钢材一般控制在100～150℃为宜。为了防止因表面预热不当产生的氧化膜对结合强度的不利影响,也可以将预热安排在喷砂工序前进行。

(2) 热喷涂施工。

经表面预处理后的工件要立即进行喷涂,以免表面再次氧化或污染,导致涂层结合强度下降。根据工件要求获得的表面性能来选择合适的喷涂材料,涂层最小厚度为 0.2 mm。若喷涂材料是陶瓷脆性材料,而基体为金属时,为提高涂层与基体的结合强度,在面层涂层与基体之间会喷涂一层打底层。打底层厚度一般为 0.10～0.15 mm。打底层不宜过厚,超过 0.2 mm,不但不经济,而且结合强度下降。常见的打底层采用 Mo、Ni - Al 复合材料、Ni - Cr 复合材料等,其涂层最高使用温度及性能如表 2.80 所示[111]。

表 2.80　常见打底层材料及最高使用温度

涂层组成/%	最高使用温度/℃	使用性能
Mo	315	抗氧化性差,空气中不宜高温使用
80%Ni - 20%Al	620	不耐盐水腐蚀,电解液中会加速腐蚀
95%Ni - 5%Al	1010	电解液中会加速腐蚀,但高温稳定性好
95%Ni - 5%Cr	1260	黏结性较 Ni - Al 差,但化学稳定性好
94%NiCr - 6%Al	980	抗热冲击性能好,适用于热障涂层

(3) 后处理。

热喷涂施工后通常要对涂层进行一系列后处理,这些后处理包括涂层重熔处理、后续热处理、封孔处理和机械加工等。

a. 重熔处理。用镍基合金、镍铬合金和钴基合金等自熔合金制备的热喷涂涂层可以进行重熔处理。经过重熔处理后,涂层中的微气孔、微裂纹消失,表面成为不含金属氧化物的清洁合金涂层。涂层表面光滑,与零件基体表面形成冶金结合,界面结合强度显著提高,抗磨损和腐蚀性能增强。

重熔处理应在热喷涂之后立即进行,可以采用火焰重熔枪(氧乙炔或氧丙烷火焰)、重熔炉、感应重熔、激光束辐照、浸渗等方法对零件进行重熔处理,加热温度不宜过高,否则涂层熔化部分的流动性过强,容易造成涂层厚薄不均匀,常用重熔温度为 1000℃左右。

b. 后续热处理。后续热处理包括提高涂层结合强度的热扩散处理,消除涂层内应力的退火处理和小型零件涂层的热等静压处理等。热等静压处理是将带涂层的零件放入高压容器中,充入氩气后,加压加温的一种处理方法。由于容器体积小,生产效率低,设备费用高,一般不采用这种手段处理,仅适用于高精尖具有研究性质的小零件。

c. 封孔处理。热喷涂涂层一般是有孔结构,在腐蚀条件下工作的涂层通常需要进行封孔处理。封孔处理可采用机械密封(对涂层进行碾压或喷丸,依赖涂层自身变形来缩孔堵孔)、重熔密封、涂料涂覆密封(涂覆密封剂)等方法。常用密封剂有:酚醛树脂、环氧树脂、煤焦油等。

d. 机械加工。一般来说,零件热喷涂涂层的尺寸精度和表面粗糙度都达不到零件图样的要求,因此必须进行机械加工。然而热喷涂涂层的特点给机械加工带来了较大的挑战:第一,由于涂层在切削加工时塑性变形区晶格滑移严重,从而产生冷作硬化,致使切削力增大;第二,涂层存在大量弥散的高硬度硬质点,高温时仍保持相当高的硬度,致使切削刀具极易磨损;第三,涂层导热性差,加工过程产生的切削热难以扩散,集中在刀具刃口附件区域,致使刀具承受热应力过大,加速刀具磨损和非正常破坏;第四,涂层多孔和弥散分布硬质点的组织特点,刀具经常受到高频冲击振动,致使刀具极易产生崩刃甚至断裂现象。

若机械加工不当,除刀具或砂轮产生崩刃或非正常磨损外,还可能致使涂层剥落、表面烧损和裂纹产生,从而影响涂层使用寿命。因此,随着热喷涂涂层种类不断更新开发,喷涂层加工的切削机理和加工工艺方面也成为研究的热点。

2) 热喷涂工艺的关键因素

涂层的质量和性能与具体的喷涂方法、工艺参数等有关。影响喷涂涂层质量的关键技术因素具体如表 2.81 所示。

表 2.81　热喷涂工艺的关键因素

序号	名称	具体的关键因素名称
1	喷枪	喷嘴几何尺寸 功率 气流
2	喷涂焰流(火焰、等离子焰等)	气体成分 气体温度 气流速度 喷涂距离 空气比例 涡流
3	送粉	粉末粒度、形状或线材尺寸 输送速度 输送方法和位置 载气成分和速度 物理化学性质

（续表）

序号	名称	具体的关键因素名称
4	基体	表面清洗和粗化效果 基体温度 冷却方式和速度 移动速度 物理化学性质

3）热喷涂各因素对涂层质量的影响

喷涂材料的化学成分和粒度形状、雾化气流的压力、质量和流量、基体表面质量、喷涂距离、喷枪喷嘴直径、喷枪喷涂效率等因素将直接影响热喷涂涂层的质量，这些因素具体作用和影响机理如表 2.82 所示。

表 2.82　热喷涂各种影响因素对涂层质量的影响

热喷涂工艺主要因素	作用与影响
喷涂材料的化学成分和粒度形状	对碳钢和合金钢而言，喷涂材料的含碳量越高，喷涂层的硬度越高。粉末杂质（硫、磷等）含量高，涂层容易龟裂。熔融颗粒的温度越高，雾化颗粒粒度越细小，金属丝材熔化速度越快，颗粒表面氧化越严重，涂层氧化物含量增加，涂层颗粒间结合力降低。其次，涂层颗粒越大，孔隙尺寸越大，孔隙率越高。涂层颗粒越小，涂层越致密，孔隙率越低
雾化气流的压力、质量和流量	雾化气流速度和气流流量决定颗粒飞行速度，颗粒飞行速度越高，熔融颗粒撞击工件表面的动能越大，粒子的扁平程度越大，表面粗糙度越小。涂层颗粒变形越充分，涂层越致密。颗粒飞行速度越快，颗粒在空气中停留时间越短，越有利于防止颗粒的氧化。高速飞行的熔融颗粒撞击基体表面，容易引起颗粒表面氧化膜的破裂，增加颗粒之间的实际接触面积，以及颗粒之间的相互嵌合，提高了涂层的内聚结合强度
基体表面质量	工件表面净化和粗化效果越好，表面无污染物、油脂和氧化皮，表面粗糙度高，涂层与基体接触面积越大，基体与涂层之间的机械嵌合作用越大，涂层的界面结合强度越高。此外，基体在熔融颗粒撞击后冷却越快，组织结构变化越大，产生涂层氧化物越多，塑性变形引起的加工硬化越明显，涂层硬度越高
喷涂距离	喷涂距离越短，颗粒具有越高的动能，撞击工件表面的动能越大，涂层越致密，涂层内聚结合强度越高。喷涂距离越长，熔融颗粒的碳元素和合金元素烧损越多，涂层孔隙率越高，而且冲击基材颗粒的温度越低，塑性变形能力越小，涂层硬度越低。然而喷涂距离过短，喷涂气流到达基体表面时温度较高，基材表面热影响大，因此喷涂距离在 150～300 mm 比较适宜

(续表)

热喷涂工艺主要因素	作用与影响
喷枪喷嘴直径	由于喷涂枪中引入超声速喷管-Laval 喷管,能对高速气流进行加速。喷管出口的气流速度主要受喷管出口截面积和喉部截面积比以及环境气压和进口气压比两个要素的影响。当喉部截面积不变的情况下,喷嘴直径直接影响喷管出口的气流流速,从而影响喷涂颗粒的飞行速度和温度。过大的出口尺寸会造成膨胀过度,在喷管内形成激波,过小的出口尺寸会造成膨胀不足,在出口形成扰动,这些都会使气流的能量受到损失,减弱喷管的雾化和加速作用
喷枪喷涂效率	喷枪喷涂效率越高,相应的喷涂电流越大,喷涂颗粒的温度越高,越有利于涂层界面结合强度的提高。随着喷涂效率的提高,送丝送粉速度加快,相应喷涂电流增加,颗粒温度升高,撞击工件基体表面后冷却时间延长,冷作硬化程度下降,涂层硬度降低

2.5.2.2 热喷涂工艺质量要求

工艺质量要求可以按照"人、机、料、法、环"五要素进行归纳总结。

1) 人员要求

执行工艺的操作人员和检验人员必须经过培训并考核合格。

2) 设备要求

(1) 微处理器控制并安装有一个自动调节气体和燃料的装置。喷枪应该安装在一个自动操作装置上,以保证在喷涂过程中维持恒定的工作距离和移动速度,或者将喷枪固定在一个确定的位置,部件安装在自动操作装置上,以保持恒定的工作距离。

(2) 送粉器可计量并且可持续地给喷枪提供干燥的、混合好的涂层材料。

(3) 喷涂系统中的减压阀、流量计、压力表、送粉器、温度测量仪器和转台等都必须定期校验。

(4) 压缩空气应定期进行清洁度检测,并无水、油和颗粒等污染物。

(5) 建议采用在线温度测量和速度监控装置,以准确控制喷涂时的焰流温度和速度,保证涂层质量。

3) 粉末及其他工艺材料要求

民用飞机制造用热喷涂工艺所有涉及的喷涂材料和其他工艺材料均需满足设计要求,在设计批准的选用目录中选取。

4) 喷涂操作技术要求及检验控制要求

(1) 技术要求。

喷涂操作中的技术要点控制可直接影响喷涂涂层质量:

a. 喷涂前应对需喷涂表面进行预热。最高预热温度也需要进行控制。

b. 喷枪(焰流中心线)与零件表面之间的角度应控制在(90±5)°范围内。对于圆柱状工件,则喷涂角度为相对于圆柱的中心线。

c. 喷涂期间基体温度和在最高温度时的累积时间需严格控制,测量部位应是邻近涂层边缘的工件基体。如果几何或者零件尺寸约束不允许上述过程,那么温度应立即在与喷涂枪的运动轨迹相同的毗邻涂装区域测量。温度采用激光近视红外温度计测量,这种温度计应具有可变发射率(0.1～0.99)及低于1 s的响应时间。

d. 喷涂操作可定期间歇,以使基体冷却并用来检查涂层厚度尺寸。每次中断时间不宜过长。在喷涂操作期间或间歇期间,可以通过吹干燥的氮气或二氧化碳或清洁干燥的压缩空气来辅助冷却。

(2) 检验控制要求。

热喷涂涂层的检查项目、检验内容、检验方法和控制要求等如表 2.83 所示。

表 2.83　热喷涂涂层的检查项目、检验内容、检验方法和控制要求

检验项目	检验内容	检验方法	控制要求
外观	涂层均匀性、裂纹、分层、剥落	目视和放大镜检查	(1) 涂层应均匀、连续,与基体金属结合良好 (2) 涂层边缘不出现分离,并无片状剥落、散裂、碎屑、气泡和可见的裂纹 (3) 不允许出现基体变色等过热迹象
厚度	涂层总厚度、底层厚度	千分尺等常规量具、测厚仪、金相显微镜,GB11374	(1) 在能被直径为 20 mm 的球接触到的表面或者工程图样上规定厚度的表面上,涂层的厚度应均匀一致 (2) 涂层厚度应符合工程图样的规定。涂层厚度必须有足够的余量来满足加工要求
粗糙度	粗糙度	粗糙度仪	表面粗糙度应符合工程图样的要求。当原始涂层粗糙度能满足工程图样要求时,应直接喷涂至工程图样规定的涂层厚度。当原始涂层粗糙度不能满足工程图样要求时,涂层应有足够的厚度用于机械加工或打磨,把涂层加工至规定的尺寸和表面粗糙度
金相检验	微观形貌(裂纹、分层、剥离)、界面(夹杂、分离)、孔隙率和氧化物、未熔颗粒	按 ASTM E384,显微镜观察	不同热喷涂方法的控制要求不一致
结合性	剥落倾向、涂层塑性	弯曲法(AMS 2448)、杯突法、球击法(GB 1732-79)、热震法、偏心车削法	不同材料不同方法控制要求不同。比如钛合金采用弯曲法要求试片应弯曲以获得 90°的永久形变。高强钢则要求弯曲成 180°,并获得 90°永久变形
结合强度	结合强度	HB5476、ASTM C633	不同喷涂方法的结合强度要求不同

（续表）

检验项目	检验内容	检验方法	控制要求
残余应力	残余应力	Almen N 型试片测试	不同材料的残余应力要求不同
抗氧化性	抗静止氧化能力	氧化增重法	适用于抗氧化和热障涂层
抗热腐蚀	抗热腐蚀能力	热腐蚀失重法	
耐磨性	耐磨能力	ASTM G65-04	适用于耐磨涂层
疲劳强度	抗疲劳损伤能力	ASTM E466	设计选材和选用部位服役环境决定疲劳强度设计许用值

2.5.2.3 热喷涂工艺常见缺陷及其排除方法

1）热喷涂工艺常见缺陷及排除方法

热喷涂涂层常见缺陷及其排除方法如表 2.84 所示[50]。

表 2.84 热喷涂涂层常见缺陷和排除方法

涂层缺陷	产生原因	排除方法
涂层剥落	（1）清洗除油不彻底 （2）喷砂用压缩空气不洁净 （3）喷砂表面遭污染 （4）砂粒破碎率高,基体表面粗化程度低 （5）喷涂距离远,涂层中氧化物含量高 （6）喷涂角度小,涂层出现遮盖效应 （7）底层与面层分层 （8）基体预热温度低	（1）加强清洗和除油 （2）过滤、干燥压缩空气 （3）保持喷砂表面洁净,缩短喷砂与喷涂时间间隔 （4）更换砂粒,适当调整喷砂压力 （5）调整喷涂距离 （6）增大喷涂角度 （7）及时清除底层的浮灰 （8）提高基体预热温度
涂层龟裂	（1）涂层过热 （2）粉末氧化 （3）粉末杂质(S, P 等)含量高 （4）喷涂过程中温度变化大 （5）涂层厚度不均匀	（1）加强冷却,采用间歇喷涂 （2）调整电流或燃气气氛 （3）更换粉末 （4）改善喷涂环境 （5）注意喷涂的均匀性
涂层孔隙率高	（1）粉末粒度分布不合理 （2）喷涂距离远 （3）涂层粉末烟尘大	（1）过筛粉末 （2）缩短喷涂距离 （3）及时清理烟尘,适当增加喷涂距离
涂层有大颗粒	（1）送粉不均匀 （2）工作电流过高 （3）喷嘴烧损	（1）改进送粉 （2）降低电流 （3）更换喷嘴
硬度偏高	（1）送粉量偏小 （2）功率偏高	（1）增大送粉量 （2）调低功率

2）不合格涂层的退除

涂层的去除方法有机械加工、喷砂和化学及电化学方法。机械加工、喷砂等方式都是物理去除方法,只要不损伤基体材料就能满足要求。化学及电化学方法依据涂层材料不同而不同,具体如表 2.85 所示。

表 2.85　热喷涂不合格涂层退除的化学和电化学方法

序号	溶液成分	温度/℃	操作说明
1	HNO₃ 400～500 g/L	室温	零件在溶液中浸渍,直至无气泡溢出,取出洗净吹干
2	NaOH 95%	32～42	零件在溶液中浸渍 30 min,取出洗净吹干,然后用 90 目氧化铝干喷砂
3	NaNO₃ 100%	540～565	零件在熔融硝酸钠中浸渍,不超过 30 min,取出空冷到 60℃,在 55～60℃的热水中洗净吹干
4	NaOH 75%～85% NaNO₃ 15%～25%	430～490	零件在熔融盐中浸渍,不超过 30 min,取出后流动冷水洗净吹干
5	CrO₃ 1.5 kg H₃PO₄ 3.78 L	70～90	零件在溶液中浸渍 30 min,取出流动冷水洗净吹干,然后用 90 目氧化铝干喷砂
6	罗谢尔盐 (Na₂CO₃ 150～225 g/L,酒石酸钠 60～90 g/L)	40～65	零件做阴极,不锈钢做阳极,浸入溶液中,通直流电电解,电压 4～6 V,涂层除净后取出零件洗净吹干
7	AlCl₃ 50 g/L ZnCl₂ 225 g/L 乙醇 720 mg/L 丁醇 80 mg/L	70～80	零件做阴极,不锈钢做阳极,浸入溶液中,通直流电电解,电压 11 V,涂层除净后取出零件洗净吹干

2.5.3　航空制造领域新兴热喷涂技术

热喷涂涂层的性能取决于涂层扁平粒子的层间结合和扁平粒子内部的组织结构,而粒子与基体碰撞后的扁平化过程主要受粒子碰撞速度、熔化状态等因素的制约,于是提高热喷涂射流和粒子的速度成为当今国内外热喷涂技术发展的新趋势,相继出现了超声速火焰喷涂、超声速等离子喷涂及超声速电弧喷涂等超声速喷涂技术。此外,随着对涂层性能要求的进一步提高,又出现了冷喷涂、激光喷涂等新方法。下面就对这些民用航空领域新兴热喷涂技术分别进行介绍。

2.5.3.1　超声速火焰喷涂技术

超声速火焰喷涂技术,也称为高速火焰喷涂技术(high velocity oxygen/fuel process,HVOF),是 20 世纪 80 年代初期首先由美国 Browning Engineering 公司成功开发出来的,是一种利用特殊火焰喷枪来获得高温、高速焰流的喷涂技术。图 2.64 所示为火焰喷涂和超声速火焰喷涂的喷枪外观比较。

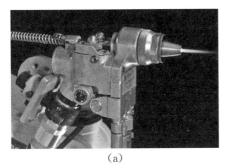
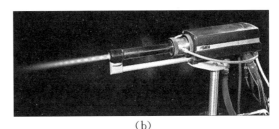

(a)　　　　　　　　　　　(b)

图 2.64　火焰喷枪(a)和超声速火焰喷枪(b)

1) 超声速火焰喷涂技术的发展历史

超声速火焰喷涂技术及设备,至今已经历了 3 个发展阶段。第 1 代的 HVOF 喷涂系统以"JET-KOTE"为代表,第 2 代超声速火焰喷涂系统以 1989 年出现的 Top-Gun, Diamond-Jet 和 CDS(continuous detonation spray gun)为代表,第 3 代超声速火焰喷涂系统以 JP - 5000 喷涂系统为代表。第 1、2 代设备的功率偏小,粒子速度偏低,涂层的整体性能不够理想。第 3 代在设计上有了较大改进,使粒子飞行速度大幅度提高,涂层质量显著改善。由于 HVOF 系统使用气体燃料和氧气助燃剂,故生产成本很高。为此,美国、英国、日本等国又研制了 HVAF 系统,使用压缩空气代替价格昂贵的纯氧气做助燃气体,且喷枪采用气冷方式。除了大幅度降低成本外,喷涂温度可以控制在较低范围内,是热喷涂技术上的一项革新。

2) 超声速火焰喷涂技术的基本原理

超声速火焰喷涂都是利用超声速焰流来加热、加速喷涂粒子的。在喷枪结构上都是将燃料(气体或液体)和助燃剂(氧气或空气)送进燃烧室燃烧,并使其沿着喷嘴喷出,在瑞利流和范诺流效应下,等截面喷嘴在喷嘴出口、Laval 喷嘴在喷嘴内部焰流达到阻塞状态,从而获得超声速火焰射流。图 2.65 为两种超声速火焰喷枪的结构图,其中 DJ - 2700 是 Metco 公司在推出 Diamond Jet(DJ)标准型后投放市场的复合型超声速火焰喷枪,该喷枪以丙烷为燃料、氧气为助燃气体,燃烧部位气冷,其余部分水冷,不设热交换器,从而减少了热损失,而 JP - 5000 型超声速火焰喷枪是 TAFA 公司推出的产品,该喷枪是以安全的航空煤油为燃料,吸入式送粉,热效率高,将氧气和液体燃料送进喷枪后部的燃烧室,并用火花塞点燃,粉末沿径向双孔加入到内喷嘴喉管后的过渡膨胀负压区,从而不需要高压送粉系统。

3) 超声速火焰喷涂涂层特性及应用

德国 Lufthansa TECHNIK 研究中心开展了超声速火焰喷涂涂层和硬铬镀层的对比研究。结果表明超声速火焰喷涂获得的涂层硬度、耐磨性、抗腐蚀性能等明显好于硬铬镀层,且对基体疲劳性能影响小,工艺环保、无氢脆。Lufthansa TECHNIK 还采用超声速火焰喷涂技术(DJ2600)对 B737 - 300 起落架 NLG 内轴、B747 装卸门吊钩、起落架、发动机高压截止阀、阻力板等进行喷涂,涂层材料采用

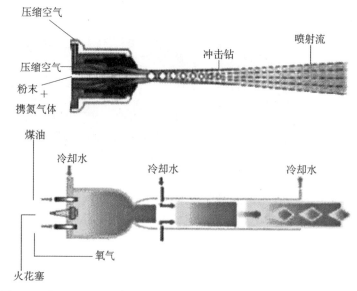

图 2.65　DJ‐2700(上)和 JP‐5000(下)两种超声速火焰喷枪的结构比较

WC‐Co、WC‐CoCr、Cr3C2‐NiCr、NiCrBSi 等,并对喷涂后的起落架 NLG 内轴零件进行综合评价和考核试验。评估项目包括:结合强度、硬度、涂层金相结构、涂层内应力、疲劳性能、磨损＋摩擦、用电化学和化学法的可剥性、氢脆、耐腐蚀性能等十余项,试验结果表明:对于起落架而言,优于镀硬铬镀层的最佳选择是 WC‐Co 和 WC‐CoCr 涂层,其兼有高耐磨和高抗腐蚀性能的优点。

为更好地评价超声速火焰喷涂涂层,促进其在飞机上的推广应用,1999 年美国国防部和加拿大国防部还联合开展了飞机起落架零件超声速火焰喷涂涂层替代硬铬镀层的研究(见图 2.66),通过大量的疲劳、摩擦、腐蚀、冲击和氢脆等试验进行了

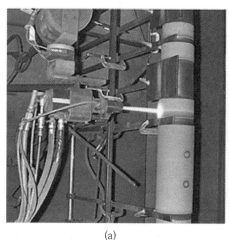

(a)　　　　　　　　　　　　　　(b)

图 2.66　HVOF 喷涂工艺在飞机起落架上的应用

(a) HVOF 喷涂飞机起落架轴表面　(b) HVOF 喷涂飞机起落架气缸表面

对比研究,并进行了超声速火焰喷涂涂层在起落架上的装配和飞行试验评价,研究表明超声速火焰喷涂涂层性能优于电镀硬铬镀层。

目前超声速火焰喷涂技术已应用于空客、波音公司的大型客机及美国军用飞机高强度钢和钛合金的防护,涉及的型号包括 A380、B767 - 400、B777、F - 35 等,应用部位包括起落架活塞杆、柱塞、舱门插销、阻力板和钛合金襟翼滑轨等,此外超声速火焰喷涂涂层还被用于对 B767 等飞机原有镀硬铬起落架的修理。

在国内,ARJ21 新支线飞机钛合金襟翼滑轨上已经应用了 HVOF 工艺,在设备、工序安排、喷涂参数以及涂层检测技术等方面已有一定的研究基础,C919 大型客机的高强钢后转轴销零件上也拟采用 HVOF 技术替代镀硬铬工艺,达到世界领先的技术水平。

2.5.3.2　超声速等离子喷涂技术

超声速等离子喷涂又称高速等离子喷涂(high velocity plasma spray,HVPS)是指利用非转移型等离子弧与高速气流混合时出现的"扩展弧",得到稳定聚集的超声速等离子射流进行喷涂的方法。

1)超声速等离子喷涂的发展历史

超声速等离子喷涂技术最早于 20 世纪 80 年代中期由美国率先研究,90 年代中期由 TAFA 公司将其商业化,推出了能够满足工业化生产需要的 270 kW 级大功率、大气体流量(21 m³/h)的"PlazJet"超声速等离子喷涂系统,它代表了当时世界的先进水平。在国内,装甲兵工程学院装备再制造技术国防科技重点实验室在多年研究国外超声速等离子喷涂技术的基础上,结合国内实际,率先研制成功了高效能超声速等离子喷涂系统(HEPJet)。此系统通过特殊的喷枪设计(单阳极拉法尔喷嘴),采用以机械压缩为主、气动力压缩为辅的射流加速方案,实现了在低功率(80 kW)、小气体流量(6 m³/h)下获得超声速射流的目标。高效能超声速等离子喷涂系统(HEPJet)的研制成功,使我国成为继美国之后第 2 个能够生产成套超声速等离子喷涂系统的国家。该系统总体达到国际先进水平,其核心技术——高效能超声速等离子喷枪属国际领先,并获得国防发明专利(专利号:01101077.0)。

2)超声速等离子喷涂的基本原理

等离子喷涂(air plasma spraying,APS)基本原理如图 2.67 所示。它是将非金属(或金属)粉末送入刚性非转移型等离子弧焰流中加热到熔化或半熔化状态,并伴随等离子焰流高速喷射并沉积到预先经过处理的工件表面上,从而形成一种具有特殊性能的涂层。其具体的喷涂设备如图 2.68 所示。

超声速等离子喷涂核心技术集中在超声速等离子喷枪的设计上,典型的 PlazJet 和 HEPJet 喷枪结构如图 2.69 所示。PlazJet 喷枪依靠增大等离子气体流量提高射流速度,弧电压可高达 200 V,电流 400～500 A,焰流速度超过 3 000 m/s。为了保证高速射流具有足够高的热焓值使喷涂粒子充分熔化,采用了提高弧流功率的措施。该喷枪的最大功率(270 kW)比普通高能等离子(80 kW)提高 3～4 倍。由于大幅

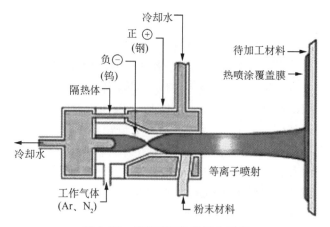

图 2.67　等离子喷涂的基本原理

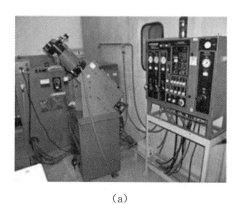

（a）

（b）

图 2.68　等离子喷涂设备

（a）等离子喷涂控制系统　（b）等离子喷涂喷枪

（a）

（b）

图 2.69　两种超声速等离子喷枪的结构比较

（a）PlazJet　（b）HEPJet

提高了喷射粒子的速度(可达 400~600 m/s)和动能,涂层质量明显优于常规速度
(200~300 m/s)的等离子喷涂层。但是由于能量消耗大,且为了保证连续工作,采
用了外送粉方式,造成粉末沉积率降低,喷涂成本很高,限制了其推广应用。
HEPJet 喷枪采用了拉伐尔喷嘴型面的单阳极结构,压缩孔道长度缩短,但对电弧初
始段的机械压缩增强,迫使阳极斑点前移来拉长电弧(弧压可达 200 V)。由于提前
对电弧区段的加速,提高了喷枪热效率,在低功率、小气体流量下获得了高热焓值
的超声速(6~8 Ma)射流,由于配套采用了内送粉结构,有效提高了粉末沉积率,
喷涂成本只有 PlazJet 的 1/2。此外,该系统还在国际热喷涂界率先采用先进的
IGBT 逆变技术研制了紧凑型小体积的 80 kW 级喷涂电源,采用先进的 PLC 过程
控制系统和氟利昂制冷的热交换器等,标志着我国等离子喷涂技术已达到国际先
进水平。

3)超声速等离子喷涂的特性及应用

超声速等离子喷涂主要有以下优势:

(1)能在较低功率和较小气体流量(高效能的特点)下得到满足超声速等离子
喷涂要求的超声速等离子焰流,既在普通等离子喷涂的电参数下实现超声速等离子
喷涂,又能获得高质量的涂层。

(2)喷涂材料的种类多,适用范围宽。由于超声速等离子设备的离子焰流温度
高,可以将各种材料加热到熔融状态,通过调节气体流量与电参数的合理匹配,获得
能够满足各种喷涂材料所需的超声速等离子焰流;适用工作电压范围宽(60~200
V);适用工作气体范围宽(可使用氩气加氢气、氩气加氮气、纯氮气、氮气加氢气的
配气方案),能够满足适用不同工作气体和不同材料喷涂参数的需要。

(3)工艺稳定,涂层质量高。等离子喷涂设备的各工艺参数都可以定量控制,
因而工艺稳定性高,涂层平整光滑,质量均匀,可精确控制厚度,再现性好。由于液
滴冲击速度较高,因此与基体碰撞时变形充分,涂层致密,孔隙率低,结合强度高。
涂层氧化物和杂质含量少,与电镀、电刷、渗碳、渗氮相比,超声速等离子喷涂层更
厚、更硬、更具防腐效果。

(4)零件变形小,不改变基体的整体性能。由于喷涂时工件不带电,所以尽管
熔融态颗粒的温度较高,但只要工艺得当,在喷涂的同时吹冷却气体可以控制零件
升温不超过 200℃,则零件不会发生变形。

(5)喷枪结构紧凑、轻巧,使喷枪的重量功率比尽可能地小。喷枪装配、调节方
便,可维修性比较强,易损件更换容易。机动和手动操作互换性强,不用更换枪座即
可实现这两种功能。

(6)独特的内送粉结构设计。用于解决因超声速等离子焰流速度快、刚性大、
热焓低、加热时间短所造成的粉末难以熔化等不足,既能实现超声速等离子喷涂的
高效能,降低成本,又能克服外送粉所造成的边界效应,改善涂层质量。

超声速等离子喷涂处于国际热喷涂技术的前沿,由于其等离子体射流通常可

达到声速的 5～8 倍,远高于普通亚声速等离子喷涂。喷涂速度的提高可以用于制备各种高密度、高质量的难熔金属和陶瓷涂层,特别是可以有效改善陶瓷涂层的致密性、韧性和结合强度,在航空航天领域具有广泛的应用前景。等离子喷涂工艺可以制备尺寸较大的零件,例如航空发动机加力燃烧室火焰筒、鱼鳞板及涡轮静止叶片[113]。许多军用航空发动机零件采用等离子喷涂,其中有风扇叶片、燃烧室内衬、压气机叶片和空气密封件等,例如,在 TF39 风扇叶片的燕尾喷涂 Cu-Ni-In 用以防止擦伤,在发动机燃烧内衬涂 ZrO_2 热障涂层,在耐磨及防热的碳元件上喷涂 Al_2O_3[114]。目前,国内等离子喷涂技术在航空发动机维修中应用最广的领域是恢复发动机上零部件的尺寸,如在Ⅲ级机匣等离子喷涂聚苯酯/铝硅封严涂层,在加力筒体隔热屏上等离子喷涂氧化锆涂层,火焰筒喷涂热障涂层等;再如滑油泵壳体的啮合面磨损,采用等离子喷涂铜铝涂层的方法恢复其尺寸[115]。在国内航空发动机技术领域中,等离子喷涂制备热障涂层的工艺已经在某新型航空发动机的涡轮导向叶片和隔热屏等零件上成功应用,并获得了国防科学技术一等奖。但由于等离子喷涂涂层具有典型的板条状结构,容易导致热机疲劳,涂层易剥离失效,因此这种工艺制备的涂层只能用于静止的工件。随着近年来陆续快速发展起来的超声速等离子喷涂技术,进一步提高了等离子喷涂的质量,扩大了等离子喷涂的应用领域[116]。

2.5.3.3　超声速电弧喷涂技术

超声速电弧喷涂技术是根据气体动力学原理,将高温燃气或高压气体,通过特殊设计的喷管加速后,作为电弧喷涂的高速雾化气流,用以雾化和加速熔融金属,形成致密涂层的一种热喷涂新技术。

1) 超声速电弧喷涂的发展历史

电弧喷涂技术由瑞士的 M. U. Schoop 博士于 20 世纪 20 年代提出构思,起初主要用于装饰。1920 年该技术引入日本,并发明了用交流电弧为热源的喷涂装置,但没有得到实际推广。后来德国改用直流电源使电弧喷涂有了实用价值。30—40 年代,欧洲在电弧喷涂设备和工艺上取得进步,工业部门开始用电弧喷涂钢丝修复机械零件,喷涂 Al、Zn 作为防护涂层。50—60 年代,世界各国对电弧喷涂技术的关注越来越多,1963 年在马德里举行的第三届金属会议关于电弧喷涂的论文涉及钢的电弧喷涂、电弧喷涂技术的发展、电弧喷涂的工艺规律性等方面。70 年代的研究主要侧重于 Zn、Al 防腐涂层,人们发现使用电弧喷涂得到的 Al 涂层质量比火焰喷涂好且成本低。70 年代末,粉芯丝材的出现给电弧喷涂带来了生机,世界各国对电弧喷涂的研发应用大大加强,粉芯丝材既克服了高合金成分带来的难以拔丝的困难,同时还使一些不导电的颗粒材料在电弧喷涂上得以应用。80—90 年代,电弧喷涂设备得到迅速发展与更新,朝着精密化和自动化的方向发展,使涂层质量得到进一步提高,应用范围也越来越广泛,电弧喷涂又重新得到了各工业领域的重视。在 1998 年召开的第 15 届国际热喷涂会议的参展商品中,电弧喷涂设备及产品占 30%

以上[117]。

我国在 20 世纪 50 年代初从苏联引进该技术,60 年代初我国研制成功封闭喷嘴固定式喷枪,主要用于旧件的修复。之后,由于设备材料等方面的限制,一直到 80 年代初,中国的电弧喷涂技术一直停留在原有水平,并被认为是一种"高效率,低质量"的技术。80 年代后期,大型钢结构腐蚀、磨损防护的潜在市场又推动了电弧喷涂的应用和发展,国内许多单位加快了对电弧喷涂技术与设备的研发。

高速电弧喷涂技术自 90 年代以来,取得了较快的发展,主要集中在加速装置、基础理论和新型材料等方面。高速电弧喷涂新技术的出现,不仅提高了喷涂效率,而且进一步改善了电弧喷涂涂层的质量。

2) 超声速电弧喷涂的基本原理

电弧喷涂(arc spraying,AS)是指利用两根连续送进的金属丝作为自耗电极,在其端部产生电弧作为热源,用压缩空气将熔化了的金属丝雾化,并以高速喷射到工件表面形成涂层的一种热喷涂工艺,其工作原理如图 2.70 所示。超声速电弧喷涂(supersonic arc spraying,SAS)也称高速电弧喷涂(high velocity arc spray,HVAS),在传统电弧喷涂的基础上,对传统电弧喷涂枪的流场进行优化设计(典型电弧喷枪外观见图 2.71),通过特殊设计的 Laval 喷嘴将喷涂颗粒的速度提高到超声速,从而提高了涂层质量。图 2.72 为高速电弧喷涂原理示意图。

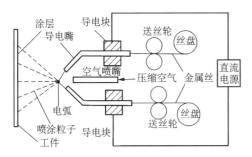

图 2.70　电弧喷涂基本原理

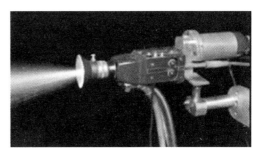

图 2.71　电弧喷涂喷枪外观

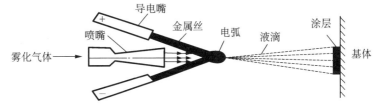

图 2.72　高速电弧喷涂原理

3) 超声速电弧喷涂的特性

超声速电弧喷涂技术与普通的电弧喷涂以及其他热喷涂技术相比,具有显著优点:

(1) 粒子速度明显提高,雾化效果改善明显。超声速电弧喷涂枪的流场更加均匀,湍流减少,提高了雾化气流速度和粒子飞行速度。粒子速度提高,粒子直径减小,粒子束更加集中,喷涂粒子的沉积效率达到 75% 以上。

(2) 涂层的结合强度显著提高,平均提高 1.5~2 倍。

(3) 涂层孔隙率降低,内部组织致密,涂层性能提高。通过超声速电弧喷涂技术得到的优质涂层,足以与等离子弧涂层相媲美。

(4) 喷枪通用性强。超声速电弧喷涂技术与普通电弧喷涂技术具有兼容性,利用普通电弧喷涂的电源设备及送丝机构,仅更换一支超声速电弧喷涂枪就可以进行超声速电弧喷涂。

(5) 生产效率高。由于超声速电弧喷涂技术可用于大面积的现场施工,喷涂速度快,因此可在不影响使用的情况下,在工作间隙对损坏的工件进行快速的维修;用 $\phi 3\,mm$ 的喷涂丝材对工件进行超声速电弧喷涂,其工作效率将比用 $\phi 2\,mm$ 的丝材提高很多。

(6) 电弧稳定性高。由于气流的强烈雾化及对电弧的压缩作用,电弧喷涂的弧区温度提高,熔化速度加快,刚刚熔化的金属被高速射流吹走,减少了两金属电极短路和电弧熄灭的概率,电弧稳定性提高。

超声速电弧喷涂技术可以赋予工件表面优异的耐磨损、防腐蚀、防滑、耐高温等性能。目前,电弧喷涂技术在国内外得到了普遍的重视和广泛的应用,呈现出方兴未艾的势头,已经占据了热喷涂技术 15% 以上的市场。空军第一航空学院的夏成宝等选用了超声速电弧喷涂系统,在飞机高强度钢零件表面喷涂铝基防护层,从防护层的结合强度、孔隙率、耐腐蚀性能方面考虑优化工艺参数,从而解决了某些军机的半轮叉、起落架、助力器等部件表面防护层制备的难题[118]。

2.5.3.4　冷喷涂技术

冷喷涂(cold spray, CS)又称为冷空气动力学喷涂(cold gas dynamic spray, CGSD)是由热喷涂技术拓展而来的一种新型、先进的表面涂层技术。冷喷涂经过一定低温预热的高压气体通过缩放喷管产生超声速气体射流,将喷涂粒子从轴向送入气体射流中加速,以固态的形式撞击基体形成涂层。

1) 冷喷涂的发展历史

20 世纪 80 年代中期,苏联科学院西伯利亚分院理论与应用力学研究所的科学家在进行宇宙微粒对航天器影响的模拟试验中,发现当示踪粒子的速度超过某一数值时,粒子会牢固地沉积在靶材表面,于是在 1990 年提出了冷喷涂的概念。之后,研究者们利用该项技术在不同的基体上成功地沉积了多种纯金属及它们的合金涂层,并在 90 年代初形成了实用的冷喷涂专利技术。2000 年 4 月在加拿大蒙特利尔召开的第一届国际热喷涂大会上,冷喷涂技术引起了会议代表的广泛关注。目前,冷喷涂技术已经设备商业化、技术实用化。

2) 冷喷涂的基本原理

冷喷涂技术是基于空气动力学原理的一项喷涂技术,其装置原理如图 2.73 所示,装备系统典型配置见图 2.74。首先将粉末颗粒从轴向送入喷枪,在喷枪内与预先加热过的高压气体混合后,进入到缩放型的 Laval 喷嘴中被加速,形成低温(室温~600℃)超声速气流(300~1200 m/s)。粉末粒子经加速后撞击基体,通过产生较大的塑性变形而沉积于基体表面形成涂层。由于粉末粒子在喷涂过程中没有熔化,因此是以固态变形叠加而形成涂层。同时,先沉积的粒子又受到后沉积粒子的撞击,故使涂层更加致密,与基体结合更加牢固。这种形成涂层的机制称为微锻造效应。

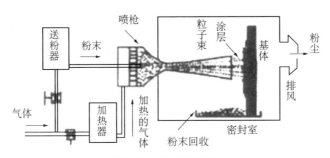

图 2.73 冷喷涂装置

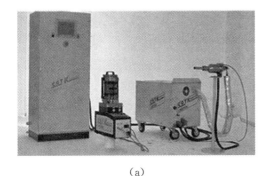 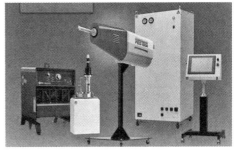

(a)   (b)

图 2.74 两种冷喷涂装备系统

(a) Sulzer Metco (b) Plasma Giken

　　冷喷涂又称为动能喷涂(kinetic spraying)。该方法的具体工作原理是将高压压缩气体(压力一般为 0.7~3.5 MPa 的空气、N_2、He 或者它们的混合气体)导入收缩-扩张型 Laval 喷嘴,气流经过喷嘴喉部后产生超声速流动,然后将喷涂粒子(粒度一般为 5~50 μm)沿轴向从喷嘴上游送入,其速度经过整个喷嘴后被加速到300~1200 m/s,形成高速粒子射流,在喷涂距离(5~50 mm)内,与基体碰撞发生剧烈的塑性变形而沉积形成涂层。

　　3) 冷喷涂技术特点及涂层特性

　　冷喷涂技术的特点及涂层特性主要有以下方面优势。

　　(1) 喷涂工作温度低,喷涂粒子不熔化,对基体热作用小。由于喷涂温度较低,发生相变的驱动力较小,固体粒子晶粒不易长大,氧化现象很难发生,因而冷喷涂适合于喷涂温度敏感材料如纳米相材料、非晶材料、氧敏感材料(如铜、钛等)、相变敏感材料(如碳化物等)。

(2) 涂层对基体的热影响很小,使得涂层与基体间的热应力减少,并且冷喷涂层层间应力较低,且主要是压应力,有利于沉积较厚的涂层。

(3) 形成涂层致密,孔隙率低(Al 冷喷涂层:0.5%~12%,Fe 冷喷涂层:0.1%~1%,Cu 冷喷涂层:0~0.1%);与基体有较高的结合强度(一般为 50 MPa 左右);涂层中的含氧量与喷涂前粉末的含氧量相比几乎没有任何变化。

(4) 设备相对比较简单,粉末沉积率高,而且粉末可再回收,经济环保。

(5) 工作环境较好,无高温辐射,噪声仅为 70~80 dB。

冷喷涂在拥有很多优势的同时,也有其缺点:

(1) 喷涂的粒子直径范围较小。

(2) 很难沉积脆性材料涂层,包括脆性的陶瓷材料和脆性的金属材料均不能通过冷喷涂的方式形成涂层。

(3) 在喷涂某些粉末颗粒时,必须采用价格昂贵的 He 作为运载工作气体才能得到高质量涂层。

(4) 冷喷涂不能绕射,无法对形状复杂的部件表面进行喷涂。

4) 影响冷喷涂涂层质量的主要因素

目前公认的冷喷涂涂层界面连接机理主要有金属冶金结合机制、机械咬合机制和分子力结合机制。影响冷喷涂涂层质量因素主要有以下几个方面[119]。

(1) 临界速度。冷喷涂粒子沉积过程中存在两个临界速度(V_c):一个是粒子在基体表面发生沉积所需要的最小速度;另一个为粒子自身发生粘结形成具有一定厚度的涂层所对应的最小速度。只有粒子与基体的碰撞速度高于这两个临界速度,才能形成具有一定厚度的涂层。如果粒子的速度低于临界速度,和基体碰撞后粒子发生反弹,对基体造成冲蚀甚至破坏。显而易见,在粒子与基体表面的撞击、变形和沉积机制中,粒子的动能为决定性因素。只有具有足够动能的粒子,才能穿过基体表面形成的激波,以较高的速度撞击基体发生剧烈塑性。

(2) 喷涂粉末和基体。临界速度与喷涂粉末及基体的性质有关。粉末的形状、尺寸、熔点等本性都会影响冷喷涂效果。外形不规则的粒子的拖曳系数(C_D)比球形粒子的大,相同条件下受到的拖曳力大,可以获得的速度更高,提高沉积效率的同时降低了粒子的临界速度。另外,直径较小的粒子虽然容易获得较大的速度,但由于其动量较小,在穿越激波时速度下降比较明显;其次,直径较小的粒子比表面积较大,相同条件下具有更强的吸附能力和氧化能力,降低了粒子表面活性,导致其沉积效率反而较低。一般来说,熔点较低的粒子比较容易发生变形而获得致密涂层;而拥有较高变形抗力和熔点的粒子即使在极端条件下也很难沉积。此外,粒子温度的升高可以改变粉末物理性质,也可以改善其在基体上的沉积行为。

(3) 喷枪及喷涂参数。喷枪结构如喷管的喉部面积和形状、膨胀率、扩张段长度等都能影响工作气体的马赫数,进而影响粒子飞行速度。此外,喷涂距离的大小影响了喷射粒子到达基体表面的垂直速度。在其他条件一定的情况下,气体的种类、压力及温度决定了粒子飞行速度,从而决定沉积特性。

5) 冷喷涂的应用

冷喷涂涂层是固态粒子高速冲击形成的,粒子通过温度仅几百度的超声速气体喷嘴加速。与热喷涂技术相比,冷喷涂的粒子在整个沉积过程中的温度始终低于熔点,避免了使用高温热源,具有其独特的优势,因此近年来在航空航天领域的应用越来越多。

美国陆军研究室(ARL)与海军航空站(NAD)合作,分别在 ZE41A - T5 镁合金和碳钢基体上冷喷涂商业纯铝(CP - Al),按照 ASTM B117 进行盐雾试验,测得 ZE41A - T5 镁合金上的铝涂层耐蚀性超过 1000 h,结合强度达到 71.3 MPa,在碳钢基体上冷喷涂铝涂层的耐蚀性可达到 7000 h 以上。北京航空材料研究院在 300 M 钢基体上分别冷喷涂锌镍复合涂层和铝锌复合涂层,盐雾试验同样证明冷喷涂涂层有效地提高了基体的耐蚀性[120]。

冷喷涂技术还可以应用于对热障涂层的保护。航空器发动机的热障涂层通常用来保护发动机上的热端金属部件,增加金属部件的耐久能力,从而提高发动机性能。Pratt & Whitney Space Propulsion 与 ASB Industries 合作,改进了设计的 R L60 火箭发动机不锈钢燃料出口总管的制造工艺,通过引入冷喷涂技术,成功地在燃料出口总管表面制备了一层铜热管涂层,使总管与高温燃气隔绝,降低了其表面温度[121]。

另外,大连理工大学与某航空发动机集团公司科技研发中心合作,对发动机压气机片进行了冷喷涂处理,得到了特殊材质显微深度的规则斑纹,通过改善发动机内部流场、减少流动损失来提高发动机的效率及功率[122]。

鉴于冷喷涂技术上述的优点及所制备涂层的组织与性能特点,冷喷涂技术可用来通过喷涂成形直接制造、修复复杂结构、形状的航空航天部件。美国军用技术研究实验室(ARL)已将冷喷涂技术用于修复飞机上的镁合金部件,如 H - 60 直升机的传动和变速箱唇部(见图 2.75)、止动环槽 6061 铝合金止动环槽部件修复(见图 2.76)等。加拿大的国家研究委员会(NRC)已经开展了对腐蚀后的直升机铝合金桅杆支座进行冷喷涂铝修复的研究;Centerline Windsor 公司则成功修复了飞机发动机辅助动力系统内的 6061 铝合金部件[120]。

图 2.75　冷喷涂修复后的镁合金部件

作为一项有着巨大应用潜力的新技术,冷喷涂技术在航空工业领域内有着广阔的应用空间,它必将开创涂层制备技术在航空工业领域内的新时代。

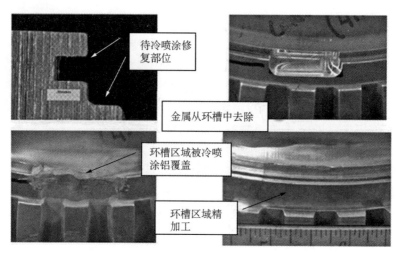

待冷喷涂修复部位

金属从环槽中去除

环槽区域被冷喷涂铝覆盖

环槽区域精加工

图 2.76　冷喷涂修复 6061 铝合金止动环槽部件

2.5.3.5　激光喷涂技术

激光喷涂采用高能量的激光作为热源进行喷涂,是一种新的喷涂工艺,它将细微的粉末颗粒吹向高强度和高能量的激光束中熔化后黏结在由另一个激光加热器预热的基体零件表面形成涂层的方法。

1) 激光喷涂的基本原理

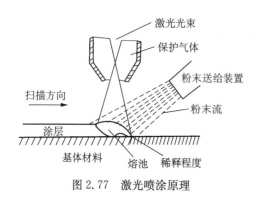

图 2.77　激光喷涂原理

激光喷涂的原理是把丝材顶端(或粉末)用高能密度激光束加热至熔融,再用喷出的高压气体使熔融部分雾化,并喷向基体表面而形成涂层。喷涂环境的气氛可以选择在大气气氛下,也可在惰性气氛或真空状态下进行喷涂。当激光束照射喷涂金属的表面时,粉末以一定的角度借助惰性气体吹入激光束照射区域内,如图 2.77所示。用高能量密度的激光束快速加热材料表面可使表面熔融,由于热量流入材料内部又使表面快速冷却和凝固。此外,当高能脉冲激光束冲击固体时,激光束就将动量传给固体。具有充分功率密度的连续激光束也能将动量传给固体,虽然不能产生很高的力或压力,但可以使小粒子显著加速。

在高能激光束中推动粒子的物理机理有三:第一是所谓"光泳"过程,就是指光可以择优加热粒子一面周围的空气,使作用于该面的压力增加,从而使粒子运动。第二是从高能激光可得到的辐射能级使粒子表面蒸发。即粒子在激光束中可能被加热到其熔点以上的很高温度,并达到高的顺流速度,这是激光束驱动粒子的主要机理。第三,驱动粒子的另一个可能的因素是由光子动量产生的辐射压力。

2) 激光喷涂的设备

激光喷涂喷枪工作原理如图 2.78 所示。该装置由激光发生器、喷涂材料供给装置、高压气体供给装置等组成。图 2.79 所示是典型激光喷涂组合设备外观[123]。激光喷涂是将激光器发出的激光束经透镜聚焦在喷枪喷嘴近旁,喷涂粉末或线材向焦点位置输送,进入焦点的粉末或线材端部被激光束熔融。压缩气体从环状喷嘴喷出,将熔融的材料雾化成微细的颗粒喷射到基材上形成涂层。喷枪中的透镜通过保护气保护。

3) 激光喷涂的特点及应用

激光喷涂的优点有以下几个方面[124]:

(1) 喷涂所获得的涂层结构与原始粉末相同。

(2) 可以喷涂大多数材料,范围从低熔点的涂层材料到超高熔点的涂层材料。

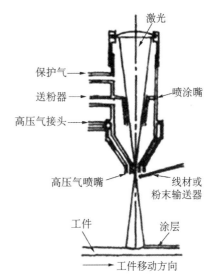

图 2.78 激光喷涂用喷枪结构

(a)

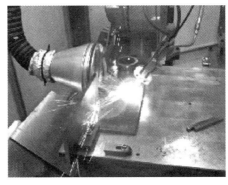

(b)

图 2.79 激光喷涂组合设备

(a) GTV 激光组合设备 (b) 侧向送粉激光组合设备

(3) 涂层的气孔率即使在采用焊丝制备时,也比用等离子法喷涂粉末时制备的涂层气孔率低。

(4) 对于那些对温度特别敏感的基体来讲,选用激光喷涂工艺,其显微结构和机械性能要比其他的堆焊方式更加容易控制。由于激光光源的精确分配,可以获得更加均匀的涂层。

(5) 由于激光能源的相对稳定和均匀,这样就可以获得更高的喷涂沉积效率。

航空发动机涡轮叶片叶尖锁口部位常因磨损而失效,为提高其高温抗腐蚀及耐磨性能,延长使用寿命,需对叶尖进行有效的喷涂强化。激光喷涂技术,通过选择适当的技术参数,可以获得高硬度、致密且涂层与基体间冶金结合良好的涂层。自1981 年 Rolls-Royce 公司将激光喷涂应用于 RB211 发动机涡轮叶片强化以来,该项技术越来越广泛地受到人们的重视[125]。

参考文献

［1］于芝兰.金属防护工艺原理[M].北京:国防工业出版社,1990.

［2］张宏祥,王为.电镀工艺学[M].天津:天津科学技术出版社,2002.

［3］潘继民.电镀技术[M].北京:机械工业出版社,2010.

［4］李金桂,等.现代表面工程技术与应用[M].北京:化学工业出版社,2014.

［5］刘鹏,蔡健平,王旭东,等.飞机起落架材料防护技术现状及研究进展[J].装备环境工程,2011,8(2):67-71.

［6］罗庆,王利华,普学仁,等.高耐蚀性镀硬铬工艺研究[J].表面技术,2012,41(5):99-101.

［7］航空航天工业部第六二一研究所第六四○研究所.民用飞机腐蚀控制[M].北京:航空工业出版社,1992,22.

［8］汤智慧,陆峰,张晓云等.航空高强度结构钢及不锈钢防护研究与发展[J].航空材料学报,2003,23(增刊):261-266.

［9］杨防祖,蒋义锋,田中群等.无氰镀铜资讯[J],电镀与精饰,2013,35(11):9-14.

［10］邹松华,余剑,张丽.镀铜工艺对铝合金钎焊前灌锡层的影响[J].制造技术研究,2007,4:20-23.

［11］王成林,王英明.镀银工艺实践[J].电镀与环保,1999,19(2):39-40.

［12］汪定江,夏成宝.航空维修表面工程学[M].北京:航空工业出版社,2006.

［13］刘佑厚,井玉兰.低氢脆(LHE)刷镀镉工艺[J].材料保护,1994,27(5):4-8.

［14］彭补之.电刷镀技术进展[J].表面工程资讯,2004,4(16):6.

［15］普学仁.一种衬套类工件端面电镀工装:中国,CN201280602[P],2009-07-29.

［16］王荣,冯金善,苏顺.高强度钢制轴类工件加工制造中开裂原因分析与工艺改进[J].理化检验—物理分册,2005,41(4):175-180.

［17］刘佑厚,苏育龙,王宇.镀铬层气密性研究[J].材料保护,2002,35(1):19-20.

［18］ASTM E376. Standard Practice for Measuring Coating Thickness by Magnetic-Field or Eddy-Current (Electromagnetic) Testing Methods [S].

［19］ASTM B499. Measurement of Coating Thicknesses by the Magnetic Method; Nonmagnetic Coatings on Magnetic Basis Metals [S].

［20］ISO 2178. Non-magnetic coatings on magnetic substrates-Measurement of coating thickness-Magnetic method [S].

［21］ASTM B244 Measurement of Thickness of Anodic Coatings on Aluminum and of Other Nonconductive Coatings on Nonmagnetic Basis Metals with Eddy-Current Instruments [S].

［22］ASTM B567. Standard Test Method for Measurement of Coating Thickness by the Beta Backscatter Method [S].

［23］ASTM B568. Standard Test Method for Measurement of Coating Thickness by X-Ray Spectrometry [S].

［24］ISO 1463. Metallic and oxide coatings—Measurement of coating thickness:Microscopic method [S].

［25］ASTM B487. Measurement of Metal and Oxide Coating Thicknesses by Microscopical

Examination of a Cross Section [S].

[26] ASTM B504. Standard Test Method for Measurement of Thickness of Metallic Coatings by the Coulometric Method [S].

[27] AMS-QQ-P-416. Plating, Cadmium (Electrodeposited) [S].

[28] ISO 2819. Electrodeposited and chemically deposited coatings—Review of methods available for testing adhesion [S].

[29] ISO 2409. Paints and Varnishes—Cross-cut test [S].

[30] ASTM B117. Standard Practice for Operating Salt Spray (Fog) Apparatus [S].

[31] ISO 9227. Corrosion tests in artificial atmospheres—Salt Spray Tests [S].

[32] ISO 4516. Vickers and Knoop micro hardness test [S].

[33] ASTM B578. Standard Test Method for Microhardness of Electroplated Coatings [S].

[34] ASTM F519. Mechanical Hydrogen Embrittlement Testing of Plating Processes and Aircraft Maintenance Chemicals [S].

[35] 黄平,陈端杰. 无氰镀镉工艺研究及应用[J].《新技术新工艺》·绿色电镀及表面处理新技术·试验研究,2008,11：17-18.

[36] 刘鹏,蔡健平,王旭东等. 飞机起落架材料防护技术现状及研究进展[J]. 装备环境工程,2011, 8(2)：67-71.

[37] BAC5804. Low Hydrogen Embrittlement Cadmium-Titanium Alloy Plating [S].

[38] AMS2419. Plating. Cadmium;Titanium [S].

[39] 秦月文,刘佑厚. 高强度钢无氰镀镉-钛的研究[J]. 航空材料,1980,15(3)：12-39.

[40] 涂贵生,王举,龙聘魁等. 高强度钢低氢脆镀镉钛工艺的应用[J]. 涂装与电镀,2011,4： 32-34.

[41] 汤智慧,陆峰,张晓云,等. 氯化铵镀镉与无氰镀镉-钛镀层性能对比研究[J]. 装备环境工程. 2006,6(3)：22-25.

[42] 郭涛. 无氰电镀镉钛氢脆性判定及控制[J]. 企业技术开发. 2012,35(31)：177-178.

[43] 郭莉华. 高强度钢低氢脆锌镍合金电镀工艺的研究[D]. 2003.

[44] 商红武. 高强钢低氢脆电镀锌镍合金工艺及添加剂的研究[D]. 2008.

[45] 商红武,安茂忠,杨培霞,等. 高强钢电镀低氢脆 Zn-Ni 合金工艺的研究[J]. 电镀与环保, 2009,29(1)：5-9.

[46] 汤智慧,陆峰,张晓云,等. 航空高强度结构钢及不锈钢防护研究与发展[J]. 航空材料学报, 2003,23(增刊)：261-266.

[47] 高云震等. 铝合金表面处理[M]. 北京：冶金工业出版社,1991:19.

[48] 刘复兴,夏亚才. 材料保护,1994,27(1)：19-22.

[49] Kartsrube D H, Aluminium 65 Jahrgang, 1989,11：1154.

[50] 何文治等. 航空制造工程手册表面处理分册[M]. 北京：航空工业出版社,1993：194.

[51] 李慕勤等. 材料表面工程技术[M]. 北京：化学工业出版社,2010：133.

[52] Yokoyama K, Konno H, Takahashi H, et. al. Advantages of pulse anodizing [J]. Plating and Surface Finishing, 1982,69(7)：62.

[53] Oddi J, Latham L, Pluse Power Supplies in Hardcoat Anodizing [C], Aluminum Finishing, 88 Conf Proc Products Finishing, Cincinnati：1988,4-10.

[54] 杨昌林. 铝及铝合金脉冲阳极氧化膜性能的研究[J]. 电镀与环保,2006,26(4)：33-35.

[55] 杨克涛,陈仁利等. 铝基板阳极氧化成膜温度与膜结构[J]. 电子元件与材料,2005,24(9).

[56] Yokoyama K, Konno H, Takahashi H, et. al. Anodic oxidation of Aluminium utilising

current recovery effect [C]，Proc AES second pulse plating symposium，1981.

[57] 李澄,黄明珠,周一扬,杨海平,丁峰. 铝阳极氧化薄膜的溶胶-凝胶法封闭研究[J]. 材料保护, 1995(09)：4-6.

[58] Pozzoli S. A.，Marcolungo. Hydration sealing of anodic oxide coatings with Microwaves aluminum [J]. 1998,4：236-238.

[59] Srinivasan H. S. The role of passivation ions in improving the corrosion behavior of oxide coating on Al-Zn-Mg alloys：use of a. c. impedance study [J]. Trans Met Finish Accos, 1994, 3(2)：9-17.

[60] Mansfeld F. Chen C. B et al. Sealing of anodized aluminum alloys with rare earth metal salt solutions [J]. Electrochem Soc. , 1998,145(8)：2972-2974.

[61] 赵景茂,陈胜利. 铈盐在电场作用下对 LY12 铝合金阳极氧化膜的封闭作用[J]. 中国表面工程,2008,21(01)：28-32.

[62] 赵景茂,郭超,左禹,等. 铝合金阳极氧化膜外加电压封闭法[P]. CN200410000643.

[63] 赵景茂,王珊珊,郭超. 铝合金阳极氧化膜双向脉冲封闭工艺[J]. 北京化工大学学报,2008,35 (1)：54-57.

[64] 葛黔峰. 钛合金脉冲阳极氧化[J]. 电镀与环保,2003,23(4)：37-38.

[65] 蔡健平,刘明辉,张晓云. 钛合金脉冲阳极氧化膜抗电偶腐蚀性能及机理[J]. 材料保护,2009, 42(3)：15-17.

[66] 刘明辉,翁端,蔡健平,张晓云. 钛合金耐磨阳极氧化膜层结构和性能研究[J]. 材料工程, 2009,12：72-79.

[67] Gunterschulze N, Betz H. Neue Untersuchungen Per Die Electrolytische Ventilwirkung [J]. Z Physik, 1932(78)：196-210.

[68] 潘明强,迟关心,韦东波,等. 我国铝/镁合金微弧氧化技术的研究及应用现状[J]. 材料保护, 2010,43(4)：10-14.

[69] Van T B, Brown S D, Wirtz G P. Mechanism of Anodic Spark Deposition [J]. Am Ceram Soc Bull, 1977,56(6)：563-566.

[70] Markov G A. The Formation Method of Anodic Electrolytic Condensation：SU, 526961 [P]. 1976-08-30.

[71] Kurze P, Krysmann W, Schreckenbach J, et al. Colored ANOF Layers on Aluminum [J]. Crest Res Technol, 1987,22(1)：53-58.

[72] Gunteshulez A, Betz H. Electrolytic Cpacitors, Moseow 1938.

[73] 张中元,钛合金微弧氧化膜制备工艺及应用研究[D]. 上海：上海交通大学.

[74] Krysmann W, Kurze P, Dittrich H G. Process characteristics and parameters of oxidation by spark discharge (ANOF) [J]. Cryst Res Technol, 1984,19(7)：971-980.

[75] Alwitt R S, Vijh A K. Statistics of electron avalanches in the proportional counter [J]. J Electrochem Soc. , 1969,116(3)：388-390.

[76] 潘复生,张丁非. 铝合金及应用[M]. 北京：化学工业出版社,2006.

[77] 曲敬信,汪泓宏. 表面工程手册[M]. 北京：化学工业出版社,1998：3.

[78] 钱苗根. 材料表面技术及其应用手册[M]. 机械工业出版社,1998.

[79] 李发忠. 静电喷涂机器人变量喷涂轨迹优化关键技术研究[D]. 苏州：江苏大学,2012.

[80] 杨扬. 基于特种工件的大工作空间喷涂机器人设计与分析[D]. 北京：北京交通大学,2012.

[81] 王朝晖,陈恳,吴聊等. 面向飞机表面喷涂的多层次控制程序结构[J]. 航空学报,2013,34(4)： 928-935.

［82］石银文.快速发展的机器人自动喷涂技术［J］.机器人技术与应用.2007,(5)：11-13.

［83］Alexandr Klein. CAD-based off-line programming of painting robots［J］. Robotica, 1987,5 (4)：267-271.

［84］Tuna Balkan, Sahir Arikan M A. Modeling of paint flow rate flux for circular paint sprays by using experimental paint thickness distribution ［J］. Mechanics Research Communications, 1999,26(5)：609-617.

［85］Anita Hansbo, Per Nylen. Models for the simulation of spray deposition and robot motion optimization in thermal spraying of rotating objects［J］. Surface and Coating Technology, 1999,122(2-3)：191-201.

［86］Veljko Potkonjak, Goran S Dordevic, Dragan Kostic, et al. Dynamics of anthropomorphic painting robot：quality analysis and cost reduction［J］. Robotics and Autonomous Systems, 2000,32(1)：17-38.

［87］M. A. Sahir Arikan, Tuna Balkan. Process simulation and paint thickness measurement for robotic spray painting ［J］. CIRP Annals-Manufacturing Technology, 2001, 50 (1)：291-294.

［88］Weihua Sheng, Heping Chen, Ning Xi, et al. Tool path planning for compound surfaces in spray forming processes ［J］. IEEE Transactions Automation Science and Engineering, 2005,2(3)：240-249.

［89］Heping Chen, Ning Xi, Weihua Sheng, et al. Optimizing material distribution for tool trajectory generation in surface manufacturing ［C］. Proceedigns of IEEE/ASME International Conference on Advanced Intelligent Mechatronics, California, July 24-28, 2005,1389-1394.

［90］Stephen Duncan, Paul Jones, Peter Wellstead. A frequency-domain approach to determining the path separation for spray coating ［J］. IEEE Transactions on Automation Science and Engineering, 2005,2(3)：233-239.

［91］Heping Chen, Thomas Fuhlbrigge, Xiongzi Li. A review of CAD-based robot path planning for spray painting ［J］. Industrial Robot, 2009,36(1)：45-50.

［92］Julius S. Gyorfi, Daniel R. Gamota, Swee Mean Mok, et al. Evolutionary path planning with subpath constraints［J］. IEEE Transactions on Electronics Packaging Manufacturing, 2010,33(2)：143-151.

［93］张春生.喷漆机器人应用及发展策略［J］.机器人技术与应用,1994,(6)：22-26.

［94］彭商贤,唐蓉城,管桦,等.喷涂机器人手臂静动特性研究［J］.机械设计,1990,(6)：46-50.

［95］王战中,张大卫,安艳松,等.非球形手腕6R串联型喷涂机器人逆运动学分析［J］.天津大学学报,2007,40(6)：665-670.

［96］杜亮,张铁.四自由度喷涂机器人的运动学分析［J］.机电产品开发与创新,2007,20(1)：21-23.

［97］赵德安,陈伟,汤养.面向复杂曲面的喷涂机器人喷枪轨迹优化［J］.江苏大学学报(自然科学版),2007,28(5)：425-429.

［98］范柯灵,张铁,蔡蒂.六自由度喷涂机器人位姿误差分析［J］.机电产品开发与创新,2008,21(1)：18-20.

［99］曾勇,龚俊,陆保印.面向直纹曲面的喷涂机器人喷枪轨迹优化［J］.中国机械工程,2010,21(17)：2083-2089.

［100］陈伟华,张铁,周伟,等.喷漆机器人轨迹规划的研究［J］.机床与液压,2009,37(3)：16-17.

[101] 蔡蒂,谢存禧,张铁,等.基于蒙特卡洛法的喷涂机器人工作空间分析及仿真[J].机械设计与制造,2009,(3):161-162.

[102] 陈雁,颜华,王力强,等.机器人匀速喷涂涂层均匀性分析[J].清华大学学报(自然科学版),2010,50(8):1210-1213.

[103] Alfred A Schmitt, Jan S Bender, Hartmut Prautzsch. Impulse-based dynamic simulation of higher order and numerical results [R], Internal Report, 2005, pp. 1-20.

[104] 赵宏剑,王刚,张波,等.飞机尾翼自动喷涂系统[J].制造业自动化,2013,35(1):153-156.

[105] 刘亚威.未来飞机制造的几个热点主题[N].中国航空报,2013-10-17(4).

[106] 缪东晶,吴聊,徐静,等.飞机表面自动喷涂机器人系统与喷涂作业规划[J].吉林大学学报(工学版),2013,43(6):1-5.

[107] 石闻.F-22战斗机的机器人表面喷涂[J].航空制造工程,1997,(8):22-23.

[108] 冯华山,秦现生,王润孝.航空航天制造领域工业机器人发展趋势[J].航空制造技术,2013,(19):32-37.

[109] [EB/OL] http://tech.sina.com.cn/o/2002-09-06/1542137172.shtml.

[110] 李慕勤、李俊刚、吕迎等.材料表面工程技术[M].北京:化学工业出版社,2010:70.

[111] 李金桂、周师岳、胡业锋等.现代表面工程技术与应用[M].北京:化学工业出版社,2014:180.

[112] 田贺,何利民,牟仁德.航空发动机热障涂层技术研究进展[J].科技创新与应用,2013,30:38-39.

[113] 陈山.热喷涂涂层在航空修理上的应用[J].航空维修,2003,6:32-33.

[114] 付俊波,周世魁.热喷涂技术在航空发动机零部件及其维修中的应用[J].失效分析与预防,2006,1(2):61-64.

[115] 常秋梅,段绪海.等离子喷涂技术在航空发动机上的应用[J].金属加工,2008,18:30-32.

[116] 陈永雄,徐滨士,许一,等.高速电弧喷涂技术在装备维修与再制造工程领域的研究应用现状[J].中国表面工程,2006,19(5):169-173.

[117] 夏成宝,杨苹,李洪青.飞机高强度钢零件超声速电弧喷涂铝基防护层工艺[J].材料保护,2003,36(7):32-33.

[118] 卜恒勇,卢晨.冷喷涂临界速度及其影响因素[J].材料保护,2011,44(4):46-49.

[119] 石仲川等.冷喷涂技术的研究现状及在航空工业领域内的应用[J].材料导报,2012,26(9):70-74.

[120] 周禹,李京龙,李文亚.冷喷涂技术的最新进展及其在航空航天领域的应用展望[J].航空制造技术,2009,9:68-70.

[121] 赵爱娃,王晓放,吴杰等.冷喷涂技术的发展与工业应用[J].振动工程学报,2004,17(Z2):651.

[122] Andreas Wank,等.热喷涂和激光熔覆集成设备在高性能表面处理领域的应用[J].热喷涂技术,2011,3(4):11-17.

[123] 王永兵,刘湘,祁文军.热喷涂技术的发展和应用[J].电镀与涂饰,2007,26(7):52-55.

[124] 李其连.高温耐磨涂层的激光喷涂技术[J].航空工艺技术,1993,2:24-25.

[125] GB 8978—1996.污水综合排放标准[S].1996.

3 民用飞机金属材料的热处理

热处理是将固态金属或合金采用适合于该金属的方式进行加热、保温和冷却以获得所需的微观组织结构、机械性能和加工性能的工艺。热处理工艺是飞机零件、工装、夹具等制造过程中的重要工序之一。通过热处理，可以发挥材料的潜力，改善零件的使用性能，提高产品质量和延长使用寿命。此外，热处理还可改善工件的加工工艺性能，提高加工质量，减少刀具磨损，所以，飞机的大部分零件都要经过热处理。近些年，国内金属原材料飞速发展，但民机用金属原材料与国际标准材料的产品仍存在较大的性能差异，尤其是具有特殊预拉伸要求的大型金属板材，高强高损伤钢、钛合金仍处于较低水平。因此，目前大型商用飞机的材料选择仍以进口原材料为主。本书围绕民用飞机中选用的钢、铝及其合金、钛及其合金，重点介绍这几种材料热处理工艺特点及特性，所用热处理设备及其特种工艺质量控制要求，分析未来民机制造的热处理发展趋势。

3.1 钢的热处理

钢是飞机承力结构件的主要选用材料之一，其用量稳定在 $5\%\sim10\%$ 的水平，民用飞机用钢主要有结构钢，不锈钢，弹簧钢等。除零件之外，钢还被广泛应用于专用工装、夹具、刀具、量具等辅助工具的制造。民机用钢多为高强高韧钢，加工难度大，制造过程往往需要热处理工艺的相互协助；同时，钢多为承力结构，对组织性能要求严格，为获得性能匹配的结构件，零件生产过程中都必须严格按照热处理工艺规范进行，且要有完善的质量检验方法和质量体系。本书将重点介绍民用飞机装机用结构钢、不锈钢类零件的热处理工艺及其特点。

3.1.1 民用飞机用钢的种类及其特点

3.1.1.1 结构钢分类及其特点

结构钢具有比强度高、塑性、韧性、抗疲劳性能好，性能稳定，工艺简单，价格低廉等优点，被广泛地用于制造飞机承力结构件、连接件、紧固件等，如飞机起落架、机翼主梁、连接螺栓、发动机、吊挂等。虽然由于结构钢的耐腐蚀性能差等原因，一些重要结构件正在被其他比强度更高的材料所取代，但是，结构钢在航空材料中仍然占据十分重要的地位。

飞机常用的结构钢主要有碳钢、合金钢。飞机用碳钢主要是优质碳钢,硫、磷等有害元素含量比普通碳钢低,性能稳定;合金钢又可以分为高强度钢,超高强度钢,化学热处理用钢,即渗碳、渗氮用钢。

高强度钢通常指抗拉强度 $\sigma_b \geqslant 1175\,\mathrm{MPa}$ 的合金钢,用于制造各种承力构件;超高强度钢通常指抗拉强度 $\sigma_b \geqslant 1470\,\mathrm{MPa}$ 的合金钢,用于制造重要承力构件和减轻结构重量,如飞机起落架、机翼主梁、平尾大轴等。

超高强度钢按合金元素含量分为低合金、中合金和高合金 3 类。低合金超高强度钢碳的质量分数一般在 0.3%~0.4%,合金元素质量分数少于 5%,通过热处理获得回火马氏体组织达到超高强度,广泛用作起落架零件,但该类钢的缺点是缺口敏感性较大,抗应力腐蚀性能较差,使用时应予注意。中合金超高强度钢合金元素质量分数在 5%~10%,由淬火后中温回火产生二次硬化达到超高强度,用于制造500℃以下工作的飞机发动机重要承力构件。高合金超高强度钢合金元素质量分数大于 10% 和低碳、超低碳量。由淬火产生的低碳马氏体和中温回火产生的二次硬化获得超高强度、高韧性等优良性能。

选用高强度钢设计、制造航空零件时应着重考虑淬透性、强韧性、回火脆性、氢脆敏感性和经济性等,同时应严格遵守:①低的应力集中水平;②低的表面粗糙度;③主应力方向与变形流线方向一致等原则。加工制造零件时还应特别注意表面脱碳、腐蚀、磨削烧伤、镀层选择和镀后除氢、消除加工应力,限定装配应力水平、防止意外损伤和采用表面强化措施等。

3.1.1.2 不锈钢分类及其特点

不锈钢是耐蚀钢和耐热钢的统称。耐蚀钢在空气、水、海水、酸及其他腐蚀介质中具有抗腐蚀能力(化学稳定性)的钢种。其耐腐蚀性主要取决于铬含量。只有当含铬量高于约 12%(即铬与铁原子比约为 1:8)时钢的化学稳定性才产生质变、钝化而不锈。随着含铬量增高钢的抗腐蚀能力也随之提高。耐热钢是指具有较好的热稳定性和热强度的钢种。

不锈钢品种繁多,分类方法很多,按照热处理特点可分为可热处理强化和不可热处理强化不锈钢;按照使用的组织状态可分为奥氏体、马氏体和铁素体和沉淀硬化不锈钢 4 个基本类型。铁素体不锈钢在航空产品中很少应用。

马氏体不锈钢中主要有低碳 12% 铬型热强钢,钢中添加有较多量的补充强化元素,经淬火和中温回火产生二次硬化进一步提高强度和热强性,广泛用作 500℃ 以下的发动机压气机叶片、盘件、轴颈、环形件及其他重要承力件。

奥氏体不锈钢中,18Cr-8Ni 是最基本的一类,用锰或锰加氮代替一部分镍而形成的 Cr-Ni-Mn 和 Cr-Ni-Mn-N 钢属于节镍型钢种。该类钢因含铬量高,抗氧化、耐腐蚀性能优良,又因其室温下保持稳定的奥氏体组织及磁性,有优良的塑性和加工成形性能,广泛地用作飞机、发动机的燃油导管、液压导管及其他管线、散热器、各种钣金、焊接构件,还可以通过冷变形制造弹性元件。奥氏体不锈钢对晶间腐蚀比较敏感,使用中应注意。为消除晶间腐蚀敏感性,过去常用添加钛、铌稳定化元素的方法,近些年来普遍采用超低碳钢。

沉淀硬化不锈钢,该类钢在室温下为奥氏体组织;塑性和加工成形性能优良,经深冷和时效处理后可达到高强度、还可通过冷变形实现马氏体转变达到超高强度。沉淀硬化不锈钢又可分为马氏体、奥氏体、半奥氏体型不锈钢。沉淀硬化不锈钢可用冷变形方法制造钢带、钢丝,适用于弹性元件。

3.1.1.3　民用飞机中的常用钢

民用飞机中常用的合金钢及其应用范围如表 3.1 所示。

表 3.1　民用飞机中常用的合金钢及其应用范围

牌　号	钢类型	应用部位
9310	渗碳合金钢	动齿轮、轴或要求表面硬度较高的厚大零件
30CrMo（美 4130）	合金高强度钢	小型飞机的起落架,发动机支架
35CrMo（美 4135）		发动机的传动件
40CrMo（美 4140）		用于制造要求较 35CrMo 钢强度更高和调质截面更大的锻件
40CrNiMo 4340		淬透能力可以达到 3.5 in,可进行磁粉检验。可用于厚大截面的零件
40CrNiMnMo 8740		主要用于要求淬透性的场合
30 CrNiMoV 4330V		起落架组件,襟翼滑轨,接头
40CrNi2Si2MoVA（美）300M	低合金超高强度	用于要求热处理至 280～300 ksi 的零件,主要用于起落架部位重要零件,如活塞、支柱内外筒
25CrMnSi2Ni2Mo HY - TUF		襟翼滑轨、襟翼滑架和其他襟翼作动部件
4Cr5MoSiV H11	中合金超高强度	飞机耐热 400～500℃工作温度的结构零件

（续表）

牌　号	钢类型	应用部位
301	奥氏体不锈钢	用于制造要求中等成形或弯曲的结构件。注：该系列不锈钢不能熔焊、钎焊，可电阻焊，不能热处理，不能磁粉检验
302		制造弹簧，用于低磁导率部位，适用温度不超过 260℃（500°F），允许渗透检测
321		用于要求强度、横向韧性和耐蚀抗氧化性能零件，可焊接，适用温度在 816℃（1500°F）以下，允许点焊，不能热处理强化以及磁粉检测
21－6－9		用作液压和其他系统工件，不能热处理，不能磁粉检验
440C	马氏体不锈钢	滚珠和滚动轴承及其他要求高硬度和耐蚀性能的零件。不能熔焊
15－5PH	沉淀硬化不锈钢	用于工作温度至 600°F，要求具有强度、横向韧性和耐蚀抗氧化性能的零件。可焊接与磁粉检验。当要求高的断裂韧性和冲击性能时，不推荐使用 H900 状态
0Cr15Ni7Mo2Al PH15－7Mo		制造航空薄壁结构件管道、弹簧、阀膜
PH13－8Mo		优质、可热处理耐蚀钢，代替 15－5PH 用于要求兼有高强度和高耐应力腐蚀性能的应用部位，可磁粉检验
0Cr17Ni7Al 17－7PH		主要用作 550°F 以下，具有耐蚀和抗永久变形能力的高强度弹簧。在绕制和成形后时效；可渗透检查
0Cr17Ni4Cu4Nb 17－4PH		制造轴类零件

3.1.2　钢的热处理原理及基本工艺特点

3.1.2.1　钢的热处理基础原理

热处理工艺是由加热、保温和冷却 3 个阶段组成的，金属的内部相结构组成、微观组织、应力状态发生相应的变化，同一种材料，采用不同的热处理工艺可得到完全不同的组织、不同的性能。因此，不同用途的零件，应该选择不同的材料和相应的热处理，才能满足零件的使用性能。热处理是改变钢内部组织结构获得力学性能的关键。因此，掌握和了解钢在加热、冷却过程的相转变规律，是制定钢热处理工艺的理论基础。

1）铁-碳平衡状态图及主要相结构特征

铁和碳是钢的两个基本组元，它们在液态时完全溶解，在固态时碳溶于铁中形成固溶体或形成金属化合物。铁碳合金的组织比较复杂，不同温度及不同冷却过程会形成不同的组织。总的来说，铁-碳合金基本组织有：铁素体、奥氏体、渗碳体、珠光体和莱氏体等。

（1）铁素体：碳溶解在 α-Fe 中的间隙固溶体，用符号 F 表示，具有体心立方晶格。铁素体性能几乎与纯铁相同，即强度、硬度低，而塑性和韧性高。

（2）奥氏体：γ-Fe 固溶碳和（或）其他元素的面心立方固溶体，用符号 A 表示。奥氏体塑性很好，强度较低，具有一定韧性，不具有铁磁性。

（3）渗碳体：铁和碳的金属化合物，其中碳的质量分数为 6.69%，分子式为 Fe_3C，用符号 C_m 表示。渗碳体的硬度很高，但塑性很差，是一种硬而脆的组织。

（4）珠光体：珠光体是铁素体和渗碳体的机械混合物，用符号 P 表示。珠光体中，铁素体和渗碳体片层相间、交替排列或渗碳体以颗粒状分布在铁素体基体上，它们保持各自原有的晶格结构。珠光体的强度较高，硬度适中，具有一定的塑性。

（5）莱氏体：碳的质量分数为 4.3% 的液体于 1148℃ 发生共晶转变形成的奥氏体和渗碳体所组成的共晶体，用 L_d 表示，称为高温莱氏体。由于奥氏体在 727℃ 时还将转变为珠光体，所以在室温下的莱氏体由珠光体和渗碳体组成，这种混合物仍叫莱氏体，称为低温莱氏体，用符号 L_d' 表示。莱氏体中由于以渗碳体作基体，所以硬度很高，塑性很差。

由于钢中碳的质量分数最多不超过 2.11%，铸铁中碳的质量分数一般不超过 5%，所以在研究铁碳合金时，仅研究 Fe-Fe_3C（$W(C)=6.69\%$）部分，见图 3.1，所以后面讨论的铁碳相图实际上是铁—渗碳体平衡状态。

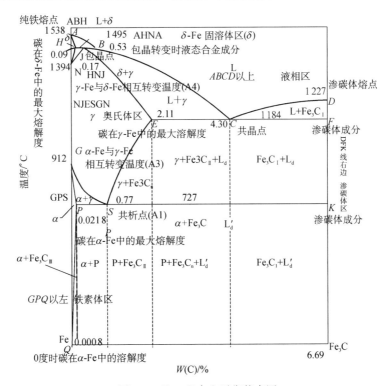

图 3.1　Fe-C 合金平衡状态图

图 3.1 铁-渗碳体平衡状态相图,它表示了不同碳含量的钢在不同温度下的相组成,也是钢在缓慢加热及冷却过程中的相变、相变产物、相变产物的成分。通过对相图的计算也可以掌握不同温度、不同碳含量下的相的相对量,并可以初步判定钢的成分、组织与性能之间的关系,是不同成分下钢热处理工艺选择的科学依据,也是制订热加工工艺的重要依据。

表 3.2　Fe-C 平衡相图中的特征点

特征点	温度/℃	含碳量/%	含　义
A	1538	0	纯铁的熔点
B	1495	0.53	发生包晶反应时液相的成分
C	1148	4.30	$A+L=Fe_3C$ 共晶点
D	1227	6.69	Fe_3C 的熔点
E	1148	2.11	碳在 γ-Fe 中的最大溶解度
F	1148	6.69	渗碳体
G	912	0	γ-Fe α-Fe 同素异构转变 A_3
H	1495	0.09	碳在 δ-Fe 中的最大溶解度
J	1495	0.17	d、A、L 包晶反应点
K	727	6.69	渗碳体
M	770	0	α-Fe 磁性转变点
N	1394	0	δ-Fe=γ-Fe;同素异构转变 A_4
O	770	～0.05	α-Fe
P	727	0.0218	碳在 α-Fe 中的最大溶解度
Q	～600	～0.05	室温下碳在 α-Fe 中的溶解度
SS	727	0.77	$A+F+Fe_3C$ 共析反应点

Fe-C 平衡相图中的特征点如表 3.2 中所列,由这些特征点组成了相图中的一些典型特征线,其中,加热和冷却时各平衡临界点分别用 A_1,A_3,A_{cm} 来表示。但在实际的加热和冷却条件下,钢的组织转变总是有滞后现象,在加热时要高于、在冷却时要低于相固上的临界点。通常把加热时的实际临界温度标以字母"c",如 A_{c1}、A_{c3}、A_{ccm};而把冷却时的实际临界温度标以字母"r",如 A_{r1}、A_{r3}、A_{rcm} 等。这些特征线表示的意义如下:

水平线 ECF 为共晶反应线:碳质量分数在 2.11%～6.69% 之间的铁碳合金,在平衡结晶过程中均发生共晶反应。

水平线 PSK 为共析反应线:碳质量分数为 0.0218%～6.69% 的铁碳合金,在平衡结晶过程中均发生共析反应,PSK 线也称 A1 线。

GS 线:合金冷却时自 A 中开始析出 F 的临界温度线,通常称为 A3 线。

ES 线是碳在 A 中的固溶线,通常叫做 A_{cm} 线。由于在 1148℃时 A 中溶碳量最大可达 2.11%,而在 727℃时仅为 0.77%,因此碳质量分数大于 0.77% 的铁碳合金自 1148℃冷至 727℃的过程中,将从 A 中析出 Fe_3C,析出的渗碳体称为二次渗碳体

（Fe_3C_{II}）。Acm线亦为从A中开始析出Fe_3C_{II}的临界温度线。

PQ线是碳在F中的固溶线。在727℃时F中溶碳量最大可达0.0218％，室温时仅为0.0008％，因此碳质量分数大于0.0008％的铁碳合金自727℃冷至室温的过程中，将从F中析出Fe_3C，析出的渗碳体称为三次渗碳体（Fe_3C_{III}）。PQ线也称为从F中开始析出Fe_3C_{III}的临界温度线，Fe_3C_{III}数量极少，往往予以忽略。根据铁碳平衡相图，共析钢加热到超过A_1温度时，全部转变为奥氏体；而亚共析钢和过共析钢加热到A_3和A_{cm}以上获得单相奥氏体。

2）钢在加热过程的转变

钢能够获得需要的组织和力学性能的关键是对加热和冷却过程的准确控制，所以加热制度的合理选择是热处理规范的重要内容。热处理过程中的相转变是加热和冷却制度建立主要理论依据。

钢热处理加热的主要目的之一是完成奥氏体的转变并均匀化，实现后续冷却过程的组织准备。奥氏体化是孕育相变和原子扩散的过程，经过形核长大、碳化物溶解和均匀化三个阶段。以亚共析钢为例，加热到A_{c3}可得到完全的奥氏体组织，如图3.2所示。影响加热转变的主要因素如表3.3所示。每个加热转变过程的转变如下。

（1）奥氏体晶核的形成。珠光体是由铁索体和渗碳体组成的层片状机械混合物。在铁素体和渗碳体的交界处，原子排列紊乱，有利于晶核形成，所以在温度超过A_{c3}以后，奥氏体的晶核首先在这里产生，由图3.2(a)所示。

（2）奥氏体晶核长大。奥氏体晶核在铁素体与渗碳体交界处形成后，即开始向铁素体和渗碳体两个方向长大，直至长大的奥氏体晶粒相遇为止，如图3.2(b)所示。

（3）残余渗碳体的溶解。奥氏体向两侧的渗碳体和铁素体区域伸展和长大的速度不相同。铁素体转变为奥氏体的速度比渗碳体的溶解速度快。因此，当铁素体全部转变为奥氏体时，总还残存有一部分未溶的渗碳体，这部分未溶的残余渗碳体会随时间的延长而逐渐溶入奥氏体中，直至全部溶解，如图3.2(c)所示。

（4）奥氏体成分均匀化。当渗碳体刚刚全部溶入奥氏体后，奥氏体内的碳浓度仍是不均匀的，原来是渗碳体的地方碳浓度较高，而原来是铁素体的地方碳浓度较低，只有经过长时间的保温或继续加热，让碳原子进行充分的扩散才能获得成分均匀的奥氏体，如图3.2(d)所示。因此，钢在加热时需要一定的保温时间，这不仅是为了使工件热透而且是为了获得成分均匀的奥氏体，以便冷却后得到良好的组织与性能。

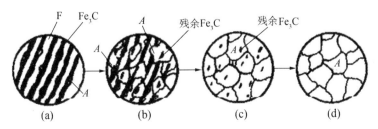

图3.2 共析钢奥氏体转变过程

表 3.3 加热时奥氏体形成的影响因素及作用

影响因素	作 用
加热温度	提高加热温度,缩短奥氏体形成时间
加热速度	提高加热速度,提高转变温度,提高并扩大转变温度范围、均匀化困难
碳含量	碳含量提高,使奥氏体化形成速度增加
合金元素	合金元素是奥氏体转变减慢
原始组织	球状珠光体比片状珠光体的奥氏体转变

钢在加热完成奥氏体化保温时间的长短,不仅影响加热后成分的均匀性,还直接影响晶粒的最终大小,保温时间过长,奥氏体晶粒显著长大。常用晶粒度等级来衡量热处理后的组织特征。

奥氏体晶粒度是指将钢加热到相点(共析钢为 A_q,过共析钢为 A_q 或 A_{cm})以上某一温度并保温给定时间所得到的奥氏体晶粒的大小。尽管大多数钢的室温组织都不是奥氏体,但这些组织都是由奥氏体转变而成的。因此,奥氏体晶粒的大小,基本上决定了其室温组织的细密程度。加热时,奥氏体晶粒越粗大,冷却后,所形成的组织也越粗大。对于同一成分和组织的钢来说,组织越细密,强度就越高,韧性也越好。

本质晶粒度表示钢的奥氏体晶粒长大倾向,用加热到相变点以上某一特定温度并保持一定时间后得到的奥氏体晶粒度来表示。奥氏体长大倾向小的(本质晶粒度5~8 级)的钢为本质细晶粒钢;晶粒长大倾向大的(本质晶粒度1~4 级)的钢为本质粗晶粒钢。

3)钢在冷却时的转变

钢加热奥氏体化后,在不同的冷却方式下,可以获得需要的组织转变和力学性能,掌握和实现冷却过程的控制是热处理的重要步骤,因此冷却转变对制订合适的热处理工艺具有指导意义。

铁-渗碳体相图是在极其缓慢加热与冷却条件下建立的平衡相转变图,利用它可以了解钢的主要相组成及其形成温度,但它不能反映实际冷却条件对相变的影响。在热处理工艺中,钢的常用的冷却曲线可归为等温冷却和连续冷却两类,如图 3.3 所示。根据冷却方式不同,冷却转变可以分为等温转变和连续冷却转变。为了准确描述钢冷却转变过程的组织变化,将转变温度、转变时间、转变产物绘制在温度-时间坐标图上,形成转变相图或转变曲线。

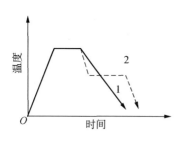

图 3.3 两种冷却方式
1-连续冷却; 2-等温冷却

(1)等温转变图(也称 C 曲线或 TTT 曲线图)。

钢经奥氏体化后冷却到相交点以下的温度区间内等温保持时过冷奥氏体所发生的相转变称为等温转变。

过冷奥氏体在相交点 A_1 以下是不稳定的,必然要发生转变。但并不一定冷到 A_1 温度以下立即发生转变,它在转变前要停留一定的时间。这种金属及合金在一定过冷度或过热度条件下等温转变时,等温停留开始至相变开始之间的时间称为孕育期。等温温度不同,孕育期也不同,温度越低,孕育期越长,一般呈 S 状,所以等温曲线也成为 C 曲线。等温转变图是一种用来研究冷却过程中奥氏体不平衡转变的重要工具,如图 3.4 所示。

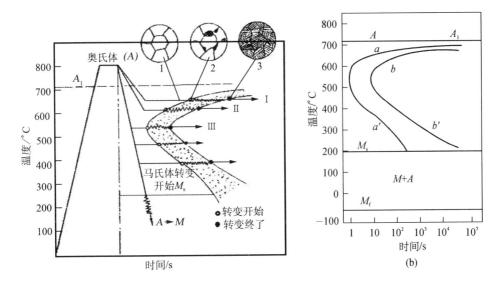

图 3.4　共析钢等温转变

(a) 共析钢奥氏体等温转变图建立方法　(b) 共析钢的等温转变

等温转变曲线大部分分为 3 个转变区:

在 $A_1 \sim 500\,℃$ 温度区间内,珠光体转变(高温部分)。过冷奥氏体分解为渗碳体和铁素体混合而成的珠光体。珠光体转变温度越低,珠光体间的片层越小,根据片层间距离大小,又可以分为珠光体、索氏体和托氏体,珠光体片层较粗,托氏体最细。珠光体的力学性能主要取决于珠光体片层间距,间距越小,变形抗力越大,强度和硬度越大,塑性也有所改变。

在 $500\,℃ \sim M_s$(马氏体转变起始温度)温度范围内,贝氏体转变(中温转变)。转变温度较低,原子的活动能力较弱,过冷奥氏体虽然仍能分解成为渗碳体和铁素体的混合物,但铁素体中溶解的碳超过了正常的溶解量,转变后,得到的组织为对碳具有一定过饱和度的铁素体和极分散的渗碳体所组成的混合物,这种亚稳定组织称为贝氏体。

在 $M_s \sim M_f$(马氏体转变结束温度)温度范围内,马氏体转变(低温转变)。当钢从奥氏体区急冷到 M_s 以下时,奥氏体开始转变为马氏体。这是一个非扩散过程,因为转变温度低,原子扩散能力小,只有铁的晶格改变,而不发生碳的扩散。为此,包含在奥氏体中的碳,转变后仍留在铁的晶格中。这种碳在 α-Fe 中的过饱和固溶体称为马氏体。马氏体中过饱和的碳影响了马氏体的力学性能。一般来说,马氏体中过饱和的碳越多,晶格畸变越严重,硬度越高。

马氏体转变是在一定温度范围内($M_s \sim M_f$)连续冷却时进行的。马氏体的数量随着温度的下降而不断增多。如果中途冷却停止,则奥氏体向马氏体的转变也停止。马氏体转变不能进行到底。即使过冷到 M_f 以下仍有少量的奥氏体存在,这些残存的奥氏体叫做残余奥氏体。随着碳的质量分数的增加,淬火后的残余奥氏体量增多。

等温转变曲线表明了转变产物、组织与等温温度、保温时间之间的关系,它可以作为所选钢种热处理工艺制定的依据。

(2)连续冷却转变(CCT 图)。

实际生产过程中的热处理大多是在连续冷却过程中完成的,经过退火、淬火热处理工艺。连续冷却转变是在一个温度范围内发生的,可以看做由无数个微小的等温转变曲线组成,所以基本转变类型与等温转变相同,即珠光体转变、贝氏体转变和马氏体转变,而且各个转变的温度区也与等温转变时的大致相同,不会出现新的但在等温冷却转变时所没有的转变。但是,奥氏体的连续冷却转变不同于等温转变。因为,连续冷却过程要先后通过各个转变温度区,因此可能先后发生几种转变。而且,冷却速度不同,可能发生的转变也不同,各种转变的相对量也不同,因而得到的组织和性能也不同。所以,连续冷却转变就显得复杂一些,转变规律性也不像等温转变那样明显,形成的组织也不容易区分。

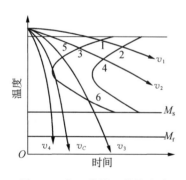

图 3.5 在 C 曲线上估计连续
冷却时的组织转变

过冷奥氏体等温转变的规律可以用 C 曲线来表示出来。同样地,连续冷却转变的规律也可以用另一种 C 曲线表示出来,这就是"连续冷却 C 曲线",它反映了在连续冷却条件下过冷奥氏体的转变规律,是分析转变产物组织与性能的依据。将不同冷却速度的冷却曲线迭绘在共析钢 C 曲线上,根据它们与 C 曲线相交的位置,可大致估计出最终的转变产物,如图 3.5 所示。

图 3.5 中冷却速度 v_1 相当于随炉缓冷(退火),它与 C 曲线交于 1、2 两点,这两点处于 C 曲线上部珠光体转变范围,可估计它的转变产物为珠光体;冷却速度 v_2 相当于在空气中冷却,与 C 曲线相交于 3、4 两点,可判断其转变产物为索氏体;冷却速度 v_3 相当于在油中冷却,它与 C 曲线的开始转变线相交于"鼻尖"附近,有一部分过冷奥氏体转变成极细珠光体(托氏体)、然后,冷却曲线进入贝氏体转变区域,但实践证明,在连续冷却过程中,过冷奥氏体不会转变成贝氏体。因此,另一部分奥氏体便被过冷到 M_s 线以下发生马氏体转变,结果得到托氏体与马氏体的混合组织。v_4 相当于在水中冷却,它不与 C 曲线相交,说明由于冷得快,奥氏体来不及分解,便被过冷到 M_s 线以下,向马氏体转变。图 3.5 中的冷却速度 v_c 与 C 曲

线的开始转变线相切,这是奥氏体不发生分解而全部过冷到 M_s 线以下向马氏体转变所需的最小冷却速度,称为临界冷却速度。所有以大于 v_c 的冷却速度进行冷却的钢,得到的转变产物为马氏体;所有以小于 v_c 的冷却速度进行冷却的得不到马氏体或者部分马氏体。

4)钢的回火转变

钢淬火后组织是过饱和组织,这种组织虽然硬度高,但塑性和韧性低,工程中不适用,所以钢的使用状态大多为淬火＋回火状态。

如图 3.6 所示,淬火钢在回火时一般发生 4 个阶段转变:第 1 个阶段(100～250℃)马氏体分解;第 2 个阶段(230～330℃)残余奥氏体分解;第 3 个阶段(230～400℃)碳化物类型变化;第 4 个阶段(400～700℃)碳化物聚集长大、马氏体再结晶。

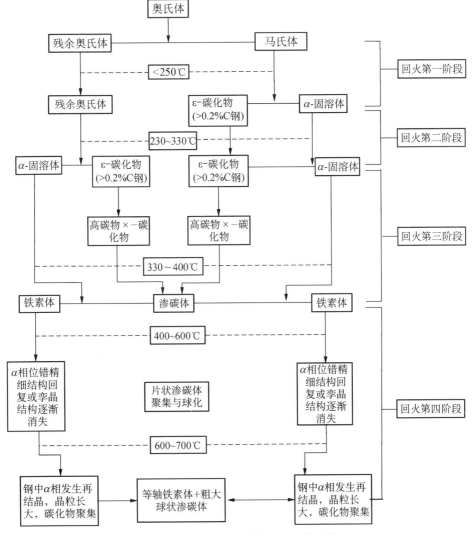

图 3.6　淬火钢回火时的组织变化过程

除此之外,对于二次硬化的钢和合金,在回火时还产生二次硬化阶段(500~600℃),析出细小的二次硬化相而强化。

3.1.2.2　钢的热处理基本工艺

金属热处理工艺大体可分为整体热处理、表面热处理和化学热处理三大类。根据加热介质、加热温度和冷却方法的不同,每一大类又可区分为若干不同的热处理工艺。同一种金属采用不同的热处理工艺,可获得不同的组织,从而具有不同的性能。整体热处理是金属零件最基本,也是应用最为广泛的工艺。钢铁整体热处理主要有退火、正火、淬火和回火4种基本工艺,以及由热处理设备、冷却、介质等不同而演变出的各种热处理工艺。为了获得一定的强度和韧性,把淬火和高温回火结合起来的工艺,称为调质。某些合金淬火形成过饱和固溶体后,将其置于室温或稍高的适当温度下保持较长时间,以提高合金的硬度、强度或电性、磁性等。这样的热处理工艺称为时效处理。

1) 退火

退火是指将钢和合金加热到某一温度,保持一定时间,然后缓慢冷却的热处理工艺。退火是生产中常用的预备热处理工艺。可以实现:①改善或消除钢铁在铸造、锻压、轧制和焊接过程中所造成的各种组织缺陷以及残余应力,防止工件变形、开裂;②软化工件以便进行切削加工;③细化晶粒,改善组织以提高工件的机械性能;④为最终热处理(淬火、回火)做好组织准备。

钢的退火种类很多,民机中常用的退火工艺主要有完全退火、等温退火、不完全退火(亚临界退火)、低温退火和消除应力退火。其详细的退火工艺如表3.4所示。

表 3.4　民机钢常见退火工艺

名称	工艺曲线	工艺特点	组织性能的变化	适用范围
完全退火		加热温度: A_{c3}+30~50℃ 加热速度:碳钢 200℃/h 低合金钢:100℃/h 高合金钢:50℃/h 保温时间:碳钢 15~2 min/mm 冷却:<300℃空冷	细化晶粒、降低硬度、提高塑性,去除内应力	亚共析钢铸锻件 C 0.3%~0.8%
等温退火		加热温度:视对组织的要求而定,可与完全退火相同或与球化退火加热温度相同(A_{c3}~A_{c1}) 等温温度:由钢材成分及退火后硬度要求而定 等温后冷却:可空冷到室温,大件需要缓冷到<500℃空冷	同上,可按工艺要求获得片状或粒状珠光体	C 0.3%~0.8% 亚共析钢铸锻件 C 0.8%~1.2% 过共析钢的球化退火

（续表）

名称	工艺曲线	工艺特点	组织性能的变化	适用范围
低温退火	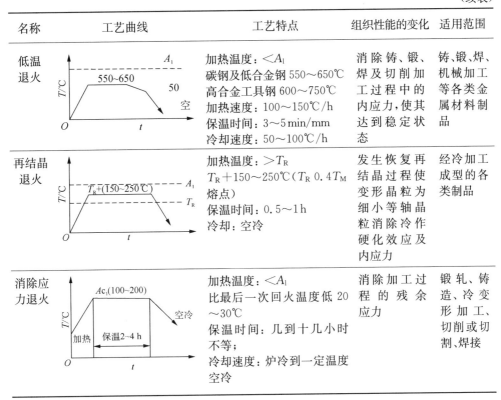	加热温度：$<A_1$ 碳钢及低合金钢 550～650℃ 高合金工具钢 600～750℃ 加热速度：100～150℃/h 保温时间：3～5 min/mm 冷却速度：50～100℃/h	消除铸、锻、焊及切削加工过程中的内应力，使其达到稳定状态	铸、锻、焊、机械加工等各类金属材料制品
再结晶退火		加热温度：$>T_R$ $T_R+150～250℃$（T_R 0.4T_M熔点） 保温时间：0.5～1 h 冷却：空冷	发生恢复再结晶过程使变形晶粒为细小等轴晶粒消除冷作硬化效应及内应力	经冷加工成型的各类制品
消除应力退火		加热温度：$<A_1$ 比最后一次回火温度低 20～30℃ 保温时间：几到十几小时不等； 冷却速度：炉冷到一定温度空冷	消除加工过程的残余应力	锻轧、铸造、冷变形加工、切削或切割、焊接

　　退火主要工艺参数包括加热温度、加热速度、保温时间、冷却速度和出炉温度等。退火加热时，奥氏体形成的速度和成分均匀程度取决于加热温度的高低和保温时间的长短。加热温度越高，保温时间越长，则奥氏体形成越快，成分越均匀；但同时奥氏体晶粒会粗化，所以退火加热时，应在奥氏体晶粒不粗化的前提下，尽量提高加热温度，适当加长保温时间。

　　各类退火方法都要求获得平衡的组织结构。因此，要保证良好的退火，必须首先使钢加热到适当的奥氏体状态，然后将奥氏体过冷到适当的亚临界温度使其发生分解。对于低温退火和再结晶退火，由于只需结构转变而无须发生组织转变，可在低于临界温度下加热、保温和冷却，从而使钢达到平衡状态。

　　退火的加热速度随化学成分、原始组织、零件形状和大小的不同而变化。若钢中合金元素多，零件形状复杂或尺寸大，则加热速度应适当放慢。退火冷却一般采取随炉缓冷，以获得洁净平衡组织，达到软化作用。为了缩短退火周期，当零件接近缓冷至获得所需组织和性能的温度之后，即可适当快速冷却至室温。

　　2) 正火

　　正火是将钢加热到上临界点 A_{c_3} 或 A_{cm} 以上 30～50℃，保持适当时间后，在空气中冷却的热处理工艺。对于一些淬透性好的钢和形状复杂的零件，在正火后还需进行低温退火或高温回火,以消除内应力,把硬度降到合适的程度。正火加热温度要足够高,一般要求得到均匀的单相奥氏体组织,再于空气中自然冷却。

正火所达到的效果与材料的成分及组织状态有关。过共析钢正火后可消除网状碳化物,而低碳钢正火后将显著改善钢的切削加工性。所有的钢铁材料通过正火均可使铸锻件过热晶粒细化和消除内应力。因此,正火与退火工艺一样,是一种广泛采用的预先热处理方法。同时由于正火后组织比较细,所以比退火状态具有较好的综合机械性能,并且工艺过程简单。为此,正火不仅常作为淬火工序前的组织准备(预先热处理),而且对某些含碳在 0.4%～0.7% 的钢件亦可在正火状态下使用。碳小于 0.4% 的中低碳钢,往往用正火代替完全退火。

普通碳钢通常推荐的正火温度是一个温度区段,如果正火作为最终热处理,应采用下限温度。对于渗碳件和锻件,在淬火前细化组织的预先热处理要采用上限温度,以利于细化高温渗碳或锻造后形成的粗大组织。

合金钢轧、锻、铸件的正火,主要用于改善冶金及热加工过程中造成的某些组织上的缺陷,并作为最终热处理之前的预备热处理。

3) 退火与正火的组织特点及差异

退火和正火主要应用于各类铸、锻、焊工件的毛坯或半成品消除冶金及热加工过程中产生的缺陷,并为以后的机械加工及热处理准备良好的组织状态。因此,通常把退火及正火称为预先热处理。钢的退火与正火工艺需遵循奥氏体形成和珠光体转变的基本规律。钢在退火、正火后的组织及性能与钢的成分、原始组织状态,工艺规范等因素有关。经完全退火与正火后的组织有以下区别:

(1) 正火的珠光体组织比退火状态的片层间距小,领域也较小。共析钢退火珠光体平均片层间距约 $0.5\,\mu m$,正火细珠光体片层间距约为 $0.2\,\mu m$。

(2) 由于正火的冷速较快,因此先共析产物(自由铁素体,渗碳体)不能充分析出,即先共析析出相数量较平衡冷却时要少。同时由于奥氏体的成分偏离共析成分而出现伪共析组织。如含碳 0.4% 钢在平衡冷却时为 45% 铁素体＋55% 珠光体。而在正火后为 30% 铁素体 70% 珠光体,此时的伪珠光体中含碳量为 0.65%。对于过共析钢而言,退火后的组织为珠光体＋网状碳化物。正火时网状碳化物的析出受到抑制,从而得到全部细珠光体组织,或沿晶界仅析出一部分条状碳化物(不连续网状)。

(3) 由于合金钢中碳化物更稳定,不易充分固溶到奥氏体中,因此,在退火后不易形成层状珠光体而呈粒状珠光体。而在正火后由于粒状索氏体或屈氏体硬度较高,故合金钢很少将正火作为切削加工前的预备组织。

(4) 正常规范下通过退火、正火均使钢的晶粒细化。但如果加热温度过高,使奥氏体晶粒粗大,在正火后极易形成魏氏组织,在退火后则形成粗晶粒的组织。

4) 淬火和固溶处理

(1) 淬火。

淬火是将钢加热至临界点(A_{c_1} 或 A_{c_3})以上,保温一定时间后快速冷却,使过冷奥氏体转变为马氏体或贝氏体组织的工艺方法。淬火后,为了消除淬火钢的残余内应力,得到不同强度、硬度与韧性的配合,需要配以不同温度的回火。所以,淬火与回火是不可分割的、紧密衔接在一起的两种热处理工艺。淬火与回火作为各种机器零件及工具、模具的最终热处理,是赋予钢件最终性能的关键性工序,也是钢件热处理强化的重要手段之一。

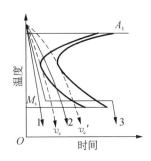

图 3.7 是共析碳钢淬火冷却工艺曲线示意图。v_c、v_c' 分别为上临界冷却速度(即淬火临界冷却速度)和下临界冷却速度。以 $v > v_c$ 的速度快速冷却(曲线 1),可得到马氏体组织;以 $v_c > v > v_c'$ 的速度冷却(曲线 2),可得到马氏体+珠光体混合组织;以曲线 3 冷却则得到下贝氏体组织。

图 3.7 共析碳钢淬火冷却工艺曲线

钢的淬火工艺方法分类如表 3.5 所示。

表 3.5 钢的淬火工艺分类

分类原则	淬火工艺方法
按加热温度	完全淬火、不完全淬火
按加热速度	普通淬火、快速加热淬火、超快速加热淬火
按加热介质及热源条件	光亮淬火、真空淬火、流态层加热淬火、火焰加热淬火、(高、中、工频)感应加热淬火、高频脉冲冲击加热淬火、接触电加热淬火、电解液加热淬火、电子束加热淬火、激光加热淬火、锻热淬火
按淬火部位	整体淬火、局部淬火、表面淬火
按冷却方式	直接淬火、预冷淬火(延迟淬火)、双重淬火、双液淬火、断续淬火、喷雾淬火、喷液淬火、分级淬火、冷处理、等温淬火(贝氏体等温淬火、马氏体等温淬火)、形变等温淬火(高温形变等温淬火、中温形变等温淬火)

(2)固溶处理。

固溶处理是指将合金加热至第 2 相能全部或最大限度地溶入固溶体的温度,保持一段时间后,以快于第 2 相自固溶体中析出的速度冷却,获得过饱和固溶体的过程,其主要目的是改善钢或合金的塑性和韧性,为沉淀硬化处理做好准备等。固溶处理在不锈钢中应用较多。例如,奥氏体不锈钢加热到 1100℃左右,使碳化物相全部或基本溶解,碳固溶于奥氏体中,然后快速冷却至室温,使碳达到过饱和状态。

固溶热处理中的快速冷却似乎像普通钢的淬火,但此时的"淬火"与普通钢的淬火是不同的,前者是软化处理,后者是淬硬。后者为获得不同的硬度所采取的加热温度也不一样,但没达到 1100℃。

(3)钢的淬火特性。

钢的淬透性,就是指钢在淬火时获得马氏体的难易程度,是钢本身的固有属性,它取决于钢的淬火临界冷却速度的大小,也就是钢的过冷奥氏体的稳定性,而与冷却速度、工件尺寸大小等外部因素无关。通常可以用标准试样在一定的条件下淬火能够淬硬的深度或能够全部淬透的最大直径来表示。

钢的淬透性实际上是受珠光体或贝氏体转变的孕育期所控制,凡抑制珠光体或贝氏体等过冷奥氏体分解产物的诸因素均可提高钢的淬透性,其影响规律概述如下:

a. 合金元素的影响。除钴以外大多数合金元素溶入奥氏体后均使过冷奥氏体等温转变曲线右移,从而提高钢的淬透性。

b. 奥氏体化温度的影响。提高奥氏体化温度将使晶粒长大,奥氏体成分更加均匀,从而抑制珠光体或贝氏体的形核,降低了淬火临界冷却速度,可适当提高淬透性。

c. 未溶第 2 相的影响。钢中未溶入奥氏体的碳化物、氮化物及其他非金属夹杂物,由于促进珠光体、贝氏体等相变的形核,从而使淬透性下降。

d. 钢原始组织的影响。钢的原始组织中,由于珠光体的类型(片状或粒状)及弥散度的不同,在奥氏体化时将会影响到奥氏体的均匀性,从而影响钢的淬透性。碳化物越细小,溶入奥氏体越迅速,越有利于提高钢的淬透性。

合金钢在航空产品中起着重要作用,所以一般要求最终热处理淬火时整个界面都淬透。根据常用结构钢的淬透性和多年生产中的使用经验,对这类钢制零件常用最大等效圆来描述钢的淬透特性,各种形状零件的等效圆(ER)计算方法如表 3.6 所示。

表 3.6　等效圆计算方法

序号	形状	形状示意图	等效圆(ER)计算公式
1	圆形截面	T	$ER = T$
2	六边形	T	$ER = 1.1T$
3	正方形	T	$ER = 1.25T$
4	长方形	T	$ER = 1.5T$

序号	形状	形状示意图	等效圆（ER）计算公式
5	管型截面	两端开口	$ER = 2T$ 当 L 小于 D 时，将截面看成厚度为 T 的板 当 L 小于 T 时，将截面看成厚度为 L 的板
		一端或两端受限或封闭	当 $D \leqslant 2.5\,\text{in}$ 时，$ER = 2.5T$ 当 $D > 2.5\,\text{in}$ 时，$ER = 3.5T$

5）回火和时效处理

回火是指将淬火零件重新加热到下临界点 A_{c_1} 以下某一温度，保持一段时间，再以某种方式冷却到室温，使不稳定组织转变为稳定组织，获得要求性能的工艺。回火可以减少或消除淬火应力，提高塑性和韧性，得到强度与韧性良好配合的综合性能，稳定组织、形状和尺寸。

（1）回火工艺。

回火温度是决定零件性能的主要因素，所以回火温度往往是根据零件的硬度或强度要求来选择的，此外还要考虑回火时的组织和应力状态的变化。随着回火温度升高，淬火残余应力逐渐减少，最后消失；从低温到高温回火，马氏体分别转变为回火马氏体、屈氏体及索氏体，回火温度更高时，将产生碳化物球化和长大，形成球状珠光体。

回火保温时间和回火温度是相互联系的，在一定限度内，降低回火温度、增加回火时间与提高回火温度、缩短回火时间的效果往往是相同的。回火保温时间还与钢种、加热方式、零件尺寸、装炉量等因素有关。回火保温时间都较长，一般在半小时至数小时。回火冷却一般采用空气中冷却，但对有第 2 类回火脆性的合金钢在 $450 \sim 650\,℃$ 回火时，应在油中或水中快速冷却，避免产生回火脆性。回火方法主要有低温回火、中温回火、高温回火、多次回火等，详情如表 3.7 所示。

表 3.7 回火方法及适用范围

回火方法	特 点	适用范围
低温回火	$150 \sim 250\,℃$ 回火，获得回火马氏体组织。目的是在保持高硬度条件下，提高塑性和韧性	超高强度钢、轴承

（续表）

回火方法	特 点	适用范围
中温回火	350~500℃回火,获得屈氏体组织。目的是获得高弹性和足够的硬度,保持一定塑性	弹簧
高温回火	500~650℃回火,获得索氏体组织。目的是达到较高强度与韧性的良好配合	结构钢
多次回火	淬火后进行两次以上回火,进一步促使残余奥氏体转变,消除内应力,使尺寸稳定	超高强度钢

（2）回火脆性。

淬火钢回火时,许多钢种随回火温度升高会出现两次冲击韧性显著下降的现象,称为回火脆性,回火脆性的种类、特点、减少及消除方法如表 3.8 所示。

表 3.8　回火脆性及其消除、减少的方法

种类	特 点	消除及减少方法
第 1 类回火脆性 （低温回火）	250~400℃发生的回火脆性,不可逆,凡是淬火成马氏体的钢均有这类脆性	避免在此温度区间回火,快速加热可以减少这类脆性
第 2 类回火脆性 （高温回火脆性）	450~650℃发生的回火脆性,可逆	避免在此温度区间回火,回火后快速冷却

（3）时效。

合金经固溶处理后,在一定温度下保存一定时间,组织和性能随时间变化的现象称为时效。另一类时效是马氏体时效钢和沉淀硬化不锈钢的时效。时效时,从过饱和固溶体中析出金属间化合物而使强度和硬度提高,产生时效强化,所以这类钢均需时效处理。

6）冷处理

冷处理是将淬火零件从室温继续冷却到更低的温度,使组织中残余奥氏体继续转变为马氏体的热处理操作,因此冷处理可以看做是淬火的继续。冷处理的目的是进一步提高钢的硬度和耐磨性,稳定尺寸,提高铁磁性等。由于淬火后残余奥氏体有稳定化现象,所以冷处理一般都应在淬火冷却到室温后尽快进行。

3.1.3　民用飞机常用钢的典型热处理工艺

3.1.3.1　合金钢的热处理

1）高强度钢的热处理工艺

高强度钢在航空产品中使用广泛,用于制造各种受力构件。民用飞机用的主要是中碳低合金高强度钢,如 4130、4140、4330M、4340 等,大多以调质处理或等温淬火加回火获得索氏体组织作为使用状态,具有高的屈强比、良好的塑性和韧性、高的疲劳强度及较低的冷脆转变温度等综合性能。

（1）高强度钢的预备热处理。

高强度钢的热处理的主要有淬火、固溶处理、时效处理以及预备热处理工艺，包括正火、完全退火、亚临界退火等。预备热处理主要目的在于改善材料的加工性能，消除组织不均匀性，主要使用目的及工艺温度选择如表 3.9 所示。对热处理到强度大于 1380 MPa 的材料和零件在进行最终热处理强化前都应是正火或正火加回火状态。高强度钢预备热处理推荐工艺如表 3.10 所示。

表 3.9　高强度钢预备热处理工艺温度

序号	合　金	加热温度/℃			
		正火	完全（或等温）退火	低温退火	
1	30CrMo(4130)	899	843	650～680	油
2	35CrMo(美 4135)	899	843	650～680	
3	4330M	899	857	871	油
4	40CrNiMo(4140)	885	843	—	油
5	40CrNiMnMo(4340)	885	843	—	油

表 3.10　高强度钢预备热处理推荐工艺

序号	热处理工艺	适　用　性
1	完全退火	适用于材料软态时成形、冷加工或机加
2	正火	适用于热处理至≥220 ksi 的零件在奥氏体化前的预备热处理
3	亚临界退火	适用于正火钢获得高硬度等级深加工前的处理

（2）高强度钢的最终热处理。

常用航空高强度钢的淬火、回火温度和冷却方式如表 3.11 所示。最终热处理的回火温度根据零件硬度和强度要求来确定。淬火的保温时间主要取决于零件最大厚度。其加热保温时间如表 3.12 所示。

表 3.11　高强度钢淬火、回火推荐最低温度

序号	钢号	淬　火		回　火		
		淬火温度/℃	冷却介质	强度/MPa	加热温度/℃	冷却介质
1	30CrMo(4130)	880	油，水	686～883 883～1079	580～650 500～680	油，水
2	35CrMo(美 4135)	857	油，水	861～999 965～1102 1102～1240 1240～1378	635 579 510 454	空气

（续表）

序号	钢号	淬 火		回 火		
		淬火温度/℃	冷却介质	强度/MPa	加热温度/℃	冷却介质
3	4330M	857	油,水	150～180	510	空冷
				180～200	455	
				200～220	427	
				220～240	260	
4	40CrNiMo(4140)	843	油	140～160	580	空气
				160～180	510	
				180～200	455	
				200～220	385	
5	40CrNiMnMo(4340)	843	油	140～160	600	空冷
				160～180	540	
				180～200	480	
				200～220	410	

表 3.12　保温时间计算

热处理类别	加热条件		保温时间
正火 退火 淬火	空气电阻炉或保护气氛炉		10～30 min＋每 1 mm 厚度,增加 1～3 min
	盐浴炉		3～5 min＋每 1 mm 厚度,增加 0.5～1 min
回火	300℃以下	静止或循环空气电阻炉	2～3 h＋每 1 mm 厚度,增加 1 min
		盐浴炉	2 h＋每 1 mm 厚度,增加 0.5 min
	300℃以上	静止或循环空气电阻炉	20～60 min＋每 1 mm 厚度,增加 1～3 min
		盐浴炉	10～20 min＋每 1 mm 厚度,增加 1～3 min

2）超高强度钢的热处理

超高合金钢按照合金化元素含量又可以分为低合金、中合金、高合金超高强度钢,飞机机体结构中主要采用的是以低合金超高强度钢为代表的钢种,因此本书重点介绍低合金超高强度钢的热处理。

低合金超高强度钢大都以 Cr、Ni、Mo 等为主要元素,并适当加入细化晶粒元素 Ti、V 等。加热相变的同时伴有碳化物溶解和成分均匀化过程,奥氏体长大趋势比较小,但加热时容易氧化脱碳,对性能有较大影响。低合金超高强度钢冷却转变时孕育期较长,而且一般珠光体转变孕育期比贝氏体转变时间更长一些,临界冷却速度较低,淬透性较高。一般淬火后只采用低温回火,含硅的钢回火抗力明显提高,回火温度可以适当提高,保温时间延长。民机中使用的低合金超高强度钢主要是300M 和 HY‑TUF 钢,其成分分别为 40CrNi2Si2MoVA 和 25CrMnSi2Ni2Mo。本节重点介绍两种合金的热处理。

(1) 低合金超高强度钢的预备热处理。

低合金超高强度钢的预备热处理和合金结构钢相同,主要是正火,完全退火,等温退火、不完全退火和低温退火等。表 3.13 所示为低合金超高强度钢的热处理工艺。

表 3.13   低合金超高强度钢预备热处理工艺温度

序号	合　金	加热温度/℃			
		正火	完全(或等温)退火	低温退火	
1	40CrNi2Si2MoVA	925	不允许	680	空冷
2	25CrMnSi2Ni2Mo	899	不允许	650	空冷

(2) 低合金超高强度钢的最终热处理。

低合金钢的最终热处理主要是淬火+低温回火,组织状态为回火马氏体或回火贝氏体。为了提高低合金超高强度钢的塑性、韧性及疲劳性能,降低缺口敏感性,减少热处理变形,常用等温淬火代替油淬加低温回火。等温淬火后是否需要回火,应根据等温温度来决定。一般来说,300℃ 以上的等温淬火可不回火;300℃ 以下的等温淬火后必须进行 250~300℃ 回火。低合金超高强度钢等温淬火使用状态组织随等温温度不同而变化。马氏体区等温淬火一般都要进行低温回火,组织为回火马氏体和贝氏体,以马氏体为主;贝氏体等温淬火一般不回火,组织为贝氏体和马氏体,以贝氏体为主。其热处理工艺如表 3.14 所示。

表 3.14   低合金超高强度钢回火推荐最低温度

序号	钢　号	淬　火		回　火		
		淬火温度	冷却介质	强度/MPa	加热温度	冷却介质
1	40CrNi2Si2MoVA	870℃	油	1860~2060	300℃,二次	水
2	25CrMnSi2Ni2Mo (4135)	857℃	油,水	1516~1655 或 1516~1723	288℃	空气

3) 化学热处理用钢热处理过程的氧化脱碳控制

化学热处理用钢的抗氧化性能不好,热处理加热时容易氧化脱碳,严重影响使用性能,所以这类钢在热处理过程中应采取措施防止氧化脱碳;同时还应防止增碳、晶间腐蚀等表面缺陷。在真空以外的其他气氛中加热至大于等于 650℃ 的所有材料和零件,表面应进行脱碳深度检测,检测时可用硝酸乙醇溶液(硝酸和乙醇的体积百分比 4∶96)腐蚀后,放大 100 倍下进行确定。

为了降低或防止已精加工表面的脱碳和增碳,可采用真空、使用中性气氛保护、镀铜或用热处理保护涂料等防护方法对零件保护,使精加工零表面的脱碳程度降低以符合相应规范要求。有脱碳或增碳表面的零件或材料不应进行碳含量的增加、降低或重新分配处理。

4)合金钢淬火限制

民机生产用使用的合金钢均要求有较高的淬透性,确保零件整体都可以在淬透的状态下使用。为了确保零件可以完全淬透,一般用最大等效圆来表征,常见的几种合金结构钢的最大等效圆尺寸如表 3.15 所示,常用合金结构钢最大尺寸限制如表 3.16 所示,零件生产时要严格按照要求选择合适的材料。

表 3.15 常用合金结构钢最大等效圆尺寸

钢种	拉伸强度 σ_b/MPa	材料牌号	最大等效圆尺寸/mm
高强度钢	1240~1378	40CrNiMo(美 4340)	60
		40CrMo(美 4140)	25.4
		30CrMo(美 4130)	12.7
	1171~1378	40CrNiMo(美 4340)	64
		35CrMo(美 4135)	20.3
低合金超高强度钢	1929~2067 或 1895~2101	40CrNi2Si2MoVA	127
	1795~1929	25CrMnSi2Ni2Mo	50.8
	1516~1655	30CrNiMoV	50.8
		0.30-9Ni-4Co	101.6

表 3.16 常用合金结构钢最大尺寸限制

钢种	钢号	热处理工艺	最大限制厚度	
			零件形状	尺寸/mm
高强度钢	30CrMnSiA	油淬	圆柱体	25
		等温淬火	圆柱体	12
			双面冷却扁平状或管状件	6
			单面冷却件	3
	40CrNiMoA	油淬	圆柱体	35
	18Cr2Ni4WA	油淬	圆柱体	80
	18CrMn2MoBA	油淬	圆柱体	80

（续表）

钢种	钢号	热处理工艺	最大限制厚度	
			零件形状	尺寸/mm
低合金超高强度钢	30CrMnSiNi2A	油淬 180～230℃等温淬火 280～320℃等温淬火 310～330℃等温淬火	圆柱体或正方体	80
			型材	60
			双面冷却板材或管材	40
			单面冷却管材	20
	40CrMnSiMoVA	油淬	圆柱体	80
		180～230℃等温淬火	圆柱体	50
			单面冷却管材	20
		290～320℃等温淬火	圆柱体	40
		300～340℃等温淬火	圆柱体	40
	40CrNi2Si2MoVA	油淬	圆柱体	100
	45CrNiMo1VA	油淬	圆柱体	127

5) 合金钢的回火脆性和应力消除

回火是合金钢淬火后的必要工艺,但在回火过程中因操作不当或温度选择不合理容易造成回火脆性。合金钢大都存在回火脆性,所以在选择回火温度时应尽量避免在第 1 类和第 2 类回火脆性区温度范围内,如在第 2 类回火脆性区回火,也可以在油或水中快速冷却,消除回火脆性。

合金钢缺口敏感性和表面应力敏感性较高,所以设计超高强度钢零件时应尽量降低应力集中系数。对热处理强度≥160 ksi 的合金钢零件,在硬化后进行了冷成形、冷矫正或大量磨削,在进行任何酸洗、电镀或电解清洗前应进行一次去应力回火。

热处理强度大于1100 MPa 的零件,如果在进行淬火-回火硬化后进行了冷成形、冷矫正或大量的磨削后,应进行消除应力,同时在进行酸洗、电镀或电解清洗前也应进行消除应力。

此外,除上述限制外,合金钢的热处理过程根据生产情况,合理控制零件的放置,工装的使用,并进行有效的清洗工作,确保零件生产时无外来物污染等问题。

3.1.3.2 不锈钢的热处理

不锈钢的热处理是为了改变其物理性能、力学性能、残余应力及恢复由于预先加工和加热受到严重影响的抗腐蚀能力,以便得到不锈钢的最佳使用性能或者使不锈钢能够进行进一步的冷、热加工。

不锈钢是一种特殊的钢种,钢中的镍、铬含量很高,由于镍、铬等合金化元素的存在,其热处理具有普通钢热处理所不具备的特点:

（1）加热温度较高，加热时间也相对较长。

（2）不锈钢的导热率低，在低温时温度均匀性差。

（3）奥氏体型不锈钢高温膨胀较严重。

（4）炉内气氛控制很重要，要防止出现渗碳、渗氮及脱碳和过氧化现象。

（5）不锈钢的表面光泽对产品的使用及价格有决定性的影响，热处理时产生的氧化铁皮，将严重影响表面光泽。

（6）要确保避免不锈钢表面的划伤及防止热处理时产生变形。

奥氏体、马氏体和铁素体 3 类不锈钢的热处理无论是处理方法还是目的都不尽相同。

1）奥氏体不锈钢热处理

奥氏体不锈钢含碳量一般在 $0.1\%\sim0.2\%$，含碳量增高会使耐蚀性下降，并影响可焊性和成形性。奥氏体不锈钢的平衡组织是 $A+(Cr、Fe)_{26}C_6$。这类钢在 $1050\sim1100℃$ 进行固溶处理（淬火）得到亚稳定的单相奥氏体组织，所以这类钢不能通过淬火进行强化。但可以进行沉淀析出强化。

依据化学成分、热处理目的的不同，奥氏体不锈钢热处理工艺有固溶处理、稳定化处理和消除应力处理。

（1）固溶处理。

奥氏体不锈钢固溶化热处理的目的是要把合金中的碳化物，如 $(FeCr)_{23}C_6$ 等重新溶解到奥氏体中，获取单一的奥氏体组织（有的可能存在少量的 δ 铁素体），以保证材料有良好的机械性能和耐腐蚀性能，充分地消除应力和冷作硬化现象。固溶化处理适合任何成分和牌号的奥氏体不锈钢。

奥氏体不锈钢固溶处理加热时，随加热温度的升高，碳化物不断溶入奥氏体。固溶后一般要快冷（水淬），以防止在冷却过程中析出碳化物而影响耐蚀性。奥氏体不锈钢加热温度主要是依据碳化物的溶解速度而确定的，温度低于 $1000℃$ 时，铬碳化物溶解不足；如果固溶温度高于 $1150℃$，因为奥氏体型不锈钢无法通过相变来细化晶粒，导致晶粒过大，所以固溶处理温度要控制得当。由航空常用奥氏体不锈钢的固溶处理温度如表 3.17 所示。

表 3.17　奥氏体不锈钢的固溶处理温度

牌　号	淬火温度/℃	冷却介质
0Cr18Ni9(304)	$1010\sim1120$	水、油
Y1Cr18Ni9(303)	$1050\sim1150$	水、油
0Cr17Ni12Mo2(316)	$1010\sim1150$	水、油
0Cr18Ni11Ti(321)	$920\sim1170$	水、油

不锈钢的导热率低（特别是在低温时），升到高温后（$700\sim800℃$）导热率才有提高。所以，对于断面大的奥氏体不锈钢都需要预热到 $700\sim800℃$，然后再快速升温，

对于断面小的奥氏体不锈钢（如带钢）如果升温速度过慢，碳化物会充分析出，就会导致固溶时间过长，不锈钢固溶处理升温和保温时间如表 3.18 所示。不锈钢热处理保温时间开始的计算根据热处理设备配备仪表类型，可按以下原则进行：对于 C 型及以上仪表类型，以工作区所有热电偶回复到工艺温度范围下线开始计算保温时间（B 型仪表以装载热电偶为准）；对于 D 型仪表，空气炉和保护气氛炉为控制仪表显示到达所设定温度时开始计算保温时间；盐炉为控制仪表达到设定温度范围下线时开始计算保温时间。

表 3.18　奥氏体不锈钢固溶处理升温和保温时间

零件直径或厚度/mm	到固溶温度的升温时间/h	固溶温度的保温时间/min
<6.35	0.5	5
6.35~25.4	0.75	15
25.4~51	1.25	30
51~76	1.75	60
76~100	2.25	60

为防止已固溶的碳化物析出，冷却速度也很重要，特别是在 600~700℃时，碳化物析出较多而发生敏化，所以必须进行快速冷却。由于奥氏体不锈钢导热率低，对于断面较大的材料，无论怎样快冷，中心部位的冷却程度仍然很慢，往往因碳化物析出较多而发生敏化。所以在实际生产中，断面较大的材料一般考虑采用加入 Ti、Nb 等元素的稳定化奥氏体不锈钢，因为 Ti、Nb 等元素对碳亲和力较大，这类稳定化奥氏体不锈钢（如 321、347 等）可以不需要水淬或其他快速冷却措施进行快冷。

（2）稳定化处理。

稳定化处理是对含稳定化元素钛或铌的奥氏体不锈钢采用的热处理方法。采用这种方法的目的是利用钛、铌与碳的强结合特性，稳定碳，使其尽量不与铬结合，最终达到稳定铬的目的，提高铬在奥氏体中的稳定性，避免从晶界析出，确保材料的耐腐蚀性。若不经稳定化处理，就有可能产生晶间腐蚀。

奥氏体不锈钢稳定化处理的冷却方式和冷却速度对稳定化效果没有多大影响。所以，为了防止形状复杂工件的变形或为保证工件的应力最小，可采用较小的冷却速度，如空冷或炉冷。奥氏体不锈钢的退火、消除应力和稳定化热处理推荐参数如表 3.19 所示。

表 3.19　奥氏体不锈钢的退火、消除应力和稳定化热处理推荐参数

工艺	合金	温度/℃	冷却介质
稳定化	301、302、303、304、321	900	空气

（3）消除应力处理。

奥氏体不锈钢去除加工过程中产生的应力或去除加工后的残留应力。可采用固溶处理或稳定化退火的方法来消除应力。非稳定化奥氏体不锈钢只能采用固溶处理和低温退火的方法来消除应力。奥氏体不锈钢的消除应力工艺如表 3.20 所示。

表 3.20　奥氏体不锈钢消除应力工艺

目　　的	热处理工艺
消除机加工应力	300～350℃,保温 1～2h
消除焊接应力	850～950℃,保温 1～3h

2）马氏体不锈钢热处理

马氏体不锈钢是从高温奥氏体状态快冷（淬火）转变成马氏体组织而成的。这类不锈钢有明显的相变点,可以通过淬火而硬化。而且因其含铬高,淬透性好,回火时可以在较大范围内调整其强度和韧性。因此,马氏体不锈钢既可以作结构钢用,也可以作工具钢用。马氏体不锈钢由于合金元素含量高,C 曲线右移淬透性良好,在空冷的条件下也能得到马氏体组织。

（1）淬火。

马氏体不锈钢的淬火温度要正确控制。因这类钢含较多的难溶的铬碳化物（$Cr_{23}C_6$ 及 Cr_7C_3）型,所以淬火温度要比相变点高得多,以使这些碳化物能溶入奥氏体并扩散均匀。常用航空马氏体不锈钢的淬火温度如表 3.21 所示。

表 3.21　常用马氏体不锈钢推荐淬火温度

合金	奥氏体化温度/℃	淬火介质
410	982	油,聚合物
416	996	
420	1024	
431	1024	油,聚合物[①]
440C	1052	

注：①直接淬火后,431 和 440℃零件应进行冷处理。

马氏体不锈钢淬透性较高,故可在油或空气中淬火。对于大截面零件,应以油淬较好,因为当空冷缓慢通过 540～870℃区间时,可能沿晶界析出碳化物,从而使耐蚀性和塑性有所下降。回火前,零件至少冷却到 71℃。但要求最少的残余奥氏体和最大尺寸稳定性时,热处理至最低强度为 180ksi 的 431 钢和所有 440C 钢推荐进行冷处理。冷处理温度应≤－68℃,保温时间不少于 2h。冷处理应在零件淬火冷却到室温后 1h 内进行。

马氏体不锈钢在低温区域的导热性差,急剧加热容易引起变形或者裂纹,因此常在淬火前进行预热,预热方法如表 3.22 所示。

表 3.22 马氏体不锈钢的预热方法

预热条件	预热方法
有效厚度＞30 mm,形状复杂或截面有急剧变化	1 次预热：650～700℃ 或 2 次预热：650～700℃＋850～900℃
HRC＞35 或者钢的名义含碳量≥0.5 或截面有急剧变化,或有尖锐棱角,或已精机加过	538～649℃

（2）回火。

为了及时消除应力,避免在搁置过程中出现开裂,马氏体不锈钢淬火后应在最多 1 h 内进行回火,如果已经进行了冷处理,则应在 4 h 内进行回火。如果已经硬化的零件在淬火后 1 h 内不能进行回火时,零件应在 149℃ 或低于回火温度 14℃ 的温度下快速回火至少 2 h。回火保温时间按如下计算：2 h/25 mm＋1 h/厚度或截面每增加 25 mm。冷却方式一般为空冷,高于 538℃ 回火零件,应采用油冷。推荐的回火温度如表 3.23 所示。

表 3.23 常用马氏体不锈钢推荐回火温度

拉伸强度/ksi	硬度 HRC	温度/℃				
		合金牌号				
		410	416	420	431[①]	440C
≥100		704	704	704		
115～125		579	579	579	649	
≥180		260	260		288	
195～200				316		
	≥55					232
	≥57					191
	≥58					163

注：对于所有强度等级至少要求两次回火。

（3）消除应力。

在任何电镀或电解清洗前,强度＞179 ksi,硬化后进行了冷成形、冷校正或磨削的任何零件应进行消除应力。马氏体不锈钢消除应力工艺如表 3.24 所示。

表 3.24 马氏体不锈钢消除应力工艺

牌　号	热处理工艺
410	191℃,保温 3～4 h
420	191℃,保温 3～4 h
422	191℃,保温 4～5 h

牌　号	热处理工艺
431	260℃，保温 4～5 h
440C	149℃，保温 1～2 h

3）沉淀硬化不锈钢热处理

在不锈钢化学成分的基础上添加不同类型、数量的强化元素，通过沉淀硬化过程析出不同类型和数量的碳化物、氮化物、碳氮化物和金属间化合物，既提高钢的强度又保持足够的韧性的一类高强度不锈钢，简称 PH 钢。这类钢完全退火状态较软，易于再加工。

沉淀硬化不锈钢可以分为马氏体型沉淀硬化不锈钢、半奥氏体型沉淀硬化不锈钢、奥氏体型沉淀硬化不锈钢。其中民机中主要使用前两者。

马氏体沉淀硬化不锈钢典型代表是 17-4PH 和 15-5PH。这两种钢均含有合金元素铜，时效时析出富铜强化相。铜中含有镍，目的是在高温下获得奥氏体，固溶冷却后转变为马氏体。加入钽和铌，是为了能在马氏体基体上通过时效而析出 B_2A 型金属间化合物（如 Fe_2Nb），使钢强化。这类钢在固溶处理后有部分残余奥氏体存在，时效后不能够全部转变为马氏体，仍有部分残余奥氏体存在。

半奥氏体沉淀硬化不锈钢，这类钢要求固溶处理后的得到奥氏体，以保证室温下有较好的成形性，为此要求其 Ms 点应低于室温，但又不能太低，以便通过奥氏体调整和冷处理等方法获得马氏体组织。这类钢的 Ms 点温度与固溶温度有关，一般是 Ms 点温度随固溶温度的升高而下降，因此必须正确控制固溶处理温度，才能达到最佳强化效果。为了获得在室温完全的亚稳奥氏体组织，往往需要进行奥氏体调整。

沉淀硬化不锈钢的热处理包括固溶热处理、时效处理、奥氏体调整和冷处理及消除应力热处理等。

（1）固溶处理。

沉淀硬化不锈钢必须正确控制固溶处理温度，否则会影响力学性能和耐蚀性，如表 3.25 所示。航空常用沉淀硬化不锈钢固溶处理温度如表 3.26 所示。

表 3.25　固溶处理温度对沉淀硬化不锈钢组织性能的影响

固溶温度偏低		固溶温度过高	
对组织的影响	对性能的影响	对组织的影响	对性能的影响
化合物溶入奥氏体不多，M_s 点较高	强度较低耐蚀性不足	δ铁素体增多	硬度下降，耐蚀性下降，变形增大，甚至出现裂纹
		化合物溶入奥氏体多，M_s 点低，残余奥氏体增多	
		晶粒粗大	

表 3.26　航空常用沉淀硬化不锈钢固溶处理温度

合金	固溶处理温度/℃	最少保温时间	冷　却
17-4PH、 15-5PH	1038	板材：3 min+1 min/每 0.25 mm厚度或截面 其他产品：30 min/每 25 mm 厚度或截面	1 h 内,空冷或油淬至 32℃以下
PH13-8Mo	927	所有产品：30 min+25 min/每 25 mm 厚度或截面	1 h 内,空冷或油淬至 16℃以下,并在此温度 保持30～45 min
17-7PH	1052	板材：3 min+1 min/每 0.25 mm厚度或截面 其他产品：30 min/每 25 mm 厚度或截面	真空热处理时,30 min 内气冷至 649℃ 以下。 暴露在空气中前采用惰 性气体冷却到 427℃ 以下

（2）奥氏体调整。

将固溶处理后的半奥氏体沉淀硬化不锈钢重新加热到某一温度,使其从奥氏体中析出铬的碳化物,降低奥氏体中铬、碳的含量,从而使 Ms 点可上升到室温以上 50～100℃,冷却时转变为马氏体。在奥氏体转变为马氏体后,半奥氏体沉淀硬化不锈钢还需经过时效处理,以沉淀析出 Ni-Al 金属间化合物。

航空常用沉淀硬化不锈钢奥氏体调整工艺如表 3.27 所示。

表 3.27　航空常用沉淀硬化不锈钢奥氏体调整工艺

合金	温度/℃		最少保温时间/min	冷　却
17-7PH、 PH15-7Mo	TH 状态	760	90	从炉中取出后,在 1 h 内冷却到 16℃ 以 下,并在此温度下保持至少 30 min,空冷
	RH 状态	950	10	空冷至室温

（3）冷处理。

将钢冷到摄氏零度以下的处理。冷处理是为了减少钢中残余奥氏体的含量,或使沉淀硬化不锈钢介稳定的奥氏体转变为马氏体。冷处理通常也称为冷却转变处理。凡经900℃以上奥氏体调整处理过的钢,应在 1 h 之内进行冷处理。一般在 -75～-70℃。航空常用沉淀硬化不锈钢冷处理工艺如表 3.28 所示。

表 3.28　航空常用沉淀硬化不锈钢推荐冷处理工艺

合　金	温度/℃	保温时间/h	冷　却
17-7PH、PH15-7Mo 转变到 R100 状态	-68	8～9	在静止空气中恢复到室温

（4）时效。

沉淀硬化不锈钢无论采用固溶处理、固溶处理＋奥氏体调整、固溶处理＋奥氏体调整＋冷处理等哪一种热处理方法，都要进行时效处理，以使在马氏体或奥氏体机体上沉淀析出化合物而达到最终强化。时效过程中随着时效温度的升高，强化会出现一个峰值，而冲击韧性却会出现低谷，为此必须正确选择时效温度。航空常用沉淀硬化不锈钢时效工艺如表 3.29 所示。

表 3.29　航空常用沉淀硬化不锈钢推荐时效工艺

合　金	状态	温度/℃	最少时间/h
17－4H、15－5PH	H900	482	1
	H925	496	4
	H1025	552	4
17－7PH、PH15－7Mo	TH1050	566	1.5
	TH1100	593	1.5
	RH950	510	1
	RH1050	566	1
	CH900①	482	1

注：材料是 C 状态（冷作硬化）。不能进行重复固溶处理。

（5）消除应力处理。

热处理至≥160 ksi 的所有零件在硬化后进行了冷成形、冷矫正或大量磨削，在进行任何酸洗、电镀或电解清洗前应消除应力。消除应力温度一般为低于时效温度 56℃并至少保温 1 h。对于厚度超过 25.4 mm 的，每增加 25.4 mm 另加 1 h。除非另有规定，时效后经电镀、喷完或滚轧螺纹的零件不允许再进行消除应力。

4）不锈钢热处理的控制氧化、脱碳

不锈钢的热处理气氛可以使用惰性气体（氩气、氦气等）和防热性气氛加热，也可以在真空中加热，但不能使用吸热性气氛，对于马氏体不锈钢，也可以使用中性盐浴加热。奥氏体不锈钢禁止使用盐浴炉加热，沉淀硬化不锈钢禁止在氮基气氛中进行热处理。在进行温度＞538℃热处理时可使用保护涂料进行保护。马氏体热处理时应能够确保零件的氧化脱碳及晶间腐蚀等不超过规范定的范围，具体范围如表 3.30所示。

表 3.30　马氏体热处理控制氧化脱碳及晶间腐蚀规定的范围

强度/MPa	硬度 HRC	除氢温度/mm	晶间腐蚀/mm
≥1517	≥46	≤0.076	≤0.013
＜1517	＜46	≤0.127	≤0.018

5）不锈钢热处理的除氢

凡硬度,马氏体不锈钢≥39.9,沉淀硬化不锈钢>36 的钢结构件,经过酸洗、电镀或者电解清洗后应进行除氢处理,除氢工艺如表 3.31 所示。

表 3.31　不锈钢热处理的脱碳控制工艺

钢种类	强度/MPa	硬度 HRC	脱碳深度/℃	保温时间/h
沉淀硬化不锈钢	1103～1379	36～43	202	4～5
	≥1379	>43	202	8～9
马氏体不锈钢(440C 除外)	—	—	191	4～5
440C	—	—	149	1～2

3.1.4　钢的热处理工艺常见故障及排除方法

航空零件热处理强调正确执行规范和事先采取预防措施,热处理缺陷发生后,必须查明原因并采取措施改正,对缺陷零件的补救则有严格的限制,如限制各类钢重复热处理次数等。

3.1.4.1　合金钢的热处理工艺常见故障及排除方法

合金钢热处理加热、保温、冷却过程中,由于热应力和组织应力的作用,使热处理后零件产生不同的残余应力,可能引起变形、甚至开裂。此外,热处理常见缺陷还有过热、过烧、硬度不足或过高,产生脆性、表面腐蚀,淬火软点等。

淬火、回火常见缺陷及预防补救措施如表 3.32 和表 3.33 所示。

表 3.32　淬火缺陷及预防补救措施

缺陷名称	产生原因	预防和补救措施
硬度不足	(1) 材料淬透性低而零件截面大 (2) 淬火加热时表面脱碳 (3) 淬火温度过高,淬火后残余奥氏体过多或淬火温度过低保温时间过短	(1) 正确选用材料和设计零件截面厚度 (2) 采取保护气氛、保护涂料或真空热处理,盐浴充分脱碳 (3) 严格执行工艺规范,控制好淬火过烧零件温度
过热或过烧	(1) 加热温度高 (2) 在过高温度下,保温时间过长	(1) 过热零件经正火或退火后重新淬火 (2) 过烧零件无法补救
淬火开裂	(1) 原材料内裂纹或碳化物偏析严重 (2) 未经预热,加热过快 (3) 加热温度过高,保温时间过长 (4) 冷速过快,冷却介质不当 (5) 应力过于集中 (6) 淬火后未及时回火 (7) 表面增碳或脱碳	(1) 加强原材料检验与管理 (2) 采取预热或分段加热 (3) 严格执行工艺,控制淬火温度和保温时间 (4) 严格执行工艺,使用合适的冷却介质和冷却方式 (5) 提高设计合理性,在应力集中位置包扎,冷却时采用预冷 (6) 淬火后应及时回火 (7) 淬火加热时,应采取保护措施,如保护气氛、保护涂料、真空热处理等,盐浴应充分脱氧

（续表）

缺陷名称	产生原因	预防和补救措施
淬火软点	(1) 原材料显微组织不均匀,如碳化物偏析和聚集等 (2) 加热时表面有氧化皮,锈斑等造成表面局部脱碳 (3) 淬火介质老化或含有较多杂质,致使冷却速度不均 (4) 淬火槽没有循环搅拌系统或搅拌能力不足 (5) 零件放入淬火槽内没有平稳地上下左右移动	(1) 原材料需经合理预备热处理,消除显微组织不均匀性 (2) 淬火前应去除表面氧化皮和锈斑等,盐浴应充分脱氧 (3) 保持冷却介质洁净,定期化验,清理和更换 (4) 淬火槽应配备良好有效的循环搅拌装置 (5) 正确进行淬火操作,在淬火介质中要平稳上下左右移动零件
表面脱碳或增碳	(1) 在氧化气氛中加热产生脱碳 (2) 保护气氛或可控气氛热处理选择气氛不当或控制不当,产生脱碳或增碳 (3) 真空热处理真空度选择不当或泄漏率较高 (4) 盐浴加热时没有充分脱氧	(1) 尽量选择真空热处理,保护气氛或可控气氛热处理,并采用合适的工艺参数 (2) 选择保护涂料或镀层 (3) 选择合适的真空度或检查设备泄漏率 (4) 盐浴使用前应充分脱氧

表 3.33　回火缺陷及预防补救措施

缺陷名称	产生原因	预防和补救措施
硬度过高	回火温度较低	提高回火温度
硬度过低	回火温度较高	重复热处理并降低回火温度
第1类回火脆性	一般认为是由于马氏体分解出 ε 碳化物,从而降低晶界断裂强度	避免此温度区间回火
第2类回火脆性	一般认为是与晶界析出碳化物等有关	回火冷却在水或油中快冷
表面脱碳或增碳	(1) 在氧化气氛中加热产生脱碳 (2) 保护气氛或可控气氛热处理选择气氛不当或控制不当,产生脱碳或增碳 (3) 真空热处理真空度选择不当或泄漏率较高 (4) 盐浴加热时没有充分脱氧	(1) 尽量选择真空热处理,保护气氛或可控气氛热处理,并采用合适的工艺参数 (2) 选择保护涂料或镀层 (3) 选择合适的真空度或检查设备泄漏率 (4) 盐浴使用前应充分脱氧

3.1.4.2　不锈钢的热处理工艺常见故障及排除方法

不锈钢热处理时,如果在设备、工艺、加热和冷却介质等环节出现问题,热处理后会出现各种缺陷,如硬度、力学性能不符合要求,脱碳、氧化、变形、裂纹等。不锈钢常见缺陷及预防补救措施如表 3.34 所示。

表 3.34 不锈钢热处理常见缺陷及预防补救措施

序号	缺陷名称	产生原因	预防措施	补救方法
1	硬度偏低	δ铁素体量多	严格控制淬火温度	重新淬火和回火或固溶处理和时效
		回火温度偏高	严格控制回火温度	
2	硬度偏高	回火温度偏低	严格控制回火温度	重新回火
3	冲击韧性偏低	δ铁素体量多	严格控制淬火温度	重新淬火和回火，回火后快冷
		淬火温度偏低（碳化物未充分溶解，有时呈网状）		
		淬火温度偏高（粗针状马氏体）		
		有回火脆性	避免在回火脆性区间回火或回火后快冷	
		残余奥氏体过多，回火冷却时发生奥氏体向马氏体转变	严格控制淬火温度，避免出现过多的残余奥氏体	采用2次回火
4	裂纹	淬火后未及时回火	淬火后应立即回火	

3.2 铝合金热处理

铝合金因轻质、高强度、高韧性、易加工等特性成为飞机结构件的主要选用材料之一，尽管近年来复合材料用量增加，铝合金用量大幅度降低，从50%降低到25%左右，但仍是飞机制造不可或缺的关键材料。民用飞机用铝合金主要为变形铝合金，用于制造飞机蒙皮、框、梁等主、次及非承力结构件。铝合金主要通过沉淀强化获得不同的力学性能及组织，为满足飞机不同结构件制造工艺及性能需求，铝合金结构件制造过程热处理是必不可少的一项关键工艺。为确保零件生产质量，必须严格按照热处理工艺规范进行，且要有完善的质量检验方法和质量体系。本节将重点介绍民机装机用铝合金的热处理工艺及其特点。

3.2.1 民用飞机用铝合金种类及其特点

3.2.1.1 铝合金的分类及特点

铝合金能够采用冷加工、淬火、时效和退火等方法，获得零件需要的力学性能、成型性及其他性质。铝合金可分为铸造铝合金和变形铝合金，其中变形铝合金按照是否可进行热处理强化可分为不可热处理强化和热处理强化两大类别，如图3.8所示。不可热处理强化合金是指只能通过冷变形进行加工强化的合金，而热处理型合金是指可通过淬火、时效等处理进行沉淀析出强化的合金。对于热处理型合金，为

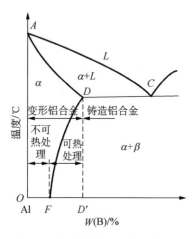

图3.8　铝合金的二元合金相图及分类

了获得比由热处理所获得的强度还高的强度,往往采用冷加工。另一方面,对不可热处理强化合金,也可以进行如退火、稳定化处理的热处理。

目前,世界各国普遍采用的是按铝合金中所含主要合金元素划分,具体采用4位数码(或字符)法分类。变形铝合金分类的4位数编码系统源自于美国铝业协会(The Aluminum Association, AA)的标准,1978年被美国国家标准采纳用于 ANSI H351—1978;国际标准化组织1983年又将其纳入 ISO 2107标准。英国、加拿大及欧洲铝业协会等均沿用这种变形铝合金的4位数编码系统。在4位数字的牌号中,第1位数字表示合金系列。按铝合金中主要元素的分类如表3.35所示。其中纯铝(1000系)、Al - Mn系合金(3000系)、Al - Si系合金(4000系)及 Al - Mg系合金(5000系)属于非热理强化合金;Al - Cu - Mg系合金(2000系)、Al - Mg - Si系合金(6000系)及 Al - Zn - Mg系合金(7000系)属于热处理强化合金。

表 3.35　变形铝合金的分类

变形铝合金组别	主要合金元素	可否进行热处理强化
1XXX	最少99.00%的铝	不可进行热处理强化
2XXX	铜	热处理强化
3XXX	锰	不可进行热处理强化
4XXX	硅	不可进行热处理强化
5XXX	镁	不可进行热处理强化
6XXX	镁和硅	热处理强化
7XXX	锌	热处理强化
8XXX	其他元素	热处理强化
9XXX	未使用的系列	

在2XXX～8XXX合金系列中,牌号最后两位数只用来区别该型号中不同牌号的铝合金。第2位数字表示对合金的修改,如为零,则表示原始合金;如为1～9中的任一整数,则表示对合金的修改次数。

3.2.1.2　变形铝合金状态表征

1) 变形铝合金基础代号

基础状态的分类、代号及说明如表3.36所示。

表 3.36 基础状态代号说明

状态代号	基础状态	说　明
F	加工状态	适用于在成型过程中,对于加工硬化和热处理条件无特殊要求的产品,该状态产品对力学性能不做规定
O	退火状态	适用于经完全退火后获得最低强度的产品状态
H	加工硬化状态	适用于通过加工硬化提高强度的产品
AQ	新淬火状态	适用于刚进行完固溶热处理后比较容易变形的一种状态。可以通过冷藏方法防止室温时效来延长 AQ 状态的时间
W	固溶热处理状态	适用于经固溶热处理后,在室温下自然时效的一种不稳定状态。该状态不作为产品交货状态,仅表示产品处于自然时效阶段
T	不同于 F、O 或 H 的热处理状态	适用于固溶热处理后,经过(或不经过)加工硬化达到稳定的状态

2) T 状态的细分状态代号

T1～T10 后面的附加数字表示影响产品特性的特殊处理,T 后面的附加数字 1～10 表示的热处理状态说明,如表 3.37 所示。

表 3.37 变形铝合金 T1～T10 热处理状态代号说明

状态	代号说明
T1	高温成型＋自然时效。适用于高温成型后冷却自然时效,不再进行冷加工(或影响力学性能极限的矫平、矫直)的产品
T2	高温成型＋冷加工＋自然时效。适用于高温成型后冷却,进行冷加工(或影响力学性能极限的矫平、矫直)以提高强度,然后进行自然时效处理的产品
T3	固溶热处理＋冷加工＋自然时效。适用于固溶热处理后,进行冷加工(或影响力学性能极限的矫平、矫直)以提高强度,然后进行自然时效处理的产品
T4	固溶热处理＋自然时效。适用于固溶热处理后,不进行冷加工(或影响力学性能极限的矫平、矫直),然后进行自然时效处理的产品
T5	高温成型＋人工时效。适用于高温成型后,不进行冷加工(或影响力学性能极限的矫平、矫直),然后进行人工时效处理的产品
T6	固溶热处理＋人工时效。适用于固溶处理后,不进行冷加工(或影响力学性能极限的矫平、矫直),然后进行人工时效处理的产品
T7	固溶热处理＋进行过时效处理。适用于固溶热处理后,进行了过时效处理至稳定化状态。为获取除力学性能外的其他某些重要特性,在进行人工时效处理时,强度在时效曲线上越过了最高峰点的变形产品 适用于固溶热处理后,进行人工时效,以提供尺寸和强度稳定性的铸件产品
T8	固溶热处理＋冷加工＋人工时效处理。适用于固溶热处理后,进行冷加工(或影响力学性能极限的矫平、矫直)以提高强度,然后进行人工时效处理的产品
T9	固溶热处理＋人工时效处理＋冷加工。适用于固溶热处理后,人工时效处理,然后进行冷加工(或影响力学性能极限的矫平、矫直)以提高强度的产品

（续表）

状 态	代 号 说 明
T10	高温成型＋冷加工＋人工时效处理。适用于高温成型后冷却,经冷加工(或影响力学性能极限的矫平、矫直)以提高强度,然后进行人工时效处理的产品

某些 6XXX 系或 7XXX 系合金,无论是炉内固溶热处理,还是高温成型后急冷以保留可溶性组分在固溶体中,均能达到相同的固溶热处理效果,这些合金的 T3、T4、T6、T7、T8 和 T9 状态可采用上述两种处理方法的任一种;但应保证产品的力学性能和其他性能(含抗腐蚀性能)

3) TXX 状态的细分状态代号(见表 3.38)

表 3.38　TXX 状态的细分状态代号说明

状 态	代 号 释 义
T42	适用于自 O 或 F 状态固溶热处理后,自然时效处理到充分稳定状态的产品,也适用于需方对任何状态的加工产品热处理后,力学性能达到了 T42 状态的产品
T62	适用于自 O 或 F 状态固溶热处理后,进行人工时效处理的产品,也适用于需方对任何状态的加工产品热处理后,力学性能达到了 T62 状态的产品
T73	适用于固溶处理后,经过时效处理已达到规定的力学性能和抗应力腐蚀性能指标的产品
T74	适用于固溶处理后,经过时效处理的产品。该状态的抗拉强度大于 T73 状态,但小于 T76 状态
T76	适用于固溶处理后,经过时效处理的产品。该状态的抗拉强度高于 T73、T74 状态,抗应力腐蚀性能低于 T73、T74 状态,但具有极高的抗剥落腐蚀性能
T81	适用于固溶热处理后,经 1% 左右的冷加工变形提高强度,然后进行人工时效处理的产品
T83	适用于固溶热处理后,经 3% 左右的冷加工变形提高强度,然后进行人工时效处理的产品

4) 以下特定的附加数字用于变形产品中消除应力的状态(见表 3.39)

表 3.39　变形产品消除应力状态代号说明

状 态	代 号 释 义
	通过拉伸消除应力
TX51	适用于板材和轧制或冷精整的圆棒和棒材,在固溶处理后或在高温成形过程后拉伸所指定的量。这些产品经拉伸后不再进一步校直 板材——1%～3% 永久变形 轧制或冷轧圆棒和棒材——1%～3% 永久变形 模锻或环锻件及轧制环——1%～5% 永久变形

（续表）

状 态	代 号 释 义
TX510	适用于挤压圆棒、棒材、型材和管材，和拉制管材，在固溶热处理后或从高温成形过程后拉伸指定的量。这些产品经拉伸后不再进一步校直 挤压圆棒、棒材、型材和管材——1％～3％永久变形 拉制管材——0.5％～3％永久变形
TX511	适用于挤压圆棒、棒材、型材和管材，和拉制管材，在固溶热处理后或在高温成形过程冷却后拉伸到指定的量。这些产品经拉伸后可能要进行小量的校直以满足标准的容差
	通过压缩消除应力
TX52	适用于固溶热处理后或高温成形过程冷却后进行压缩，产生 1％～3％永久变形，以实现消除应力的产品
	通过联合拉伸和压缩消除应力
TX54	适用于在终锻模内冷校，以消除应力的模锻件

注：可在符号 W 后面加上同样的数字（51，52，54），来标明不稳定的固溶处理并消除应力处理。

5）H 状态的细分状态代号（见表 3.40）

H 后面的第 1 位数字表示获得该状态的基本工艺，用数字 1～4 表示；

H 后面的第 2 位数字表示产品的最终加工硬化程度，用数字 1～9 表示，数字越大，硬化程度越高；

H 后面的第 3 位数字或字母表示状态有所不同（影响产品特性），但特性仍接近其前两位数字状态的特殊处理。

表 3.40 H 状态代号说明

状态代号	基础状态	说 明
H1	仅应变硬化 （不再经热处理）	适用于仅用应变硬化而无附加热处理以获得所希望强度的产品。这个符号后跟随的数字表示应变硬化的程度
H2	应变硬化加不完全退火	适用于用应变硬化达到高于所希望的最终强度，然后用不完全退火把强度降低到所希望的水平。对于室温下因时效而软化的合金，这种 H2 状态和相应的 H3 状态有同样的最低极限拉伸强度。对于其他合金，这种 H2 状态和相应的 H1 状态有同样的最低极限拉伸强度，并具有略高的延伸率。符号后面的数字，表示产品不完全退火后还存留的应变硬化程度
H3	应变硬化加稳定化状态	适用于通过应变硬化且通过低温热处理或因制造中引起的加热而使其力学性能稳定的产品。稳定化通常使得韧性改善。这个符号仅适用于除已稳定化处理和在室温下逐渐因时效而软化外的那些合金。这个符号后面的数字，表示稳定化处理后还保留的应变硬化程度

6) HXX 状态的细分状态代号(见表 3.41)

表 3.41　HXX 状态代号说明

状态	代 号 释 义
HX11	适用于在经过最终退火后经过充分的应变硬化的产品,产品不符合退火但相差得不多或其应变硬化的量与 H_1 级相一致
H112	适用于在某高温下工作可能达到某种状态的产品,以及对其力学性能有限制的产品

3.2.1.3　民机中常用的变形铝合金

表 3.42 中列出了民机中常用的变形铝合金及其应用情况。

表 3.42　民机中常用的变形铝合金及其应用

牌号	制品形式/厚度	应 用 部 位
2014	锻件	应用于高强度和硬度(包括高温度)的部位
	中厚板和挤压件	
	薄板	
2017	线材、棒材	主要用于飞机的铆钉等紧固件
2024	中厚板,厚板	主要用于飞机结构(机身蒙皮,肋板,骨架,隔框)、铆钉等
	薄板	
	线材,棒材	
2060	板材	主要用于飞机蒙皮
2099	型材	主要用于飞机长桁,地板梁、滑轨等
2124	中厚板	主要用于飞机结构(机身蒙皮,肋板,骨架,隔框)
2219	薄板	主要用于飞机结构(机身蒙皮,肋板,骨架,隔框)
	中厚板和挤压件	
2196	型材	主要用于飞机长桁,地板梁、滑轨等
2198	板材	主要用于飞机蒙皮
6061	板材	主要用于飞机蒙皮
6065	型材	主要用于飞机长桁
7049	锻件	用于静强度要求抗应力腐蚀的零件
7050	锻件	应用于抗疲劳、剥落腐蚀、应力腐蚀、有强度要求的部位,如飞机机翼蒙皮,机身框,加强筋等
	中厚板	
	挤压件	

牌号	制品形式/厚度	应 用 部 位
7075	锻件	应用于强度高,抗腐蚀性强的高应力部位零件,如飞机机翼蒙皮,隔框等
	薄板和中厚板	
	棒材、挤压件和管材	
	挤压型材	
7085	锻件	制造飞机结构要求强度高、抗腐蚀性能强的高应力结构体
7055	挤压件	制造飞机的上翼结构、货舱轨道和座椅轨道
7475	薄板和中厚板	机翼壁板、蒙皮

3.2.2 铝合金热处理原理及基本工艺特点

3.2.2.1 变形铝合金的强化

铝合金的强化方法和种类很多,一般分为加工硬化和合金强化两大类,具体又可以分为加工硬化、固溶强化、弥散强化、沉淀强化、晶间强化等。在实际生产过程中往往是多种强化方式同时起作用。

1) 加工硬化

通过塑性变形(轧制、锻造、挤压、拉伸等)使合金获得高强度的方法,叫做加工硬化。塑性变形时增加位错密度是合金产生硬化的本质原因。金属材料产生加工硬化的主要原因是金属塑性变形时产生的位错不均匀分布,位错随着变形的进行相互缠结,随着变形量和变形温度的增加,散乱的位错纠结转变为胞状亚结构组织,这时变形晶粒由很多"胞"状小单元组成,高密度位错缠结在胞周围形成胞壁,包内侧则位错密度很低。这样的胞状结构阻碍位错运动,使不能运动的位错增加,变形抗力增加。变形越大,胞状结构越小,变形阻力越大,加工硬化效果越明显,强度越高。这种产生的亚结构,也成为亚结构强化。

加工硬化的影响因素很多,如变形温度、变形程度及合金成分等。同一种合金在同一温度下变形时,变形量越大,强化效果越大,强度越高,但塑性随变形量增加而降低。冷变形时位错活动性差,变形强化效果好,但塑性降低;高温变形,位错活动性好,可进行交滑移,位错可局部聚集,纠结形成位错团,出现亚结构及其强化。热变形强化效果不如冷变形,但塑性损失少。加工硬化及亚结构强化是常温时有效的强化方法,适用于工业纯铝、固溶体型合金和不可热处理强化型合金。但高温变形往往因为回复再结晶对强度的贡献较小。

2) 固溶强化

合金元素固溶到基体中形成固溶体,而使合金产生强化的方法称为固溶强化。合金的固溶强化在强度和硬度提高的同时还能保持一定的塑性变形能力,但固溶强化很难获得较高的强度。固溶强化作用的大小取决于溶质原子浓度、间隙原子的相对尺寸、固溶体类型、电子因素等。一般来说原子浓度越高,强化效果越大,间隙原子与集体原子相对尺寸差别越大,对置换固溶体的强化也可能越大。因此,在进行固溶强化是要采用强化效果好的合金元素。

3) 弥散强化

非共格硬颗粒弥散物对铝合金的强化称为弥散强化。为了取得好的弥散强化效果,要求弥散物在铝基体中有较低的溶解度和扩散速率、高硬度和小的颗粒。这种弥散颗粒可以通过高温制备,也可以通过加入溶质原子产生原位产生。由弥散产生的强化主要包含两个方面:一是弥散质点阻碍位错运动的直接作用。弥散颗粒为硬质点,位错运动受阻后,必须绕过质点,产生强化,弥散点越密集,强化效果越好。二是弥散质点影响热处理时的再结晶过程,部分或完全抑制再结晶,促进强化。

4) 沉淀强化

从过饱和固溶体中析出稳定的第 2 相,形成溶质原子富集亚温区的过渡相的过程称为沉淀。凡有固溶度变化的合金从单相区进入第 2 相区时都会发生沉淀。铝合金固溶处理时获得的饱和固溶体,在室温或一定温度下加热,发生沉淀生成共格的亚稳相质点,这一过程称为时效。由于沉淀或者时效引起的强化称为沉淀强化或时效强化。第 2 相的沉淀析出过程也称为析出,或者称为析出强化。沉淀强化是 Al、Mg 等合金的主要强化手段。

沉淀强化的效果主要取决于合金的成分、固溶处理时获得的过饱和固溶度和强化相的特性、分布及弥散程度以及热处理方式等因素。强化效果最好的合金位于临界溶解度成分,可以获得最大体积分数的沉淀相。

5) 晶界强化

铝合金晶粒细化,晶界增多。由于晶界运动的阻力大于晶内且相邻晶粒不同取向使晶粒内部滑移相互干扰而受阻,变形抗力增加而对合金产生强化。晶粒细化可以提高合金的强度、塑性和韧性,是金属材料最主要的强化方式之一。

6) 不同强化方法在铝合金生产中的应用

纯铝,Al - Mg,Al - Mg - Si,Al - Mn 系合金属于不可热处理强化合金,主要靠加工硬化和晶界强化的方式进行,可以使用固溶强化、弥散强化进行辅助强化,同时可利用冷热塑性变形的变形量、变形温度等调节进行强化程度的控制,充分冷变形的制品可在后续退火中使用退火工艺参数,如温度、时间、冷却方式等获得不同程度的加工硬化量,即不同的强化效果。

可热处理强化的铝合金,如 2XXX、7XXX 系合金及铝锂合金等,这些合金主要采用固溶时效的方法进行强化。辅助机制可以采用加工硬化、固溶处理、细晶强化等方式辅助强化。

3.2.2.2 变形铝合金的退火

退火属于晶内原子扩散和晶体间原子重新分配的物理过程。在退火过程中固溶体发生分解,第2相质点发生聚集,可以消除材料的内应力,稳定尺寸,减少变形,使金属从变形或铸造的不稳定状态转变为稳定状态。退火温度范围很广,视合金和用途不同而变,温度下限为晶格回复所需温度,通常工业铝合金的这个转变温度在100℃以上,温度上限高于合金再结晶温度($T_再 = 0.4T_m$),直到$0.95T_m$或更高温度(T_m为熔化温度)。

1) 不完全退火(消除应力退火)

为了使冷加工材料的强度降低到所控制的强度级别而进行的热处理称为不完全退火,本类退火产生不完全的软化。这种退火处理可以用来消除冷作硬化效应或部分地消除固溶处理效应。当不要求有最佳成形性能时,可以使用这种形式的处理。快速加热可以防止晶粒长大的有害现象。

变形铝合金储能的形式是晶格畸变和形成各种晶格缺陷,如点缺陷、位错及亚晶界等。在退火温度较低、退火时间较短条件下,这种晶格畸变将恢复,各种晶格缺陷将会减少、再组合,组织与结构将向平衡状态转化,即称为回复过程。

回复过程的本质是点缺陷运动和位错运动及其重新组织,在精细结构上表现为多变化过程所生产的亚晶间组织。退火温度升高或退火时间延长,亚晶界尺寸逐渐增大,位错缠结逐渐消除,呈现鲜明的亚晶晶界。在一定条件下,亚晶可以长大到很大尺寸(约$10\,\mu m$),这种情况称为原位再结晶。回复不能使冷变形储能完全释放,只有再结晶过程才能使加工硬化效应完全消除。

2) 完全退火(O状态)

本类退火可使热处理强化合金和冷作硬化的材料,降低强度到最低水平(获得最软状态),并获得最大成形性和柔软性。铝合金的完全退火温度远高于再结晶温度。开始发生再结晶的温度称为再结晶温度($T_再$)。再结晶温度不是一个常数,在合金成分一定的情况下,它主要与变形程度及退火时间有关。

变形铝合金在较高的退火温度下,基体组织中新晶粒开始成核并长大,这种现象称为再结晶。再结晶过程首先是在变形基体中形成一些晶核,这些晶核由大角度界面包围且具有高度结构完整性。然后这些晶核以"吞食"周围变形基体的方式长大,直至整个基体被新晶粒占满为止。影响再结晶晶粒尺寸的因素主要包含以下几个方面。

(1) 变形程度。

冷变形程度是影响再结晶温度的主要因素。当退火时间一定(一般取1h)时,变形程度与再结晶开始温度呈图3.9所示的曲线关系。随冷变形程度增加,金属中的储能越多,再结晶的驱动力越大,再结晶开始温度越低;同时,随着变形程度的增加,完成再结晶过程所需的时间也相应缩短。在变形程度达一定值后,再结晶开始温度趋于稳定值,但当变形程度小到一定程度时,则再结晶温

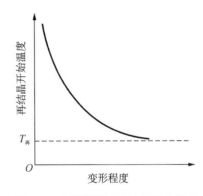

图3.9　变形程度与再结晶开始温度的关系

度趋向于金属的熔点,即不会有再结晶过程发生。由某一变形程度开始发生再结晶并且得到极粗大晶粒,这一变形程度称为临界变形程度或临界应变,用 E_c 表示。为使退火得到细小晶粒,应防止变形程度处在 E_c 附近。特别要注意成形加工造成局部变形大于 E_c,退火后导致形成局部粗晶缺陷。

（2）退火工艺参数

退火的温度、时间及加热速度也是影响退火过程再结晶发生的重要因素。退火温度升高,成核率 N 及晶核长大速度 G 增加。若两参数以相同规律随温度而变化,则再结晶完成瞬间的晶粒尺寸应与退火温度无关;若成核率随温度升高而增大的趋势较长大速率增长的趋势更强,则退火温度越高,再结晶完成瞬间的晶粒愈小。但是,多数情况下晶粒都会随退火温度增高而变得粗大。

在一定温度下,退火时间增长,晶粒不断长大,但到达一定尺寸后会趋向一极限值而终止。退火加热速度也会影响再结晶晶粒尺寸:增大加热速度会细化晶粒。加热过快或者过慢均有升高再结晶温度的趋势。当其他条件相同时,快速加热到退火温度的,一般可得到细的晶粒;当在慢速加热时,其晶粒易于长大。因为在缓慢加热过程,晶格畸变几乎全部消除,再结晶核心数量显著降低。

3.2.2.3　变形铝合金的固溶处理

铝合金主要通过时效析出而强化,而过饱和程度的提高则取决于时效析出相的数量,时效析出相数量越多则强化效果越大,在现有铝合金的发展演变过程中,为保证或提高合金的强度,常常提高合金元素的含量。合金元素含量的提高使未溶结晶相的数量增加,这将对合金的综合性能产生不利影响。铝合金淬火所获得的溶质过饱和程度既与合金成分有关,也与固溶程度有关,因此对时效强化效果而言,提高固溶程度与增加合金元素含量的作用是类似的。

1）固溶处理

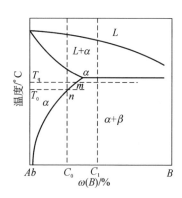

图 3.10　具有溶解度变化的铝
　　　　　合金二元相图

将合金在适当温度加热一定的时间,使溶质元素极大限度溶入基体,形成过饱和固溶体,以快于溶质元素从过饱和固溶体中析出的速度迅速冷却,该过程称为"固溶"。热处理可强化的铝合金含有较大量的能溶入铝中的合金元素,如铜、镁、锌及硅等,它们的含量超过室温及在中等温度下的平衡固溶度极限,甚至可超过共晶温度的最大溶解度。图 3.10 为典型的铝合金二元相图,成分为 C_0 的合金,室温平衡组织为 $\alpha + \beta$,α 为基体,β 为第 2 相。合金温度加热到 T_q 时,β 相将溶解于 α 相,合金实现固溶化。固溶化后的材料经过快速冷却获得室温的过饱和固溶体,这种过饱和状态是不稳定的。在室温下强化相会立即开始或经历孕育期后沉淀析出,即发生自然时效;或者加热到一定温度,加速沉淀析出过程,得到不同于自然时效的沉淀析出物,即所谓的人工时效。

固溶处理对强度和塑性的影响大小,取决于固溶强化程度及过剩相对材料的影响。若原来的过剩相质点对位错运动的阻滞不大,则过剩相溶解造成的固溶强化必然会超过溶解而造成的软化,提高合金强度。若过剩相溶解造成的软化超过基体的固溶强化,则合金强度降低。若过剩相属于硬而脆的粗质点,则它们的溶解也必然伴随塑性的提高。

这种不稳定状态的固溶体在$-29℃$以上温度放置时,会发生时效(沉淀)过程。这个过程随着温度增高和时间延长而加快或发展。沉淀过程随温度及时间的不同,可停止在出现某个相或几种相兼有的阶段。合金性能与停留在某一阶段的析出相有密切关系。其发展过程如下:

过饱和固溶体→GP区(溶质原子偏聚区)→过渡相(亚稳定相)→平衡相(稳定相)

所谓 GP 区,确切地说是合金中能用 X 射线衍射法测定出的原子偏聚区,是由 A. Guinier 和 G. D. Perston 各自独立发现而命名。不同铝合金系的 GP 区溶解温度范围如表 3.43 所示,几种铝合金系时效时的沉淀顺序如表 3.44 所示。

表 3.43 不同铝合金系的 GP 区溶解温度范围

合金系	GP 区溶解温度范围/℃
Al - Cu - Mg	177～210
Al - Mg - Si	177～218
Al - Zn - Mg - Cu	110～163

表 3.44 几种铝合金系时效时的沉淀顺序

合金系	沉淀顺序	稳定沉淀相
Al - Cu	GP 区(盘状)$\to\theta''\to\theta'\to\theta$	$\theta(Al_2Cu)$
Al - Mg - Si	GP 区(针状)$\to\beta'\to\beta$	$\beta(Mg_2Si)$
Al - Mg - Cu	GP 区(杆状)$\to S'\to S$	$S(Al_2CuMg)$
Al - Zn - Mg	GP 区(球状)$\to\eta'\to\eta$	$\eta(MgZn_2)$
	$\to T'\to T$	$T(Mg_3Zn_3Al_2)$

2) 固溶处理的主要影响因素

淬火是铝合金热处理最重要和要求最严格的热处理操作,其目的是把高温的固溶体组织冷却到室温获得过饱和固溶体,以便随后可以进行合金的时效强化。固溶处理效果除原材料自身的特点外,还受到工艺参数,如温度、保温时间、加热速度、冷却介质等多方面因素的影响。

(1) 加热温度。

固溶处理前将铝合金基体中的强化相溶解到基体中形成过饱和固溶体,铝合金基体中的强化相在固溶体中的溶解度随温度降低而显著减少。因此,尽可能采用较高的加热温度,温度越高,强化元素溶解速度越快,数量也越多,强化效果就越好。但要防止温度过高引起晶粒粗大(过热)、过烧等缺陷而引起合金的力学性能下降。一般加热温度的上限低于合金开始过烧的温度,而加热温度的下限应使强化组元尽可能多地溶入固溶体中。

(2) 保温时间。

在正常固溶处理温度下,使未溶解或沉淀可溶相组成物达到满意的溶解程度和达到固溶体充分均匀所需的保温时间,随合金成分、热处理前显微组织、加热方式及零件的加工状态、零件的尺寸等不同而不同。加热温度越高强化相溶入固溶体的速度越大,保温时间越短。淬火前的状态,强化相的尺寸、分布状态、成型方式(锻造、铸造)对保温时间也有很大的影响。例如,砂型铸件组织比钢模铸件组织粗,前者的保温时间要比后者长;退火状态制件固溶处理所需保温时间要比未经退火的长些;包铝薄板要求较短的保温时间,以免芯部合金元素扩散到包铝层表面,降低包铝层的防护作用;对有些在加热温度条件下晶粒容易长大的合金(如 6063、2014 等),则在保证固溶度的条件应尽可能地缩短保温时间。

(3) 淬火转移时间。

固溶处理后必须快速冷却,以抑制合金因冷却速度慢而出现第 2 相析出,不仅使溶质原子留在固溶体内,还保留一定数量的晶格空位,以便促进形成 GP 区所需的低温扩散。所以应尽量缩短冷却中的工件转移过程,从出炉到进入冷却溶液这段时间称为淬火转移时间。

淬火转移时间对材料的性能影响很大,因为材料出炉就与冷空气接触。温度迅速降低,因此转移时间的影响与降低平均冷却速度的影响相似。为防止过饱和固溶体发生局部的分解和析出,使淬火和时效效果降低,淬火转移时间应越短越好。特别指出,淬火转移时间的长短对高强和超高强等淬火敏感性强的合金的力学性能、抗蚀性能和断裂韧性的影响很大,因为强化相容易沿晶界首先析出,使上述性能下降,对这样的合金更要严格控制淬火转移时间。

(4) 淬火冷速。

在铝合金热处理工艺中,可以认为淬火(淬冷)是最严格的一种操作。淬冷的目的就是使固溶处理后的合金快速冷却至某一较低温度(通常为空温),以获得溶质和空位双过饱和的固溶体,为时效强韧化奠定良好的基础。因此,淬火时的冷却速度,应该确保过饱和溶体固定下来,它对时效后铝合金的性能起着决定性的作用。

淬火时,在一定的温度范围内,金属的冷却速度必须大于临界淬火冷却的速度,但在其他温度范围,特别是在较低的温度,则不应有大的冷却速度,以免产生过大的淬火应力而导致制件变形甚至开裂。例如,大多数铝合金淬火只要求在 $500 \sim 300 ℃$ 快速冷却,而在 $200 ℃$ 以下则希望较慢的冷速。

淬火冷速太慢会使固溶体沉淀出粗大的平衡相质点,减少了溶质元素在固溶体中的过饱和程度,致使时效处理时的强度增加量减小。同时慢速冷却还使晶界上出现过多的沉淀相,使韧性和耐蚀性能降低,也使点阵中出现空穴,从而改变随后发生的沉淀动力学。

淬火过程中沉淀首先发生在大晶界上。时效处理后出现的晶界沉淀和伴生的无沉淀带是率先断裂的途径。减小淬火冷速通常会增加晶界断裂的比例,降低合金的断裂韧度,特别在人工时效状态是这样。如果再进一步降低淬火冷速或者进行过时效处理,会使晶内沉淀扩展,强度开始下降。当强度下降足够多时,韧性开始增高。实践证明,快速淬火并时效处理到峰值强度的材料具有最佳强度、韧性的综合性能。

但是单纯追求最大的淬火冷却速度,对零件机械加工和将来的使用未必有利。因为随着冷却速度增大,制件的歪曲变形和残余应力增大,特别对于某些形状复杂的锻件、铸件更应注意。实际上,当制件厚度增大时,能够达到的最大淬火冷却速度必然减小。

(5) 淬火介质。

冷却介质通常为液体或气体,其冷却方式为浸入、喷气或喷雾。

某一合金的沉淀速率主要取决于淬火过程中某一温度区间溶质元素在固溶体中的过饱和程度及原子扩散速率。这两个因素受温度的影响正好相反。即温度高时,过饱和程度小,扩散速率大;温度低时,则相反。所以金属在高温或低温时,沉淀速率都不高。只有在某一中间温度范围,即临界温度范围内产生高的沉淀速率。这个"临界温度范围"一般在 $415 \sim 250 \, ℃$,不同合金有所不同。

3.2.2.4 变形铝合金的时效

铝合金在淬火状态下不能达到合金强化的目的,刚刚淬完火的变形铝合金材料,其强度只比退火状态的稍高一点。而伸长率却相比退火稍高,在这种情况下可进行拉伸矫直等精准工作,但是,从淬火所得到的过饱和固溶体是不稳定的,这种过饱和固溶体有自发分解的趋势,把它置于一定的温度下,保持一定的时间,过饱和固溶体便发生分解(脱溶),从而引起合金的强度和硬度的大幅度提高,这种热处理过程称为时效。

大多数铝合金在室温下就可产生脱溶过程,这种现象称为自然时效。自然时效可在淬火后立即开始,也可经过一定的孕育期才开始。不同的合金自然时效的速度有很大区别,有的只需数天,而有的则需数月甚至数年才能趋近于稳定态(用性能的变化衡量)。以 2024 合金为代表的 2XXX 系合金,在室温下经过 96 h 可基本达到力学性能稳定的状态。若将淬火得到的基体为过饱和固溶体的合金在高于室温的温度下加热,则脱溶过程可能加速,这种操作称为人工时效。

淬火后的时效可以使合金产生强化及软化,这些特征可以在不同温度下的等温时效曲线上获得。从图 3.11 可以看出,铝合金的时效是随着时效过程的增加经历了强度增加、到达峰值后下降的过程。根据这一现象也将铝合金时效分为欠时效、峰值时效和过时效 3 种。

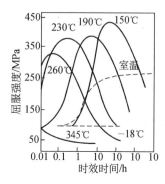

图3.11　Al-4.5Cu-0.5Mg-0.8Mn 合金等温时效曲线

峰值时效是指采用较高的时效温度和较长的保温时间,获得最高的硬度和最高的抗拉强度,但抗腐蚀性能较低。

过时效是在更高的温度或超过峰值时效时间下进行,使合金保持较高的强度,同时塑性有所提高,主要是为了得到好的抗应力腐蚀性能。过时效铝合金拉伸强度和屈服强度都下降,但塑性的提高幅度不大,与强度的下降不成比例。如果从拉伸性能这个角度来看,过时效的综合性能比峰值人工时效差,但过时效对提高耐应力腐蚀性能、腐蚀介质作用下的疲劳性能和裂纹扩展抗力及高温下的尺寸稳定性均有好处。

过时效处理既可采用两阶段或更多阶段等温人工时效,也可以通过控制加热速度一次升温到处理温度,通过人工时效来实现。在第 1 阶段人工时效或单阶段缓慢加热时,形成一种细小高度弥散的 GP 区。这阶段所采用的温度和时间或缓慢的加热速度,应使所形成的 GP 区不至于在≥150℃温度溶解,成为第 2 阶段时效时沉淀析出相的核心。所以第 1 阶段的时效取决于 GP 区溶解线的温度,如果时效时间太短,或者时效温度低于 GP 区溶解线太多,或者加热速度太快,则 GP 区将在 150℃以上温度溶解,形成粗大而广泛分布的沉淀物,使强度降低过多。过时效第 2 阶段强度变化较快,要严格控制时间、温度和第 1 阶段到第 2 阶段的升温速度。

经时效后的铝合金,重新加热到较高温度(但低于固溶温度),然后快速冷到室温后则合金强度下降,重新变软,性能恢复到刚淬火状态;如在室温下放置,则与新淬火合金一样,仍能进行自然时效,这种现象称为回归现象。关于回归现象的解释是合金在室温自然时效时,形成的 GP 区尺寸较小,加热到较高温度时,这些小尺寸的 GP 区不再稳定而重新溶入基体中,此时将合金快冷到室温,则合金又恢复到刚淬火状态,仍可重新进行自然时效。在理论上回归处理不受处理次数的限制,但实际上,回归处理时很难使析出相完全重溶,造成以后时效过程呈局部析出,使时效强化效果逐次减弱。同时在反复加热过程中,固溶体晶粒有越来越大的趋势。

回归处理的温度必须高于原先的时效温度,两者差别越大,回归越快、越彻底。回归处理的加热时间一般很短,否则,会出现对应于该温度下的脱溶相,达不到回归效果。

回归处理后可再时效处理。对人工时效状态的铝合金进行了回归处理,随后再重复原来的人工时效,这种热处理工艺称为回归再时效处理即 RRT 工艺,又称回归热处理工艺即 RHT 工艺。这种工艺较适用于 Al-Cu-Mg、Al-Mg-Si、Al-Zn-

Mg - Cu 系合金。通过这种 RRT 工艺,使该系列合金兼具固溶-时效状态的高强度
及分级过时效处理状态的优良应力腐蚀性能。

3.2.2.5 铝合金热处理基本工艺

铝合金各种热处理工艺及达到的目的如表 3.45 所示。

表 3.45 铝合金热处理工艺及目的

热处理工艺名称	目 的
均匀化退火	(1) 提高铸锭热加工工艺塑性 (2) 提高铸态合金固溶线温度,从而提高固溶处理温度 (3) 减轻制品的各向异性,改善组织和性能的均匀性 (4) 便于某些变形铝合金制取细小晶粒制品 (5) 组成铝合金变形热处理的一个工艺环节
消除应力退火	全部或部分消除在压力加工、铸造、热处理、焊接和切削加工等工艺过程中,工件内部产生的残余应力,提高尺寸稳定性和合金塑性
完全退火	消除变形铝合金在冷态压力加工或固溶处理时效的硬化,使之具有很高的塑性,以便进一步进行加工
不完全退火	使处于硬化状态的变形铝合金有一定程度的软化,已达到半硬化使用状态,或使已变形硬化的合金恢复部分塑性,便于进一步变形
固溶处理＋自然时效	通过加热、保温及快速冷却实现固溶强化以提高合金的力学性能,特别是提高合金的塑性及常温抗腐蚀性能
固溶处理＋人工时效	获得高的拉伸强度,但塑性较自然时效时低
固溶处理＋过时效	拉伸强度不如人工时效时高,但提高了抗应力腐蚀和抗剥落腐蚀的能力
变形热处理	使变形铝合金制品具有优良的综合性能
人工时效	仅依靠铸件在成形冷却过程中所达到的部分固溶效果,在人工时效时提高强度,改善切削加工性能
固溶处理＋软化处理	固溶处理后采用高于稳定化处理的温度进行处理,获得高塑性和尺寸稳定性好的铸件
冷热循环处理	充分消除铸件内应力及稳定尺寸,适用于高精度铸件

3.2.3 民用飞机常用铝合金的典型热处理工艺

3.2.3.1 热处理工艺制定原则及通用要求

为了使铝合金原材料和(或)制件得到要求的组织和性能,必须严格控制热处理过程中的加热、保温和冷却过程中的各项参数。为保证热处理的品质,热处理前和热处理过程中应保证铝合金原材料和(或)制件表面不受有害物污染,并且必须使用正确的加热方法和冷却方式,尽可能地降低变形甚至不变形,以及无因不良热处理引起的裂纹。

1) 加热介质选择

铝合金制件应在空气炉或盐槽中进行热处理。零件不应暴露于燃烧物质中,这

会损害或污染零件。电加热元件和辐射管应予以屏蔽,以防直接辐射而灼伤零件。最为常用的盐浴用盐是由硝酸钠和硝酸钾混合配制,其中硝酸钠的含量为 45%～55%(质量分数)。应对盐槽的成分进行维护,以防零件腐蚀。由于盐浴炉在生产中具有一定的危险性,不能长时间断电,能耗大等缺点,除特殊行业使用外,已逐步被强制性空气循环炉所取代。

(1)气体介质加热。

当温度低于 650℃时,对流加热是主要的传热方式。几乎所有的气体加热铝处理炉都装有强大的对流风机,进行强制性气体循环。使用空气或保护性气氛强制性循环加热时,热量是通过被加热的高温气体分子与低温的铝合金材料或制件表面接触传递的,所以合理的装料方式及摆放间距十分必要。铝合金原材料和(或)制件的气体加热热处理通常在空气炉内进行,不必对气氛进行控制,在特殊情况下可采用保护气氛炉或真空炉,这是因为在空气中热处理时,铝与氧易于生成 Al_2O_3 氧化物,形成很薄的致密表面氧化膜,并且具有高的电阻,可以防止其继续氧化,其表层氧化膜能起到保护内部金属的作用,所以铝及其合金在空气下加热不必采用保护性气氛。

在空气炉中,当进行固溶或退火的温度高于 385℃时,材料暴露在污染的气氛中所出现的一种状态表现为在产品表面形成大量的小气泡。造成这种状态的污染物中主要是水蒸气和含有硫的气体化合物,两者都会在固溶热处理时加速高温氧化。因此,对于固溶热处理时可能产生高温氧化的合金,不推荐使用燃烧产物与炉料接触的炉子。为避免在空气炉中的高温氧化,在处理裸铝零件时可以使用高温氧化防护剂(氟硼酸铵、氟硼酸钠)。炉子溶解吸收此种物质比较困难,短时加热不需要添加,过量添加此类物质不会造成零件伤害,但会引起材料变色。高温氧化防护剂的添加可以将多孔性降低到最低程度。防护剂的使用量应视特定炉子而定,但每立方米容积应不少于 1g。另外,有阳极氧化膜或者金属包覆层的零件能使内层金属免除这种影响,不需要添加。

(2)盐浴炉加热。

用于铝合金热处理的盐浴炉通过电加热管加热使炉内的硝盐处于熔融状态,将铝合金原材料和(或)制件放入熔融的硝盐中进行加热。由于硝盐热容量大,铝合金原材料和(或)制件升温快,非常适合用于消除应力退火工艺,使用盐浴炉加热并采用所规定的最少保温时间来进行消除应力退火,这可以在固溶处理前消除加工硬化材料的应力,从而降低和(或)避免不好的橘皮状或晶粒长大的现象。硝盐炉只能在300～550℃使用,当硝盐使用温度超过 595℃时,会发生分解产物与炉料反应从而着火或爆炸,因此使用温度应严格控制在 550℃以下,并且炉子除了炉温控制仪表外,还必须设置超温报警装置,当超温时应自动切断电源,以防止由于炉温控制仪表故障造成的无法正常控温而导致的超温危险。

对于带有隐蔽表面的零件,当从硝盐槽转移到淬火槽过程中会夹带硝盐时,此类零件不允许在盐槽中进行热处理。

2) 热处理过程的通用要求

(1) 固溶处理保温时间的计算。

铝合金热处理时保温时间的计算是以零件最小厚度进行计算,最小厚度是指零件最厚截面的最小尺寸。当空气炉已装料或盐浴炉温度降到规定温度范围的下限时,其保温时间从所有工艺热电偶指示恢复到规定温度范围的下限起计算。如果盐浴炉温度不降至规定温度范围的下限,则保温时间从炉料完全浸入盐槽之时开始计算。常用铝合金的固溶保温时间如表 3.46 所示。

表 3.46　铝合金固溶保温时间

截面厚度/mm	保温时间	
	盐浴炉/min	空气炉/min
0.25~0.30	10~15	10~15
0.31~0.40	10~15	20~25
0.41~0.50	10~20	20~30
0.51~0.80	15~25	25~35
0.81~1.60	20~30	30~40
1.61~2.30	25~35	35~45
2.31~3.20	30~40	40~50
3.21~6.35	35~45	50~60
6.36~更大	45~55	65~75

(2) 淬火延迟时间(淬火转移时间)。

延迟时间的计算是从空气炉炉门开始打开,或从流化床或盐浴或连续炉的加热区中炉料的第 1 只角露出到最后一只角完全浸入淬火剂中为止。表 3.47 所示为常用铝合金的最大淬火延迟时间。

表 3.47　最大淬火延迟时间

截面厚度/in	最长淬火转移时间/s
0.25~0.30	5
0.31~0.40	5
0.41~0.50	7
0.51~0.80	7
0.81~1.60	10
1.61~2.30	10
2.31~3.20	15
3.21~6.35	15
6.36~更大	15

3）冷却介质

正确选择和合理使用冷却介质是保证铝合金制件热处理质量的关键因素之一。热处理选用的冷却介质应能保障具有满足冷却要求的冷却速度，且能均匀冷却，材料获得所需的力学性能；能够减少冷却产生的内应力，不变形或者使变形不超过允许的限度，不产生裂纹；能够与材料不发生反应，或少发生有害的氧化、还原或其他物理化学反应，不污染材料表面或少污染；操作方便，易回收。

铝合金均应采用浸入式水淬方法。水广泛用作铝合金淬火介质。采用水基有机淬火剂可在保证力学性能的同时，减少翘曲变形。水是铝合金淬火中使用最广泛的有效淬火介质。在室温水中淬火能得到大的冷却速度，但淬火残余应力也较大。对于铸造铝合金冷却介质水的温度通常控制在 65～100℃，则使冷却速度降低，残余应力减少。水基有机聚合物淬火介质的冷却速率比水低，但用于铝合金淬火可以获得性能合格、变形较小的制件，可改变其在水溶液中的浓度而调节它的冷却能力。浓度越低，冷却能力越大，但制件可以淬透的最大截面厚度是有限的。水基有机聚合物淬火剂具有逆溶特性，即在较低温度下溶解于水，高于一定温度时，有机聚合物从水中分离出来，所以当制件淬入这种淬火剂中时，制件表面的液体温度迅速升到逆溶温度以上，从水溶液中可分离出来的有机聚合物附在制件表面，形成连续的膜，可减低热传导速率，从而减小温度梯度，使制件的残余应力明显降低。当制件随后冷到逆溶温度以下时，有机聚合物重新溶于水中，膜也就消失了。

4）零件的冷藏

相对软的固溶体在尚未分解变硬之前，可在常温下予以校直、校形。此时固溶体处于不稳定状态，它趋向于稳定状态，即随时间推移而沉淀析出。室温下保持－AQ 状态的时间是有限的，但可以通过适当的冷却和冷藏来予以延长。某规范中规定了对于－AQ 状态成形或校形，应按表 3.48 的规定来保持－AQ 状态。对于－1℃或以下存放的零件，表 3.41 中室温下保持－AQ 状态的时间应从零件上的冰霜融化时刻起算；对于－1℃以上存放的零件，则从取出零件那一刻起算。

表 3.48　保持－AQ 状态的时间/温度规定

保持温度/℃	合　　金	所允许的－AQ 状态最长保持时间
室温	所有 2XXX	15 min
	所有其他	1 h
－1～＋4.5（包括）	所有 2XXX	2 h
	所有其他	5 h
－6.6～－1（包括）	所有 2XXX	4 h
	所有其他	12 h
－12～－6.6（包括）	所有 2XXX	24 h
	所有其他	36 h

（续表）

保持温度/℃	合　金	所允许的一AQ状态最长保持时间
－15～－12（包括）	所有 2XXX	2 天
	所有其他	3 天
－17.8～－15（包括）	所有	4 天
－20.5～－17.8（包括）	所有	7 天
－23～－20.5（包括）	所有	10 天
－29～－23（包括）	所有	30
≤－29	所有	不限

3.2.3.2　2XXX 铝合金的热处理

2XXX 铝合金属 Al－Cu－Mg 系变形铝合金,该系铝合金可行热处理强化。2XXX 铝合金的主要合金元素是 Cu 和 Mg,还有少量的 Mn、Cr、Zr、Ti 等元素。铜可以提高合金强度与硬度,而使延伸率略有下降,合金中的 Mg 提高自然/人工时效的强化效果,对提高人工时效后强度性能特别显著,但延伸率有较大下降。合金中 Cu/Mg 的比例很重要,当 Mg 含量较低时形成的强化相是 θ 相(Al_2Cu),增加 Mg含量则会有利于形成 S 相(Al_2MgCu),后者的强化效果更高,同时改善了合金的耐热性能。2XXX 铝合金通常都含有少量 Mn, Mn 的加入可减少 Fe 的有害影响,又可提高合金的耐腐蚀性能,并细化晶粒,加速时效作用,提高强度,但延伸率却有所下降。因此,2XXX 铝合金的 Mn 含量都≤1.0%。合金加入少量 Ti 元素可细化晶粒,降低形成热裂纹的倾向。该系合金耐热性能和加工性能良好,但不耐腐蚀,为提高其耐蚀性,常在其表面包覆上一层纯铝或含锌 1% 的锌铝合金层,故称“包铝”。Fe 和 Si 为杂质,减少它们能显著地提高合金的断裂韧性。

在可热处理强化的铝合金中 2XXX 系合金占有着极其重要的地位,也是飞机结构中使用最为广泛的合金。该系合金目前正向着综合性能更优化,强度韧性更高些,耐损伤能力更强的方向发展。

1) 2XXX 系退火工艺

根据民用飞机制造加工的需要,在生产中将退火处理分成 3 种形式,即完全退火、消除应力(不完全)退火和为获取最佳成形性能而进行的消除应力退火。

在民机制造中完全退火的作用等效于进行一次固溶处理,可将其计算为进行一次重复热处理。

消除应力退火处理可以用来消除冷作硬化效应或部分地消除固溶处理效应。当不要求有最佳成形性能时,可以使用这种形式的处理。在制造过程中,可以根据成形需要进行一次或多次消除应力退火处理,但退火温度下的总累积时间应不超过表中所规定的最长保温时间。在工作温度条件下,表 3.49 中的消除应力退火所获取的状态可以稳定 24 h。其后可能发生一定程度的硬化效应。可以按冷藏规定将零件在－18℃(0℉)或以下进行冷藏,以保持这种软状态。

对于可热处理强化的合金,可以按表中所规定的工艺方法来获取成形性能接近于完全退火那样的稳定软化状态,它不需要冷藏。在不允许完全退火而后续成形工序中却有最佳成形性能需求时,可以使用这种热处理方法。

表 3.49　2XXX 系退火工艺

合金	完全退火	消除应力退火	获取最佳成形性能的消除应力退火
2014	404℃保温 2～3h,然后以不大于 28℃/h 的冷却速度冷却至 260℃,此后冷却速度不限	343℃保温 0.5～1h	在（340±8）℃ 保温 1/2～1h,然后以每小时不超过 28℃的冷却速度炉冷到（232±8）℃,并在此温度保温2～4h,最后空冷到室温
2017			
2124			
2024			
2219			
2524			

2）2XXX 系固溶工艺

表 3.50 为某规范中规定的 2XXX 系合金的典型固溶温度和淬火要求。飞机零件进行固溶和时效处理应严格按表格的规定对材料和零件进行,在加热或保温的整个过程中,材料和零件所处的温度不应高于相应热处理温度范围的上限。材料和零件应按表格规定的时间进行保温。保温时间待炉温记录仪低温热电偶回复到工艺温度范围的下限时开始计算。对于仅由原材料生产厂才能制备的热处理状态,应征求设计部门的同意,并在相应的试验积累上进行。

表 3.50　固溶处理温度和淬火剂温度

合金	制品形式	设定温度 /℃	淬火		
			淬火剂	温度范围/℃	最高温度/℃
2004	薄板	529	水或水基有机聚合物	38～43	49
				≤32	38
2014	锻件	502	水	66～82（-T6） 沸腾（-T6）	88
	中厚板和挤压件	502	水	≤32	38
	薄板	502	水或水基有机聚合物	≤32	38
2024	所有	493	水或水基有机聚合物	≤32	38
2124	中厚板	493	水	≤32	38
2219	薄板	535	水或水基有机聚合物	≤32	38
	中厚板和挤压件	535	水或水基有机聚合物	≤32	38

对于固溶后不直接进行钣金成形或时效的材料或零件应及时按照上述要求进行冷

藏。当淬火到工作温度时,不需要进一步冷却。如果热水淬火的锻件需保持一AQ状态,则应在淬火后的 10 min 之内冷却到工作温度。在淬火后的 10 min 之内将材料或零件置于一AQ状态保持温度下。如果在 10 min 之内进行冷藏,则可使用的保持时间为 100%。

3) 2XXX 系合金时效工艺

表 3.51　2XXX 系合金时效工艺

合金	时效前状态	制品形式	人工时效处理		时效后状态
			温度/℃	时间/h	
2004	AQ	薄板	177	10	T62
2014	W	所有	室温	至少 96	T4,T42
	T3	薄板	160	18	T6
	AQ、W、T4、T41、T42、T4X	所有,除锻件	177	10	T6、T61、T62、T6X
2017	W	轧制或冷精整线材、棒材	室温	至少 96	T4
2024	AQ	所有	室温	至少 96	T4,T42
	T3	所有	191	12	T8、T82、T83
	AQ、T4、T42	所有	191	9~12	T6、T62
	AQ、T4、T42	所有	191	16	T72
2124	W	所有	室温	至少 96	T4,T42
	AQ、T4、T42	板材	191	9~12	T6、T62
2219	W	所有	室温	至少 96	T4,T42
	T3、T3X	板材	177	18	T8、T8X
	AQ、T4、T42	板材	177	17	T6,T62

3.2.3.3　7XXX 铝合金的热处理

7XXX 系是民用飞机中最为重要的一个系列高强度铝合金,可以用于飞机的主要承力构件的制造。因为自然时效时间太长,而且抗腐蚀性较低,该系合金均在人工时效状态下使用。但是由于该合金在峰值时效状态下(T6)屈服强度与抗拉强度相差太近,缺口敏感性高,塑性低,抗疲劳以及抗应力腐蚀性能差等一系列弱点,因此长期限制了它的扩大应用。

20 世纪 60 年代美国铝业公司(Alcoa)开始发展 7075 合金双级过时效制度 T7X,通过控制晶界析出相的尺寸和分布、晶界无析出带(PFZ)的宽度和强度,使合金的抗应力腐蚀开裂(SCC)性能得到改善。T73 时效工艺根本解决了合金应力腐蚀开裂问题,但却使强度损失 10%~15%;60 年代中期开发出了 T76 时效工艺,强度相比于 T73 状态有所提高,并且降低了板材、型材剥落腐蚀的倾向。70 年代末又研究出了 T74 热处理制度,它减少了 T73 过时效带来的强度损失,其强度与 T6 状态接近,同时其抗腐蚀性能优越于 T76,介于 T73 与 T76 状态之间。于是打开了 7075 合金广泛应用的途径,使老合金又焕发起新的生命力。目前使用的大部分 7XXX 系铝合金都是 1971 年之前开发的,1972 年以后,调整原合金中的主要合金元素以及各组元的比值,添加微量过渡元素以及稀土元素,进一步提高合金纯度,减少 Fe、Si 等杂质的含量,改善合金的综合性能,开发出了各种满足不同需要的新型合金。

　　1971 年,以 7075 合金为基础,又通过增加 Zn、Cu 的含量,提高 Cu/Mg 比 (>0.8)来提高强度,用添加 Zr 代替 Cr 来克服淬火敏感性问题并且调整晶粒尺寸,Cu 含量的增多提高了第 2 阶段时效效果,弥补了过时效带来的强度损失。淬火敏感性的降低不但可使淬火的零件厚度加大而且也可使淬火的水温提高,有利于减少零件内的淬火应力,从而减小了机械加工后零件的变形。允许固溶处理的厚度达 152 mm(6 in),而 7075 合金只允许 76 mm(3 in)。从而开发出了强度、断裂韧性和抗应力腐蚀都较好的 7050 合金,并于同年在美国铝业协会等级注册,该合金是美国开发的第 1 个含 Zr 的 7XXX 系合金,其静强度和抗应力腐蚀性能均优于 7075 合金。

　　通过调整成分和减少 Fe、Si 的杂质,在 7075 基础上开发出了 7150 合金,改善了合金的韧性和抗剥落腐蚀性能,后来 Alcoa 公司又在 7150 合金的基础上,进一步降低 Fe、Si 杂质元素的含量,提高 Zn/Mg 比值成功研制出强度更高、韧性及抗腐蚀性能更好的 7055 合金,7055 合金实质上是高纯度的 7075 合金,Fe、Si 杂质含量从 7075 合金含 0.5%、0.4%分别降至 0.12%Fe, 0.10%Si。Cu 和 Mg 合金元素也取 7075 合金的下限,因而使它能在保持足够的强度水平、抗腐蚀性能的同时又具有最高的断裂韧性。我国民机制造中选用的铝合金也主要以这些合金为基础。

　　1) 热处理工艺

　　7XXX 系退火工艺如表 3.52 所示。与 2XXX 系合金一样,7XXX 合金的主要退火工艺包括完全退火、消除应力退火以及获得最佳成形性能的退火。当 7075 铝合金进行消除应力退火时,所获取的状态在工作温度条件下可稳定 24 h。如果不打算在此 24 h 内完成成形操作,则零件自消除应力退火温度下冷却后应立即进行冷藏。消除应力退火状态的保持温度和最长保持时间方面的规定,与表 3.48 中有关 7075 铝合金保持—AQ 状态方面的规定相同。

表 3.52　7XXX 系退火工艺

合金	完全退火	消除应力退火	获取最佳成形性能的消除应力退火
7000 系列	404℃保温 2~3 h,然后以不大于 28℃/h 的冷却速度冷却至 232℃,232℃保温 6 h,空冷	343℃ 保温 0.5~1 h	(340±8)℃保温 1/2~2 h,然后以每小时不超过 28℃的冷却速度炉冷到(232±8)℃并在此温度保温 2~4 h,最后空冷到室温

（1）固溶工艺。

表 3.53 为某规范中规定的 7XXX 系合金的典型固溶温度和淬火要求，飞机零件进行固溶和时效处理应严格按表格的规定对材料和零件进行，在加热或保温的整个过程中，材料和零件所处的温度不应高于相应热处理温度范围的上限。材料和零件应按表格规定的时间进行保温。保温时间待炉温记录仪低温热电偶回复到工艺温度范围的下限时开始计算。对于仅由原材料生产厂才能制备的热处理状态，应征求设计部门的同意，并在相应的试验积累上进行。

表 3.53　固溶处理温度和淬火剂温度

合金	制品形式	设定温度/℃	淬火		
			淬火剂	温度范围/℃	最高温度/℃
7049	锻件	468	水	54～66	71
7050	锻件	471	水	54～66	
	中厚板	477	水基有机聚合物	≤32	38
	挤压件	477	水	≤32	38
			水基有机聚合物		
7075	锻件	465	水或	60～71	77
			水基有机聚合物	≤32	38
	≤1.27（0.050）薄板和 1.28～25.40（0.051～1.000）中厚板	493	水或水基有机聚合物	≤32	38
	＞25.40（1.000）中厚板棒材、挤压件和管材	465	水	≤32	38
	挤压型材	465	水或水-聚合物	≤32	38
7055	挤压件	471	水基有机聚合物	≤32	38
			热水	54～66	71
7079	锻件	443	水	≤32	38
7178	所有	465	水	≤32	38
7475	薄板和中厚板		水	≤26	38

（2）时效工艺。

表 3.54 所示为 7XXX 系铝合金的时效热处理工艺。

表 3.54　7XXX 系铝合金的时效热处理工艺

合金	时效前状态	制品形式	人工时效处理			时效后状态
			级别	温度/℃	时间/h	
7049	W、W5XXX	挤压件		室温	48	T76XXX T73XXX
			一级	121	24	
			二级	163	13	
	W、W52	锻件		室温	48	T73 T7352
			一级	121	24	
			二级	165	13	
7050	W51	厚板	一级	121	4	T7651
			二级	163	27	
	W51X	挤压件	一级	121	5	T765X
			二级	163	16	
	AQ、W	轧制或精整线材，棒材	一级	121	大于 4	T73、T74、T76
			二级	180	大于 8	
	W52	锻件	一级	121	4	T7452
			二级	177	7	
7055	W511	型材	一级	119	5	T74511
			二级	157	7	
7075	AQ、W	所有		121	24	T6，T62
	AQ、W	所有	一级	107	7	T73
			二级	162	26	
	AQ、W	所有	一级	107	4	T76
			二级	162	16	
	W51	板材,棒材,厚板	一级	107	7	T7351
			二级	162	16	
	W52	锻件	一级	107	7	T7352
			二级	177	7	
	W51X	挤压件	一级	107	7	T7651X
			二级	177	20	

（续表）

合金	时效前状态	制品形式	人工时效处理			时效后状态
			级别	温度/℃	时间/h	
7178	W	所有		121	24	T6，T62
	W、AQ	薄板、中厚板、挤压件	一级	121	4	T76，T74
			二级	162	16	
7475	W、AQ	板材	一级	121	4	T61
			二级	157	3	
			一级	121	4	T761
			二级	163	11	
	W、AQ	厚板	一级	121	3	T61
			二级	163	14	
			一级	121	3	T761
			二级	163	26	

3.2.3.4　Al-Li合金的热处理

锂是自然界中最轻的金属，其密度为 $0.53\,\mathrm{g/cm^3}$，在铝中加入 1% 的锂，密度可降低 3%，弹性模量提高 6%；加入 2% 的锂，密度降低 10%，弹性模量提高 25%～35%，这是添加其他轻金属元素如 Be、Mg 等所不及的。20 世纪 70 年代迫于能源危机的压力，铝锂合金被重新重视，并进入了快速发展阶段，即第 2 阶段。在这一时期，铝锂合金得到了迅猛发展和全面研究，其中具有代表性的合金有：苏联研制的1420 合金，美国 Alcoa 公司的 2090 合金，英国 Alcan 公司的 8090 和 8091 合金等。这些合金具有密度低、弹性模量高等优点，可用其替代航空航天器部分 2XXX 和7XXX 铝合金。如俄罗斯在 Mig29，Su-35 等战斗机及一些远程导弹弹头壳体上采用了 1420 合金构件。第 2 代铝锂合金虽取得了令人瞩目的研究和应用成果，但是由于存在严重的各向异性，且塑韧性低，热暴露严重、韧性损失，大部分合金不可焊等，使其难以与 7XXX 铝合金竞争等。90 年代以来，以美国的 Weldalite 049 系列合金为典型代表的第 3 代高强可焊铝锂合金相继研发出来，并已成功应用于航空航天等领域中。目前，新型第 3 代铝锂合金向着超强、超韧、超低密度等方向发展，其中高强可焊合金和低各向异性合金的研究最多，是第 3 代铝锂合金的发展的主方向。

铝锂合金按化学成分可大致分为 3 类，即 Al-Cu-Li 系合金（如 1450、1451、1460 合金）、Al-Cu-Mg-Li 系合金（如 2091、8090、8091、1430、1440、Weldalite 049 合金）和 Al-Mg-Li 系合金（如 1420、1421、1423、1429 合金）。按加工工艺来分类，铝锂合金又可分为铸造铝锂合金、变形铝锂合金和粉末冶金铝锂合金等。国际上常用的铝锂合金如表 3.55 所示。

表 3.55　Al‑Li 合金发展及其分类

发展阶段	合金牌号	研制年代	研制国家	分类
初期	Scleron	1924	德国	Al‑Cu‑Li‑Mn
第1代合金	2020	1957	美国	
	ВАд23	1961	俄罗斯	
第2代合金	1420	1965	俄罗斯	中强型
	2090	1984	美国	高强型
	2091	1984	法国	Al‑Li‑Cu‑Mg
	8090、8091	1984	英国	Al‑Li‑Cu‑Mg
第3代合金	1441、1450、1460	1989	俄罗斯	高强型
	Weldalite 049 系列	1989	美国	高可焊性
	2097、2197	1989	美国	高韧性

随着国家对铝锂合金的重视,铝锂合金的研究工作逐年拓宽,并生产出了小规格板材、型材和半连续铸造工艺研究。目前我国已经具备了铝锂合金的大规模研制与开发能力,这在我国航空航天工业对先进结构材料的需求方面具有重要的意义。我国铝锂合金的研究起步虽然较晚,经过中南大学、621 和西南铝业公司等卓有成效的工作,国产化 142、8090 等铝锂合金已应用于航空、航天领域。

1)铝锂合金的强化机制

热处理强化是铝锂合金最重要的强化手段之一。铝锂合金的热处理主要包括固溶处理和时效处理两种。固溶处理将合金化元素完全溶入基体,形成过饱和固溶体,这种状态材料强度虽有一定提高但室温稳定性极差,同时强化效果较低,因此铝锂合金固溶处理后需要进行自然或者人工时效,以达到良好的性能。

铝锂合金沉淀相的结构取决于热处理工艺参数,主要是淬火速度、人工时效前的冷加工量、时效温度与时间。Li 加入到 Al 中虽然可以使强度提高,但是其固溶强化只起很小一部分作用,合金的主要强化作用是沉淀析出相产生。Al‑Li 二元、Al‑Li‑Cu 三元合金及 Al‑Li‑Cu‑Mg 四元合金中,主要强化相为 δ' 和 T_1,还有 GP 区、θ''(Al_2Cu)、θ'、T_2($Al_5\ Li_3Cu$)、S'(Al_2CuMg)相等。

Al‑Li 合金是一种典型的沉淀强化型合金,从 Al‑Li 二元合金相图(见图3.12)可以看出,601℃时锂在铝中的极限溶解度为 4.2% 质量分数,而室温下很小。经过高

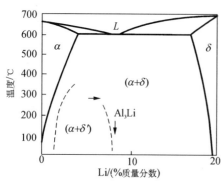

图 3.12　Al‑Li 二元合金相图

温固溶（α相区）后淬火，在时效过程中，淬火形成的过饱和固溶体会发生沉淀析出，其析出过程为

$$过饱和固溶体(SSSS) \rightarrow \delta'相(Al_3Li) \rightarrow \delta相(AlLi)$$

δ'相是二元及多元 Al-Li 合金的主要强化相，δ'相强化的主要原因在于：①由沉淀相周围共格应变的存在所导致共格强化；②由沉淀相与基体剪切模量的差异而引起模量强化；③析出相的有序性导致位错对运动时将增加反相畴界面而产生强化。在二元 Al-Li 合金中有 3 种强化机制：①位错剪切沉淀相造成 δ'/α 界面的增加所带来的化学强化，这种强化取决于两相界面能；②由沉淀相与基体间晶格常数的差异所造成的共格应变强化；③位错剪切时，由于有序作用在沉淀相内造成 APB (antiphaseboundary)。除此之外，当沉淀相达到一定临界尺寸时，有 Orowan 强化机制。

Al 中添加 Li，虽然强度有显著提高，但是塑性和韧性还相当低。合金化是解决铝锂合金自身缺陷的最有效方法。合金元素的添加，不仅可以增加合金的固溶强化效果，同时，还产生新的强化相，可有效地分散变形过程中的应变集中，提高韧性。目前，常用的合金添加元素有 Cu，Mg 和 Ag。

在 Al-Li 二元合金中添加合金元素 Cu 能显著提高 Al-Li 合金的强韧性和无沉淀析出带宽度，但含量过高会产生中间相使韧性下降和密度增大，含 Cu 量过低不能减弱局部应变和减小无沉淀析出带宽度，故 Al-Li 合金中 Cu 的质量分数一般为 1～4%。Al-Li-Cu 系三元合金相图如图 3.13 所示，从相图可以看出，除 δ' 相外，出现了富 Cu 强化相 T_1（Al_2CuLi）和 θ'（Al_2Cu）相等。T_1 相是在 $\{111\}\alpha$ 面上形成的六角片状相。由于它使 δ' 相层错能增加，位错从切割机制变为绕过机制。因而减少了共面滑移，使变形得以均匀进行，不但提高了合金的强度，还改善了塑性。θ' 相有一定的强化作用。

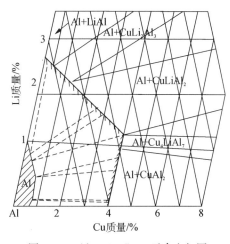

图 3.13　Al-Li-Cu 三元合金相图

Mg 在 Al 中有较大的固溶度，约为 17%。加入 Mg 后能减小 Li 在 Al 中的固溶度。因此，在含 Li 量一定时它能增加 δ' 相的体积百分数。三元 Al-Li-Mg 合金沉淀析出序为

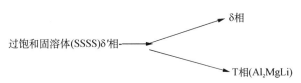

δ 与基体不共格,它在淬火及随后的人工时效过程中在晶界和亚晶界处非均匀成核,或在过时效过程中形成,强化作用很小。另外,它还能形成 T(Al_2LiMg)相,抑制 δ' 相的生成。T 相的生成消耗了 Li 原子,导致晶界附近出现无脱溶带,从而降低合金晶界强度与塑性。因此,要根据 Mg 含量的高低来具体决定时效处理以得到良好机械性能。最佳性能产生于欠时效—峰值时效处理中。

当 Al-Li 合金中同时加入 Cu、Mg 时能形成 S''(Al_2CuMg)相。S'' 相优先在位错等缺陷附近呈不均匀析出,其密排面与基体 α 相的密排面不平行,位错很难切割条状 S'' 相,只能绕过,并留下位错环,故 S'' 相能有效地防止共面滑移,改善合金的强韧性。Cu 和 Mg 都能强化 Al-Li 合金,但后者效果更佳。Mg 含量过高会导致 T 相优先在晶界析出,增加脆性。Mg 含量低于 0.5% 时,δ' 相很少,合金强度降低。此外,Mg 还能改善 Al-Li 合金的高性能。

在 Al-Li-Cu-Mg 合金中添加微量元素 Zr 等可形成多种强化相。当加入 Zr 质量分数为 0.1%～0.2% 就能在晶界或亚晶界析出 Al_3Zr 弥散质点,对晶界起钉扎作用,能抑制再结晶和细化晶粒,改善强韧性。另外,Al_3Zr 可作为 δ' 的核心,加速时效析出过程。但 Zr 含量过高时会在晶界形成粗大析出相,破坏晶界性能。不同 Cu、Mg 含量均会影响 Al-Li-Cu-Mg-Zr 系合金时效析出。δ'、T_1、S''、θ' 等相在这里都有可能出现。通常,最佳热处理中各种析出顺序为:固溶处理过程中,δ' 相开始析出,时效过程中,δ' 相体积分数增加,同时出现 δ'/S'' 复合相组织;S'' 相平行析出,并伴有 T_1 相析出,S''、T_1 相的长大比 δ' 相慢得多。

2) 铝锂合金热处理工艺

常用的铝锂合金铝锂合金热处理工艺如表 3.56 所示。

表 3.56　铝锂合金热处理工艺

合金	制品形式	固溶处理		人工时效		
		温度/℃	状态	温度/℃	时间	状态
2060	板材	495	T3	165		T83
2090	板材	540	T3	165		T83
2091	板材	530	T3	120		T84
2099	型材		T3			T83
2196	型材		T3			T8511
2198	板材		T3	155		T83
8090	棒材	540	T3	190		峰值时效

3.2.4　铝合金热处理工艺常见故障及排除方法

3.2.4.1　铝合金热处理力学性能不合格及补救措施

铝合金热处理后力学性能考核不合格主要表现在硬度、导电率、强度以及疲劳、断裂韧性等的不合格。其产生因素主要可能由以下几种因素造成:

（1）固溶处理时工艺选择不合理，如温度不够高，保温时间不足，造成固溶不充分，从加热设备到淬火槽过程的淬火转移时间过长，冷却介质量不足或搅拌不均匀等。

（2）由于制件工装设计不合理，装夹不合理，间隔不够，堆垛以及设备均温性不满足要求等因素造成的加热冷却不均匀。

（3）时效过程工艺参数不合理，如温度过低或过高，时间过短或过长等。

铝合金热处理后力学性能不合格的补救措施可根据其热处理失败的原因进行调整和补救。

3.2.4.2　热处理变形缺陷及改善措施

可热处理强化的铝合金绝大多数是用水作为淬火剂的，其优点是冷却速度快，操作简单，能保证热处理后的力学性能。热处理制品变形的根本原因是热处理应力，当应力（包括热应力和组织应力）达到合金的屈服强度时，制品就会发生塑性变形。热处理变形可分为形状变形和体积变形。

（1）冷却方式不当造成弯曲。淬火冷却速度大，由于冷却不当造成弯曲变形特别明显，若均匀加热的棒状或板状制品水平浸入淬火介质中，底面先冷先收缩，此时制品向下弯；随后上部冷缩，则又可能产生向上的弯曲。

为了防止冷却不当引起弯曲，应选用正确的浸入冷却介质的方式，采用淬火夹具，或者小冷却速度（如分级淬火，等温淬火改变冷却介质等）。

（2）制品断面造成弯曲。制品断面不对称，则不同部分的加热冷却速度不同，热胀冷缩不均匀，会引起弯曲例如冷却时，厚度小的地方先冷收缩，结果制品将弯向较薄的部分。为减小这种变形，应设法让厚的部位先冷却，或降低整个制品的冷却速度。

（3）高温因自重造成的变形。这基本上是由于装配不当造成的，改进炉料装置，可减小或消除弯曲变形。

此外，若制品在热处理之前已经存在不对称的残余应力（如冷变形、机械加工造成的残余应力），在加热过程中，当温度达到较高温度时，不对称的残余应力将于加热时产生的、与残余应力具有相同热应力和组织应力同时作用使制品产生不对称的塑性变形，也会造成制品弯曲。

3.2.4.3　铝合金热处理的裂纹及其防止措施

热处理时的加热和冷却均可能使制品产生裂纹，裂纹最容易出现在淬火过程中。淬火过程中瞬间热应力和组织应力较大，当拉应力超过材料强度极限，或者材料存在缺陷时，拉应力最大部位或者缺陷首先出现裂纹。当温度较高时局部应力集中时就会产生裂纹。当温度较高时，由于材料的屈服极限较低，应力可能通过塑性变形而松弛，应力不会积累至高于材料强度极限，即使较大瞬间应力也不会导致开裂。但较低的温度，弹性应力可以逐渐积累至高于材料的强度极限，结果材料出现裂纹。由此可见，导致裂纹的应力是热处理时逐渐积累、不断增加的残余应力。

淬火冷却过于强烈,材料或制品浸入冷却介质的方式不当,应力会增加,而且应力不均匀,也易产生裂纹。若材料内部存在严重偏析、粗大的夹杂物以及局部折叠等缺陷,淬火时易于沿缺陷和脆性相处开裂。

此外,零件设计不合理,如截面尺寸突变、凹槽、拐角过于尖锐等均易造成应力集中,也会导致淬火裂纹。

可采用以下措施防止淬火裂纹形成:

(1) 提高材料的冶金质量,减少夹杂、偏析等缺陷;

(2) 提高固溶处理温度;

(3) 适当降低形状复杂制品如锻件的冷却速度,可采用合适的淬火方式或选用适宜的淬火介质;

(4) 注意材料或制品浸入介质方式,避免局部应力过大;

(5) 改变制件形式,尽可能地使用对称性的结构,避免形状突变、凹槽和尖角,防止局部应力集中效应。

3.2.4.4　过烧、高温氧化等缺陷及其控制措施

1) 过烧

零件或材料发生过烧时,可以观察到显微组织的晶界处有局部粗大的现象,在晶粒内部存在复熔球,在晶粒交界处存在明显的三角复熔区特征,当材料发生严重过烧时,材料表面颜色发黑或发暗,或在材料表面产生气泡、细小的球状析出物或者裂纹等。在力学性能方面表现为强度下降或塑性降低。在轻微过烧时,材料性能可能不但不降低,反而在某些情况会出现稍微升高。但对腐蚀性能却有严重的影响。所以力学性能不能作为评价过烧的标准。采用金相法判别是否过烧是比较有效的。

在实际生产中产生过烧的主要原因在于加热温度过高,超出了热处理允许的温度范围或者加热不均匀,使材料局部达到低熔点共晶体的熔化温度而产生局部过烧,应定期检验设备的均匀性,严格按照工艺规范规定的工艺参数进行热处理,对于多种共晶体的合金进行固溶处理时采用阶梯加热。

2) 高温氧化

高温氧化的主要表现是制件外表面大量微细起泡以致裂纹,显微组织中起泡处会有开裂口,向心部延伸部分有晶界加粗,高温氧化产生的起泡与轧制过程产生的不同,热挤压过程产生的气泡沿加工方向有序排列。

造成铝合金热处理过程的高温氧化主要原因在于热处理的气氛中含有大量的水蒸气和气态硫化物,水汽在高温下分解成氢气,扩散进入制件表层,而硫化物破坏了金属的表面固有的氧化膜,使其失去保护作用,氢气可以顺利进入金属基体。

因为避免铝合金热处理高温氧化可以从以下几个方面考虑:

(1) 热处理设备长期不使用或者经过大修,再次热处理时要进行烘炉,去除水分,禁止含有硫的气氛进行加热;

（2）制件或材料热处理前进行清洗，烘干去除油污，水渍、润滑剂等；

（3）热处理炉中添加适量的氟酸盐，使制件表面形成一种氧化膜，避免高温氧化或者涂保护涂料。

3.3　钛合金热处理

随着钛合金在民用飞机应用的日益广泛，钛合金的加工及其相关的制造工艺的要求也越来越高。尤其是在高精度装配的要求下，零件制造精度已提高到十分精密的水平。飞机中钛合金结构件的应用经过简单件非承力构件向着大型、整体化承力构件发展，且新型的制造方法，如增材制造技术的发展，其组织结构的特殊性也对钛合金的精密热处理技术提出了更高的要求，因此加工过程的变形控制已成为钛合金热处理发展的重点。目前，民用机钛合金热处理主要目的在于：消除或减小钛合金零件在铸造、热处理、冷变形、焊接、机械加工时产生的应力；获得设计需要的综合性能或某种特殊的性能，如断裂韧性、疲劳性能和热强性能等；调整组织结构提高组织稳定性，以满足在特定环境下的工作要求。

3.3.1　民用飞机用钛合金的分类及其特点

3.3.1.1　钛合金的分类

钛合金按不同方法可分为不同类型。按亚稳定状态相组成可分为 α 型、近 α 型、$\alpha+\beta$ 型、近 β 型、亚稳定 β 型和 β 型钛合金，按退火后的组织特点可分为 α 型，$\alpha+\beta$ 型和 β 型钛合金三大类。

α 型钛合金退火组织为以 α 相为基体的单相固溶体。α 相钛合金的组织与塑性加工和退火条件有关。在 α 相区塑性加工和退火，可以得到细的等轴晶粒组织。如果自 α 相区缓冷，α 相则转变为片状魏氏组织；如果是高纯合金，这种组织还可以出现锯齿状 α 相；当有 β 相稳定元素或杂质 H 存在时，片状 α 相还会形成网篮状组织；自 β 相区淬火可以形成针状六方马氏体 α'。钛合金的力学性能对显微组织虽不甚敏感，但自 α 相区冷却的合金，抗拉强度、室温疲劳强度和塑性要比等轴晶粒组织低。而另一方面，自 β 相区冷却能改善断裂韧性和有较高的抗蠕变能力。α 型钛合金共同的主要优点是高温性能好，焊接性好、组织稳定、抗腐蚀性高，缺点是强度不很高、变形抗力大、热加工性差，一般不能进行热处理强化（Ti—2Cu 合金除外）。如图 3.14 所示。

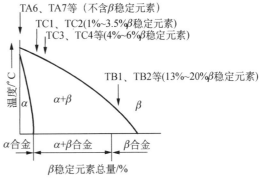

图 3.14　β 稳定元素含量与合金组织间关系

$\alpha+\beta$ 型钛合金退火组织为 $\alpha+\beta$ 相。当 β 稳定化元素超过一定临界成分时，称为富 β 的 $\alpha+\beta$ 钛合金，此时通过淬火可将 β 相稳定到室温；当 $\alpha+\beta$ 稳定化元素低于临界成分时,称为贫 β 的 $\alpha+\beta$ 钛合金,此时淬火后合金相组成为马氏体和 β 相。工业用 $\alpha+\beta$ 钛合金的组织中仍以 α 相为主,但近 β 合金(TB)有一定量的(一般<30%) β 相, β 相的存在正是靠加入适量 β 稳定化元素。这类合金的特点是,有较好的综合力学性能,强度高,可热处理强化,热压力加工性好,在中等温度下耐热性也比较好;但组织不够稳定。

$\alpha+\beta$ 钛合金既加入了 α 稳定元素又加入 β 稳定元素,使 $\alpha+\beta$ 相同时得到强化。β 稳定元素加入量约为 $4\sim6\%$,主要为了获得足够数量的 β 相,以改善合金的成形塑性和赋予合金以热处理强化的能力。由此可知, $\alpha+\beta$ 钛合金的性能主要由 β 相稳定元素来决定。元素对 β 相的固溶强化和稳定能力越大,在稳定元素的固溶强化效应并不大时,其对性能改善作用越明显。但 β 相稳定元素对钛合金的固溶强化效果并不明显,但对 β 相的稳定作用却很明显,加入量不高就可以得到淬火 β 相,通过退火或时效,可使室温强度提高到 $1400\,\mathrm{MPa}$ 以上。

含 β 稳定元素较多(17%)的合金称为 β 合金。目前工业上应用的 β 合金在平衡状态均为 $\alpha+\beta$ 两相组织,但空冷时,可将高温的 β 相保持到室温,得到全 β 组织。此类合金有良好的变形加工性能。经淬火时效后,可得到很高的室温强度。但高温组织不稳定,耐热性差,焊接性也不好。

β 钛合金是发展高强度钛合金潜力最大的合金。合金化的主要特点是加入大量 β 稳定元素,空冷或水冷在室温能得到全由相组成的组织,通过时效处理可以大幅度提高强度。β 钛合金另一特点是在淬火条件下能够冷成形(体心立方晶格),然后进行时效处理。由于 β 相浓度高, M_S 点低于室温,淬透性高,大型工件也能完全淬透。缺点是 β 稳定元素浓度高,铸锭时易于偏析,性能波动大。另外, β 相稳定元素多系稀有金属,价格昂贵,组织性能也不稳定,工作温度不能高于 $300℃$,故这种合金的应用还受一定限制。

3.3.1.2　民用飞机结构用钛合金

民用飞机结构钛合金按照设计用途和材料特性可分为低强度高塑性钛合金、中强度钛合金、高强度钛及高损伤容限钛合金等。低强度高塑性钛合金主要是抗拉强度低于 $700\,\mathrm{MPa}$,合金化程度低,高塑性,高韧性,并具有高可焊性和成形性等特点,主要是商业纯钛、近 α 钛合金,可用来制造飞机蒙皮、钣金件和管件等;中强度钛合金抗拉强度可达到 $1000\,\mathrm{MPa}$,主要是近 α 钛合金、 $\alpha+\beta$ 钛合金,具有良好的综合性能,多用于制造承力构件;高强钛合金强度一般超过 $1000\,\mathrm{MPa}$,主要是 $\alpha+\beta$ 钛合金和近 β 钛合金,制造强度要求高,主要用于替代钢达到减重效果的承力构件、钣金件和紧固件;高损伤容限钛合金是具有高断裂和低裂纹扩展速率的中高强度钛合金,主要用于耐久性设计和损伤容限设计的飞机承力构件,可进一步提高飞机的使用寿命,降低维修周期和维护成本。民用飞机常用的钛合金及其用途如表 3.57 所示。

表 3.57　民机常用的钛合金及其用途

合金类型	合金牌号	成　分	用　途
工业纯钛	TA0 TA1 TA2 TA3	商业纯钛	用于机身\机翼\前缘蒙皮
α 合金	TA7	Ti－5Al－2.5Sn	用于飞机铆钉\紧固件
α 合金	TA18	Ti－3Al－2.5V	用于飞机铆钉\紧固件
	TC4	Ti－6Al－4V	飞机蒙皮
	TC6	Ti－6Al－2.5Mo－2.5Cr－0.3Si－0.5Fe	飞机蒙皮
近 β 钛合金	BT2	Ti－5Al－5Mo－5V－3Cr－1Zr	用于飞机连接件\紧固件

3.3.2　钛合金热处理基本原理

3.3.2.1　钛的合金化

钛有两种同素异构体,转变温度为 882.5℃。高于转变温度为体心立方的 β 相,低于转变温度为密排六方结构 α 相。根据对 α/β 的相转变温度的影响规律可以将合金元素可以分为 3 类。

(1) α 稳定元素:可以提高 β 相转变温度的元素,称为 α 稳定元素。α 相稳定元素在周期表中的位置离钛较远,与钛形成包析反应,能显著提高合金的 β 转变温度,稳定 α 相,故称为 α 稳定元素。与钛形成的二元相图特征如图 3.15 所示。

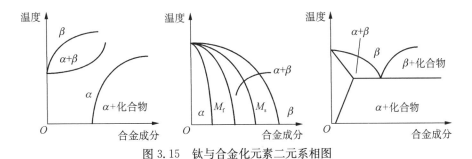

图 3.15　钛与合金化元素二元系相图

(1) α 稳定元素　　(2) β 同晶稳定元素　　(3) β 共析稳定元素

Al 是钛合金中应用最广泛,且唯一有效的 α 稳定元素。在钛中加入 Al,可降低熔点和提高 β 相转变温度,在室温和高温都起到强化作用。含铝量 6%～7% 的钛合金具有较高的热稳定性和良好的焊接性。添加铝在提高转变温度的同时,也可以提高 β 稳定元素在 α 相的溶解度。因此,铝在钛合金金中的作用类似于碳在钢中的作用,几乎所有钛合金中都含有铝。因铝在钛中作用的稳定性和代表性,Rosenberg提出了铝当量的经验公式,将其他 α 相元素的稳定作用等效成铝的作用,可通过该公式控制和掌握不同铝当量下的析出相的种类。钛合金抗蠕变性和抗氧化性能随着铝当量的增加而提高,同时其塑性变形能力下降,因此新合金的开发铝当量一般<9;当>9时,合金将析出脆性的金属间化合物。

$$Al^* = Al\% + 1/3Sn\% + 1/6Zr\% + 1/2Ga\% + 10[O]\%$$

(2)中性元素:对 β 相转变温度影响不明显的元素,称为中性元素。如与钛同族的锆、铪中性元素。中性元素在 α、β 两相中均有较大的溶解度,甚至能够形成无限固溶体。另外,锡、铜、镁等,对钛的 β 转变温度影响也不明显,也属中性元素。中性元素加入后主要对 α 相起固溶强化作用,故有时也可将中性元素看做 α 稳定元素。钛合金中常用的中性元素主要是锆和锡,它们在提高 α 相强度的同时,也可提高其热强性,对塑性的不利作用也小于铝,有利于压力加工和焊接,但强化效果低于铝。

(3) β 稳定元素:降低钛的 β 转变温度的元素,称为 β 稳定元素。依据钛合金相图的特征,又可以分为同晶元素和共析元素。

β 稳定元素加入后,可降低 β 转变温度,稳定 β 相。随其含量增加,当达到某一临界值时,较快冷却能使合金中的 β 相保持到室温,这一临界值称为"临界浓度",用 C_k 表示。临界浓度可以衡量各种 β 稳定元素稳定 β 相的能力。合金元素的 C_k 越小,其稳定 β 相的能力越强。一般,β 共析元素(尤其是慢共析元素)的 C_k 值要小于 β 同晶元素。各种 β 稳定元素的 C_k 值如表 3.58 所示。

表 3.58　β 稳定元素临界浓度

合金元素	Mo	V	Nb	Ta	Mn	Fe	Cr	Co	Cu	Ni	W
C_k(%质量分数)	11	14.9	28.4	40	6.5	5	6.5	7	13	9	22

钛合金中 β 相的数量及稳定程度与 β 稳定元素含量有直接关系。为了衡量钛合金中 β 相的稳定程度或 β 稳定元素的作用,便于钛合金的分类,提出了 β 稳定系数的概念。β 稳定系数是指钛合金中各 β 稳定元素浓度与各自临界浓度比值之和,即

$$k_\beta = \frac{C_1}{C_{k1}} + \frac{C_2}{C_{k2}} + \cdots + \frac{C_n}{C_{kn}}$$

式中:K_β 为 β 稳定系数;C_1、C_2、$\cdots$、C_n 分别为合金中 β 稳定元素的浓度;C_{k1}、C_{k2}、$\cdots$、C_{kn} 分别为各 β 稳定元素的临界浓度。显然,钛合金的 K_β 值越大,其 β 稳定元素总含量越高,β 相数量也可能越多。

3.3.2.2　钛合金的强化方法

钛合金主要通过3种方式来提高其使用强度:合金化、加工工艺和钛基复合材料。合金化是提高材料强度的基础(固溶强化,时效强化),同时可以获得有序的金

属间化合物,合金化也直接决定了该合金的最终性能。通过不同的加工工艺可以得到不同的纤维组织,实现对固定成分合金组织性能的优化,并获得最优强度(固溶强化、弥散强化、细晶强化、织构强化)。在钛合金的强化中,很少单独采用合金化来提高合金的强度,加工工艺强化是目前钛合金的主要强化方法和手段。

在钛合金中常用的合金元素主要有十余种,其主要的强化途径是固溶强化和弥散强化。前者通过提高 α、β 两相的固溶浓度而提高合金的性能;后者是借助热处理获得高度弥散的 $\alpha+\beta$ 或 $\alpha+$ 金属间化合物来达到强化目的的。目前来讲钛合金通过这两种强化,可以将纯钛的 450 MPa 增加到 $1\,000\sim1\,200$ MPa,如果结合适当的热处理,也可以达到 1500 MPa。但总体来说钛合金的这两种强化效果并不显著,且发展潜力也不是很大,其主要原因是钛合金的析出相多为脆性相,难以通过组织调整,在满足强度的同时,保留足够的塑性和韧性,保留足够的塑性和韧性。

α 稳定元素与中性元素的强化效果。在钛合金中铝的固溶强化效果最显著,每增加 1% 的 Al,抗拉强度可提高 50 MPa;锆、锡的强化则较弱,除铝外,其他合金元素一般不单独使用,多作为补充强化剂使用。

β 同晶元素的强化效果。当合金浓度超过 α 相的溶解极限后,进入 $\alpha+\beta$ 两相区,由于 β 稳定化元素有限溶解于 β 相中,因此 β 相强度增加,合金的平均强度随着组织中 β 相比例增加而提高,当两相比例各占 50% 时强度达到峰值,β 相继续增加,强度反而下降。共析型 β 稳定化元素与同晶型规律类似,在一般的生产和热处理条件下,共析转变并不发生,退火组织仍为 $\alpha+\beta$ 两相组织,但对于要求长期使用的耐热合金,非活性共析元素的存在,将降低材料的热稳定性。

3.3.2.3 钛合金的固态相转变

钛合金中的相变比较复杂,按照生成相的不同,可以分为同素异构转变、马氏体相变和 ω 相变等。按照冷却速度不同,又可以分为平衡相转变和亚稳相转变,其中亚稳相转变主要是指马氏体相变和 ω 相变。

1) 同素异构转变

正常大气压力下,纯钛在约 882.5℃ 发生同素异构转变,即平衡冷却时,β 相在 882.5℃ 转变为 α 相,相变体积效应不大,约 0.17%。β 相转变为 α 相的过程容易进行,相变阻力及所需过冷度均很小,且各相之间具有严格的晶体学取向关系和强烈的组织遗传性,钛的 $\beta \rightarrow \alpha$ 转变不能细化晶粒,也不能消除织构。β 转变温度对合金成分极为敏感,主要取决于添加的合金元素种类和数量。

2) β 相在冷却过程中的转变

(1) 钛合金平衡相转变。

钛合金慢冷过程(炉冷或空冷)平衡相转变可用图 3.16 进行描述。β 稳定元素含量小于 C_a 的合金,无论从何种温度炉冷,组织均为单相 α,但空冷时由于 $\beta \rightarrow \alpha$ 的相变来不及进行到底,合金组织中往往残留少量的亚稳。成分范围位于 $C_a \sim C_\beta$ 的合金自 β 区慢冷时,相区的合金自 β 相区缓慢冷却时,将自 β 相析出 α 相。随着温度得降低,析出的 α 相的数量不断增加,β 相的相对数量不断减小,两相成分分别沿各自的溶解度曲线变化。α 相的析出过程是一个形核长大的过程,形核的位置、数量以及生长都与合金成分和冷却过程相关。冷却速度较慢时,将从 β 晶粒晶界处形核,最终会形成连接的 α 晶界。并在晶内中析出 α 束域组织,称为魏氏组织,而当加热温度较低或冷却速率较快时,α 束域尺寸减小,相互交错,成为编织或网篮状 α 组织。若在两相温度区加热并冷却时,得到 β 转变组织。

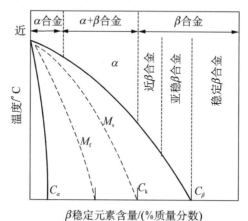

图 3.16 Ti - β 同晶元素二元系平衡相图

(2) 快速冷却过程中的亚稳相转变。

钛及钛合金经过 β 相区高温快速冷却时,根据合金成分的不同,可转变为六方马氏体 α'、斜方马氏体 α''、ω 相或者亚稳 β 相。不平衡冷却条件下获得的相与组织取决于合金元素的含量,尤其是与 β 稳定元素含量有着直接的关系。同时,还受到淬火温度及原始组织状态等因素。根据亚稳相与 β 稳定元素含量之间的关系,非平衡转变可用亚稳相图表示。图 3.17 为 Ti - β 同晶元素 T_p 淬火时的亚稳相组成。

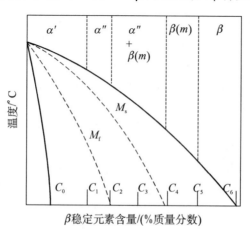

图 3.17 钛-β 稳定元素亚稳相图

与平衡相图比较,亚稳相图中仅增加了 A_α 及 A_{C1} 两条线,前者为马氏体相变开始线即 M_s 线,后者为马氏体相变终止线即 M_f 线。β 稳定元素含量不同时,马氏体有 α' 及 α'' 两种,在 C_k 附近,还可能出现 ω 相变。因此在亚稳相图的成分坐标上又增加了 C_0、C_2 及 C_3 各点,分别对应于快冷时开始出现的 α''、ω 及不再出现 ω 的 β 稳定元素含量界限。若钛合金中的 β 稳定元素含量不高,则淬火时 β 相将由体心立方晶格通过切变转变为六方马氏体 α',若钛合金中的 β 稳定元素含量较高,则淬火时 β 相将转变为斜方马氏体 α''。六方马氏体 α' 有两种形态,合金元素含量较低时,α' 显示为块状集团,有表面浮凸效应,为板条马氏体;随着合金元素含量增加,块状集团尺寸减小,变为针状马氏体。当合金元素含量更高时,会出现斜方马氏体 α'',显示为更细的针状形态,内有密集的孪晶。过冷 β 相在受力时也可能发生马氏体转变,称应力诱发马氏体。成分位于 β 稳定元素临界浓度附近的合金,若将其 β 相从高温迅速冷却,可转变成淬火 ω 相。亚稳 β 相在低温回火或时效过程中,可转变成等温 ω 相。ω 相总是与 β 相共生且共格,被认为是 $\beta \to \alpha$ 转变的中间过渡相。淬火时 $\beta \to \omega$ 相变也属于无扩散型相变,但与经典的马氏体转变不同,点阵改组时原子位移很少,金相照片上不出现表面浮凸。ω 相的粒子尺寸很小,约为 $2 \sim 4$ nm,为高度弥散、密集分布的颗粒,体积分数可达 80% 以上。

(3) 亚稳相的分解转变。

钛合金淬火形成的亚稳相 α'、α''、ω 相以及亚稳 β 相,在热力学上是不稳定的,加热时会发生分解,其分解过程比较复杂,不同的亚稳相的分解过程不同,同一亚稳相因合金成分和时效规范的不同分解过程也有所不同,但最终的分解产物均为平衡组织 $\alpha + \beta$。若合金有共析反应,则最终产物为 $\alpha + Ti_x M_y$,即

$$\left.\begin{array}{r} \alpha \\ \alpha'' \\ \omega \\ \beta_{亚} \end{array}\right\} \to \alpha + \beta (或 \alpha + Ti_x M_y)$$

马氏体分解存在多种不同的分解过程,这是因为马氏体分解的机制受许多因素影响,如马氏体本身的成分、合金元素的性质、淬火组织中与马氏体共存的相似及热处理规范等因素。这些因素变化时,马氏体的稳定性和分解过程随之发生变化。对成分不同的钛合金,应制订适当的热处理工艺,使马氏体分解后获得弥散的 $\alpha + \beta$ 组织,即可产生很大的强化效果。

斜方马氏体的分解:马氏体在 $300 \sim 400 ℃$ 即发生快速分解,在 $400 \sim 500 ℃$ 可获得弥散度高的 $\alpha + \beta$ 混合物,使合金弥散强化。马氏体在分解最终的平衡状态产物 $\alpha + \beta$ 或 $\alpha + Ti_x M_y$ 之前,要经过一系列复杂的中间过渡阶段。不同成分及状态的合金,斜方马氏体分解的具体过程不同。

ω 相实际上是 β 稳定元素在 $\alpha - Ti$ 中一种过饱和固溶体,其在回火时发生的分解过程与上述了的分解过程基本相同。分解过程也受 α 相本身的成分、溶质组元

的性质、回火前的组织和热处理规范等因素的影响,其分解的最终产物是 $\alpha+\beta$ 相。

亚稳 β 相的分解过程也很复杂。当加热温度较低时,β 相将分解为无数极小的溶质原子贫化区和与其相邻的溶质原子富集区;随着加热温度升高或加热时间延长,则视 β 相化学成分不同从溶质原子贫化区中析出 α 相或 ω' 相,并最终形成 $\alpha+\beta$ 相组织。由于 α 相是在 β 贫相中成核长大的,β 贫相高度弥散,故只要控制适当的加热工艺,就可获得高度弥散的 $\alpha+\beta$ 相组织,从而提高合金的性能(见表3.59)。

表 3.59　钛合金的亚稳相分解转变

亚稳相	转变过程	合金最后稳定相组成
α'	$\alpha' \rightarrow \alpha+\beta$,从马氏体中直接析出 β 相	α, β
	$\alpha' \rightarrow$ 过渡相 $\rightarrow \alpha+\mathrm{Ti}_x\mathrm{M}_y$,与铝合金时效分解类似,先形成元素富集的 GP 区,然后过渡到中间相,整个分解过程发生明显的沉淀强化效应	α, $\mathrm{Ti}_x\mathrm{M}_y$
	$\alpha' \rightarrow \beta \rightarrow \beta+\mathrm{Ti}_x\mathrm{M}_y$,从马氏体中直接析出 β 相,然后从 β 相中再析出化合物;整个过程进行缓慢	α, β
α''	$\alpha'' \rightarrow \beta_{亚}+\alpha''_{贫} \rightarrow \beta_{亚}+\alpha' \rightarrow \alpha+\beta$	α, β
	$\alpha'' \rightarrow \alpha+\alpha''_{富} \rightarrow \beta_{亚}+\alpha \rightarrow \alpha+\beta$	α, β
	$\alpha'' \rightarrow \alpha''_{富}+\alpha''_{贫} \rightarrow \beta_{亚}+\alpha'_{贫} \rightarrow \alpha+\beta$	α, β
	$\alpha'' \rightarrow \beta_{亚}+\beta_{富} \rightarrow \beta \rightarrow \alpha+\beta$	α, β
	$\alpha'' \rightarrow \beta_{亚}+\beta_{铁} \rightarrow \omega+\alpha'' \rightarrow \alpha+\beta$	
亚稳 β 相	$\beta_{亚} \rightarrow \alpha+\beta$	α, β
	$\beta_{亚} \rightarrow \omega'+\beta \rightarrow \omega'+\beta+\alpha \rightarrow \alpha+\beta$	α, β
	$\beta_{亚} \rightarrow \beta'+\beta \rightarrow \beta'+\beta+\alpha \rightarrow \alpha+\beta$	α, β

3.3.2.4　钛合金热处理的组织与力学性能

钛合金通过沉淀强化和其他热处理强化的作用有限,热处理及加工后的微观组织成了钛合金力学性能关键因素。如何通过热处理获得理想的微观组织形态成为钛合金热处理的关注目标。因此只有了解钛合金不同组织形态获得条件,才能制定合理的热处理工艺。钛合金典型的微观组织可分为魏氏体组织、网篮组织、等轴组织和双态组织。

在 β 相区进行加工(一般变形程度<50%)或者在 β 相区退火可得到魏氏体组织。魏氏体组织的特征是具有粗大等轴的原始 β 晶粒。在原 β 晶界上有完整的 α 网,在原 β 晶界内有长条形 α 相,在 α 条内为 β 相,最后整个 β 晶粒转变为长条 $\alpha+\beta$。按 α 条的形态和分布,魏氏体组织可分为平直并列、编织状和混合组织。图3.18为两相钛合金在 β 相区变形所得到的魏氏体组织形成过程示意图。

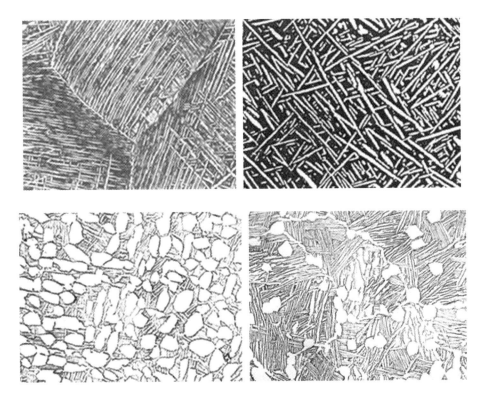

图 3.18 两相钛合金在 p 相区变形所得到的魏氏体组织形成过程

魏氏组织中晶界 α 的存在使晶间断裂比例减小,断裂往往沿 α、β 相界面发展,使裂纹扩散受阻,断裂韧性高。魏氏组织的另一个优点是在较快冷却(如室温冷却)状态下,其蠕变抗力和持久强度较高。此外,魏氏体组织是 β 相区热加工的产物,在 β 相区压力加工时,变形抗力小,容易加工变形。魏氏体组织的突出缺点是塑性低,尤其是断面收缩率低于其他类型的组织。原因是原始 β 晶粒比较粗大,而且存在网状晶界。魏氏体组织虽然有很多优点,但由于塑性低这个缺点的存在,使其广泛应用受到了限制。

钛合金在 β 相变点附近变形,或在 β 相区开始变形,但在 $\alpha+\beta$ 两相区终止变形,变形量为 $50\%\sim80\%$ 时,使原始 β 晶粒及晶界 α 相破碎,冷却后 α 束的尺寸减小,α 条变短,且各丛交错排列,有如编织网篮的形状,称为网篮组织。网篮组织的塑性及疲劳性能高于魏氏体组织,但断裂韧性低于魏氏体组织。在实际应用中,高温长期受力部件往往采用网篮组织代替魏氏体组织。因为网篮组织的塑性、蠕变抗力及高温持久等综合性能较好。

钛合金在 $\alpha+\beta$ 相区热加工时,由于温度较高,在变形过程中 α 相和 β 相相继发生了再结晶,获得了完全等轴的 $\alpha+\beta$。若变形温度低,再结晶不发生或部分发生,随后进行再结晶退火,也可得到等轴组织。等轴程度的大小与变形程度、加热温度和保温时间有关。总的趋势是随此三者的增加，等轴化程度增加。

两相钛合金在两相区上部温度变形，或者在两相区变形后，再加热到两相区上部温度而后冷却，可得到双态组织。双态组织是指组织中 α 有两种形态，即一种是等轴状的初生 α，另一种是 β 转变组织中的片状 α。与初生 α 相对应，此片状 α 也称为次生片状 α。双态组织的形成过程如图 3.18 所示。双态组织和等轴组织的性能特征大致相同，仅随所含初生 α 数量不同而有一定差异。这两种组织的性能特点与魏氏体组织相反，具有较高的疲劳强度和塑性。双态组织和等轴组织的性能特征大致相同，仅随所含初生 α 数量不同而有一定差异。这两种组织的性能特点与魏氏体组织相反，具有较高的疲劳强度和塑性。

钛合金力学性能与组织密切相关，不同类型的组织对常规机械性能的影响也不同。等轴组织的强度和塑性均较高，而魏氏组织的室温塑性低，篮网组织的性能介于等轴与魏氏组织之间。

3.3.3　钛合金典型热处理工艺

为了获得飞机结构中需要的力学性能及降低加工过程的应力，需要对钛合金结构件进行适当的热处理。钛合金因其特有的固态相变，热处理相对简单，典型的有退火、固溶处理、形变热处理等。退火应用于各种钛合金，而且是 α 型钛合金和含少量 β 相的 $\alpha+\beta$ 型合金的唯一热处理方式，因为这两类合金不能进行热处理强化。淬火时效属于一种强化热处理，可显著提高合金的强度，主要是借助于固溶体相的弥散硬化，而金属间化合物的沉淀硬化作用在钛合金中的应用范围有限，只是在某些耐热钛合金中采用。淬火时效可用于 $\alpha+\beta$ 和亚稳 β 型钛合金，因为它们淬火可获得马氏体或亚稳 α 相，具备了热处理强化的必要条件，但是单一的淬火较少应用，它只是一些合金塑性的热处理工序，一般在半成品或零件的加工中间阶段进行。

3.3.3.1　钛合金热处理工艺制订原则

钛合金的热处理因其自身的金属学特性，使得与钢、铝类零件存在一定的差异。因此钛合金热处理工艺制订时应充分考虑钛合金的热处理特性。

首先，钛合金组织形态是最终性能的决定性因素，组织类型与它热处理前的变形有着直接关系，热处理本身只能在此基础上对组织形貌进行调整；马氏体相变不引起合金显著的强化，因此它的强化只能依赖于亚稳相的时效分解，在亚稳相的分解转变中，还应避免形成脆性 ω 相，该相的形成容易造成合金变脆。因此，在钛合金热处理过程中要充分考虑析出相的种类及析出的热力学动力学条件，控制析出相行为，避免造成性能下降。

其次，钛合金 β 相转变温度与合金成分、熔炼条件等有较大关系，不同炉批、不同生产厂家的钛合金转变温度差异较大，往往需要在固溶处理前掌握相转变温度，并根据温度要求进行选择热处理工艺。因为，一旦进入 β 相区，晶粒尺寸迅速长大，在随后的冷却中新生 α 相在 β 相的原始多晶界内部发展，保持原始 β 相粗大多晶粒边界，这些晶粒的尺寸可长大到裸眼可见的程度，只用热处理方法消除无法将其消除,造成塑性下降,热处理过程中应严格控制加热时间和温度。

钛及钛合金的 $\alpha+\beta/\beta$ 相变点的确定是热处理工艺的重要基本参数。只有准确确定 $\alpha+\beta/\beta$ 相变点,才能选择合适的热处理工艺,而 $\alpha+\beta/\beta$ 相变点与钛材化学成分有关(见表3.60)。因为钛及钛合金的化学成分既与各种原材料的等级和成分有关,特别是与含间隙元素的含量有关,也和加工工艺有关,影响因素较多,每一批次的钛材之间的 $\alpha+\beta/\beta$ 相变点有差异。实践表明,对一些 $\alpha+\beta$ 合金和 β 合金,在强化热处理时,又因相变点的上下浮动,在指定的时间和温度下热处理时,往往不同批次钛材有不同的显微组织和力学性能。所以,最好对每一批钛材均要测定 $\alpha+\beta/\beta$ 相变点,并据此在推荐的热处理工艺范围内选择具体的工艺参数。

表 3.60 钛合金相变温度

合金类型	合金牌号	成　分	$\alpha+\beta/\beta$ 相变温度/℃
工业纯钛	TA0	商业纯钛	890
	TA1		900
	TA2		910
	TA3		930
α 合金	TA7	Ti－5Al－2.5Sn	1010
	TA18	Ti－3Al－2.5V	910
	TC4	Ti－6Al－4V	995
	TC6	Ti－6Al－2.5Mo－2.5Cr－0.3Si－0.5Fe	970
近 β 钛合金	BT2	Ti－5Al－5Mo－5V－3Cr－1Zr	860

再次,钛合金属于活性高的金属,热处理及热加工过程极易与氧、水蒸气等反应,在工件表面形成富氧层或者氧化皮,导致材料性能下降,且极易吸氢,引起氢脆或者氧脆等。因此,在热处理时应尽量避免在空气气氛中进行,避免氧化,在还原性气氛加热或进行化洗、酸洗等易增氢的工艺操作时注意增氢危险并及时除氢。

最后,钛合金导热等物理性能差,钛及钛合金的热传导比铝及铝合金小15倍,比钢大约低6倍,热传导性能的降低导致在热处理加热和冷却时,沿半成品和零件截面产生非常大的温度梯度,因此当大型零件和半成品热处理时,最好规定允许的加热和冷却速度以避免残余应力过大引起零件翘曲和产生热裂纹。冷却时,薄截面处和厚截面处的冷却速度不同,会导致非常不同的显微组织从而在同一零件内部产生不均匀的组织与性能。因此,在进行大型结构件的热处理时应合理安排工序及热处理加热速度。

3.3.3.2　民机钛合金典型热处理工艺

1)退火

退火的目的是消除内应力,提高塑性和组织稳定性,钛合金常见的退火方式包括完全退火,以及双重退火、消除应力等工艺方法。各种退火方式的温度区间随着 β 稳定元素的增加而降低,β 稳定元素相同的合金,退火温度随着 α 稳定元素的增加而提高。

退火温度、保温时间和冷却速度不同时,合金的组织不同,性能也不同。可根据所需性能及晶粒大小,确定退火加热温度和冷却方式。退火加热温度的高低能影响合金再结晶和相变进行的程度。大多数钛合金的 β 相转变温度均高于其再结晶温度,只有一些 β 稳定元素含量很高的合金例外,其相变温度接近或低于再结晶的终了温度。

钛合金退火保温时间的确定取决于两个因素:一方面要使氧化对薄壁零件的有害影响减少到最低限度;另一方面要保证有足够的时间使半成品截面达到均匀一致的温度。钛合金退火保温时间,根据零件及半成品的厚度一般规定如表 3.61 所示。

表 3.61 钛合金退火保温时间

截面尺寸/mm	<1.5	1.6~5.0	2.1~5.0	5.0~6.0	>50
保温时间/min	15	20	30	60	120

α 钛合金经变形加工制成的半成品或零件,在退火加热时,主要发生再结晶。退火冷却速度对合金组织和性能影响不大。但 $\alpha+\beta$ 合金在退火时,除再结晶外,还同时发生 $\alpha \rightarrow \beta$ 的相变过程,退火温度较低或冷却速度较慢时,容易得到 $\alpha+$ 晶间 β 组织。因而退火温度及随后的冷却速度将影响合金的组织和性能,应根据需要确定其冷却方式。

退火常用的冷却方式有:炉冷到一定温度后空冷;简单空冷;分级冷却,即在加热保温后,将工件迅速转入另一温度较低的炉中保温一定时间后空冷,二次空冷,每次加热后均采用空冷。除简单空冷外,所有以上最后空冷的出炉温度,应保证合金组织已足够稳定,在以后的工作条件下受热或冷却不再发生明显的变化。在 $\alpha+\beta$ 双相合金中,α 相稳定元素含量越少,退火冷却速度对合金组织性能的影响越小。α 合金在平衡状态下组成相主要是 α 相。合金中 β 稳定元素含量很高,β 相比较稳定,$\beta \rightarrow \alpha$ 的转变过程缓慢,空冷能阻止 α 相的析出。炉冷时,有少量的 α 相析出,组织不均匀,使合金的强度降低。所以,β 合金常采用空冷,获得单一的 β 相组织。

(1) 完全退火。

钛及钛合金的完全退火使其组织内发生了再结晶。完全退火后,钛及钛合金内部组织和性能均匀,完全软化,并具有合适的塑性和韧性,获得再结晶组织,故它又称为再结晶退火。钛及钛合金完全退火工艺如表 3.62 所示。

α 型合金两相区很小,完全退火过程主要发生再结晶。退火温度选择在 $\alpha+\beta/\beta$ 相变点以下 120~200℃,温度过高会引起不必要的氧化和晶粒长大;温度过低再结晶不完全。冷却速度对其组织和性能影响不大,一般采用空冷。近 α 型和 $\alpha+\beta$ 型合金在完全退火的过程中除发生再结晶外,还有 α 相和 β 相在组成、数量和形态上的变化。为此，主要要求达到稳定和塑性好的组织。退火温度一般选择在相变点以下120～200℃，冷却方式采用空冷。亚稳合金完全退火就是固溶处理。退火温度一般选择在$\alpha+\beta/\beta$相变点以上80～100℃。

表 3.62　钛及钛合金完全退火工艺

合金牌号	板材、带材、箔材及管材			棒材、线材、锻件及铸件		
	加热温度/℃	保温时间/h	冷却方式	加热温度/℃	保温时间/h	冷却方式
TA0，TA1， TA2，TA3	630～815 520～570	15～120	空冷或更慢	630～815	60～120	空冷或更慢
TA7	700～850	10～120	空冷	700～850	60～240	空冷
TA18	600～815	30～120	空冷或更慢	600～815	30～120	
TC4	700～850	15～120	空冷或更慢	700～850	60～120	空冷或更慢
TC6	700～850	15～120	空冷或更慢	700～850	60～120	空冷或更慢

（2）双重退火、等温退火。

对于一些高温钛合金，如TC11，TC6等，当要求提高在使用温度下长时间工作的性能稳定性时，往往还采用高于使用温度的第2次退火或等温退火、双重退火。等温退火和双重退火仅适用于$\alpha+\beta$钛合金。

等温退火是指将钛合金加热至多边化或再结晶温度以上、低于相变点30～100℃的温度范围内，然后转入另一个炉中炉冷，再冷却至β相具有高度稳定性的温度范围内保温（通常低于再结晶温度），最后在空气中冷却。它与简单退火相比，在第2阶段的保温目的是使β相充分分解，使β相处于更加稳定状态，使钛合金的性质和组织稳定，使钛合金具有比较高的塑性、热稳定性和持久强度。故等温退火适用于含β钛元素较高的$\alpha+\beta$钛合金，广泛应用于热强钛合金。

双重退火是由二次加热、二次保温和二次空冷过程组成。第1次加热到低β转变点20～160℃的温度，保温并空冷；第2次加热到$\alpha+\beta$转变点以下300～450℃（高于使用温度）保温并空冷。双重退火的优点是，在第1次退火后，可保留部分亚稳定相，在经过第2次退火时可以充分分解，即使β相充分分解，引起强化效应，可以改善$\alpha+\beta$钛合金的塑性、断裂韧性和组织稳定性。所以几乎所有的高温中使用钛合金都采用双重退火，甚至有时还采用三重退火工艺。

（3）消除应力退火。

消除应力退火又称为不完全退火。它的目的是消除在冷变形加工、冷成形和焊接等工艺中产生的内应力。退火温度不宜过高，一般在再结晶温度以下50～200℃，为450～650℃。如前所述，因冷变形的钛积蓄了大量畸变能，产生了内应力，造成了钛有"加工硬化"。当进行不完全退火时，钛释放出畸变能，消除了内应力。此时，钛内部组织一般情况下发生回复，钛晶粒形状和大小回复到原有状态，"加工硬化"消失，变成软化态，使冷变形的亚稳定态回到稳定态。钛合金消除应力温度与保温时间如表 3.63 所示。

表 3.63　钛合金消除应力温度与保温时间

合金牌号	成　分	加热温度/℃	保温时间/h
TA0，TA1，TA2，TA3	商业纯钛	445～595	15～360
TA7	Ti-5Al-2.5Sn	540～650	15～360
TA18	Ti-3Al-2.5V	370～595	15～240
TC4	Ti-6Al-4V	480～650	60～360

　　对于 β 型钛合金用不完全退火处理时,有时会产生时效效应或对时效造成孕育效果,此时可采用固溶处理来消除应力。消除应力退火主要的工艺参数是退火温度和保温时间,这两者之间又是相互影响的。有时可以通过适当提高温度和缩短保温时间来达到相同的效果,反之亦然。影响这两者的主要因素有工件厚度和材质、原始残余应力大小、应力松弛的最终程度。图 3.19 给出 TC4 合金加热温度和保温时间对工件应力松弛的影响关系。由此图可见,TC4 工件退火温度越高,保温时间越长,则内应力消除越彻底。可以类推钛及钛合金都符合这一规律。

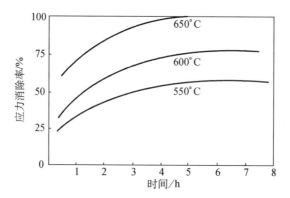

图 3.19　钛合金 TC4 消除应力退火时加热温度和事件对应力松弛的影响

　　消除应力退火的冷却方式一般采用空冷,有时也可采用炉冷。应注意的是,钛焊接件的消除应力退火往往与随后的热处理统一处理。冷成形钛构件的消除应力退火与热矫直工艺同时进行,便于节约能源。

　　(4) 真空退火。

　　加工完毕前,需要在经过中间退火和表面处理后进行冷加工和最终的退火,此时需要采用真空退火。钛材半成品经过表面处理后,表面呈现出钛材的自然色,即具有银白色金属光泽。表面是纯净的,虽有一层薄薄的氧化膜,为了在进一步退火时防止钛材氧化,退火时应采用真空态,这样可保证钛材具有良好的表面光泽。同时,在钛材表面处理中,不能缺少的一种工艺是酸洗。经过酸洗,钛材常常增氢,使氢含量超标,以致不能出厂。钛材增氢是致命的,众所周知,钛材含氢量高了会使钛材的力学性能下降,容易发生氢脆。为了去氢,也必须采用真空。因为钛材吸附的氢是可逆的,在真空热处理时便达到除氢的目的。故真空退火的目的是在退火的同时减少氧化和除氢,并降低残余应力。

在制订真空退火工艺时,首先要确定的是退火温度和保温时间。常采用的真空退火温度为600~850℃,保温时间为1~1.5 h,真空度要小于0.33 Pa,这样可使钛材中氢含量达到产品规格,即氢含量不大于0.015%。为防止在真空退火完毕的钛材表面氧化,应在真空退火冷却至250~350℃温度下向炉内充入空气并出炉。

2) 固溶时效处理

固溶-时效处理是对钛及钛合金热处理强化的主要手段。钛合金的固溶处理和时效过程与铝合金基本相似钛合金的强化热处理主要用于α+β型合金及亚稳β钛合金。有的近α钛合金有时也采用强化热处理。但由于其组织中β相数量较少,因此马氏体分解弥散强化效果低于α+β钛合金及亚稳β钛合金。强化热处理的原则是用快速冷却方法得到亚稳的α′、α″、ω相以及亚稳β相,以及随后在人为的时效过程中,它们分解为弥散的α相或β相。合金的强化程度取决于亚稳相的类型、数量、成分和时效后所形成的α相或β相质点的弥散度。对于成分一定的钛合金,其热处理强化效果取决于所选择的强化工艺。

合金中稳定元素含量越多,淬火获得的亚稳定β相的数量越多,时效后强化效果也就越大。当β稳定元素含量达到临界浓度时,淬火可全部得到亚稳β相组织。因而时效强化效果最大。β稳定元素含量进一步增大,由于β相的稳定性增大,时效时析出的α量减少,强化效果反而下降,如图3.20所示。

一般情况下,淬火所得亚稳相的时效强化的效果由强到弱的次序是:α′、α″、ω相以及亚稳β相,同时有几种β稳定元素时,综合强化效果大于单一元素的强化效果。

(1) 固溶处理。

固溶处理是指把钛及钛合金加热、保温并快速冷却到室温的作业。为了达到快速冷却,必须采用淬火方法。如图3.21

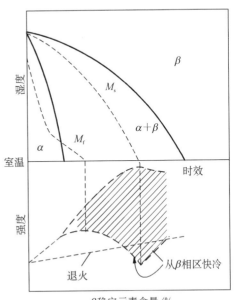

图3.20　β稳定元素含量与热处理强化效果关系

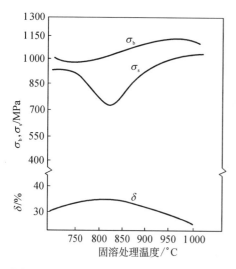

图 3.21　固溶处理温度对 TC4 合金性能的
影响

所示,钛合金固溶处理的温度通常选择低于 $\alpha+\beta/\beta$ 相变点 40~100℃。冷却方式一般用水淬,也可采用油淬。但是,这两类合金在淬火时一定要迅速进行。延误淬火时间,工件温度迅速降低,α 相将首先在原始 β 相晶界形核并长大,影响淬火状态的力学性能。一般要求淬火延误时间不得超过 10 s,对薄板则要求更高。此外,对形状复杂的工件或薄板还要注意防止淬火变形。亚稳定 β 型合金固溶处理的目的是为了保留亚稳定 β 相。固溶处理通常选择在 $\alpha+\beta/\beta$ 相变点以上 40~80℃。冷却方式可采用空冷或水冷,为了防止淬火变形和提高经济效益一般采用空冷。

（2）时效处理。

钛合金固溶所得到的 α'、α''、ω 相或 β 亚稳定相,一旦加热(时效),这些相即发生分解,发生的分解过程称为脱溶转变。分解获得的最终产物与相图上的平衡组织相对应。对于含同晶系的 β 合金,其分解产物为 $\alpha+\beta$,对于共析型钛合金,其分解产物为 $\alpha+Ti_xM_y$。在脱溶分解的某一阶段,合金组织可以获得弥散的 $\alpha+\beta$ 相,使合金显著强化。时效处理就是将钛合金工件淬火后再加热至适当的温度保温并冷却的工艺。进行时效处理的目的就是促进固溶处理的亚稳定相按一定方式发生分解,达到强化。

确定一个合金的时效工艺是按试验获得时效硬化曲线,它描述了该合金不同时效温度下力学性能和时效时间的关系。力学性能可以用室温抗拉性能(或硬度)等来表示;时效温度和时间的选择应以获得最佳的综合性能为准。一般,上述曲线呈"C"形,所以称之为"C"形曲线,它可以描述时效过程"时间—温度—转变"的关系。该曲线的"C"形依合金成分不同而改变,图 3.22 给出了"C"形曲线。

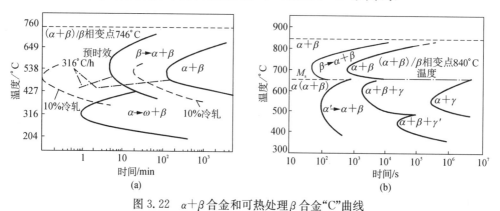

图 3.22　$\alpha+\beta$ 合金和可热处理 β 合金"C"曲线

（a）Ti - 11.5Mo - 6Zr - 4.5Sn　（b）Ti - 4.5Cr,γ 相是 $TiCr_2$

从"C"形曲线上可以选用最佳的时效工艺。一般 $\alpha+\beta$ 合金时效温度为 $500\sim600℃$,时间为 $4\sim12h$;钛合金时效温度为 $450\sim550℃$,时间为 $8\sim24\,h$。冷却方式均为空冷。

为了使钛合金在使用温度下有较好的热稳定性,往往采用使用温度以上的时效温度。有时为了使合金获得较好的韧性和抗剪切性能,也采用较高温度的时效。这种时效有时也称为稳定化处理。另外,时效前的冷加工和低温预时效都加速了亚稳定 β 相的分解速度,并使 α 相弥散度增加。有时,也可通过冷变形后时效处理的方式提高 β 合金的抗拉强度和弹性模量。钛合金淬火时效工艺如表 3.64 所示。

表 3.64　钛合金淬火时效工艺

合金成分	固溶处理		时效处理		
	淬火温度/℃(℉)	保温时间/min	时效温度/℃	保温时间/h	冷却方式
Ti-6Al-4V	941±14 (1725±25)	30	500	4	空冷

3.3.4　典型钛合金热处理工艺常见故障及排除方法

3.3.4.1　钛合金热处理氧化与增氢缺陷及补救措施

钛中常见的杂质有氧、氮、碳、氢、铁及硅等。杂质对工业纯钛的性能影响很大,杂质含量高则强度提高,塑性急剧降低。前四种杂质元素与钛形成间隙固溶体,后两种与钛形成置换固溶体,过量时形成脆性化合物。钛的性能与杂质含量有密切关系。氧、氮、碳提高 α 转变温度,扩大 α 相区,是稳定 α 的元素,使钛的强相度升高,塑性下降。为了保证材料的塑性及韧性,在工业纯钛及钛合金中一般限制氧、氮、碳的含量。钛合金在热处理过程中极易造成氧化和吸氢,因此需要做好热处理过程的氧化和吸氢防护以及氧化和吸氢后的补救。

1) 钛合金热处理过程中的氧化行为及补救

氧在 α 相中的溶解度高达 14.5%(质量分数),占据八面体间隙位置,产生点阵畸变,起强化作用,但塑性降低。一般氧的含量为 0.10%～0.20%。氮与氧类似,是强稳定 α 相元素,溶解度达 6.5%～7.40%(质量分数),存在于钛原子的间隙位置,形成间隙固溶体,明显提高强度,使塑性降低,当 N 含量超过 0.2% 时已发生脆性断裂。所以氮含量不能太高,实际合金中氮的含量为 0.03% 以下水平。氧、氮、碳这些间隙元素与钛形成固溶体后,使钛的晶格发生畸变,阻碍位错运动;同时,致使长短轴 c/a 增大。当长短轴比增大到接近理论值(1.633)时,钛的滑移系减少,从而失去良好的塑性。为了保证材料的塑性及韧性,在工业纯钛及钛合金中一般限制氧、氮、碳的含量。

钛在空气中加热,表面氧化膜厚度逐渐增加。在 300℃ 以下,氧化膜很薄,且致密,与基体紧密结合,有很好的抗蚀性及阻止继续氧化的作用。在 400～500℃ 加热,金属表面出现明显的变色现象。温度继续升高,氧化膜发生破裂,加速氧的扩散。800℃以上,氧化速率及氧化膜厚度迅速增加。含锡、锰的合金,抗氧化性较差,在高温下锡、锰的氧化物容易造成局部熔化,破坏氧化膜的完整性,加快氧的扩散。污染层使合金的塑性、韧性及疲劳强度大大下降。在氧化膜与基体之间的富氧的 α 层,其厚度比氧化膜的厚度大,并与合金类型有关。

因此,对于空气炉中热处理的零件,应先在去除氧化皮以后应用(对于在 540℃以下空气气氛热处理的工业纯钛无须去氧化皮)。影响合金性能的主要是富氧的 α 层。污染层的深度和硬度决定于加热温度、时间、合金成分及热处理状态。加热温度越高,保温时间越长,污染层越厚,表面硬度也越高。工件截面越小,污染层对性能影响越大,特别是对一些表面大的板、带、管材等,污染层严重降低合金的塑性,难以进行成形加工。

接收状态材料上的最大氧扩散层厚度和材料在热处理时产生的最大氧扩散层厚度在表 3.65 中列出。通过进行的机加或化铣方法去除材料每一面的最小数量,应通过将接收状态材料上的氧扩散层厚度和材料在热处理时产生的氧扩散层厚度相加予以确定。氧化皮的去除计算如下:

例如:

接收状态材料氧扩散层　　　+　　　　热处理时产生的氧扩散层

材料　　　　　+　　　　工艺(退火)

0.254 mm　+　　0.076 mm

= 0.330 mm　　最小材料去除量

为了减少零件裂纹的可能性,在低于 538℃(1000℉)的温度下进行成形或矫正前,应去除所有钛零件上的氧扩散层。氧扩散层应按表 3.65 的要求进行去除。材料的氧扩散层,应通过试验,在热处理前和热处理后通过金相法(200×,500×放大镜下检查(2%氢氟酸,2%氢氟酸+草酸饱和水溶液,或 1%二氯化氨进行腐蚀))进行确定。

表 3.65　氧扩散层厚度(mm(in)/面)

材料	接收状态(最大)		热处理时产生(最大)	
	状态	氧扩散层	退火	STA
Ti-6Al-4V 板材	退火	无	0.076(0.003)	0.152(0.006)
纯钛(CP-3)	退火	无	N/A	N/A

通常 α 型合金的富氧层较厚,因此,钛合金加热最理想的条件是在真空中或干燥纯氢气中加热。此种热处理工艺将增加产品的成本。为了降低生产成本,半成品的加热一般均在空气炉中进行,再利用机加工或酸洗除去氧化层。为了减轻污染,加热温度应尽可能低一些。采用保护涂料加热,也可大大减轻热处理过程中造成的

表面污染。

2）钛合金热处理过程中的吸氢行为及氢的消除

氢原子半径仅为 0.046 nm，可以在钛和钛合金中间隙固溶。氢作为间隙原子处在晶格最大间隙位置时畸变能最小、最有利，因此在体心立方 bcc 金属中，氢应在四面体间隙位置，在面心立方 fcc 和密排六方 hcp 金属中则处在八面体间隙位置。氢在钛及其合金中，具有以下特性：

（1）高溶解度：氢在 α-Ti 中溶解度虽然很小，室温下仅为 $0.002\%\sim0.007\%$，但在 β 相中的溶解度可达 0.4%，而且随着温度的升高，溶解度增大，在 600℃、1 个大气压（1 atm＝101 kPa）下纯钛可溶解的氢含量达 60% 原子数含量（3% 质量分数）。

（2）降低 β 转变温度：作为强 β 稳定元素，氢将扩大 β 相区，并降低 β 转变温度。如置氢后纯钛的 β 相转变温度由 883℃ 降至 330℃；对 Ti-6Al-4V 合金，0.5%H 可使 β 相转变温度由 980℃ 降至 805℃。

（3）发生共析转变：氢是钛的共析反应元素，可导致 $\beta\rightarrow\alpha+TiH_2$ 共析反应，利用这种共析转变细化粗大钛合金组织。当降温至共析转变温度时，含高浓度氢的钛合金发生共析转变，形成面心四方结构的 ε 氢化物和 γ 氢化物 TiH。在应力作用下，含氢钛合金还会诱发面心立方结构的 δ 氢化物 TiH_2。

（4）氢的溶解可逆：氢的溶解及其反应具有可逆性，当外界氢压力低于一定值时，固溶于钛合金中的氢会逸出，所以钛合金中的氢可通过真空退火工艺去除。可以通过真空退火的方法，将氢从钛合金中去除，其残余氢一般限制在 120×10^{-6} 以下。

氢是强 β 稳定元素，但长期以来，氢一直被视为有害元素，导致氢脆，降低合金的塑性和韧性，在工程上常常会带来巨大的危害。由钛和氢的相图可知氢在 β 钛中溶解度比在 α 钛中的溶解度大得多，且在 α 钛中的溶解度随温度的降低而急剧减少（见图 3.23）。因此当含氢的 β-Ti 共析分解时或者含氢的 α-Ti 冷却时，均可析出氢化物，室温下氢化物的存在使合金变脆，韧性降低。氢以过饱和态存在，在应力作用下，将产生时效型氢脆。这是因为位于晶格间隙内的氢原子，在应力作用下，

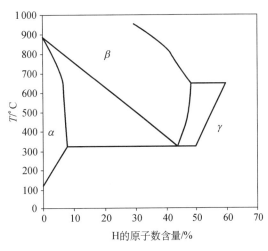

图 3.23　Ti-H 二元相图

经过一定时间，扩散并密集在缺陷引起的应力集中处，氢原子与位错交互作用，位错被钉扎，不能自由运动，从而使基体变脆，造成氢致延迟断裂，对零件的服役带来巨大安全隐患。因此，钛合金中对氢是要求严格限制在 120×10^6 以下，在经过化学处

理及存在增氢可能的加工工艺后要进行增氢测试,一旦增氢,只能用真空退火处理消除。生产上为了避免氢的渗入,最好是在去除氧扩散层之前在真空或纯氢中干燥。

3.3.4.2 钛合金热处理中的其他缺陷及其排除方法

由于钛合金自身的物理和冶金性能的因素,在热处理过程中极易产生的典型缺陷有如下几种。

1) 过热或过烧

钛合金过热或过烧的主要特征表现为热处理或热加工后微观组织不符合标准,如产生粗大晶粒等。造成过热或过烧的主要原因是没有掌握好钛合金的相转变温度、再结晶温度等因素,导致加热温度过高,或者在 $\alpha+\beta$ 区的上限温度区保持时间过长导致。因此热处理和热加工时为了避免类似缺陷的发生,可在热处理前采用金相等方法确定转变温度,选择合理的热处理温度;准确控温预防,加强高温测量检测周期,严重过烧无法通过热处理补救,只能重新进行热加工。

2) 热处理裂纹

热处理裂纹产生的原因有很多,如在热处理时由于加热速度和冷却速度过快,零件或半成品产生歪曲;由于热应力和相应力产生裂纹;零件未去除毛刺选用的工装材料不合理或者结构设计不合理。

热处理裂纹的排除方法有以下几种方法:

a. 热处理过程严格控制加热和冷却速度;

b. 零件加工后去除毛刺;

c. 优化工装,选择钛合金工装或其他膨胀系数相当的材料。

3.4 民机零件热处理的质量控制与检验

3.4.1 热处理的工艺特点及制订原则

3.4.1.1 民机热处理工艺特点

民机热处理是显著特点主要表现在以下几个方面:

(1) 飞机结构用材料主要是以铝合金为主,国内现有机型机身、机翼仍主要以铝合金为主,零件尺寸范围宽,小到几厘米,大到几米甚至三十几米,因此需要配置不同规格、不同需求的固溶处理设备和时效、退火设备。目前飞机选用的铝合金多为预拉伸板,热处理后消除应力状态,固溶后要进行预拉伸,这部分作业不能在零件制造厂完成,大部分只需要进行时效处理,因此时效炉是目前的主要设备,并按照时效的均匀性要求配置不同精度的时效设备。此外,固溶处理后往往需要进行冷藏,所以还需要配置一定冷藏要求的冰箱或冷藏库。

(2) 飞机中使用的钢类零件多为高强度钢、超高强度及不锈钢,热处理后强度要求高,很难进行加工,热处理时要求变形小,表面不脱碳或少脱碳。因此需要配置可控气氛热处理炉或真空热处理炉。

（3）飞机中使用的钛合金零件多为退火态使用,因此经过冷成形或者机械加工的零件最终使用前多要进行退火处理消除加工应力。由于钛合金在空气环境中容易氧化或者吸氢,需要配置相应的真空热处理设备,同时,钛合金导热性差、散热慢等问题,热处理过程中需要设计制造专用的保型工装,特别是对于变尺寸大截面的零件,必须设计专用工装。

（4）热处理对表面质量要求严格,飞机中使用的钢、钛合金等对表面质量要求严格,严格限制增碳、脱碳、吸氢、吸氧避免造成材料性能下降,尤其是产生应力腐蚀,因此需要尽可能采用无氧化热处理技术。

（5）消除应力工序多,要求严格。飞机大型框、梁等结构件由于加工工序复杂,对于难加工的钛合金、超高强度钢等往往需要钣金、机械加工、热处理的反复组合才能保障最终的尺寸精度,中间的消除应力增多,并且要求严格,在加热冷却过程中往往需要采用缓慢加热,缓慢冷却,避免内应力,同时还要确保材料最终的使用性能。

（6）随着热处理技术的发展,很多组合热处理技术成为飞机制造未来的重点发展方向,如利用合金的热-力作用下的蠕变特性与时效强化组合在一起,在热处理过程中即实现了强化又实现了成型,已成功应用于飞机壁板的制造,对于这种多工艺组合的新型工艺要逐渐开展基础研究,稳步推进。

3.4.1.2 民机热处理工艺制订原则

安全性是民用飞机的重要关键性能之一,而安全的获得是由飞机零部件制造的每个环节累积而成,任何一个环节都起着决定性的作用而不可忽视。热处理过程是热、力等多因素组合而成,对金属的微观组织及内应力的最终状态起着关键作用。因此,热处理是保障飞机零件安全性的重要工艺。民机的热处理工艺不仅仅是热处理工艺参数的确定,而是热处理的全过程,包括热处理规程的确定,工艺过程控制与质量保证、工艺管理、工艺工装（设备）以及工艺试验等。民机热处理工艺制订必须从实际生产条件出发,根据相关民机制造的专用标准进行,并且要不断地采用先进工艺,提高质量和效益。因此,为确保热处理工艺的安全可靠,其工艺制定应遵循以下原则。

（1）工艺过程设计要合理。热处理的实施是为了获得零件制造所需的材料状态,消除加工过程的应力以及实现服役所需的力学性能,因此热处理工艺的制订要围绕所要达到的目的选择合理的工艺参数,同时要避免产生热处理缺陷（如制件变形、淬火裂纹、氧化及脱碳等）。此外,热处理工艺流程要短,减少辅助工序和多余程序,整个处理工序操作容易掌握且操作简单,减少过程中人为因素的影响,确保产品的质量稳定性。

（2）工艺具有可实施性。热处理工艺制订完成后,要根据零件生产主体的实际条件进行生产的预验证,确保现有生产设备、生产工装、工艺操作人员具备相关的认证资质,最好能够通过国际通用的特种工艺评审,能够确保工艺具有可实施性。

（3）工艺的可检查性。热处理属特种工艺范畴,对工艺过程中的主要工艺参数必须具备控制并具有可追溯性,使处理的产品质量可追溯查找。制件经处理后的检测方法、内容及结果均可追溯检查,因此工艺应具备可检查性。

(4) 工艺的稳定性和可重复性。安全性是民机制造的核心技术指标,因此零件制造过程要稳定可靠,可重复;尤其是对于特种工艺、如热处理等,因其是零件制造的性能获得关键工艺,因此要求热处理过程中要保障每个零件性能具有波动小、稳定好等质量要求,确定的工艺要稳定可靠。

(5) 工艺的规范化、标准化。民用飞机制造是多国家、多企业参与研发和生产的综合项目,任何一家民机制造商都不可能独立完成飞机的制造。为了保障每家零件供应商都能生产出合格的零件,主制造商需要建立统一的规范体系和质量保障体系,中国商用飞机有限责任公司在 ARJ21 和 C919 研制过程中已经逐渐建立了我国民机制造的工艺规范,CPS,ZPS。

除此之外,在热处理工艺的实施过程中还要考虑工艺实施过程的安全性、经济性,确保工人的安全和降低制造成本,并根据热处理技术的发展不断采用先进工艺,替代老旧能耗高的热处理工艺。

3.4.2　民机零件热处理过程控制

在民用飞机的制造热处理过程中每一个工艺环节都要求进行严格控制,主要的控制点如表 3.66 所示。

表 3.66　热处理过程控制点

控制要点	控制项目	控制内容
工艺参数	加热温度	(1) 每周随炉检验温度加热速率 (2) 观察温度记录曲线
	保温时间	检查温度记录曲线
	冷却介质	检查操作记录
装炉	制件装炉	(1) 必须在有效工作区之内 (2) 制件之间的放置应能够保障气体流通,使制件加热均匀 (3) 涂有保护涂料的制件相互之间要保持 10 mm 的间距,防止涂料挥发物燃烧
介质	防氢脆	钛合金、高强钢以及其他特殊要求的制件,不允许在热处理过程中出现增氢
	防腐蚀	通常不允许焊接件和铸件在盐浴中加热,以防止焊缝或铸造缺陷中的残留盐清洗不掉造成污染
	防污染	通常不允许在加热铜质制件或镀铜制件的盐浴槽加热钢制件,防止污染钢零件

（续表）

控制要点	控制项目	控制内容
制件的表面质量	无加工余量的制件表面不允许氧化	（1）采用真空热处理 （2）制件表面不允许有油、水、污物和手印
	要求脱碳层≤0.075 mm的制件	真空、保护气氛或涂保护涂料、表面必须干净
	加工余量小于0.3 mm的制件	制件表面不应有油污
质量检验	随炉式样检验	硬度，脱碳层、淬硬层、力学性能检验

在工艺实施过程中要有所有的文字记录应进行归档，一方面可以做到零件制造过程的可追溯，有助于排查事故提高产品质量，另一方面有助于积累试验数据，总结经验。除热处理工艺本身外，热处理操作人员，包括热处理工、检验工应具备操作合格证才能上岗操作，禁止无证操作。热处理操作人员上岗操作前应进行培训、实习、考试合格才能发给操作合格证。

3.4.3　民机热处理质量控制及检测方法

热处理过程中的质量控制是热处理质量管理的重要组成部分。热处理质量控制，就是对整个热处理过程中的一切影响零件热处理质量的因素实施全面控制，全过程全员参与热处理质量工作，把质量保证的重点从最终检验的被动把关，转移到生产过程当中的质量控制上来，把零件热处理缺陷消灭在质量的形成过程中。从而确保零件热处理质量，确保产品使用的安全可靠和寿命。

3.4.3.1　热处理的设备控制

热处理设备可分为主要设备、辅助设备、检测设备和运输设备等四大类。如表3.67所示。主要设备用来直接完成热处理加热、冷却、冰冷处理等生产工序。辅助设备用于热处理前、后工件的清理、清洗、变形校正（含主要设备必须与之配套的冷却循环系统）。检测设备用于热处理生产质量的检测，主要用于生产现场的微观金相组织和宏观表面硬度检验。运输设备用于生产过程工件转移和自动化生产（见表3.67）。

表 3.67　热处理设备分类

类别		名　称	备注
主要设备	加热设备	热处理电阻炉与浴炉	
		保护气氛与化学热处理炉	
		真空热处理炉	
		表面热处理装置	
		高能束表面改性技术	

（续表）

类别		名　称	备注
	冷却设备	冷却及冷处理设备	
	冷处理设备		
	传感器和仪表	热电偶,热电阻,膨胀式温度计,光学、辐射高温计	温度传感器
		红外气体分析仪、氧探头、电阻探头	碳势传感器
		智能氢分析仪、智能探头、氨分析仪	氮势传感器
		液柱式压力表、弹簧式压力表	压力表
		热导式真空计、电离真空计、膜片式真空计	真空仪表
	热处理生产过程控制仪表	动圈式仪表、电子自动平衡式仪表、电子模拟调节式仪表、数字式温度显示及调节仪表、高精度智能温度调节仪	
	检测仪表	冷速测定仪、温度巡检仪、炉温跟踪仪	
	自动控制系统		
	热处理专家系统		
辅助设备	清洗设备	清洗槽、清洗机(普通清洗机、超声波清洗设备、水基真空清洗机、溶剂型真空清洗机)	
	清理设备	喷砂机、抛丸机	
	校正设备	压力机、偏摆仪、校正平板	
	冷却循环系统	冷却循环系统中的换热器、常用循环水冷却系统	
检测设备	常用金相检验设备	金相显微镜、显微硬度计	
	常用各类硬度计	布氏硬度计、洛氏硬度计、门式硬度计等	
运输设备	上部运输设备	电动葫芦、梁式起重机、桥式起重机	
	地面运输设备	叉车、电动货运车、传送带、起重臂	

本书的热处理设备主要指热处理的加热、冷却设备。热处理加热炉按有效加热区温度均匀性的技术要求分为 5 类,如表 3.68 所示。特殊的炉子等级及对应的温度范围应按有关工艺规范的规定而进行选择及确定。各类加热炉必须配有温度控制、超温警报装置和温度指示自动记录仪表。温度指示记录仪表的刻度,应能正确反应温度波动范围。

表 3.68　加热炉的分类及技术要求

设备类别	有效加热区①炉温均匀性②/℃	控温精度③/℃	仪表精度等级	记录纸读数④/(℃/mm)
	不大于			
Ⅰ	±3	±1	0.25	2
Ⅱ	±5	±1.5	0.3	4
Ⅲ	±10	±5	0.5	5
Ⅳ	±15	±8	0.5	6
Ⅴ	±20	±10	0.5	8

注：① 在加热炉的工作室内符合炉温均匀性要求的空间；
　　② 有效加热区内各测试点温度与设定温度之间的最大温差,炉温均匀性也称为保温精度；
　　③ 控温点的温度与其实际指示的最高或最低温度之差的最大值；
　　④ 允许用修改量程的方法来扩大指示精度。

　　每台加热炉必须在明显位置悬挂炉温均匀性检验合格标牌。此标牌应标明有效加热区的尺寸范围和位置,标明检验日期和下次检验日期(见图 3.24),超过检验日期应挂禁用标牌。

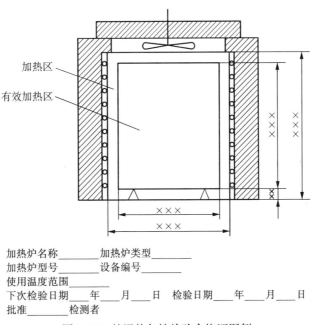

加热区
有效加热区

加热炉名称_____加热炉类型_____
加热炉型号_____设备编号_____
使用温度范围_____
下次检验日期____年____月____日　检验日期____年____月____日
批准_____检测者_____

图 3.24　炉温均匀性检验合格证图例

　　为了保证加热炉使用温度的可靠性,加热炉的每个加热区(控制区)最少要有2 支热电偶,1 支温度指示自动记录仪表,必须安放在或接近炉子的有效加热区内;另 1 支接温度自动控制仪表。两只热电偶中应有 1 支与报警装置相连。最好每个加热区安装 3 只热电偶,实现控制、记录和报警"三独立",避免出现"跑温"等事故。

对于保护气氛炉和化学热处理炉,其加热介质应能控制和调节。通过炉内的气体不允许直接冲刷制件,以防止和局部过热或温度不足。用于铝合金制件的加热介质不允许含硫和水蒸气,以保证合金性能。对钛合金制件的加热介质,不允许含有还原性气氛,以避免氢脆。盐炉的加热介质,应使被加热制件不产生超过规定深度的脱碳、增碳和腐蚀等缺陷。

对用于加热包铝合金制件的设备,应具有足够的升温能力,即足够的功率。通常以加热炉到温后装炉,从制件入炉到炉温回复至工作温度下限的时间(回复时间)作为设备升温能力的标志,一般应满足表 3.69 的要求,而对于有特殊要求的制件(如形状复杂的制件等),其回复时间则要满足有关工艺文件要求。

表 3.69　固溶处理或淬火加热的最大回复时间

制件有效厚度/mm	最大回复时间/min(不大于)
≤2.5	30
>2.5	60

真空热处理炉冷态的压升率应<0.67 Pa/h。对于旧的真空炉,在不影响质量的前提下允许放宽到 1.33 Pa/h。压升率的检验方法按 GB/T10066.1 执行。其检验周期在连续使用的前提下每月 1 次;设备大修后、更换密封元件后或长期未用重新使用前应及时进行检验。

3.4.3.2　热处理的温度控制

由于加热炉的加热元件分布和热量传递(包括对流、辐射和传导)不可能绝对均匀,使炉内各点温度有差异。而民用飞机制件在热处理加热时,为达到内部组织均匀一致及减少变形,要求炉内各点温度相对均匀,不能超过工艺允许的温度偏差。能够满足热处理工艺需要的加热空间称为有效加热区。在热处理时,制件必须装在有效加热区内加热。为了确定炉子的有效加热区及加热区的温度范围是否满足要求需要进行均温性测试。

加热炉和测温仪表在正常使用情况下,由于老化和环境的不利影响可能发生变化,所以应对炉温均匀性和仪表精度定期进行检验。其检验周期如表 3.70 所示。

表 3.70　炉温均匀性及测温仪表检验周期

加热炉类别	炉温均匀性	测温仪表
Ⅰ	1 个月	半年
Ⅱ	半年	半年

（续表）

加热炉类别	炉温均匀性	测温仪表
Ⅲ	半年	半年
Ⅳ	半年	半年
Ⅴ	1 年	1 年

注：① 用于退火、正火和消除应力等的加热炉，炉温均匀性检验周期可延至 1 年；
　　② 每半年炉温测定连续 3 次合格，使用正常的加热炉，检验周期可延至 1 年；
　　③ 利用率较低的加热炉，可视情况适当延长检验周期。

热处理加热炉属于表 3.71 所列情况之一者，均应进行有效加热区的炉温均匀性检验。

表 3.71　炉温均匀性检验实施条件

序号	实施条件	说　明
1	新炉	新添置的加热炉正式投产前
2	大修	经大修或技术改造后（如更换加热元件或炉衬材料等）
3	到期	炉温均匀性检验周期到期
4	闲置后启用	炉温均匀性检验后连续半年以上未使用的加热炉重新启用
5	超温	使用温度超过原批准的炉温均匀性检验温度范围
6	炉气大变化	保护气氛的使用量或类型发生重大变化
7	热电偶移位	改变控温热电偶安放位置
8	检查故障	发生质量事故，认为与炉温不均匀有关时

常用炉温均匀性检测方法有体积法、截面法、单点法，详情如表 3.72 所示。测试点的数量和位置列于表 3.73，详情如图 3.25、图 3.26 所示。

表 3.72　炉温均匀性检测方法

检测方法	适应条件	简要说明
体积法	空载检测	使用测温架
	装载检测	可以半载或满载，其装载量分别为额定装载量的 50% 或 100%，装载物可为常用模拟料或典型废零件，并按规定安放热电偶
截面法	炉膛加大或温度较高，不易制造测温架时	一个截面接着一个截面地分别连续测定
单点法	浴槽，尤其是高温浴槽	用 1 支热电偶分别测定出各测试点的温度

表 3.73　测试点的数量和位置

炉型	测试方式	加热区容积/m³	测试点数量/个	测试点位置
箱式炉	体积法	≤0.1 >0.1~1.0 >1.0	≥3 ≥9 >7~40	
	截面法		3~9	对称均匀布点
井式炉	体积法	≤0.15 >0.15~1.0	5 9	
		>1.0	10~40	对称均匀布点
盐浴炉	体积法	测试点的数量可为井式炉或箱式炉数量的一半		
	单点法	为节省热电偶保护管,允许用 1 支热电偶分别测出各测试点的温度		

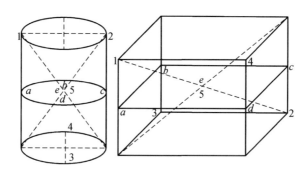

图 3.25　工作区≤0.085 m³ 时的热电偶分布(按 1~5 或
a~e 分布)

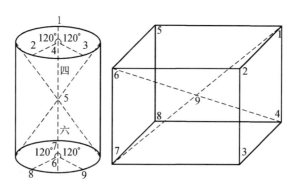

图 3.26　工作区为 0.085 m³<X≤6.37 m³ 时的热电偶
分布(圆柱形按 4、6 或四、六分布)

炉温均匀性检测步骤如表 3.74 所示。

表 3.74 炉温均匀性检测步骤

序号	步骤名称	要　求	注意事项
1	捆扎热电偶	用石棉绳将各热电偶的测温端头分别牢固地捆扎在测温架的各测温点上	不要让热电偶丝接触测温架,不要用金属丝捆扎热电偶,防止热电偶短路
2	测温架入炉	将捆扎好热电偶的测温架小心地送入欲测加热炉内	测温架在炉膛内的位置要适当,避免热电偶离加热元件太远或太近
3	引出热电偶	对于箱式炉,从炉门下引出,并用硅酸铝纤维毡密封炉门;对于井式炉推荐从炉盖的引出孔引出;对于真空炉可从预先设置的测温孔引出热电偶	保持密封好,热电偶不能短路
4	连线	用补偿导线将每支热电偶按要求连好	按热电偶位置拴好标牌,不要混淆
5	升温	正常升温,可以连续或台阶式升温,真空炉或保护气氛炉按工艺要求分别抽真空或通保护气	不允许先测高温点再测低温点,更不允许将炉温预先升至高于欲测温度
6	测温	在炉温将要到达设定温度时应连续测量,以监视有无超调,若遇超调温度超过仪表精度登记的范围应排除。到达设定温度后,应每隔 5 min 测取一次读数,读取数据的时间不得少于 30 min。若测试点的温度偏差超过该炉炉温均匀性要求时,允许适当延长保温时间,但一个检测温度下的保温和检测时间之和不得超过 2 h。当采用截面法检测时,首先测量靠近炉门处,然后向里推进至要求的距离,直至测定所有截面	对于周期式加热炉而言,如果保温 2 h 还达不到炉温均匀性,则该加热炉的原定假设有效加热区已不合格
7	数据处理	将每个检测温度点所得的各热电偶数据列表,分别减去各热电偶和仪表的误差,求出各点真实温度,再分别减去设定温度,即求出了各点的最大温度偏差	热电偶和仪表误差为检定合格证上注明的误差
8	拟定有效热加区	根据所得各测试点的最大温度偏差,确定有效加热区和设备类别	如假设有效加热区的温度偏差超过了要求,则应采取措施(如缩小有效加热区),重新进行测定
9	签发有效加热区合格证	参照图 3.25 和图 3.26 画出有效加热区在炉膛内的位置图,并注明尺寸,填好各项要求,送有关领导批审	一式两份,一份悬挂在该加热炉的明显处,另一份归档

3.4.3.3　热处理介质控制

热处理加热介质主要有可控气氛、真空、液体和固休介质等。

1) 空气介质控制

常采用的可控气氛有吸热式气氛、放热式气氛、滴注式气氛、氨分解气氛和氮基气氛等,其中以吸热式气氛应用较广。在进行热处理时要对加热介质作如下控制。

(1) 采用露点仪、CO、红外仪、氧探头、电阻探头等对热处理炉内气氛碳势进行测量,对炉内气氛碳势的控制或监控应采用自动控制装置。

(2) 工件进入可控气氛炉加热之前,必须清理表面的氧化皮、油、润滑脂及水分,以免表面附着的这些物质与气氛作用,影响工件表面与炉气反应平衡,降低表面质量。

(3) 冷却介质产生的烟雾、蒸气不得进入炉膛。

(4) 导入炉内的气氛不得直接冲刷工件,以防止局部过热或温度不足。

(5) 载气、富化气和添加气的管路上均应设置流量计和调节阀,便于控制保护气,保证成分稳定。

(6) 保护气氛加热炉使用的氢气、氮气和氩气应符合相关规范标准。

2) 真空

在真空气氛下进行热处理时,应注意以下几点。

(1) 应根据不同的材料,选择不同真空环境。如钢在真空中加热时,合金元素有蒸发现象,真空度和加热温度越高。蒸发越严重。为防止表面合金贫化现象应根据工件材料和加热温度。采用回充高纯氮气(或氢气)的方法控制加热时的真空度。

(2) 真空热处理过程中,要预防周围空气进入真空炉,必须控制真空炉的压升率,一般不大于 $1.33\,Pa/h$。每周检查一次炉子的压升率,若压升率高于 $1.33\,Pa/h$,应清洗炉子或用检漏仪检漏并密封。

(3) 工件进入炉后,当真空度达 $6.67\,Pa$ 时,才能加热升温。在升温过程中,工件和炉内材料要放气,使真空度下降,应适当调节炉子的升温速度。以防止加热时氧化。

3) 盐浴

工件在盐浴中的加热质量与盐浴和盐浴校正剂的品质有关,加强对盐浴及盐浴校正剂的控制,可以减少盐浴热处理时的氧化、脱碳和腐蚀。

热处理加热用的 $NaCl$, KCl, $BaCl_2$ 都含有杂质,如水、硫酸盐、碳酸盐和氧化铁,它们都能引起钢的氧化脱碳。用于盐浴的盐都需要严格按照标准进行选用,在使用前进行干燥脱水处理,定时捞渣,并根据使用情况添加新盐或全部更换。

3.4.3.4　热处理的质量检验方法

质量检验的指标是其热处理工艺正确与否的检验标准,是制件生产后满足飞机结构性能需求的保障。热处理生产过程中,因热工仪表、加热设备、冷却介质、操作水平、原材料等因素的影响,热处理质量不可避免地存在差异,甚至产生不合格品。通过检验把不合格品剔除出去。因此质量检验对保证和提高热处理质量有着极为重要的作用,它是质量管理的重要组成部分。

1) 质量检验方式

根据检验对象的不同,可采取不同的检验方式。选择的原则是:既要保证质量,又要便利生产和尽可能节省工作量。按检验方式的特点和作用,可以分为 3 种。

(1) 按检验过程划分。

a. 预先检验。即对坯料、半成品的检验。

b. 中间检验。在热处理前对原材料、毛坯在工艺过程中对某一工序或某批工件的检验。

c. 最后检验。零件热处理后的检验。

(2) 按检验产品的数量划分。

a. 全数检验。即时产品逐件检验,这种检验应是非破坏性的,且检验项目和费用少。

b. 抽样检验。根据事先确定的方案,从一批产品中随机抽取一部分进行检验,并通过检验结果对该批产品进行评估和判断。

(3) 按检验的预防性划分。

a. 首件检验。在改变处理对象、条件或操作者以后,对头几件产品进行的检验。

b. 统计检验。运用数理统计方法对产品进行抽检,并通过对抽检结果分析,了解产品质量的波动情况,从而发现工艺过程中出现的不正常预兆。找出产生异常现象的原因,及时采取措施,预防不合格品的产生。

2) 质量检验内容

(1) 硬度、导电率。

硬度是金属材料力学性能中最常用的性能指标之一,是表征金属在表面局部体积内抵抗变形或破裂的能力。金属的硬度虽然没有确切的物理意义,它能敏感地反映热处理工艺与材料成分、组织、结构之间的关系,它不仅与材料的静强度、疲劳强度存在近似的经验关系,还与冷成形性、切削性、焊接性等工艺性能也间接存在某些联系。因此,热处理将硬度作为最重要的质量检验指标,不少制件还是唯一的技术要求。

导电率是检验材料热处理状态的重要指标之一,特别是对于铝合金在一些难以测试的零件中用导电率可代替硬度、机械性能测试。铝合金强化处理时沉淀相的长大会增加材料的强度,而这些沉淀强化相也会影响电子的移动并降低材料的电导率,因此电导率可以检验热处理过程中的状态变化。

硬度、导电率试验还具有如下特点:①硬度、导电率试验可代替某些力学性能试验,反映其他力学性能。②大多数零件经硬度试验后,不受损伤,可看做是无损试验。③试验机价格便宜,操作迅速简便,数据重现性好。④除特殊要求外,均在实物上进行测试。⑤可以测定零件的特定部位、微观组织中的某一相或组织内的硬度。⑥可以测定有效硬化层深度。

硬度试验方法及其选用硬度试验有布氏、洛氏、维氏、肖氏和显微硬度等方法;导电率可采用涡流法进行检验。正确选用这些方法可参看相关标准。

（2）力学性能。

热处理后的强度指标是控制生产过程中材料质量,评价新材料和机械设计的主要依据,也是热处理后质量评价的重要指标。力学性能试验包括静拉伸、弯曲、扭转、疲劳、断裂韧性及磨损等。在进行力学性能测试时应注意下列几点。

a. 根据制件服役时所受载荷类型,选择相应的试验方法。例如轴类零件选用弯扭复合疲劳试验,轴承零件选用接触疲劳试验,静强度需求的零件和静拉伸抗损伤性能要求的零件进行疲劳或疲劳裂纹扩展试验。

b. 根据材料成分和热处理状态,选用合适的试验方法。如淬火低温回火后的工模具钢,为了测定强度和塑性指标,通常选用弯曲或扭转试验,而不选用应力状态软性系数小的拉伸试验。为了测定其冲击值,一般选用无缺口冲击试棒。

c. 试棒的试验结果,不可能完全代表零件实际使用时的性能或寿命。通常随着试棒尺寸增大,力学性能下降。

（3）显微组织。

材料经热加工,特别是热处理后,其内部的显微组织将发生变化,这常常是判断热加工及热处理质量的重要依据。如热处理后晶粒大小的评定、球化退火后粒状珠光体的评定、加热缺陷组织的评定、偏析组织的评定、化学热处理层深及组织的评定、组织中两相相对量的评定等。具体的检验项目取决于材料的种类及技术要求。为了适应检验工作的需要,已制定了一系列国家标准、专业标准及其他标准,作为检验的依据。

（4）热处理变形。

热处理变形是热处理质量的重要指标之一,是热处理质量控制的主要内容。应根据零件特点和工艺过程,合理提出允许畸变量,并在热处理后进行尺寸精度检验。热处理过程应根据热处理变形的理论和实践,采取具体措施,使热处理变形不超过设计规定的技术要求。

a. 当热处理是工件加工过程的最后工序时,热处理变形量的允许值就是图样上规定的工件尺寸。

b. 当热处理是中间工序时,热处理前的加工余量应视为机加工余量和热处理变形量之和。通常机加工余量易于确定,而热处理畸变是由于影响因素多,比较复杂,因此为机械加工留出足够的加工余量,其余均可作为热处理允许畸变量。

（5）无损检测。

无损检测是指在不损坏零件的前提下检测材科内部及表面缺陷,或者对硬度及硬化层深度进行质量检查。它是保证、控制、监视和提高热处理质量的重要手段。常用的无损检测方法如图 3.27 所示。

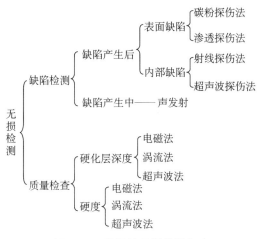

图 3.27　常用的无损检测方法

3.4.3.5　热处理的中不合格品的控制及纠错

热处理生产中不可避免地会出现不合格品。为了防止不合格品混进合格品转入下道工序或出厂,并避免不合格品的再度发生,造成不必要的浪费,应采取如下有效措施。

(1)经质量检验员和车间技术人员共同判定的不合格品,应立即进行标识。并编写不合格品单。

(2)采取必要措施对同期处理的工件进行复查,有必要时可追回转入下一道工序的半成品或已出厂的成品。

(3)不合格品分为能够返修或重新热处理的次品和不能返修的废品。应采取不同标识与合格品隔离,放置在不同地方,或送试验室进行分析,不得随意堆放。

(4)对返修的不合格品,应重新制订热处理工艺规范,返修后还应进行检验,如果仍达不到质量要求,应该判废。

(5)为防止和减少不合格品的出现,应采取积极有效的预防措施,消除产生不合格品的原因。对确有成效的纠正措施,要纳入相关文件。

(6)根据不合格品所造成质量问题对加工成本、质量成本、性能、安全性等的影响程度,评价其对产品质量所带来的严重性,教育有关人员,对责任人给予一定处分。

3.5　民机新型热处理技术及其发展趋势

近年来,随着热处理新工艺、新设备、新技术的不断创新以及计算机的应用,使热处理生产的机械化、自动化水平不断提高,产品的质量和性能不断改进。目前,热处理技术一方面是对常规热处理方法进行工艺改进,另一方面是在新能源、新工艺方面的突破,从而达到既节约能源,提高经济效益,减少或防止环境污染,又能获得优异的性能。

3.5.1 真空热处理技术

真空热处理是工件在真空条件下进行加热到所需要的温度,然后在不同介质中以不同冷速进行冷却的热处理方法。真空热处理所处的真空环境指的是低于1个大气压的气氛环境,包括低真空、中等真空、高真空和超高真空,真空热处理实际也属于气氛控制热处理。在真空中可实现淬火、退火、回火等工艺操作。真空热处理是高效、节能和无污染的清洁热处理。真空热处理的零件具有无氧化,无脱碳、脱气、脱脂,表面质量好,变形小,工艺及力学性能的再现性好等一系列优点。因此,真空热处理受到国内外广泛重视和普遍应用。真空热处理技术是近40年以来热处理工艺发展的热点,也是当今先进制造技术的重要领域。随着航空工业对热处理质量要求的不断提高,真空热处理在航空工业中得到日益广泛的应用。

3.5.1.1 真空热处理基本原理

研究表明,在与大气压只差0.1 MPa范围内的真空下,固态相变热力学、动力学不产生什么变化,因此可以依据在常压下的固态相变原理,也就是可参考常压下各种类型组织转变的数据。真空环境下金属材料主要有以下几方面的反应。

(1)真空脱气。钢零件在真空加热过程中,钢中残留气体(H_2、N_2、CO等)会逸出,从而提高零件的物理性能和力学性能。

(2)真空脱脂。附着在零件上的油脂(碳、氢和氧的化合物)在真空中加热时会迅速分解为水蒸气、氢和二氧化碳气体,它们很容易蒸发而被真空泵抽去。

(3)金属元素的蒸发。在真空状态下加热,如炉内真空度高于金属元素的蒸气压,工件表面的金属元素会发生蒸发现象。为防止共件表面金属元素蒸发,在真空热处理时,会选择适当的真空度或向炉内通入微量的惰性气体以降低真空度,防止金属元素的蒸发。

(4)表面净化。金属表面如有氧化膜、氮化物、氢化物及轻微的锈蚀时,在真空中加热时,这些化合物可被还原、分解或挥发而消失,从而使工件获得光洁表面。金属氧化物的分解压力如图3.28所示。

(5)真空保护。大部分金属在氧化性气氛中加热时,金属表面会产生氧化而失去金属的光泽。为实现无氧化加热,一般采用保护气体或惰性气体。但对于化学性质活泼的Ti、Zr以及难溶金属W、Mo、Nb等,存在微量的氧化性气体就会引起金属氧化;而在真空中,就能确保实现无氧化加热。

3.5.1.2 真空热处理基本工艺

真空热处理炉的加热有以下两个特点:一是空载时炉子的升温速度快;二是工件的加热速度慢。由于真空炉加热室的保温层采用重量轻、隔热性能好的隔热材料,如石墨毡或经抛光的多层钼片、不锈钢板,通常,真空炉功率损耗仅为全功率的$1/4 \sim 1/3$。真空炉空载时升温速度相当快,从室温全功率升温到1320℃,一般仅需30 min。工件在真空炉中加热速率低,升温时间长,尤其是低温预热阶段时,工件表

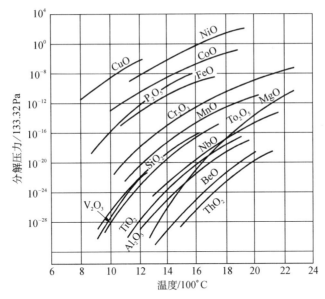

图 3.28 各种金属氧化物的分解压力

面与炉膛温差大。工件尺寸越大,温度滞后越显著。

1) 真空热处理工艺参数

(1) 真空度。

真空热处理后零件的表面光亮度与加热时的真空度、加热温度等因素密切相关。在一定的温度下,真空热处理后零件的表面光亮度,随真空度的提高而提高。但是,当加热温度较高,引起蒸气压高的合金元素产生蒸发时,零件的表面光亮度就会下降。为避免不锈钢等材料在真空加热时蒸气压高的元素(如 Cr、Mn 等)的蒸发,可以采取向真空加热室内回充高纯的中性或惰性气体(如氮气、氩气、氦气等)的办法,将真空室内的压强调节在 0.1～650 MPa 的范围内。这种真空保护气氛热处理方法,既可防止合金元素的蒸发,又可获得光亮的表面。常见金属材料的推荐真空度如表 3.75 所示。加热室温度与真空工作压强如表 3.76 所示。

表 3.75　各种材料在真空热处理时推荐的真空度

材　料	真空热处理时真空度/Pa
合金工具钢、结构钢、轴承钢(淬火温度在 900℃以下)	$1\sim10^{-1}$
含 Cr、Mn、Si 等合金钢(在 1000℃以上加热)	10(回充高纯氮气)
不锈钢(析出硬化型合金)、Fe、Ni 基合金,钴基合金	$10^{-1}\sim10^{-2}$
钛合金	10^{-2}
高速钢	1000℃以上充 666～13.3 Pa N_2
Cu 及其合金	133～13.3
高合金钢回火	$1.3\sim10^{-2}$

表 3.76　加热室温度与真空工作压强[①]

材料种类	加热温度/℃	真空工作压强/Pa
合金钢	<954	0.133~13.3
	954~1066	1.33~13.3
沉淀硬化不锈钢	≤816	0.133~13.3
	816~954	1.33~13.3
	955~1037	6.65~13.3
	1038~1149	13.3~26.7

注：在加热或回充氩气、氦气或氮气前，真空加热室的压力应<9.31 Pa。

真空热处理时，应采用室温装炉，并采用分级缓慢加热的方式进行加热。

（2）预热和加热温度。

采取预热方式，可减少工件截面上的温差和工件与炉膛之间的温差，使工件温度较快的接近炉温，有利于减少热应力和变形。尤其是针对形状复杂的大尺寸工件，进行多段预加热，可减少变形和开裂的危险。

（3）加热时间的确定。

由于工件在真空中加热的升温速率比在空气炉中加热慢，因此，不能沿用空气炉的加热时间。加热时间的确定方法如下：

a. 带随炉热电偶的产品炉批。采用随炉热电偶确定保温时间时，将随炉热电偶附于工件最厚截面处，这种方法可以准确地指示工件的到温时间。此时，保温时间也可采用空气炉的时间。

b. 通过试验炉料来确定保温时间。试验炉料应代表生产炉料的形状、尺寸、最厚截面及表面状态，应确定炉子升温时间、滞后时间和保温时间并记录温度时间曲线，在以后的生产中采用试验炉料的实际加热曲线确定保温时间。

c. 不带随炉热电偶和不采用试验炉料情况。保温时间可通过在空气炉中的保温时间再增加 50% 的方法来确定。

2）真空热处理的冷却方法

真空热处理的冷却方式可分为真空炉冷、真空气冷（淬）、真空油淬、真空水淬、真空正压气淬和真空硝盐等温淬火。真空热处理的冷却介质与冷却方法同样是按照淬火工件的材料、形状尺寸、技术要求等来确定的。

（1）真空气淬。

真空气淬的冷却速度与气体种类、气体压强、气体流速、炉子结构及装炉方式有关。可使用的冷却气体有氩气、氦气、氢气、氮气，4 种气体的物理特性如表 3.77 所示。

表 3.77 各种冷却气体的性质(100℃时)

气体	密度/(kg/m³)	普朗特数	黏度系数/(kg·s/m³)	热传导率/(kcal/m·h·℃)	热传导率比
N₂	0.887	0.70	2.5×10^{-6}	0.0269	1
Ar	1.305	0.69	2.764	0.0177	0.728
He	0.172	0.72	2.31	0.143	1.366
H₂	0.0636	0.69	1.048	0.189	1.468

(2) 真空油淬。

由于真空气淬冷却能力比真空油淬低,仅适用于一些尺寸较小的高合金钢、工模具钢、马氏体不锈钢制成的零件。一般的合金钢由于淬硬性较差,需进行真空油淬。真空油淬要保证有足够油量以满足冷却能力的要求。

(3) 其他冷却方法。

a. 随炉冷却或控制冷却速度的缓慢冷却。适用于电工合金、磁性材料和一般材料的真空退火。

b. 真空水淬。有色金属、耐热金属、钛合金及碳钢淬火需采用水淬。

c. 真空硝盐淬火。采用硝盐等温或分级淬火可以使工模具钢减少畸变和开裂,同时由于真空脱气的效果,可以使工件使用寿命提高。

3) 真空热处理工艺过程的特殊要求

除上述参数以外,还有很多因素对真空热处理的质量有重要影响,应给予足够的重视。真空热处理工艺过程的特殊要求如下:

(1) 真空热处理前,工件、夹具与随炉试样等均应进行清洗、烘干。清洗后的表面不应留有油污和手印,内控不应留有残油和清洗剂。

(2) 首次使用的家具应予现在不低于工件的加热温度和真空度下进行除气处理。

(3) 用于整个真空炉淬火系统的油,当其首次加入或每一次添加后,在淬火室压力低于气氛压力情况下,应进行真空热脱气。

(4) 工件加热前,应将加热时的真空压强抽至工艺规范要求(如波音公司要求9.31 Pa 以下)

(5) 真空油淬工件最大尺寸限制为普通油淬的 75%。

(6) 需要使用惰性气体时,应使用露点仪测量气体的纯度,要求进入炉内的气体露点≤−32℃。

4) 常见真空热处理工艺

(1) 真空退火。

真空退火是在真空条件下加热保温后随炉冷却或按设定冷速冷却的热处理工艺。真空退火可使工件获得洁净光亮的表面、使材料软化、消除内应力、改变组织结构、提高材料的工艺和使用性能等目的。

真空退火主要应用于活性与难熔金属的退火与除气,不锈钢及耐热合金退火,铜及其合金以及钢铁材料的退火等。主要真空退火工艺如表 3.78 所示。

表 3.78　不同材料的主要真空退火工艺参数

材料	真空度/Pa	冷却方式
钛合金	$10^{-2}\sim10^{-4}$	<28℃/h 的速度冷至 426℃以下
钢铁	$1\sim10^{-1}$	缓冷或随炉冷或气冷
不锈钢	$1\sim10^{-2}$	炉冷
铜及铜合金	$100\sim1$	炉冷或惰性气体中冷却

（2）真空淬火。

真空淬火真空状态下加热,然后在冷却介质中进行快速冷却获得材料所需的性能,真空淬火操作过程如图 0.29 所示。图中实线为温度变化曲线,虚线为真空度变化曲线。工件入炉后,先预抽真空到 $(6\sim1)\times10^{-2}$ Pa 时开始加热,当保温结束,升压到 0.8×10^5 Pa,然后工件油淬或回充气到 5×10^5 Pa 进行高压气淬。

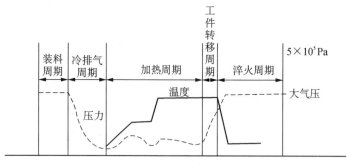

图 3.29　真空淬火循环

（3）真空回火。

真空回火是将工件均匀摆放在回火炉中,抽真空至 1.3 Pa 后再回充高纯氮气至 5×10^4 Pa$\sim2\times10^5$ Pa,在风扇驱动的气流中将工件加热至预订温度,经充分保温后进行强制冷却。

真空淬火后的光亮颜色在真空回火后有时会变成灰色或暗灰色,原因是真空回火在低于 650℃的区域内进行。高于 650℃水蒸气开始分解,出现链式反应,从而室温至 600℃,正好是回火处理区域,此温度范围内真空炉呈微氧化气氛（或微氧化状态）,即使真空度达到 10^{-4} Pa,氧量已近消失,但水蒸气继续保持相当大的比例,也就可解释通常真空回火后表面光亮度灰暗或不稳定的原因。

提高真空回火工件的光亮度的方法有以下几种:

a. 提高工作真空度。把真空回火常采用的真空度 $1\sim10$ Pa 提高到 1.3×10^{-2} Pa。目的是减少 O_2 含量,消除 O_2 对工件氧化的影响。

b. 充入 N_2 中加入 $10\%H_2$，使炉内氧化性气氛与 H_2 中和，形成弱还原性气氛。

c. 减少真空炉隔热屏吸收和排放水气的影响，排除耐火纤维隔热屏吸水性大的弊端，采用全金属隔热屏设计。

d. 回火后快冷，使工件出炉温度低，提高回火光亮度。

e. 提高回火温度均匀性，有利于回火光亮度一致。

用上述方法可使回火工件光亮度达到真空淬火后的 90％以上。

与普通回火类似，真空回火也存在第 1 类及第 2 类回火脆性。第 1 类回火脆性（不可逆回火脆性）发生在 $200\sim350℃$，第 2 类回火脆性（可逆回火脆性）发生在 $450\sim650℃$。应避免在第 1 类回火脆性区回火，防止第 2 类回火脆性的主要措施是在回火加热保温后进行快速冷却。

3.5.2 保护气氛热处理

金属制件在空气介质中加热时，由于氧气（O_2）、二氧化碳（CO_2）和水蒸气（H_2O）的作用，使制件表面产生氧化、脱碳并造成金属烧损，增加了加工工序和制造成本；同时，对于近净成形的零件还将造成力学性能下降、使用寿命缩短甚至零件报废的后果。保护气氛热处理是指在惰性气体中进行的热处理，目的是防止工件加热时产生上述缺陷，提高工件表面质量；有效地进行渗碳、碳氮共渗等化学热处理；对脱碳的工件施行复渗碳等。因此，保护气氛热处理是航空热处理的重要组成部分。

3.5.2.1 保护气氛的分类和用途

金属热处理加热时，金属表面与炉气氛之间的化学反应主要有 4 种，即氧化反应、还原反应、脱碳反应和增碳反应。其中，氧化与还原反应，脱碳与增碳反应，往往是可逆的（除个别条件下），与此相应的炉气各组分之间也发生一系列的反应。保护气氛热处理原理就是通过调整炉气成分来控制金属与炉气之间的反应，从而达到少或无氧化、少或无脱碳及无增碳（氮）加热的目的。由于基于控制炉气的成分来达到保护加热的目的，因此，保护气氛热处理也称为可控保护气氛热处理。

用于金属制件保护热处理的保护气氛种类很多，可以分为纯气体和制备气氛两大类，详情如图 3.30 所示。各种气氛在航空热处理中的应用如表 3.79 所示。需要指出的是，氦气（He）也是一种有效的保护纯气体，但是由于其制取与回收成本昂贵，除实验室少量使用外，工程上基本不使用。

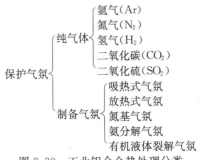

图 3.30 工业铝合金热处理分类

表 3.79　各种保护气氛在航空热处理中的应用

热处理类别	吸热式气氛	放热式气氛	氨分解气氛	有机液体裂解气	氨基气氛	CO_2	SO_2	Ar	N_2	H_2
碳钢与合金钢热处理	可	否	否	可	可			可	可	否
马氏体不锈钢热处理	可	是	否		可			是	是	可
奥氏体不锈钢热处理	否	是	可		否			是	是	是
沉淀硬化不锈钢热处理	否	否	否		否			是	否	可
钛合金热处理			否					是		否

3.5.2.2　常用的气体保护热处理技术

1) 吸热式气氛热处理

吸热式气氛主要含 CO 和 H_2，吸热式气氛较易制取，成本较低，产气组分稳定，并且易于实现碳势的自动控制等，故其应用较广泛。该气氛对碳钢为还原气氛，对含 Si、Mn、Cr 等元素的合金钢则为氧化气氛。

因为吸热式气氛的 CO、H_2 含量比较稳定，绝对值也较大，可以认为 CO/H_2 的比值是一个近于常数之值，因此便于单参数控制碳势，可广泛用作渗碳和碳氮共渗的载气。吸热式气氛还广泛用于碳钢、合金钢、工具钢等的淬火加热保护，锻件和棒料的富碳以及粉末冶金制品的烧结等。由于吸热式气氛本身碳势较高，不适宜不锈钢与耐热钢加热保护。

2) 放热式气氛热处理

放热式气氛的制取容易，产气量大，装置简单，成本低廉，广泛用做毛坯和一般钢件保护加热。普通放热式气氛经净化除去 CO_2、H_2O 后，便获得净化放热式气氛，这种气氛通用性很大，适合不同钢种的各种热处理工艺。

由于普通放热式气氛的露点较高，CO_2 也没有去除，所以浓型普通放热式气氛对碳钢可能是还原性的，也可能是氧化性的，这由 CO_2 和 H_2O 的含量决定。

浓型净化放热式气氛，$CO+H_2$ 在 10%～25% 间变化，可作为渗碳、碳氮共渗的载气，也可作为碳素结构钢、合金结构钢、工具钢的淬火加热保护气。与吸热式气氛相比，由于 H_2 与 CO 都大幅度降低，因此用这种浓型净化放热式气氛，钢的内氧化和氢脆问题能基本得到解决。

淡型净化放热式气氛，$CO+H_2\leqslant4\%$，露点也低，这种气氛析出炭黑倾向极小，又具有弱的还原性，无爆炸危险，所以用途极为广泛。它是碳钢、合金钢、工具钢、轴承钢、高速钢、各类不锈钢、耐热钢的光亮或光洁退火、正火、淬火、回火的理想保护气氛。对高强度钢、超高强度钢的淬火和回火保护加热特别有利。

3) 可控氮基气氛热处理

由于吸热式或放热式气氛以天然气或液化石油气为原料，对天然能源的依赖度大，使得其应用受到限制，特别是 20 世纪 70 年代石油危机的发生，促使人们研究发展了以空气制取的高纯氮或普氮为基础，再添加碳氢化合物(富化剂)组成的气氛，称为氮基气氛。氮基气氛实际是人工配制的吸热式气氛或放热式气氛,由于氮基气氛的成分可控,故又称为可控氮基气氛。可控氮基气氛可用作保护热处理、化学热处理,也可以用于烧结、钎焊等工艺。可控氮基气氛用于保护热处理,可达到少或无氧化、少或无脱碳和光亮热处理;此外氮基气氛热处理还具有节约能源、气源丰富、成本低廉、安全性好、适应性强、污染少等优点,十多年来不断取代传统的吸热式气氛和放热式气氛,成为热处理的重要分支。因此,可控氮基气氛热处理是一种很有发展前途的可控气氛热处理工艺技术。

(1) 氮基气氛保护退火。

退火的特点是生产周期长,加热温度范围宽,生产批量大。对热处理保护气氛要求稳定性要好,产气量要大;为防止中低温时出现炭黑现象,不能使用 CO 含量高的气氛,CO 含量一般控制在≤5%,并且在退火冷却时应采取措施加快冷却速度。

氮基气氛保护退火的关键技术是炉内强制气氛对流循环,保证气氛和温度均匀性;炉内导风和循环良好,防止气流短路和气流死角;炉子密封良好,防止炉内外气体交换;退火冷却采用强风和喷淋水冷却,加快冷却速度,防止炭黑;高质量保护气,并稳定供气。

氮基气氛退火设备多为罩式炉,由一个加热外罩、一个冷却罩(带风和喷水冷却装置)、两个内罩、两个工作底座组成。氮基气氛退火主要用于轴承钢、高速钢及各种冷轧、冷拉制品,铜合金厂的铜管、铜带等铜合金制品,标准厂件的中碳钢、低中碳钢合金线材退火。

(2) 氮基气氛保护淬火。

淬火的特点是加热温度较高,氧化、脱碳趋向大;需要保护淬火的制件多为精加工件,剩余的加工余量小或无余量,所以对保证质量要求高,为此要求精确碳势控制。氮基气氛保护淬火设备气氛碳势控制可采用氧探头或气体红外分析仪进行单参数控制,也可以采用氧探头与气体红外分析仪(通常为 CO 红外仪)配合进行多参数控制。目前进口及国产先进可控气氛热处理设备多采用氧探头做炉气氧势传感器,配合数学模型、经验公式、修正值和专家数据库,进行模拟多参数控制,也可以实现炉气碳势的精确控制。

4) 氩气保护热处理

由于氮气在高温下可能与 Ti、Nb、Mo、Al、Cr 等合金元素发生反应而形成氮化物,因为对航空所用钛合金、不锈钢和高温合金制件,性能有特殊要求的其热处理保护气氛应采用 Ar、Ar＋H_2 或真空,而不采用氮基气氛。

氩气是无色、无嗅、无毒的惰性气体,空气中的体积含量为 0.93%。氩气是空气经压缩、液化和精馏制得的,价格昂贵。氩气保护热处理适用于所有材料,在加热过程中,它不与金属发生任何化学反应,这一特点是其他气体不可比拟的。但由于氩气价格较贵,故主要用于钛合金、不锈钢、耐热钢和高温合金的退火、固溶处理、回火和时效等。

3.5.3　其他热处理技术

3.5.3.1　电子束热处理

电子束热处理是以高能电子束作为热源的热处理技术。其基本原理是用高能量密度的电子束轰击金属表面,电子可穿过表面进入到一定深度,给表层金属原子以能量,增加晶格振动,把电子的动能转化为热能,从而使基材表层被加热。

电子束加热及随后的冷却必须在真空条件下进行,电子束加热金属后,靠金属自身迅速冷却,或者在真空油中冷却达到淬火目的。电子束加热方式有脉冲式和连续式两种,透入深度主要取决于加速电压,电子束热处理的能量密度一般为 $1 \sim 100\,kW/cm^2$。

电子束热处理会使材料表面相变硬化和重熔硬化,以及表面合金化。其硬化原理是:零件表面材料在电子束作用下迅速升温,随后靠基材自身的热传导快速冷却实现淬火,如钢材的冷却速度可达 $105\,K/s$ 以上。因电子束的能量密度极高且能量转化率高,材料被加热速度极高,在加热区域附近会产生高温度梯度。一般电子束淬火的处理深度为 $0.1 \sim 10\,mm$。

电子束热处理的特点如下:

(1) 热处理零件硬度比一般热处理高;由于电子束热处理是在真空条件下进行的,故没有气体等杂质引入,可以获得洁净表面,适用于精加工工件的表面淬火。

(2) 电子束热处理后的工件表面产生压应力,提高抗疲劳性能。

(3) 热处理变形小。

(4) 热处理时间短,效率高。

与激光热处理类似,电子束热处理属于高能束流热处理,与感应加热表面热处理相比,其淬火硬化层较浅,但表面硬度高得多。电子束热处理的应用条件如下:

(1) 为防止电子束的干扰或偏转,零件和夹具必须无磁,通常热处理前要进行去磁处理。

(2) 电子束在 $1.33 \times 10^{-3}\,Pa$ 以上高真空条件下产生,而电子束热处理可在 $6.65\,Pa$ 真空下进行,真空室容积限制了处理零件的尺寸,故热处理真空室要有一定容积。

(3) 热处理的表面应精加工到最终尺寸,预留磨量不超过 $0.05 \sim 0.25\,mm$。

(4) 如果是处理碳钢零件,需要具有一定的含碳量,以获得表面高硬度。

3.5.3.2　激光热处理

1) 激光热处理基本原理

激光是利用原子或分子受激辐射的原理,通过工作物质受激发而产生的一种单色性好、方向性强、亮度高的相干光束。自 1971 年世界上出现第 1 台商用 $1\,kW$ CO_2 激光器后,激光材料的加工和表面改性获得迅速的实用性发展。

激光热处理的原理是用 $10^3\,W/cm^2$ 以上高能量密度的激光束照射零件的局部表面,该局部表面层吸收能量而迅速升温甚至熔化,此时零件的其他部位仍处于较低温度。在激光发生器设备的驱动下,激光和零件表面发生相对运动,激光迅速扫描掠过零件表面,原来激光束加热区的热量迅速向周围冷区传递而使加热区迅速冷却,在迅速加热和冷却过程中,材料表面发生相变或者熔化,甚至气化从而实现表面的热处理。

2) 激光加热特点及常见应用

激光热处理具有以下特点:

(1) 以激光作为能源,以极快速度加热工件,能够实现超高速冷却和快速凝固,热处理效率极高。

(2) 激光淬火工件具有更高的硬度、耐磨性和疲劳强度。

(3) 激光热处理后的工件畸变量小,可减少或免除后续工序。

(4) 激光加工能够实现自动化处理,具有较好的柔性,易整合成高效生产线,同套设备可实现不同形状零件、不同要求的热处理。

(5) 激光热处理能完成工件表面局部和特殊部位的淬火,相对其他热处理方法具有更大灵活性。

(6) 具有自激淬冷特点,可减少淬火剂的污染,环境友好,清洁无污染。

(7) 激光加工设备投资比较大,设备光电转换率较低。

激光热处理主要包括激光相变硬化、激光表面重熔、激光合金化、激光熔覆、激光化学气相沉积等。

激光相变硬化也叫激光淬火,是指利用激光以极快速度加热工件的自冷淬火。激光淬火常用于钢的表面热处理强化,其基本原理是在高能密度激光照射下,材料表层被急速加热到相变温度以上形成奥氏体,随着激光移动,材料表层迅速冷却,在高温度梯度下,奥氏体快速冷却转变成具有高位错密度、非常细小的马氏体组织,从而实现表面淬火硬化。

能发生马氏体相变的材料均适用于激光淬火,如需表面硬化的低、中、高碳钢及合金钢、球墨铸铁、灰铸铁等。

激光淬火的工艺参数包括激光束模式、激光输出功率 P、激光束斑直径 D、激光束扫描移动速度 v 及表面预处理(决定激光能量吸收率)等,根据激光淬火工件的材料特性、形状、尺寸、表面质量、预处理和技术要求,参照以外的累积数据或经验选定激光淬火试验工艺参数。

激光表面重熔是通过高能激光扫描使材料表层瞬间熔化,随后快速冷却凝固形成快速凝固组织的过程。激光重熔的表面区域会形成非常细小、化学成分十分均匀的非平衡快速凝固组织,这种组织具有硬度高、耐磨、耐蚀性好的优点。

激光表面重熔适用于碳钢、工具钢、高速钢、不锈钢等,对铸态铝合金等也有较好的表面强化作用。激光重熔与激光淬火的目的都是提高材料的表面性能,两者区别在于材料表面是否发生熔化,重熔表面会发生熔化,而激光淬火只发生固态相变,并未发生熔化。因此激光淬火只用于具有固态相变硬化效果的材料。

激光合金化是在激光照射下,使材料表面熔化至一定深度,同时添加材料(合金粉末、气体、丝材、带材等)至熔池,通过基材自冷形成新的非平衡凝固组织,最终达到改变材料表面成分和组织的目的。激光熔覆与激光合金化类似,通过高能激光熔化添加材料和基材表层形成冶金结合的涂层,达到提高材料表面性能的目的。

除此之外,激光热处理技术还包括激光冲击强化、激光化学气相沉积、激光表面清洁、激光快速成型制造等在热处理中的应用。

3.5.4　计算机辅助热处理技术

现代计算机技术的发展为热处理工艺优化设计、工艺过程的自动控制、质量检测与数理统计分析等提供了崭新的手段。它能及时地为质量管理收集大量准确的信息,并做出合理判断。也能用于故障诊断和质量认证、专家咨询。计算机已成为未来民机制造热处理质量提升的重要手段之一。

3.5.4.1　计算机辅助过程控制

将计算机技术引入热处理过程控制中,首先用于热处理工艺基本参数(如炉温、时间和真空度等)及设备动作的程序控制;而后扩展到整条生产线(如包括渗碳、淬火、清洗及回火的整条生产线)的控制;进而发展到计算机辅助热处理工艺最优化设计和在线控制,以及建立热处理数据库,为热处理计算机辅助设计及性能预测提供了重要支持。利用计算机的存储功能,可将各类工件的最佳热处理工艺存入存储器,当输入热处理工件的参数后,计算机便能自动控制过程。使用计算机还可以对多台设备实行群控,既保证热处理质量,又能提高生产率。由于实现了热处理过程自动化和集中监督,从而消除因操作人员水平不同或其他人为因素引起的质量波动,有利于稳定热处理质量。

3.5.4.2　计算机辅助工艺设计

自动控制装置基本上包括3个组成部分。第一部分是测量元件和变送器,它的作用是测量为实施热处理工艺规程及产品技术要求所需的参数,并转换成控制器能够接收的信号,如将所测量的炉气氛的碳势转换成电压,并放大成具有一定大小的信号。第二部分是控制器(或称调节器),它把变送器送来的测量信号与设定的信号进行比较,并将比较后偏差按预定的规律进行计算,然后将计算结果送给执行器。第三部分是执行器,它根据控制器发出的控制信号去操作供电、输气、机械动作等,以实现热处理工艺所要求的参数。

控制器是一个关键环节,它包括对测量信号的处理、测量信号与设定值的比较及控制量的产生。按控制器的类别可以将控制系统分为常规控制系统和计算机控制系统。

常规控制系统基本上都是用自动化仪表组合而成的,其控制器是一种控制仪,如温度控制器常用的有动圈式温度控制仪、电子点位差计式温度控制仪。常规控制系统一般只有简单的数据处理功能,对信号进行一定量处理,没有运算的功能。

计算机控制系统是以计算机为控制器的控制系统,控制规律由软件来实施,可以执行特定的控制算法及复杂的数学模型,甚至具有智能调控功能。

3.5.4.3 热处理生产过程控制

热处理生产过程控制结构和设备需求有很大的不同。根据控制对象来分,可以分为以下两种:

(1) 以时间为目标的热处理工艺过程控制。这种热处理过程控制是以时间-温度,或时间-渗剂滴量等工艺曲线作为控制目标的。这种控制结构比较简单,属于总体上开环,局部闭环的控制方式,采用一般调节仪就能实现控制。缺陷在于不能对生产过程中参数发生的变化或干扰做出反应,容易导致质量不稳定。

(2) 以最终性能为目标的热处理工艺过程控制。这种热处理工艺过程控制以产品热处理最终性能技术要求为目标。例如,渗碳热处理,以渗碳层深度、表层碳含量、渗层浓度分布状态等为目标。这种控制需采用智能调节仪或计算机控制系统才能完成,是一种建立在数学模型模拟仿真基础上的闭环控制系统。这种工艺过程控制,有时要用数学程序控制,例如温度限速控制等。

根据控制规模来分,也可以分为以下两种:

(1) 生产线顺序控制。除局部热处理工艺过程控制外,要求整条生产线进行顺序控制。这种控制采用顺序控制器、可编程控制器或微型计算机来实施。

(2) 全热处理车间生产过程控制。较先进的采用集散式控制系统(TDCS)或称分解型控制系统(DSC),它将各设备的控制系统分散,而将全车间的管理高度集中。控制系统分前沿机(布置在设备前)和上位机(监控机)。

3.5.4.4 计算机辅助质量检验

计算机作为质量检验的辅助工具,可以克服手工检验的许多弱点,减少检验人员单调劳动,避免检验的数量和精度受人为因素的影响,从而提高检验效果。使用计算机进行质量 t 检验时,通常在生产线上根据预先编定的程序,计算机自动采样,并发出试验指令,经过对产品质量特征的度量,并与规定标准对比后,发出"通过"或"不通过"信号。此外还可以在判定质量是否合格的基础上做出相应的处理或进一步试验。

利用计算机进行质量检验适合以下情况:

(1) 生产流水线上用于成批检验,使用无损检测尤为合适。

(2) 需要检验的指标多或要求检验速度快。

参考文献

[1] 李念奎,凌杲,聂波,等. 铝合金材料及其热处理技术[M]. 北京:冶金工业出版社,2012.

[2] 王祝堂. 变形铝合金热处理工艺[M]. 长沙:中南大学出版社,2011.

[3] 张喜燕,赵永庆,白晨光. 钛合金及应用[M]. 北京:化学工业出版社,2005.

[4] 黄旭,朱知寿,王红红. 先进航空钛合金材料与应用[M]. 北京:国防工业出版社,2012.

[5] C. 莱因斯,M. 皮特尔斯. 钛与钛合金[M]. 陈振华,等译. 北京:化学工业出版社,2005.

[6] 高强. 最新有色金属金相图谱大全[M]. 北京:中国冶金工业出版社,2005.

［7］ 王广生. 航空热处理标准应用手册［M］. 北京：航空工业出版社，2008.

［8］ 航空制造工程手册总编委会. 航空制造工程手册［M］. 北京：航空工业出版社，2010.

［9］ 中国航空材料手册编辑委员会. 中国航空材料手册［M］. 北京：中国标准出版社，2002.

［10］ 热处理手册编委会. 热处理手册［M］. 北京：机械工业出版社，2008.

［11］ 简明热处理手册编写组. 简明热处理手册［M］. 北京：北京出版社，1985.

［12］ 全国热处理标准化技术委员会. 金属热处理标准应用手册［M］. 北京：机械工业出版社，2005.

［13］ 王广生. 航空工业热处理质量控制［J］. 金属热处理，1993(7)：3－6.

［14］ 美国金属学会. 金属手册(第4卷)［M］. 9版. 北京：机械工业出版社，1988.

［15］ 拉赫金 Ю М，拉赫斯塔德特 А Г. 机械制造中的热处理手册［M］. 上海：上海科学技术文献出版社，1987.

［16］ 美国金属学会. 热处理工作者手册［M］. 北京：机械工业出版社，1986.

［17］ 北京航空材料研究所. 航空材料学［M］. 上海：上海科学技术出版社，1985.

［18］ 孙珍宝. 合金钢手册(上册)［M］. 北京：冶金工业出版社，1984.

［19］ 合金钢钢种手册编写组. 合金钢钢种手册［M］. 北京：冶金工业出版社，1983.

［20］ 机械工程手册编委会. 机械工程手册(第3卷)［M］. 北京：机械工业出版社，1982.

［21］ 第一汽车制造厂. 长春汽车材料研究院. 机械工程手册(第1册)［M］. 北京：机械工业出版社，1991.

［22］ 布瑞克 R M，彭斯 A W，戈登 R B. 工程材料的组织与性能［M］. 北京：机械工业出版社，1983.

［23］ 莱斯利 W C. 钢的物理冶金学［M］. 北京：冶金工业出版社，1988.

［24］ 林慧国，傅代直. 钢的奥氏体转变曲线［M］. 北京：机械工业出版社，1988.

［25］ 苏联航空材料研究院. 航空材料手册［M］. 北京：国防工业出版社，1961.

［26］ 张复民. 弹性合金［M］. 上海：上海科学技术出版社，1986.

［27］ 熊剑. 国外热处理新技术［M］. 北京：冶金工业出版社，1990.

［28］ 钟华仁. 热处理质量控制［M］. 北京：国防工业出版社，1990.

［29］ 俞罗宝，胡光立. 合金钢与高温合金［M］. 北京：国防工业出版社，1981.

［30］ 陈德和. 不锈钢的性能与组织［M］. 北京：机械工业出版社，1977.

［31］ 上海交通大学金相分析编写组. 金相分析［M］. 北京：国防工业出版社，1982.

［32］ 冶军. 美国镍基高温合金［M］. 北京：科学出版社，1978.

［33］ Sims C T, Hagel W C. The superalloys［M］. New York：A Wiley Interscience Publication，1972.

［34］ 陈国良. 高温合金学［M］. 北京：冶金工业出版社，1979.

［35］ 主要责任者不详. 高温合金金相图谱［M］. 北京：冶金工业出版社，1979.

［36］ 姚鸿年. 金相研究方法［M］. 北京：国防工业出版社，1963.

［37］ 张宝昌. 有色金属及其热处理［M］. 国防工业出版社，1981.

［38］ Hatch J E. Aluminum properties and physical metallurgy［J］. American Society for Metals，Metals Park，Ohio.

［39］ Polmear I J, Alloys L. Metallurgy of the Light Metals［M］. Ind ed. Edward Arnold，1989.

［40］ 王世洪. 铝及铝合金热处理［M］. 北京：机械工业出版社，1986.

［41］ Howard E B, Timothy L G. Metals Handbook［M］. 出版地和出版者不详. 1985.

［42］ Thompson D S. Practices and equipment for heat treating aluminum alloys［J］. Metal Progress，1970，98(3).

［43］张继贤. ZL104 铝合金的最佳热处理工艺［J］. 金属热处理,1989(12).

［44］Girgerich E M. Heat Treatment of Magnesium Alloys, Trans, AFS, 1952.

［45］曾祥模. 热处理炉［M］. 西安:西北工业大学出版社,1989.

［46］杨世璇. 滴注直生式控制气氛热处理［R］. 洛阳:机械电子工业部第四设计研究院,1991.

［47］上海市机械工程学会热处理学组编委会. 钢的控制气氛热处理［M］. 上海:上海科学技术文献出版社,1980.

［48］乌登捷,韩立民. 真空热处理原理与工艺［M］. 北京:机械工业出版社,1988.

［49］刘仁家,濮绍雄. 真空热处理与设备［M］. 北京:中国宇航出版社,1984.

［50］李贴锦,郭耕三. 真空热处理［M］. 北京:机械工业出版社,1975.

［51］上海市热处理协会. 实用热处理手册［M］. 上海:上海科学技术出版社,2009.

［52］王魁汉. 温度测量实用技术［M］. 北京:机械工业出版社,2006.

［53］粟一丸. 材料力学［M］. 北京:高等教育出版社,1995.

［54］王文标. 工程力学［M］. 北京:清华大学出版社,北京交通大学出版社,2005.

［55］姚鸿年. 金相研究方法［M］. 北京:中国工业出版社,1963.

［56］王岚. 金相实验技术［M］. 北京:冶金工业出版社,2010.

［57］亚伯·斯海维. 结构与材料的疲劳［M］. 北京:航空工业出版社,2014.

4 民用航空产品的特种工艺控制

众所周知,载人航空器无论设计、生产,还是运营、维护,都是直接涉及人员生命安全的。有任何一个细小环节的失控,都可能导致重大事故的发生。出于国家利益和航空器材安全性的需要,大部分的国家和地区都对销往本国或是本地区的航空飞行器材设计、生产、运营和维护维修有质量控制的强制性规定。适航性要求就是航空业准入制的最低门槛,也是各国适航当局已经法律化的强制要求。航空产业链中的企业在建立质量体系时通常都会以适航条例作为最基础的框架。

在国际质量标准化组织制定的 ISO 9000 标准系列中,AS 9100 作为国际公认的航空航天业质量管理要求,已经被看做是迈入航空业的基础门槛。航空业代表的北美以及欧洲的国际航空巨头们,包括空客、波音、庞巴迪、普惠等航空主机生产企业,已经将 AS 9100 作为对下级供应商的强制要求。在挑战与机遇并存的市场状态下,中国航空制造企业只有不断加大投入和技术改造,通过提高制造精准度和建立有效防错等手段努力降低制造成本,不断提升自身的管理层次,使组织的质量管理架构合理、管理流程优化并持续进步。只有这样,才能在激烈的商海竞争中顺利拿到国际航空业的准入证并取得客户的信赖。

特种工艺具有控制环节多、操作要求严格、偏差潜伏不宜发现、涉及面广、危害性大的特点,加之其质量检测的局限性,航空产品失效引起的后果往往难以估料,所以必须对航空产品特种工艺项目采取一系列特殊手段来加以严格控制。适航条例和航空质量体系对企业特种工艺控制有明确要求。

4.1 民用航空适航管理中的特种工艺控制要求

4.1.1 适航性要求的内涵

适航性是指民用航空器的固有安全运行特性。它是航空器在预期运行环境和使用限制中反映出来的包括飞行性能、操稳特性、静动强度,以及机械装置、动力装置、机载设备等各系统安全品质的总成。它是民用航空产品研制、使用、维护、维修的法定要求,是保证民用航空安全的重要手段。

4.1.2 适航审定规章中的特种工艺控制要求

4.1.2.1 审定标准要求

中国民用航空规章第 25 部运输类飞机适航标准(CCAR25R4)D 分部《设计与构造》中第 25.605 条规定:"(a)采用的制造方法必须能生产出一个始终完好的结构。如果某种制造工艺(如胶接、点焊或热处理)需要严格控制才能达到目的,则该工艺必须按照批准的工艺规范执行。(b)飞机的每种新制造方法必须通过试验大纲予以证实。"

工艺规范是型号设计技术规范的重要内容之一,它必须与研制型号对工艺的要求相适应,并保证生产出始终如一的完好结构。包括工艺规范在内的型号设计技术规范需经适航当局批准。所有研制型号采用的特种工艺都必须制订相应的工艺规范。特种工艺是一种必须对制造过程进行严密控制才能保证持续生产出优质产品的制造方法。工艺规范应包括人员资格鉴定、设备控制、材料控制、试验方法、检验和质量控制条款。上述内容将作为生产质量控制资料的一部分由审查组加以审查和批准。当某一工艺过程失控或偏离工艺规范时,申请人应采取措施,确保在该过程中生产的产品符合型号设计。

4.1.2.2 管理规章要求

1) 航空器型号合格审定程序(AP-21-AA-2011-03-R4)7.5 节和 7.10 节规定

型号合格审定中非常重要的一项工作就是制造符合性检查,它是发出型号合格证的前提之一,几乎贯穿了型号合格审定的全过程。检查的主要目的是验证航空器各个组成部分(结构和设备系统)的制造是否符合设计图纸和技术规范,并对所有的特种工艺进行评定,以保证在地面或飞机试验之前,飞机零部件的构型符合适航要求。因此也成为适航当局批准设计数据、资料和批准进行试验的前提。

航空器型号合格审定程序(AP-21-AA-2011-03-R4)7.5 节规定了制造符合性检查时应考虑的重点:

"无论申请人的经验如何,制造符合性检查代表都要负责确认申请人已进行了完全的制造符合性检查,也要负责确认检查结果得到了正确的记录并在提交的制造符合性声明中报告。在目击制造符合性检查时,制造符合性检查代表应该考虑以下方面:

7.5.1 材料

(1)在制造过程中使用的原材料是否与型号资料相符合;

(2)是否有证据能够保证原材料的化学和物理特性得到确定和检查(适用时);

(3)是否有文件性证据表明从原材料到原型零件的可追溯性;

(4)是否有对不符合提交的型号资料要求的任何零件或工艺过程的偏离记录(包括器材评审处置)。

7.5.2 工艺和工艺过程

(1) 是否每一种特种工艺都有相应的工艺规范；

(2) 申请人是否已经提交了工艺规范给有关审查代表审查；

(3) 对于已加工件的检查是否表明了该工艺方法能够始终加工出符合型号设计的零件，是否有统计证据或其他证据能够表明这一点；

(4) 正在操作中的工艺是否遵循其工艺规范要求，是否记录了任何偏离。

7.5.3 关键和重要特性

(1) 申请人是否标识并检验了所有的关键和重要特性；

(2) 申请人是否有这些检验的记录；

(3) 目击重新检验和监督检查是否表明上述检验是准确的和充分的；

(4) 是否全部记录了与提交的型号设计资料（包括器材评审处置）不符的任何偏离。

7.5.4 技能

(1) 相应的操作技能是否影响了产品质量；

(2) 相应的操作技能是否能在批生产中重复；

(3) 申请人是否建立了判断该技能实施质量的判据。

7.5.5 图样及相关更改记录的充分性

(1) 零部件是否能依据图样的信息进行生产和检验；

(2) 图样的容差在生产时是否切实可行和可达到，是否有证据支持；

(3) 申请人在提交给审查组审批的图样中是否包含了所有的更改（包括提交审查组试验的原型样件中的一次性偏离）；

(4) 申请人采用了什么程序保证将其工程更改贯彻到生产零件及生产图样中；

(5) 图样是否包含了检验零件、使用的材料、材料的处理（如硬度、表面粗糙度及任何特种工艺规范）所必需的全部信息；

(6) 图样是否包括了适用的试验规范，审查组工程审查代表是否审查了这些试验规范。

7.5.6 检验记录的充分性

(1) 检验记录是否表明已实施了所有的检验；

(2) 检验记录是否表明了检验的实施人；

(3) 检验记录是否表明了检验结果和对不满意状况的处置；

(4) 是否有程序来确保对返工件或替代件进行重新检验（包括对零部件的检验和对新零部件的安装检验）。

7.5.7 器材评审

(1) 是否有文件化的器材评审程序，该程序是否可确保对不合格品进行处置；

(2) 对于观察到的不合格品是否有充分的纠正措施以防止其重复发生；

(3) 对于不合格品的"原样使用"或"返修"处置是否已提交审查组工程审查代表审查，如需更改设计，这些处置是否并入了型号设计中（一次性工程指令）。

7.5.8　以前生产的零部件

（1）如果设计规定使用以前已通过型号合格审定产品的零部件，并且这些零部件是取自生产库房，是否采取预防措施来确认这些零部件已经过器材评审，一般不应使用以前生产的不合格品，除非能够表明这些不合格品无不利影响或被重新检查，并记录所有偏离供工程审查代表审查。

（2）以前接受的偏离是否已作为提交的现行型号资料的一部分，申请人是否在制造符合性声明中列出这些偏离。

7.5.9　软件

（1）是否对所有的软件产品（版次说明文件、源码、目标码、文档、试验程序、加载的硬件/固件等）都按照硬件和软件的工程图样进行了适当的标识，包括版本标识；

（2）是否对所有的软件问题报告进行了适当处理；

（3）各项记录是否表明了所有的软件产品（包括支持软件）和程序已经处于构型控制之下；

（4）是否按照经批准的试验程序完成和记录了验证和验收试验；

（5）是否有记录表明目标码是根据经批准的程序由发放的源码编译的；

（6）在装入系统或产品之前，是否有记录表明了对软件的技术验收；

（7）是否按照发放程序将发放的目标码正确地装入软件产品；

（8）加载是否按照适当的程序进行确认（如校验、循环冗余校验、装入映象表等）；

（9）软件是否成功地执行了初始化程序；

（10）是否有任何不符合制造商程序的指示。

7.5.10　其他

（1）除过程中的检查外，制造符合性检查代表在确认申请人已经完成了对试验产品完整的制造符合性检查、记录了检查结果并递交了制造符合性声明之后方可进行符合性检查。

（2）制造符合性检查代表可以亲自对每一试验产品进行检验操作，也可以目视检查或观察申请人的检验员所实施的检验过程。

（3）制造符合性检查代表在检查中要注意那些看来不符合型号设计资料的任何设计特征。特别要注意与配合、容差、间隙、干涉、通风、排放、与其他安装的协调性、使用和维护有关的产品要求。对于有疑问的设计特征和适航考虑，制造符合性检查代表应尽快与工程审查代表进行协调，以便其做出正确的判断。

（4）为了保证在封闭装配之前目击关键部位的检查，对组合件和部件可以采用分步检查的方法。

（5）当制造符合性检查代表发现制造偏离时，可以要求申请人进行一次完全的重新检查。制造符合性检查代表不必亲自对制造符合性检查记录表上的每一项零部件都进行全面的制造符合性检查,但是制造符合性检查代表要目击申请人对关键重要特性的检验,对于大部件和装配件,制造符合性检查代表可以分步目击。这样可以保证在总装之前目击了重要区域的检验。

(6) 对在制造符合性检查中发现的任何对型号资料(如型号设计资料和试验大纲)的不符合均应作为制造偏离填写在制造符合性检查记录表(CAAC 表 AAC-034)中,并将该表的复印件提供给工程审查代表作为工程处理的判断依据。制造符合性检查记录表应反映工程审查代表或授权委任工程代表对制造符合性检查中确认的任何制造偏离的处理结论。委任工程代表不能处理与试验大纲相关的制造偏离。申请人必须通过纠正活动、不合格品器材评审委员会活动或工程更改来解决所有的偏离问题。申请人或其授权人应向制造符合性检查代表提供不合格品器材评审委员会和工程工作活动的文件复印件。

(7) 对在制造符合性检查记录表上的任何不满意项,制造符合性检查代表完成"制造符合性检查不满意项通知书"(CAAC 表 AAC-264),并提交给申请人。申请人应对每一个制造符合性检查不满意项提交纠正措施答复,防止重复发生。该纠正措施答复应包括立即纠正措施、根本原因、针对根本原因的纠正措施、预防性纠正措施及其责任人和完成日期以及对上述纠正措施的验证。"

航空器型号合格审定程序(AP-21-AA-2011-03-R4)7.10 节规定了工艺审查的要求和内容:

"7.10.1　概述

设计规范要求制造工艺保证持续生产出合格零件,并且所有要求严格控制以获得此目的的制造工艺都必须被批准的工艺规范所覆盖。所有这样的工艺规范都应被标注在相关的图纸上。工程审查代表和制造符合性检查代表应充分地审查以上工艺规范。

在工艺过程审查中,制造符合性检查代表主要参与对工艺实施和产品符合性的检查。工艺实施的检查是通过现场检查来核实。

该工艺的实际操作过程以及采用的材料、工装和设备是否完全符合工艺规范,建议使用统计数据确定工艺过程能力。产品符合性的检查是通过检验或检测经过工艺加工的项目来进行,该检验或检测方法应是可测量的并且是由相关工艺规范给出的。申请人应当对该工艺能够始终生产出符合设计要求的项目进行验证。一些审查步骤可以结合对试验产品的制造符合性检查同时进行。

由于在工业界各个制造商采用的工艺规范差别很大,制造符合性检查代表在符合性检查过程中应当特别关注那些要求对工艺过程进行监控的工序。应当审查那些为了保证生产出来的零部件的质量是在型号设计限制之内的工艺过程,在受控范围内的任何偏离都必须经过审查并获得批准。

7.10.2　工艺规范内容的审查

工程审查代表和制造符合性检查代表应审查工艺规范的基本内容。无序和不

完整的内容可能会导致误解和混淆,由此引起完工项目的质量偏离出型号设计的限制。下面给出一种检查典型工艺规范内容的指导:

(1) 适用范围。

(2) 适用文件。

(3) 质量要求。

(4) 工艺过程中使用的材料。

(5) 制造。

(a) 制造的操作;

(b) 制造的控制;

(c) 试件;

(d) 工装设备检定;

(e) 工装设备控制。

(6) 检验。

(a) 过程检验;

(b) 检验记录;

(c) 对检验试验;

(d) 对检验控制;

(e) 加工项目的检验。

(7) 操作和检验人员的资格控制。

对任何工艺过程,提交批准的工艺规范及相关资料都不应含有可以得出各种不同解释的内容和词句,诸如足够的、如需要、如要求、室温以及定期等类的词句。规范中应当明确规定那些在过程中要求控制的工艺参数及其容差。

工程审查代表和制造符合性检查代表应当审查实际操作过程和工艺规范,确认工艺规范对那些只有受控才能保证合格的和始终如一的产品的参数规定了必要的控制要求。例如,工艺原材料、工艺设备、生产设施、环境、检测设备及生产操作者等。这些控制要求应包括确定测量的计量单位和可接受的门限值,有关测量技术的叙述,以及当实际测量不符合可接受标准时所应采取的措施。

7.10.2.1 工艺实施的检查

制造符合性检查代表应当核查实际的工艺实施过程。在此期间,对于那些只有受控才能保证始终如一地加工出合格产品的工艺参数,制造符合性检查代表应给予特别的关注。这些参数可能存在于许多影响产品质量的要素中。

制造符合性检查代表应当核查依据工艺规范加工的项目,确认加工项目的实际操作过程是符合工艺规范的,并且采用了工艺规范中要求的材料、方法、工具和设备。由于最终结果取决于是否严格的遵守工艺规范,所以任何的偏离和偏差都应在操作的一开始就得到纠正。

7.10.2.2 产品符合性的检查

产品符合性的检查是工艺审查过程中非常重要的步骤之一。制造符合性检查代表应依据工艺规范中给出的检验或检测方法来检查经过工艺加工项目的符合性，并将检查结果记录在制造符合性检查记录表中。如果工艺规范所有的要求都得到了遵循，生产的所有零组件都应当有相同的质量。

工程审查代表和制造符合性检查代表通过工艺审查得出该工艺过程能否始终加工出符合型号设计要求的项目的结论。申请人的质量计划应对此有明确的要求。制造符合性检查代表和工程审查代表可以对工艺提出批准或拒绝批准的建议。

7.10.3　无损检验方法的审查

无损检验(NDI)方法的审查程序同本部分7.10.2节。申请人应当向制造符合性检查代表证明所用NDI方法有能力判定工程图纸规定的允许缺陷尺寸和部位，检验结果是可以重复的，并且完成检验所要求的设备能够满足规范中的验收要求。

7.10.4　工艺规范的批准

应当强调，在所有的工艺规范得到批准之前是不可能颁发型号合格证或型号设计批准书的。为了使工艺规范较快获得批准，应鼓励申请人在首次型号合格审定会议上提交一份工艺规范审查计划，在项目早期制定工艺规范并提交批准。

申请人可以把型号设计资料所要求的工艺规范按独立的清单，提交有关的工程审查代表批准。

工程审查代表和制造符合性检查代表应仔细审查工艺的重要更改和修订等，在批准之前先确定它们会对最终产品的质量产生什么影响。根据更改或修订的程度，有时需要重新检查操作过程。"

2)《生产许可审定和监督程序》AP-21-04 R3第四节规定

生产许可审定是民用航空产品适航管理中的第2步，其目的是对已获得型号合格证并欲重复生产该民用航空产品的申请人进行资格审查，以确保该申请人建立起并能始终保持一个符合民用航空规章要求的质量管理体系，保证制造的每一产品都能符合型号设计。生产许可审定的主要是审查申请人的制造条件、能力和质量管理体系，以确定是否能始终制造出符合经适航当局批准的设计的产品。在取得生产许可证后，所生产的民用航空器经检查证明符合于型号设计并处于安全运行的状态，则对该航空器颁发适航证。

在CAAC适航管理程序生产组织批准第二十一章 AP-21-04 R3《生产许可审定和监督程序》第四节制造过程中进一步明确：适航当局对已获得民用航空产品型号设计批准并欲重复生产该产品的制造人进行生产许可审定，以保证该产品符合经批准的型号设计，生产许可审定的最终批准形式是颁发生产许可证。适航当局进行生产许可审定，关注的是企业是否建立了质量控制系统，是否严格执行了质量特性的控制方法与验证，强调的是生产组织能够持续生产出合格的、适航当局已经获批型号的、安全可用的产品及其部件。企业必须从工人技术考核、仪器仪表、设备状况、原材料、辅助材料、工艺参数、工艺记录文件、厂房环境等一系列"人、机、料、法、环"的五环节制订出具体的规定和要求。

因此，申请人要认识到适航的三证管理既是分阶段，又是相互关联的。质量管理体系从型号合格审定阶段开始就要建立，才能保证原型机产品符合于型号设计。型号审定过程还可以推动质量管理体系的工作。生产许可审定阶段则是对质量管理体系改进完善的过程，要按照适航规章要求全面衡量质量管理体系的完善与有效性，并确保能生产出符合于型号设计和安全运行的产品。而获得型号合格证和生产许可证又是取得单机适航证的前提。不管在任何阶段，申请人始终要把主要精力放在建立健全质量管理体系上，要始终确保产品的制造符合性，才能立于不败之地。

4.2　民用航空质量管理中的特种工艺控制要求

4.2.1　国际航空质量管理体系标准要求

适航对民用航空产品制造企业的质量控制做出了最低门槛要求，给出了框架性的指导。在具体实施过程中，企业需要建立质量管理体系以确保实现质量目标，产品质量始终优良，满足客户需要。适航是骨架、标准是血肉，它们之间相互融合、相互协调、相互补充构成一个统一的整体。质量标准在符合适航性要求的基础上更加细化，对企业提高质量、控制安全风险有实际的指导意义。

ISO 9001 标准自实施以来，得到了世界各国的普遍认同，它先进的管理思想已成为当今时代质量管理的模式。但在航空航天工业领域，无论是国外还是国内生产民机或民机转包项目的企业，普遍采用的是 SAE AS 9100 质量标准。

4.2.1.1　AS 9100 标准的内涵及产生背景

AS 9100 标准包括了 ISO 9001 质量管理体系要求，并对航空航天和国防工业规定了附加要求、定义和注释。它从质量管理体系总要求、管理职责、资源管理、产品实现、测量分析和改进等方面对质量控制做了较全面的要求和规定，主要用于内部和外部（包括认证机构）评定组织满足顾客、法律法规和组织自身要求的能力。

AS 9100 标准的产生源于航空航天工业的组织及其供方共同的需求。航空航天工业的全球化以及地区/国家要求和期望的差异，使航空航天工业的组织及其供方面临严峻的挑战。一方面，一个组织要面对众多的供应商，面临着如何保证从世界各地和供应链中各层次的供应商采购高质量的产品和实现采购要求规范化的挑战。另一方面，一个供应商也会面对众多的顾客，供应商既要对不同的顾客交付具有不同质量期望和要求的产品，也要应对众多顾客要求不同的频繁的第二方审核。因此，不论从组织还是组织的供应商，都希望建立一个国际航空航天质量管理体系标准，统一航空航天质量管理体系要求，并用第三方认证取代对众多供方的第二方审核。

为了在最大范围内统一航空航天工业系统质量管理体系要求，提高产品质量。IAQG 于 2001 年 3 月发布了国际航空航天质量管理体系标准 IAQS 9100《航空航天质量体系——设计，开发、生产、安装和服务的质量保证模式》的最终草案，根据该草案,SAE 于 2001 年 8 月等同发布了 AS 9100A 版标准,并将依据该标准通过第三方质量体系认证作为航空航天的供方市场准入的先决条件之一。航空业各个产业链条中,每个组织对于航空、航天或者国防领域相应产品的设计开发、制造、采购、航空公司的运营,甚至是用于航空器维修维护和备件购买,都适用于 AS 9100 体系。波音、空客、GE 等航空制造企业已要求中国从事民用航空产品转包生产的供方按 AS 9100 进行质量体系认证。

4.2.1.2   AS 9100 标准在中国航空制造企业的应用

上飞公司的航空零部件转包生产项目于 2004 年 7 月获得法国国际检验局 BVQI 颁发的 AS 9100 质量管理体系认证证书。上飞公司是美国波音公司在中国诸多供应商中首家通过 AS 9100 第三方认证的企业,该公司的 B737 - NG 平尾交付速率由原来的每月 10 架提升至 13 架,被波音飞机公司评为金牌供应商。西飞国际合作项目质量管理体系于 2004 年 9 月通过了国际第三方质量体系认证,为西飞进一步扩大与波音公司、英宇航、法航、意航等世界各航空企业国际合作项目提供了条件。哈飞航空于 2004 年 10 月获得 BVQI 颁发的 AS 9100 质量体系认证证书,为进一步打开国际航空产品转包市场奠定了坚实的基础。2006 年 9 月,昌飞公司 AS 9100 质量管理体系顺利地通过了必维国际检验集团(BVC)的首次现场审核,并获得 AS 9100 认证证书,有效期 3 年。2007 年,昌飞正式成为波音转包供应商,2009 年通过了 BVC 的换证复审。

另外,我国航空行业已等同采用 AS 9100、9102、9103、9131,其中第一项已发布,标准号为 HB 9100:2003,后三项即将发布。

4.2.1.3   AS 9100 标准的过程要素

航空航天领域质量管理体系 AS 9100 糅合了 ISO 9001 质量控制的基本理论,并且对航空业不同于其他产业的方方面面进行了详细的规定。由于飞机制造都是采用小批量、多品种的生产模式,并且零部件相对其他行业要庞大复杂得多,并且民用航空器对于安全风险的要求又是其他产业难以望其项背的,故而航空航天领域质量管理体系相较其他体系有其独有的特性与关注点。AS 9100 过程要素主要包括首件检验、关键特性管理、设计控制、记录保管、配置管理、风险管理和特种工艺七个方面[1]:

特种工艺,又称特殊过程(special processes),是指在该工艺(过程)完成之后,除非使用破坏性手段,否则无法检验质量特性是否符合的一些工艺(过程)。例如,铝合金的热处理、非破坏性试验及化学过程给我们独特的挑战。没有破坏性测试,这些活动将不能被验证。即使简单到一个元件的紧固,当操作完成之后,除非对紧固件进行破坏性拉伸测试,否则无法判定紧固是否有效或者说达到标称要求。对这些过程执行严格的控制和评估是必要的。

4.2.2   AS 9100 标准对特殊过程(特种工艺)控制的要求

在产品形成的各个阶段中,特种工艺起着非常重要的作用。因为在生产过程中,特种工艺直接影响和制约着被加工零件材料的内部组织结构和表面状态,而材料的内部组织结构最终决定着产品零件性能,且特种工艺种类多,涉及众多零件,一旦出问题,所涉及的就不是一个或单件产品,而是成批或大量的产品。由于特种工艺的特殊性和重要性,国外航空公司特别重视对特种工艺的控制。例如,波音公司每年都要对其供应商在产品形成过程中的特种工艺进行年度审计,特种工艺质量不过关,就不能生产波音零件。

在 AS 9100 中 7.5.2"生产和服务提供过程的确认"对特种工艺是这样描述的:"当生产和服务提供过程的输出不能由后续的监视或测量加以验证时,组织应对任何这样的过程实施确认,包括仅在产品使用或服务已交付之后问题才显现的过程。这些过程通常称之为特殊过程",同时还规定,"确认应证实这些过程实现策划的结果的能力",包括如下内容:

(1) 为过程的评审和批准所规定的准则;

(2) 设备的认可和人员资质的鉴定;

(3) 特定的方法和程序的使用;

(4) 记录的要求;

(5) 再确认。

4.3 质量和适航管理体系运行中落实对特种工艺的质量控制

改革开放以来,中国航空工业接触到国外航空企业波音、麦道、空客等公司的先进管理经验,发现他们都把特种工艺放在极其重要的位置,除为他们加工的零部件要严格按该公司的工艺规范达到技术要求外,每项特种工艺都要经他们系统审查批准后才能投产,而且每年还要复查批准一次。上飞公司自与麦道公司合作生产 MD-82 飞机以来,引进了该公司的管理经验,深切体会到搞好特种工艺控制,不仅在技术上要达到国际先进标准,更要在管理上形成特种工艺的控制系统,多年来的实践证明这些经验是行之有效的,关键在于使工艺控制工作真正形成系统。

4.3.1 质量顶层文件落实 AS 9100 标准要求

为了有效落实 AS 9100 中的要求,民机制造企业应在质量顶层文件中对特种工艺的管理进行必要的描述及规定。识别每个过程的输入、输出及获得所需的资源,再将标准要求落实到具体的每个过程,编制、修改过程所涉及的质量控制文件,将标准要求贯彻落实到质量手册或质量程序文件中。对于特种工艺过程,要求明确过程输入(型号设计资料等)、过程输出(批准的特种工艺/工艺源、确认和评审的记录、特种工艺控制记录等)、过程所有者(质量管理部)、过程活动(确认/评审和批准特种工艺/工艺源、监控特种工艺实施等),其管理要求应包括并不限于:

(1) 特种工艺在使用前必须经过确认/评审和批准,当特种工艺发生更改时,应再次确认/评审和批准;

(2) 建立和保持一份批准的工艺源清册,清册至少应能反映出批准的特种工艺名称、工艺规范、设施/设备信息、限制条件和地点等；

（3）对特种工艺设备、工艺环境和工艺参数进行监控，以确保其工艺能力持续符合工艺规范/标准要求；

（4）特种工艺的操作人员和检验人员必须按工艺规范/标准要求进行培训并经鉴定合格；

（5）当特种工艺发生偏差或失控时，应进行原因调查和纠正措施确定，同时进行评估以确认影响产品的范围和对产品质量影响的程度，确保妥善处理所有受影响的产品；

（6）当生产条件发生变化时（如材料、设施、人员的变化等），应对上述过程进行再确认，确保对影响过程能力的变化做出及时反应；

（7）必须对特殊过程进行监控，保持过程参数和设备的监控记录及生产记录，为产品的符合性提供证明。

4.3.2　在特殊过程（特种工艺）中贯彻落实 AS 9100 标准要求

"确认应证实这些过程实现所策划的结果的能力"的要求只是原则性的规定，但却包含着许多内涵，能否正确理解、转化、细化，并贯彻到位，关系到民机项目在质量管理体系如何运行，特种工艺的质量如何保证。因此，有必要在民机项目质量管理体系中明确，在特种工艺上如何正确贯彻 AS 9100 中 7.5.2 条款的要求。

为了清晰表明特殊过程的相互作用及其控制关系，我们用 PDCA（策划、实施、检查、处置）方法做一流程图来对特殊过程之向的关系加以说明。下面就以图 4.1所示的流程图为纲，将 AS 9100 关于特殊过程的要求贯穿其中[2]。

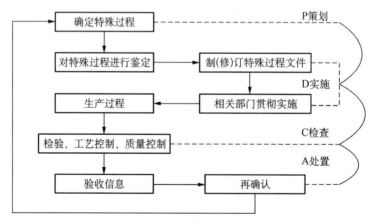

图 4.1　特殊过程流程

1）确定特殊过程

确定特殊过程的实质就是对特殊过程进行策划。

2）对特殊过程进行鉴定

特殊过程的特殊性使之在使用前必须经过鉴定和批准。

（1）过程鉴定的范围。

过程鉴定，也叫工艺评审。其具体内容包括：

a. 人员资格鉴定要求，包括培训大纲、教材、考试结果记录等；

b. 经鉴定合格的设备清单；

c. 特种工艺采用前，经过检测、试验、验证，符合规定要求的有关原始记录，例如：槽液分析、理化试验、设备计量等；

d. 现行过程规范（版次）及资料目录的有效性；

e. 根据过程规范编制的内部程序；

f. 工艺控制程序、设备计量/检定程序、操作程序、试验程序、检验程序等；

g. 工艺流程图；

h. 特种工艺控制及试验、检测的项目、方法及要求；

i. 自上次批准后，工艺或设备的更改及变动情况。

（2）过程鉴定的流程。

过程鉴定（工艺评审）应按"过程所需鉴定的范围确定"→"工艺文件编制"→"工艺资料准备"→"人员培训"→"内部鉴定"→"所有资料准备"→"内部审核"→"提交评审"的流程进行。

（3）过程鉴定的批准。

过程鉴定（工艺评审）须经批准授权后，才能正式生产。一般采用两种方式：

a. 经外方鉴定合格后，由工艺技术部门出具书面文件予以明确，生产部门根据规定进行生产；

b. 企业内部工艺技术部门自行组织鉴定合格后，由工艺技术部门发书面文件予以明确，生产部门才能进行生产。

（4）制订工艺文件。

工艺技术部门应以顾客要求、设计要求等为依据，制订特种工艺的技术和管理文件，并根据实际生产情况对文件进行修订、更改，并将修订、更改情况及时传递到生产及相关单位。

（5）贯彻实施特殊过程。

企业应从人、机、料、法、环5个方面贯彻实施特殊过程：

a. 人——培训部门应按相应专业要求对特殊过程操作人员进行培训，操作人员经考核合格后上岗。

b. 机——特殊过程使用的设备、设施，应定期校验，满足工艺文件和产品的预期要求后，并应按规定的使用周期进行维护、记录。

c. 料——用于特殊过程的原材料、工艺材料，必须经过严格检验，附有质量验收文件，按照有关制度和规定贮存，以满足工艺规范的要求。

d. 法——应有一套完善的标准、法规和程序对产品特殊过程之间的重要操作和重要参数等进行连续的控制。

e. 环——特殊过程的生产环境,例如:温度、湿度、清洁度等应符合工艺要求,并且应按规定进行记录。

3) 生产过程

生产部门在进行生产前,应首先确保具备资格的操作人员严格按工艺规程规定进行操作;所用设备、控制仪表、各类测试设备、工具是否处于完好状态;计量器具是否在检定周期内;原材料、工艺材料是否在贮存期限内;检查生产现场的工艺规程等技术文件是否完整清晰、现行有效,并处于受控状态;检查程序是否正确。生产部门在按文件要求对产品过程参数进行连续监视和测量时,应认真消化有关技术文件,了解特殊过程的技术及质量要求,明确具体操作程序及生产原始记录的填写;设有检验的工序应经检验认可后,方能进行下道工序。对要求记录的产品过程,应详细填写各项原始记录。

4) 检验、工艺控制、质量控制

特殊过程必须进行工艺控制试验和溶液分析等,确保产品过程稳定并符合有关技术要求。检验人员应掌握有关技术和质量要求,认真监控设有检验工序的过程并严格检查产品质量,不符合文件要求不予验收产品。合格的工序经检验员确认后需盖章或签字。检验人员应认真复查操作人员填写的质量原始记录。对生产、试验记录应进行严格控制,各类原始记录应完整、准确、连续,并有可追溯性;原始记录应按规定进行保存,不能随意涂改。

5) 验收信息

当产品过程不合格或产品工艺控制试验不合格时,应及时反馈信息,供技术部门进行处理。当过程中使用的关键设备、操作人员、参数或接收方法与准则发生了变更时,当过程停工时间超过文件规定时,应对特殊过程进行部分或全部再确认。

总之,在企业日趋融入国际市场的情况下,只有提高产品质量,企业才能获得商业成功。而特种工艺质量直接决定着产品性能乃至最终质量,所以认真贯彻 AS 9100 质量标准,按其要求建立一套行之有效的质量管理体系和特种工艺质量控制要求,无疑是民机制造企业迅速与国际先进水平接轨的一条捷径。

4.4　主制造商对供应商特种工艺质量控制要求

4.4.1　主制造商加强供应商特种工艺质量控制的必要性

4.4.1.1　航空制造企业主制造商-供应商模式

以往国内飞机制造商基本上是自己一家包揽产业链的所有环节,其在市场和服务环节非常薄弱甚至虚设。目前,国内军用飞机制造仍遵循这样的过程。但是,从 20 世纪 70 年代末期开始,国际的发展趋势是主制造商开始逐渐将产品的详细设计、零部件生产和装机系统配置分离出去。这是市场竞争日趋激烈下,主制造商保持创新和竞争力的结果。

一个型号研制生产绝大部分经费在生产制造上,生产是由设备、厂房、技术工人支撑的,这就决定了生产过程是经费消耗的大户,而且硬件成分大都相对容易复制,但其在整个产业链里的附加值是最低的。而最不容易复制的、最有创造性的、附加值最高的部分是市场、产品定义及售后服务,这往往是知识产权最核心的部分。企业寻求在激烈的竞争下生存和利益最大化,将资产积压的环节外包是一条新的出路。这种大范围的外包模式是市场竞争的结果,也是专业化的结果。制造是最容易专业化的,一个制造可以同时为好几个型号服务,只有同时为几个型号服务,才能最大限度地实现制造的效益。专业化也是商品经济规则逐渐完善的结果,制造商和转包生产商之间依靠契约来履行彼此的职责。而这种转变带来的最大的挑战就是对供应商的管理。

主制造商-供应商机制是市场竞争日趋激烈形势下制造企业寻求提升和保持竞争力的创新结果。主制造商-供应商机制带来的是资源合理配置的最大化,从而使"主-供"双方都各得其所,从中受益匪浅。主制造商-供应商机制的生存基于制造业专业化的发展和商品经济规则的完善。

4.4.1.2 主制造商加强供应商管理的必要性

民用航空产品制造属于创造性、探索性劳动,不仅具有系统复杂、技术密集、投入高、风险大、周期长的特点,而且协作单位多、协调更改多、综合管理困难。随着生产社会化的不断发展,生产活动的分工越来越细,专业化程度也越来越高,民用航空产品更是如此,必须经过若干个供应商的分工协作才能最终完成,这也意味着民用航空产品制造总单位必定有其供应商的存在。民用航空产品的零部件,一般由国内外相关的专业供应商研制,这些供应商所在地域分散,协调面广,给承担民用航空产品主制造商带来监控上的不便。

随着航空制造企业质量管理体系不断完善,零部件的质量管理和控制要求进一步提升,供应商零部件生产过程中的质量问题会造成整机研制进度延误,甚至会影响民用航空产品的最基本的要求——安全。因此,加强对供应商的质量控制,提高供应商自身质量管理水平和零部件生产水平,对民用航空产品的研制生产意义十分重大。

(1)加强供应商管理可以有效地控制产品质量。零部件质量对飞机质量影响很大,相关研究表明,制造企业 70% 的质量问题是由供应商引起的。

(2)加强供应商管理可以降低企业的成本。从飞机制造供应链的成本构成来看,采购成本的比重占到 65%。因此,加强供应商的成本控制,可以有效地降低企业原材料采购的直接成本,从而提高企业效益。

(3)加强供应商管理有助于新产品的开发,有利于增强企业竞争优势。供应商的生产技术和研发能力影响着飞机产品在市场上的领先程度和竞争力。加强与供应商的沟通与交流,有利于供应商缩短企业新产品的开发周期,提高技术含量,降低开发费用。

(4)加强供应商管理有助于提高客户满意度。客户的满意度来自于企业满足其需求和提供服务的快速反应能力。供应商的柔性对制造企业交货柔性和数量柔性有着必然的影响,从而影响到客户对制造企业的态度。

4.4.2　主制造商加强供应商特种工艺质量控制的关注点

4.4.2.1　双方职责和工作要求

在特种工艺的控制方面主制造商首先应当确定需要控制的范围,然后明确控制的准则,以及对出现的与要求不一致的情况处置的方式方法。主要职责如下但不限于此。

(1) 确定控制项目。

(2) 负责编制和维护工艺检查记录。

(3) 制订、审核工艺评审计划,并督促评审计划的落实。

(4) 组织和实施现场的初始/年度评审与批准。

(5) 完成纠正措施的跟踪验证和评审资料的整理归档。

(6) 根据评审组的评审结论修订及定期发放批准的工艺清册。

供应商生产前需识别出制造过程中涉及的特种工艺项目,并在获得客户相应的批准后方可用于生产。供应商应依据文件要求对内部工艺进行内部审核,确保工艺满足要求后向客户申请特种工艺评审。供应商在制造过程中需要明确自己在制造过程中需要进行的工作,具体如下但不限于此:

(1) 按主制造商确定的范围,做准备并提请批准。

(2) 在工艺初审和复审前,进行内部预评审。

(3) 负责对评审后发出的不符合项制定纠正措施,并完成纠正措施的落实。

(4) 保持已批准的工艺始终符合工艺规范的要求。

(5) 确保生产中使用的需批准的工艺处于有效的批准状态。

4.4.2.2　控制过程中的重点关注

供应商特种工艺评审重点在生产和服务提供、产品的监视和测量以及不合格品控制 3 个方面。

1) 生产和服务提供重点关注

在审核过程中应重点关注是否策划并在受控条件下(制造计划/指令、图纸/规范、设备/程序、工装/工具等)进行生产和服务提供;是否对影响过程、生产设备、工装和软件程序的更改进行了控制;是否对生产设备、工装和用于生产过程自动化的程序在使用前进行了确认并维护;是否对特种工艺生产/加工过程进行了确认;是否在产品实现的全过程使用适宜的方法识别产品、控制并记录产品的唯一性标识;是否对顾客财产(顾客提供的图纸、文件、材料、工装、成品等)进行了识别、验证、保护和维护;是否规定在内部处理及交付到预定地点期间的产品防护(包括标识、搬运、包装、储存和保护)要求。

评审过程中评审人员应当对现场操作人员的资质、作业指导书的编制情况、设备的校验情况、环境的控制、原材料的控制等进行评估。当评审过程中发现与文件、标准、规范不符合的现象应发出问题报告,供应商在收到问题报告后应在指定的时间内按客户要求填写相应答复表格。其中,要求不限于分析根本原因、答复纠正措施、制订预防措施、对受影响产品的处理等。当满足工艺规范后供应商将收到客户发放的批准报告,供应商在收到批准报告的第一时间应确认批准的范围限制的内容以及批准报告的有效期限。

当供应商将工艺外协至次级供应商处,供应商有义务确保次级供应商的制造过程满足客户的工艺文件、标准、规范的要求。供应商对于外协的工艺应进行定期的评审并做好相应记录。供应商有义务协调客户对次级供应商生产情况符合要求进行验证。

2）产品的监视和测量重点关注

是否在产品实现过程的适当阶段对产品的特性进行了监视和测量;对产品检验要求是否形成文件;是否对关键项目（包括关键特性）进行了过程控制和监视;记录是否指明了有权将产品放行给顾客的人员;在需要证明产品检验合格的场合,是否保证记录提供产品满足规定要求的证据;在圆满完成策划安排、放行产品和交付服务前,是否得到授权人员批准/顾客批准;是否保证了所有要求随同产品的文件在交付时一同提供。

3）不合格品控制重点关注

在实际特种工艺的评审过程中时常出现各类偏离导致最终发出不符合报告,后期对偏差的答复无法满足要求影响工艺获得批准。出现这类情况将会直接影响到零件的生产。实际特种工艺的不合格品控制应重点关注是否建立了控制程序确保不合格品得到识别和控制;是否规定了不合格品的评审和处置的职责和权限;是否按要求对不合格品进行了标识、隔离、审理和处置;如果不合格导致偏离合同要求,原样使用或返修的处理是否经过顾客特殊批准;是否对处置为报废的产品进行了有效的控制;在不合格品得到纠正后,是否对其再次进行了验证。对于常年评审中出现的问题进行整理大致如下。

（1）生产过程中使用工作依据存在偏差。使用了错误的标准、规范;

（2）现场人员凭借经验进行生产,忽视文件要求;

（3）现场指导文件编制与生产依据不一致;

（4）设备、溶液、计量器具等未按要求进行校验/测试;

（5）工艺周期性控制未按要求进行;

（6）人员资质不满足要求;

（7）原材料未按要求进行测试或原材料贮存不满足相关文件要求。

（8）产品检验方式方法与文件要求不一致。

4.4.3　主制造商加强供应商特种工艺质量控制的控制方式

4.4.3.1　航空制造企业供应商第二方审核

很多航空制造企业都将对供应商的第二方审核作为其中一种有效的供应商管理办法。根据供应商提供的产品特性,第二方审核的侧重点也有所不同。鉴于航空产品的复杂性,根据供应商提供产品的类别、采购产品对最终产品质量或使用的影响程度,以及企业接收检验的能力,将供应商进行分类,确定审核依据标准和范围。

结合供应商产品特性,确定审核重点。

航空制造企业供应商可分为:

Ⅰ类供应商:提供具有独立功能的、复杂的、关键的系统功能件产品的厂商,如生产机身、机翼、起落架、雷达系统和发动机等的设计制造厂商。对此类供应商必须依据 AS 9100 标准进行审核。针对Ⅰ类供应商,审核重点在产品实现策划、与顾客有关的过程以及设计和开发3个方面。

Ⅱ类供应商:提供的产品是一般配套件以及按顾客图样、数模、技术文件生产的结构性零件(如梁、肋等)、结构件原材料(如铝板、铝挤压型材等)、复材零件和扩散件/外购件的制造厂商,以及承接特种工艺加工的制造厂商。对此类供应商要依据 ISO 9001 或等同标准进行审核;对提供航空结构性零件或承接零件特种工艺加工的供应商还必须依据 AS 9100 标准进行审核。针对Ⅱ类供应商,审核重点在生产和服务提供、产品的监视和测量及不合格品控制3个方面。

Ⅲ类供应商:提供在接收时能充分验证最终产品上使用的一般原材料、成品件、标准件的供应商,此类供应商还包括顾客的材料规范和工艺规范中指定的供应商、外校准服务和测试服务机构以及扩散工装供应商等。对此类供应商可依据适用的 ISO 9001、AS 9100、AS 9120 或等同标准进行审核。针对Ⅲ类供应商中的分销商,审核重点在采购、产品标识和防护方面。

4.4.3.2　第三方审核

第三方审核是指由独立于客户与供应商双方之外的认可机构对供应商所进行的审核,其目的是减少第二方(客户或其代表)的重复评审和不必要开支,提高供应商的信誉和市场竞争力,促进供应商质量管理目标的实现。目前,世界上有超过200家的第三方认证机构,相比之下,民用飞机热表特种工艺涉及最广也是最基本的第三方审核就是 NADCAP 审核和航空质量管理体系审核。

1) NADCAP 审核

(1) NADCAP 审核的定义、特点和涵盖范围。

国家航空航天与国防合同方认证项目(National Aerospace and Defence Contractor's Accreditation Program,NADCAP),是由美国航空航天和国防工业巨头与美国国防部、SAE(Society of Automotive Engineers)等机构于 1990 年共同发起和发展的一个专门对航空航天工业的特殊产品和工艺进行认证的体系。

NADCAP 是一个行业共同管理的项目,图 4.2 为其组织机构示意图,现由质量评审协会(Performance Review Institute,PRI)负责实施。作为 NADCAP 项目的行政管理方,PRI 理事会由来自波音、空客、通用电气等公司的副总裁级别的高层领导组成,他们负责建立 PRI 的公司政策,制定发展愿景,并监管公司财务状况;NADCAP 管理委员会同样由来自众多主承包商和供应商的质量总监一级的领导组成,他们负责建立项目运作程序,监管项目运营,以及工作组的建立和协调;各专业工作组的代表也都来自于主承包商和供应商,他们都是各自专业领域中的技术专家,共同负责制订审核检查单,评审供应商的整改措施,并做出最终认证决定。因此,对于 NADCAP 而言,项目运营过程中每个关键环节的监管都是由整个行业的参与者来完成的,PRI 作为项目的行政管理方只为项目运作提供行政支持,并不参与技术问题的决策过程,它的使命就是为航空和其他以质量和安全为共同利益的行业提供国际化、公正、独立的制造过程和产品评审及认证服务,旨在为行业增加价值,降低总成本,并促进承包商与供应商之间的关系,进而推动行业的持续改进[3]。

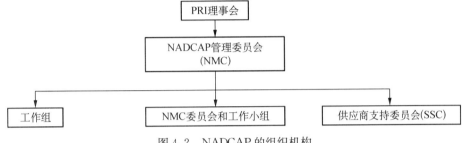

图 4.2　NADCAP 的组织机构

从制定审核标准,到评审审核报告和纠正措施,再到最终给供应商颁发证书,NADCAP 的整个过程都是由承包商代表组成的特种工艺项目组统一决策的,因此该项目的运作模式更接近于第二方审核。因此,NADCAP 具有以下特点:

　　a. 建立了可满足所有参与方要求的严格统一的行业标准;

　　b. 以 NADCAP 用户共识为基础的认证决策过程取代了常规的供应商审核;

　　c. 进行更深入、专业性更强的特种工艺审核;

　　d. 通过严格的要求提升整个行业的供应商质量;

　　e. 通过改进的标准化来降低成本;

　　f. 选用技术专家作为审核员,以确保他们对过程的熟悉;

　　g. 增加对主承包商的审核,减少对供应商的审核。

正是这种以行业协作、行业管理的独特理念和运作模式,成为 NADCAP 特种工艺审核推行成功的一大原因。目前,NADCAP 项目已成为全球航空航天领域中公认的规范性最高、质控效果最好和认可度最广泛的过程符合性审核平台与供应商控制机制,通过 NADCAP 认证也已成为航空航天领域合同申请的必备资质和前提条件,即使对于已经获得合同的企业,其产品所涉及的特种工艺也必须通过 NADCAP 认证。以波音公司为例,其 D1-4426(Approved Process Sources,批准的工艺源)就要求所有波音特种工艺供应商都必须通过 NADCAP 认证;对于 D1-4426 中要求进行 NADCAP 认证的工艺,若为新增报批,则必须在波音公司批准后 3 个月之内通过 NADCAP 认证。经过 20 多年的发展,全球加入 NADCAP 机构的成员达到了 53 个,包括世界上知名的宇航界和汽车制造业巨头,如波音、空客、罗罗、通用、普惠、霍尼韦尔、庞巴迪、中国商飞等。其覆盖的工艺也越来越多,目前涉及了 19 个专业,如化学处理、热处理、焊接、无损检测和表面强化等,这些专业共囊括 105 项特种工艺,

151份AC检查单,具体分布如表4.1所示。

表4.1　NADCAP涉及的专业分布

序号	专业名称	特种工艺数量	AC检查单数量	补充文件数量
1	化学处理	15	16	0
2	热处理	10	12	1
3	焊接	11	18	6
4	无损检测	8	15	6
5	表面强化	5	12	6
6	涂层	7	8	0
7	常规加工	6	7	0
8	电子器件	5	6	0
9	流体配送系统	6	7	0
10	材料测试试验室	9	11	0
11	非金属材料加工	5	6	0
12	非金属材料测试试验室	5	9	0
13	非常规加工	6	7	0
14	密封剂	2	2	0
15	弹性密封件	1	1	0
16	测量与检验	2	3	0
17	复合材料	1	1	0
18	航空质量体系	1	1	0
19	金属材料加工	0	0	0

其中,化学处理和热处理专业所涉及的AC检查单详如表4.2所示。

表4.2　热表处理的NADCAP检查单

序号	检查单编号	名　　称	所属专业
1	AC7102	热处理的NADCAP审核标准	热处理
2	AC7102/1	铜焊的NADCAP审核标准	热处理
3	AC7102/2	铝热处理的NADCAP审核标准	热处理
4	AC7102/3	渗碳的NADCAP审核标准	热处理
5	AC7102/4	气体和/或离子氮化处理的NADCAP审核标准	热处理
6	AC7102/5	热处理硬度测试的NADCAP审核标准	热处理
7	AC7102/S	热处理的NADCAP审核标准	热处理
8	AC7108	化学处理的NADCAP审核标准	化学处理
9	AC7108/1	喷漆、干膜润滑剂和作为喷漆前准备的溶胶-凝胶施工的NADCAP审核标准	化学处理
10	AC7108/2	侵蚀工艺(阳极刻蚀、蓝色阳极化侵蚀、宏观结构、烧伤/淬火)的NADCAP审核标准	化学处理
11	AC7108/3	金属胶接前表面处理的NADCAP审核标准	化学处理

（续表）

序号	检查单编号	名　称	所属专业
12	AC7108/4	用于化学处理 的溶液分析和测试的 NADCAP 审核标准	化学处理
13	AC7108/5	α 相去除和化学铣切的 NADCAP 审核标准	化学处理
14	AC7108/6	清洁度验证的 NADCAP 审核标准	化学处理
15	AC7108/7	真空镀镉和离子镀铝的 NADCAP 审核标准	化学处理
16	AC7108/8	阳极氧化的 NADCAP 审核标准	化学处理
17	AC7108/9	电镀的 NADCAP 审核标准	化学处理
18	AC7108/10	化学镀的 NADCAP 审核标准	化学处理
19	AC7108/11	转化膜的 NADCAP 审核标准	化学处理
20	AC7108/12	酸洗、去氧化皮、钝化和电抛光的 NADCAP 审核标准	化学处理
21	AC7108/13	刷阳极氧化和电刷镀的 NADCAP 审核标准	化学处理
22	AC7108/14	退除膜层作为外包工艺的 NADCAP 审核标准	化学处理
23	AC7108/15	渗透前侵蚀的 NADCAP 审核标准	化学处理

2002 年 11 月，NADCAP 机构的 eAuditNet（电子审核网，即 NADCAP 主机厂和供应商输入和获得 NADCAP 授信信息的在线系统）审核和评审完全启动，供应商的所有审核和认证信息都在该电子平台上进行公示，审核过程更加透明。在短短几年的时间内，NADCAP 认证迅速发展，每年的审核数量都在大幅增加，NADCAP 全球审核数量由 1990 年的 2 个审核发展到 2014 年全年在 18 个专业领域和产品领域进行超 5 000 个审核。截至 2015 年 3 月，中国大陆地区共有 140 家企业获得了 NADCAP 认证，覆盖了 15 个专业共计 64 项特种工艺。

（2）NADCAP 审核流程。

如图 4.3 所示，在进行 NADCAP 审核前，供应商首先应与 PRI 联系，将审核安排在供应商及客户都满意的时间范围内，然后 PRI 会安排经验丰富的审核员对供应商进行现场审核。

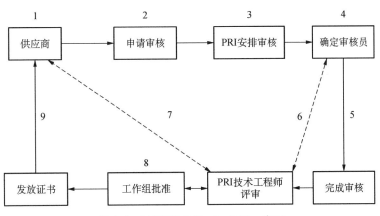

图 4.3　NADCAP 的 eAuditNet 流程

在审核前 30 天,供应商需向 PRI 机构提供与该次审核相关的资料。以表面处理(AC7108)为例,提交的资料清单如表 4.3 所示。

表 4.3 审核前提交 PRI 的资料清单

序号	资 料 名 称
1	内部审核对所有文件都完成了程序命名和程序编号
2	一个已完成的工艺流程/路线卡样表
3	涉及的主要客户和主要工艺规范清单
4	用于工艺、测试、检验等的供应商程序清单(内容的索引/表格)
5	组织机构图及相关厂房的位置图
6	质量控制手册
7	外购服务清单

审核完成后审核员会将电子版的审核报告提交到 NADCAP 审核网站 eAuditNet 上,然后由供应商对审核的不符合项进行回复,并且接受 PRI 工程师对不符合项回复的评审。当 PRI 工程师认为审核报告中所有不符合项的根本原因已被识别、纠正措施已得到落实后,他们会将报告内容提交到 NADCAP 特种工艺组。工作组由来自各航空主机厂的技术专家组成,他们将会对 PRI 工程师得出的结论进行再次核实,做出认证与否的最终决定[4]。最后,通过产品、工艺或服务认证的供应商将会被 NADCAP 授权使用项目标志和证书,以此来表明认证过的产品、工艺或服务符合适用的标准或规范。

(3)NADCAP 审核内容。

NADCAP 审核是对客户需求符合性的全面、细致的评估。它不仅对质量体系方面有所要求,更重要的是还关注产品加工过程及细节,以及关注任何能影响产品性能的程序和规范。审核员会依据具体的技术规范要求或行业标准对诸如热电偶的实际使用温度范围、厚度测试的校验标块进行深入全面的审核。以 AC7108H 的 3.3.1.6 条款为例,它要求审查每一项工艺执行的各个步骤是否规定了操作人员所控制的工艺参数/范围,并且所要求参照适用的内部工艺和/或检验程序按需要是否包括了以下内容:

a. 接收检验;

b. 处理(即保护 & 装挂)前的清洗方法,如吹砂、溶剂清洗等;

c. 处理前的热处理;

d. 保护;

e. 固定、装挂;

f. 在处理过程中的清洗,水膜不破检查;

g. 浸蚀;

h. 冲击/活化;

i. 表面处理,如电镀、阳极化、转化膜、钝化;

j. 底漆;

k. 面漆和干膜润滑剂；

l. 后处理步骤，包括清洗、去保护和挂具及夹具的拆卸等；

m. 表面处理后的热处理；

n. 在处理过程中和最终试验和检验；

o. 包装和处理；

p. 发运。

对应于控制记录，NADCAP 审核也有非常详细的指导要求，如 AC7108H 的 4.5.4 条款，它要求审核每个受控槽子的溶液控制记录表是否包括如下信息：

a. 槽液标志；

b. 槽液成分；

c. 槽子尺寸（工作体积）和液面位置；

d. 分析周期；

e. 需分析的成分；

f. 基于适用的规范/技术数据单要求的多个参数的操作范围。例如，温度范围、控制范围、pH 范围、电导率范围、腐蚀速率等；

g. 取样和分析日期；

h. 分析结果和计算各成分浓度值；

i. 加料和调整；

j. 废弃槽液；

k. 超出规范范围时，加料后的再分析；

l. 单独进行的分析、加料、再分析和废弃槽液的一致性。

在进行 NADCAP 审核时，审核依据通常包括订单合同、AC 检查单（如 AC7102、AC7108 等）、客户规范、供应商内部程序文件以及工件的流程卡/工艺卡等。审核人员通常主要考察以下 3 个方面：

a. 质量和工艺体系要求。质量和工艺体系的审核要求如表 4.4 所示。

表 4.4　质量和工艺体系的审核要求

序号	审核内容	审核要求
1	人员	操作、检验和测试人员是否经过了培训并获得资质？
2	设备	(1) 对设备进行操作和维护的人员是否有操作手册/操作规程并按要求进行？ (2) 用于工艺参数控制的仪表和设备是否进行了校验？ (3) 用于产品接收或工艺控制的试验和检验设备是否经过了校验？
3	材料	(1) 是否有程序文件正确规定了化学品、油漆等材料的入厂验试验？ (2) 现场使用的材料是否满足程序文件的要求？

（续表）

序号	审核内容	审核要求
4	工艺文件	（1）是否满足合同（包括图纸、规范和订单）的要求？ （2）各项工艺执行的每个步骤，是否规定了由操作人员所控制的工艺参数/范围？
5	流程卡/工艺单	（1）流程卡是否有工件标识、工件数量、有要求的材料和/或材料状态？ （2）合同上的要求是否被正确传递到流程卡上并且便于操作/检验人员执行？
6	环境	（1）生产线是否进行了日常维护？ （2）生产现场和检验工位是否有良好的自然采光或照明？
7	检验	（1）是否按要求做检验如工序间检验、首件检验、批次检验等？ （2）检验用仪器在使用前是否进行了有效校准？ （3）采用的验收抽样计划是否得到了顾客的批准？
8	原始记录	（1）工件/试样的生产和测试记录是否可追溯到其加工和测试的过程？ （2）上述记录是否进行了保存？
9	产品的包装和运输	产品的包装和运输是否可以保证产品无损伤或受到其他破坏？
10	不合格工件的控制	不合格品是否被隔离并且得到正确的处置（如返工、返修等）？
11	内部质量审核	（1）是否有一个审核计划，确保内部审核会覆盖到所有的特种工艺？ （2）需要提供一份内部质量审核报告。

b. 周期性、批次试验和溶液分析。需用一个试验矩阵表（见表4.5）确定出每个规范要求的所有批次/周期试验及其频率，试验报告应能追溯到试片的加工记录和试片的材料合格证。

表 4.5　参考的试验矩阵表

工艺名称	试验项目	试验方法	工件/试片材料	尺寸/mm	数量	合格标准	周期
铬酸阳极化	盐雾	ASTM B117	2024 - T3 裸铝	75×250×1	3	≥336H	每月
铬酸阳极化	外观	目视	工件	—	所有	见 XXX	批检查

c. 现场操作。现场操作是 NADCAP 审核的重点内容，这也是与其他审核区别最大的一个方面。往往可以通过现场操作人员的习惯反映出制造商对工艺的监控水平。

2）其他审核

在民用飞机特种工艺第三方审核中，除了 NADCAP 审核外，应用最广泛的还有航空质量管理体系（Aerospace Quality Management System，AQMS）审核，其认证机构较多，常见的有必维国际检验集团（Bureau Veritas，BV）。这两个审核虽然都是第三方审核,但有较多区别之处(见表 4.6)[3]。

表 4.6　NADCAP 审核和 AQMS 审核的比较

审核名称 项目	NADCAP	AQMS
审核类别	第三方认证	第三方认证
项目运作模式	各个监管层面都是由航空行业主承包商(二方)和供应商所派出的代表共同组成	认证机构应先获得国际认可,(如 ANAB, UKAS, COFRAC 等)的认可,还要接受认可机构的定期审核及评估以保持资质
审核内容	以 AQMS 认证为基础,注重特种工艺的过程控制,需要进行工件审核以亲自验证产品的特种工艺加工过程,而不仅仅是文件审核,以对供应商的符合性进行细致、深入的评估	针对质量体系的审核,关注的是全公司范围内的质量保证体系的情况,审核的内容包括了质量管理体系总体和文件要求、管理职责、资源管理、产品实现、测量、分析和改进等几个大的部分
审核依据	(1) NADCAP AC 检查单 (2) 客户规范和订单合同 (3) 行业标准 (4) 供应商的内部程序等	AS 9100(欧洲等同标准 EN9100,日本等同标准 JISQ9100),主要针对设计、开发和/或生产航空产品,以及提供交付后支持的企业
审核员职责	审核员只负责现场审核,供应商的不符合项回复评审由 PRI 技术工程师和工作组进行	审核员不仅要负责审核,还要负责评审被审核方对于不符合项的回复

4.4.3.3　审核常见不符合项及纠正措施

不符合项(non-conformance, NCR)是指审核范围中没有达到审核标准要求的地方,由于供应商客观上存在不明确或不一致的要求,这些要求都可能导致发生不符合项。常见的例子包括供应商无法证明其具备满足合同或 AC 检查单要求的能力、供应商偏离了合同要求或是供应商偏离了 AC 检查单的要求。

根据对产品造成影响的程度,不符合项又分为主要不符合项和次要不符合项。其中,可能对产品造成影响的偏离、系统性问题、重复性不符合项以及关于技术规范要求的不符合项均为主要不符合项;而与要求有所偏离,但还无法构成主要不符合项,或是仅与检查单要求相关的不符合项则为次要不符合项。

通常,审核人员会针对发生不符合项所在的过程、频率、未满足的要求(如检查单 AC7108、客户规范、供应商内部程序等)、问题的实质(要求做什么,实际做了什么)来决定不符合项的等级,并提供相应的证据(如制造大纲、程序编号等)。

1) 审核常见不符合项

根据审核数据分析,常见的不符合项如表 4.7 所示。

根据不符合项发生的原因,不符合项大致可以分为以下 4 类:

表 4.7　热表特种工艺审核常见不符合项

序号	审核要求	不符合项描述
1	是否有一个程序规定了工艺/质量计划的体系/要求，以有效地保证能够满足客户和/或规范的要求？	供应商不能正确地遵循合同/规范对工艺所作的要求，常见的有流程卡工序设置不合理导致缺漏了工序（如消除应力工序）或是没有编制内部试验程序
2	是否正确遵循了所有的处理、检验测试要求？	(1) 客户的要求被错误传递，如程序要求编制错误 (2) 操作人员/检验人员未能正确地按程序进行操作，如规范要求调漆时应在搅拌基料的情况下才能添加固化剂，但实际的添加过程中操作人员并没有搅拌
3	是否有证据表明所有用于设定、控制或监控工艺的车间设备处于有效的校准？	常见的有控制浸渍时间、调漆时间，阳极化升压时间的计时器未进行校验，也有仪表过了校验期仍在使用的情况
4	是否有证据表明所有用于验收产品或控制工艺的测试和检验设备处于有效的校验期？	常见的有油漆附着力测试所用的滚轮以及厚度测试仪器所用的厚度标块校验有问题，如要求采用7000系列的铝合金，实际却用了2000系列
5	在审核过程中，周期试验和批验收验试是否符合客户和（或）规范的要求？	(1) 试验矩阵中缺少某个试验项目，常见的有刷镀隔的盐雾试验或者油漆耐溶剂试验未进行 (2) 有试验要求，但是操作有错误。典型的有耐溶剂试验的擦试次数不符和厚度测试时的抽样数量不正确
6	清洗如碱清洗和清洁度验证是否按车间工艺规程所规定的要求进行？	常见的例子包括水膜不破检查未进行，或检查时未使用的计时器进行计时，或水膜不破检查前的水清洗温度高于38℃
7	厚度测试时是否保存了验证记录，并且数值在公差范围内？	由于基体材料的影响，测厚仪在使用前都需进行验证。校验（包括数值）都需进行记录并且能追溯到各个工作生产批次。例如，校验记录中未填写校验实测值，而填了有名义值
8	是否按照适用的规范进行附着力胶带测试？	常见的例子是扯胶带的角度或方向不正确；试验胶带的强度没有进行复验或是过了有效期
9	工艺控制体系是否包含或引用了所有适用的规范及其版次？	供应商的工艺控制体系（如试验矩阵）没有引用工艺规范，或者没有注明版次

（续表）

序号	审核要求	不符合项描述
10	对于每项工艺，是否有程定义了所有步骤的处理方法及相应的控制要求？	工艺（如化学转化膜，镀镉）缺少规定工艺步骤及要求的内部程序，或者除氢操作的要求（如温度底限，除氢时间等）未规定清楚
11	温度均匀性测量的记录是否正确地包括了所要求的信息？	供应商提供的 TUS 报告，没有完全包含规范要求的内容。例如，正和负温度均匀性读数的概括没有反映在供应商的温度使用报告上
12	如果通过折射率来检验液度，是否使用标准的溶液定期校准折射仪？	供应商没有使用已知折射率对折射仪进行定期校准。例如，供应商没有使用已知标准的乙二醇聚合物水溶液对折射仪进行定期校准
13	是否在内部程序中规定了校准验收指标？记录表明试验和校准是否按照内部程序和适用的规范要求进行？	热处理设备上的某些计量器具（如真空计，露点仪等）没有校准的内部程序，且直接收到的标准校准没有规定
14	热电偶的校准是否整个使用范围？	热处理炉用热电偶的校准没有覆盖该热电偶的整个使用温度范围
15	是否记录了所有炉子热电偶显示的温度，并包括作为 TUS 报告的一部分？（U11&U13）	炉子控制用热电偶，高低多点记录曲线没有包括在供应商的 TUS 报告中
16	仪表校准记录和标签显示是否符合 AMS2750E 要求或客户更高的要求？	热处理设备配备的仪表校准周期不符合 AMS2750E 的要求
17	所有的测试仪表是否都是数字显示和输出，且都符合 AMS2750E 中表 3 可读性，校准频率，和精度要求的要求？	现场使用的 TUS/SAT 测试仪，其结构和使用不能满足厂商的规定要求，且无法提供证据证明测试仪表测试精度满足 AMS2750E 标 3 要求
18	是否每次 TUS 测试时，热处理炉的装载状况都和首次一样？	TUS 报告中没有标出测试时的装载情况，无法证明测试时装载情况与首次测试的状态一致
19	是否有记录显示生产线按照计划执行了检查和维护？	热处理淬火槽没有列在供应商的维护计划中，现场审核发现淬火槽内层腐蚀和呈现污染
20	从 2006 年 9 月后新安装的补偿线应符合 ASTME230 或国家标准（包括连接器，插头，接头，连接条等）。	热处理炉使用的补偿线（包括控制，高，低），其连接热电偶和补偿电线的插头和接头不满足 AMS2750E 的要求，无法证明其等差电性满足要求

（1）文件编制。

NADCAP 审核通常包括文件审核和工件审核。在 NADCAP 审核过程中，由于文件编制因素所产生的不符合项占了一半以上。而文件编制原因又主要分为"文件无相关规定"、"文件有规定，但不完善"以及"编制有误，与顾客要求不符"等情况。

例如，AC7108 规定内部试验时应有相应满足顾客和测试规范的内部程序，审核中发现供应商缺少镀镉附着力测试的内部程序；在《高温测量参考指南》中要求每个淬火及冷藏系统都应最少每 6 个月进行一次系统精度校验，但供应商内部程序中并未纳入淬火冷却槽系统精度校验的要求。

在 NADCAP 评审中，评审员非常注重供应商的程序文件是否满足客户的要求，并且程序文件应具有详细的规定，以便生产人员进行操作，而不能文件套文件，让各级人员疲于查找。在职责划分较为细微的企业，由于工作交叉而导致错误、遗漏的现象较为明显，因而也就需要特别注意。

（2）生产操作。

在 NADCAP 审核中，工件审核通常是考查生产操作人员在生产工件时，操作过程是否满足程序文件的要求。在这种审核过程中，很容易暴露出操作人员在日常操作过程中所积累出来的非正确性或随意性。

例如，某工件要求进行"铬酸阳极化（不封闭）"，实际生产操作时却进行了封闭；此外，阳极化时工作电压超过规定的要求、原始记录填错等均属于生产操作问题，这种不符合项就需要生产人员在日常的操作过程中养成按规章制度或程序操作的良好习惯。

（3）生产/试验设备维护。

用于生产/试验的设备需要定期的校验，以确保其能正常地用于生产或是试验，交付的工件才能保证合格。例如，用于试验的电火花毛刷破旧、橡胶辊变形等，这都会影响试验结果的正确性，从而带来质量隐患，这往往是供应商为了节约成本或是缺乏意识所造成的。

而生产线的维护往往也是表面处理生产线的一项基本却很重要的工作。由于表面处理溶液所固有的腐蚀性、流淌性，生产线容易弄脏甚至受到腐蚀，进而可能污染到槽子内的溶液，这就需要车间经常对生产线进行清洗或是采用相应的辅助设备（如使用保护性塑料膜等）。

（4）生产过程原始记录。

鉴于特种工艺是种不通过破坏性检查而无法评定其内在特性的工艺，为了保证生产过程的正确性，就需要确保对生产过程进行追溯，必须对其要求的控制参数进行正确属实地记录和妥善保存。当有疑问时，这种记录就可以被用来作为相关证据并进行调查。NADCAP 的检查单中通常都会规定要求记录的信息。这也是每次 NADCAP 审核必查的一项重要工作。

通常,原始记录表格设计不完善导致过程无法追溯,或者供应商虽然记录了某个信息,但对记录的规定却与检查单的要求存在理解上的差异,这都会形成不符合项。例如,供应商内部程序明确规定了电镀时的电压,但相应的原始记录中却缺少记录栏目;程序要求对工件硬度进行 10% 的抽样检验,审核时发现某批生产中接收了 47 件工件,但实际的硬检数量却未进行记录。

2) 纠正措施

对应于审核中的所出现的不符合项,被审核方一般都会被要求制订纠正措施。不同的审核,其纠正措施的要求和形式也不尽相同。对于 NADCAP 审核而言,在审核结束后 1 周内,审核人员会向供应商发出正式的审核报告,供应商需在 21 个日历日内针对报告中所提出的不符合项制订行动项并作出相应的回复。回复的内容包括:

(1) 立即采取的纠正措施,用于不符合项本身,用来停止不符合项的继续发生。要求提供修改了操作规程、表格等文件或是培训的证据,保证以后不发生类似的问题。

(2) 不符合项的根本原因,也即导致事件发生的那个最根本的原因,如果加以改正的话将能够防止事件的再次发生。需要确保该根本原因是针对系统性的问题,而不仅仅是重复不符合项的内容。

(3) 已确认的原因和根本原因对产品质量的影响。即便是次要不符合项,也要对潜在影响进行分析,如果没有影响还要说明理由。

(4) 预防问题重现的措施,用于根本原因层面,用来消除问题和防止问题的重现。必须针对系统性的问题(根本原因)及任何通过根本原因分析发现的潜在问题,通常需要修改内部程序或操作规程,并提供对相关人员培训的证据。

(5) 客观证据,即表明供应商已进行了改进的证据。

在制订纠正措施时,可按图 4.4 的流程进行。确定不符合项的根本原因,采取有效的问题根源纠正措施是成功获得 NADCAP 认证的一个关键因素。最简单的方法就是问"为什么",建议采用 5 - Why 法(见图 4.5)、因果图(也称"鱼骨图"或"Ishikawa 图",见图 4.6)、头脑风暴等方法进行深入的问题根源分析。

按照分析问题的自然逻辑过程,用"5 - Why"方法来构建原因链,第 1 个"为什么"的答案是问题的直接原因,中间的原因都是间接原因,每条逻辑链的末端才是问题的根本原因。

常见的根本原因包括:

(1) 程序文件缺少 XXX 内容的规定;

(2) 对客户文件或者工艺标准 XXX 内容的理解偏差(如中文用词模糊不清,专业性内容出现的译文偏差);

(3) 作业指导书 XXX 条的内容不便于现场操作,可执行性不足;

(4) 现场监控设施或手段不充足,缺漏了 XXX 内容的监测;

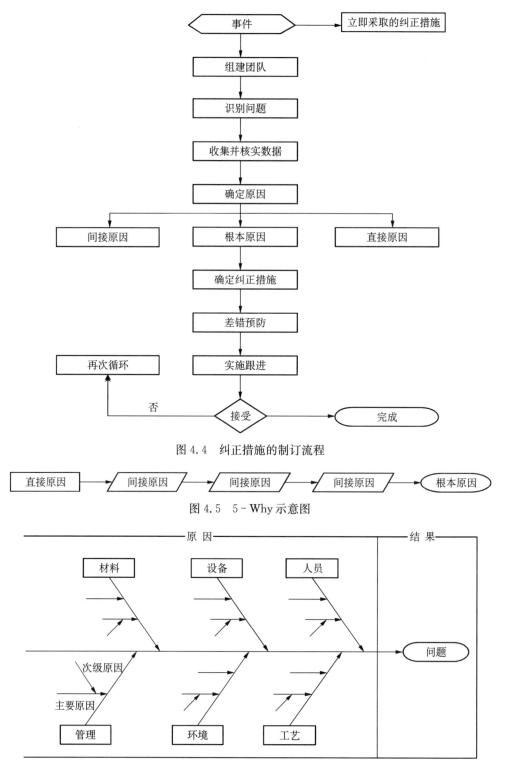

图 4.4 纠正措施的制订流程

图 4.5 5-Why 示意图

图 4.6 因果图

（5）培训不充分，编制的培训大纲和教材缺失 XXX 内容。

对照确定的根本原因，对所有措施进行评估，选取能落地执行的纠正措施，才能更快更有效地关闭不符合项。

参考文献

［1］史宇.航空制造业质量体系建立研究［D］，天津：天津大学，2012.

［2］王继翔，赵昕.AS 9100 标准在民机项目特种工艺中的应用［J］.航空标准化与质量，2003,5：47－50.

［3］刘乐，刘明粉.NADCAP 航空特种工艺认证项目分析及建议［J］.质量与适航.2013,2：29－32.

［4］PRI 公司.NADCAP：21 年越飞越高［J］.航空制造技术，2012,3：103.

全书参考文献

[1] 于芝兰.金属防护工艺原理[M].北京：国防工业出版社,1990.

[2] 张宏祥,王为.电镀工艺学[M].天津：天津科学技术出版社,2002.

[3] 潘继民.电镀技术[M].北京：机械工业出版社,2010.

[4] 李金桂等.现代表面工程技术与应用[M].北京：化学工业出版社,2014.

[5] 刘鹏,蔡健平,王旭东等.飞机起落架材料防护技术现状及研究进展[J].装备环境工程,
      2011,8(2)：67 - 71.

[6] 罗庆,王利华,普学仁等.高耐蚀性镀硬铬工艺研究[J].表面技术,2012,41(5)：99 - 101.

[7] 航空航天工业部第六二一研究所第六四〇研究所.民用飞机腐蚀控制[M].北京：航空工业
      出版社,1992.

[8] 汤智慧,陆峰,张晓云.航空高强度结构钢及不锈钢防护研究与发展[J].航空材料学报,
      2003,23(增刊)：261 - 266.

[9] 杨防祖,蒋义锋,田中群等.无氰镀铜资讯[J],电镀与精饰,2013,35(11)：9 - 14.

[10] 邹松华,余剑,张丽.镀铜工艺对铝合金钎焊前灌锡层的影响[J].制造技术研究,2007,4：
      20 - 23.

[11] 王成林,王英明.镀银工艺实践[J].电镀与环保,1999,19(2)：39 - 40.

[12] 汪定江,夏成宝.航空维修表面工程学[M].北京：航空工业出版社,2006.

[13] 刘佑厚,井玉兰.低氢脆(LHE)刷镀镉工艺[J].材料保护,1994,27(5)：4 - 8.

[14] 彭补之.电刷镀技术进展[J].表面工程资讯,2004,4(16)：6.

[15] 普学仁.一种衬套类工件端面电镀工装：中国,CN201280602[P],2009 - 07 - 29.

[16] 王荣,冯金善,苏顺.高强度钢制轴类工件加工制造中开裂原因分析与工艺改进[J].理化检
      验—物理分册,2005,41(4)：175 - 180.

[17] 刘佑厚,苏育龙,王宇.镀铬层气密性研究[J].材料保护,2002,35(1)：19 - 20.

[18] ASTM E376. Standard practice for measuring coating thickness by magnetic-field or eddy-
      current (electromagnetic) testing methods [S].

[19] ASTM B499. Measurement of coating thicknesses by the magnetic method; nonmagnetic
      coatings on magnetic basis metals [S].

[20] ISO 2178. Non-magnetic coatings on magnetic substrates-Measurement of coating thickness-
      Magnetic method [S].

[21] ASTM B244. Measurement of thickness of anodic coatings on aluminum and of other
      nonconductive coatings on nonmagnetic basis metals with eddy-current instruments [S].

[22] ASTM B567. Standard test method for measurement of coating thickness by the beta

backscatter method [S].

[23] ASTM B568. Standard test method for measurement of coating thickness by X-ray spectrometry [S].

[24] ISO 1463. Metallic and oxide coatings—Measurement of coating thickness: Microscopic method [S].

[25] ASTM B487. Measurement of metal and oxide coating thicknesses by microscopical examination of a cross section [S].

[26] ASTM B504. Standard test method for measurement of thickness of metallic coatings by the coulometric method [S].

[27] AMS-QQ-P-416. Plating, cadmium (electrodeposited) [S].

[28] ISO 2819. Electrodeposited and chemically deposited coatings—Review of methods available for testing adhesion [S].

[29] ISO 2409. Paints and varnishes—cross-cut test [S].

[30] ASTM B117. Standard practice for operating salt spray (fog) apparatus [S].

[31] ISO 9227. Corrosion tests in artificial atmospheres—salt spray tests [S].

[32] ISO 4516. Vickers and Knoop micro hardness test [S].

[33] ASTM B578. Standard test method for microhardness of electroplated coatings [S].

[34] ASTM F519. Mechanical hydrogen embrittlement testing of plating processes and aircraft maintenance chemicals [S].

[35] 黄平,陈端杰.无氰镀镉工艺研究及应用[J].新技术新工艺·绿色电镀及表面处理新技术·试验研究,2008,11：17-18.

[36] 刘鹏,蔡健平,王旭东等.飞机起落架材料防护技术现状及研究进展[J].装备环境工程,2011,8(2)：67-71.

[37] BAC5804. Low hydrogen embrittlement cadmium-titanium alloy plating [S].

[38] AMS2419. Plating. Cadmium; Titanium [S].

[39] 秦月文,刘佑厚.高强度钢无氰镀镉-钛的研究[J].航空材料,1980,15(3)：12-39.

[40] 涂贵生,王举,龙聘魁等.高强度钢低氢脆镀镉钛工艺的应用[J].涂装与电镀,2011,4：32-34.

[41] 汤智慧,陆峰,张晓云,等.氯化铵镀镉与无氰镀镉-钛镀层性能对比研究[J].装备环境工程.2006,6(3)：22-25.

[42] 郭涛.无氰电镀镉钛氢脆性判定及控制[J].企业技术开发.2012,35(31)：177-178.

[43] 郭莉华.高强度钢低氢脆锌镍合金电镀工艺的研究[D].2003.

[44] 商红武.高强钢低氢脆电镀锌镍合金工艺及添加剂的研究[D].2008.

[45] 商红武,安茂忠,杨培霞,等.高强钢电镀低氢脆 Zn-Ni 合金工艺的研究[J].电镀与环保,2009,29(1)：5-9.

[46] 汤智慧,陆峰,张晓云,等.航空高强度结构钢及不锈钢防护研究与发展[J].航空材料学报,2003,23(增刊)：261-266.

缩　略　词

ANAB	ANSI-ASQ National Accreditation Board	美国国家标准协会-美国质量学会认证机构认可委员会
AQMS	Aerospace Quality Management System	航空质量管理体系
BV	Bureau Veritas	必维国际检验集团
COFRAC	Comite Francais d'Accreditation	法国国家认可委员会
HVOF	high velocity oxygen flame	高速火焰喷涂技术
NADCAP	National Aerospace and Defence Contractor's Accreditation Program	国家航空航天与国防合同方认证项目
NCR	non-conformance	不符合项
PRI	Performance Review Institute	质量评审协会
SAE	Society of Automotive Engineers	美国机动车工程师学会
TUS	temperature uniformity survey	温度均匀性测量
UKAS	United Kingdom Accreditation Service	英国皇家认可委员会

索引词

大飞机出版工程
书　　目

一期书目（已出版）

《超声速飞机空气动力学和飞行力学》（俄译中）

《大型客机计算流体力学应用与发展》

《民用飞机总体设计》

《飞机飞行手册》（英译中）

《运输类飞机的空气动力设计》（英译中）

《雅克-42M和雅克-242飞机草图设计》（俄译中）

《飞机气动弹性力学和载荷导论》（英译中）

《飞机推进》（英译中）

《飞机燃油系统》（英译中）

《全球航空业》（英译中）

《航空发展的历程与真相》（英译中）

二期书目（已出版）

《大型客机设计制造与使用经济性研究》

《飞机电气和电子系统——原理、维护和使用》（英译中）

《民用飞机航空电子系统》

《非线性有限元及其在飞机结构设计中的应用》

《民用飞机复合材料结构设计与验证》

《飞机复合材料结构设计与分析》（英译中）

《飞机复合材料结构强度分析》

《复合材料飞机结构强度设计与验证概论》

《复合材料连接》

《飞机结构设计与强度计算》

三期书目（已出版）

《适航理念与原则》

《适航性：航空器合格审定导论》（译著）

《民用飞机系统安全性设计与评估技术概论》

《民用航空器噪声合格审定概论》

《机载软件研制流程最佳实践》

《民用飞机金属结构耐久性与损伤容限设计》

《机载软件适航标准 $DO-178B/C$ 研究》

《运输类飞机合格审定飞行试验指南》(编译)

《民用飞机复合材料结构适航验证概论》

《民用运输类飞机驾驶舱人为因素设计原则》

四期书目(已出版)

《航空燃气涡轮发动机工作原理及性能》

《航空发动机结构强度设计问题》

《航空燃气轮机涡轮气体动力学:流动机理及气动设计》

《先进燃气轮机燃烧室设计研发》

《航空燃气涡轮发动机控制》

《航空涡轮风扇发动机试验技术与方法》

《航空压气机气动热力学理论与应用》

《燃气涡轮发动机性能》(译著)

《航空发动机进排气系统气动热力学》

《燃气涡轮推进系统》(译著)

五期书目(已出版)

《民机飞行控制系统设计的理论与方法》

《现代飞机飞行控制系统工程》

《民机导航系统》

《民机液压系统》

《民机供电系统》

《民机传感器系统》

《飞行仿真技术》

《民机飞控系统适航性设计与验证》

《大型运输机飞行控制系统试验技术》

《飞控系统设计和实现中的问题》(译著)

六期书目(已出版)

《航空发动机高温合金大型铸件精密成型技术》

《民用飞机构件先进成形技术》

《民用飞机构件数控加工技术》

《民用飞机热表特种工艺技术》

《民用飞机自动化装配系统与装备》

《飞机材料与结构检测技术》

《民用飞机复合材料结构制造技术》

《复合材料连接技术》

《先进复合材料的制造工艺》(译著)

《聚合物基复合材料:结构材料表征指南(国际同步版)》(译著)

《聚合物基复合材料:材料性能(国际同步版)》(译著)

《聚合物基复合材料:材料应用、设计和分析(国际同步版)》(译著)

《金属基复合材料(国际同步版)》(译著)

《复合材料夹层结构(国际同步版)》(译著)

《夹层结构手册》(译著)

《ASTM D 30 复合材料试验标准》(译著)

《飞机喷管的理论与实践》(译著)

《大飞机飞行控制律的原理与应用》(译著)

七期书目

《民机航空电子系统综合化原理与技术》

《民用飞机飞行管理系统》

《民用飞机驾驶舱显示与控制系统》

《民用飞机机载总线与网络》

《航空电子软件工程》

《航空电子硬件工程技术》

《民用飞机无线电通信导航监视系统》

《综合环境监视系统》

《民用飞机维护与健康管理系统》

《航空电子适航性设计技术与管理》

《民用飞机客舱与信息系统》